普遍高等学校“十一五”规划教材

电磁场与电磁波

（第2版）

主　编　孙玉发

副主编　尹成友　郭业才

韦　康　张建华

合肥工业大学出版社

内 容 提 要

本书在大学物理的基础上系统论述了宏观电磁场与电磁波的基本规律和基本分析方法。全书共分8章：矢量分析，静电场与恒定电场，恒定磁场，静态场边值问题的解法，时变电磁场，平面电磁波，导行电磁波，电磁波辐射。书中有大量的例题与习题，书末为附录，给出了矢量恒等式、物理量的符号与单位等。

本书可作为高等院校本科电子信息类专业及相关专业的教材和参考书，也可作为有关科技人员的参考书。

图书在版编目(CIP)数据

电磁场与电磁波/孙玉发主编. —2版. —合肥：合肥工业大学出版社，2014.12(2024.7重印)
ISBN 978-7-5650-1983-8

Ⅰ.①电…　Ⅱ.①孙…　Ⅲ.①电磁场—高等学校—教材②电磁波—高等学校—教材　Ⅳ.O441.4

中国版本图书馆CIP数据核字(2014)第211446号

电磁场与电磁波(第2版)

主编　孙玉发　　　　责任编辑　陆向军

出　版	合肥工业大学出版社	版　次	2006年5月第1版
地　址	合肥市屯溪路193号		2014年12月第2版
邮　编	230009	印　次	2024年7月第13次印刷
电　话	综合编辑部：0551-62903028	开　本	787毫米×1092毫米　1/16
	市场营销部：0551-62903198	印　张	19　　字　数　474千字
网　址	press.hfut.edu.cn	发　行	全国新华书店
E-mail	hfutpress@163.com	印　刷	安徽联众印刷有限公司

ISBN 978-7-5650-1983-8　　　　定价：34.00元

第2版前言

《电磁场与电磁波》一书自2006年5月初版以后，承蒙学术界同行和广大读者的厚爱，纷纷采用本书作为电子信息类专业本科生教材，使本书发行量迅速增加。虽然如此，本书出版使用以来的实践表明本书仍存在许多不足之处。为了保证本书的先进实用性，进行修订是十分必要的。为此，我们对初版进行了认真讨论，增加了一些课后练习，调整了部分章节内容和图表，力求使本书趋于完美。

虽然经我们认真的修订、补充和校正，但由于我们理论水平、研究能力和知识深广度的限制，书中难免还存在缺点和错误，真诚希望广大读者批评指正。

编　者

2014年11月

前　言

“电磁场与电磁波”课程是电子信息类本科各专业学生必修的一门核心基础课，它所涉及的内容是电子信息类本科学生知识结构的必要组成部分。通过该课程的学习，使学生能够分析电子信息技术中电磁场与电磁波的基本特性，培养学生的科学思维方法和创新精神，为学习有关专业课程奠定必要的基础。

本书是合肥工业大学出版社规划的电子信息类教材之一。本教材的主要读者对象为电子信息类专业的本科生，也可供相关专业的科技人员参考。

本书共分八章，第1章首先介绍矢量分析的基本知识，为后面的学习奠定数学基础。第2章～第4章介绍静态场，分别讨论了静电场、恒定电场和恒定磁场的基本方程、基本性质和基本分析方法。在第4章中专门讨论了静态场边值问题的基本解法，包括解析法中的分离变量法、镜像法和数值法中的有限差分法。第5章～第8章介绍时变电磁场和电磁波的基本理论、基本性质和基本分析方法，讨论了麦克斯韦方程组和边界条件、平面电磁波在理想介质和导电媒质以及各向异性媒质中的传播特性、平面电磁波在两种不同媒质分界面上的反射与透射特性、均匀导波系统中电磁波的传播特性以及电磁波的辐射特性。带*号的部分为选修内容。每章末尾均附有小结。书末附录给出了一些常用的矢量恒等式、物理量的符号与单位、部分材料的介电常数和电导率，以便读者查用。

本书由孙玉发、尹成友、郭业才、韦康和张建华合作编写，其中第1章和第5章的似稳电磁场部分由尹成友编写，第2章、第3章由韦康编写，第4章、第5章由郭业才编写，第6章由张建华编写，第7章、第8章由孙玉发编写，最后由孙玉发负责全书的统稿工作。本书的编写参照了全国高等学校电磁场教学与教材研究会2004年制定的教学基本要求，同时融入了编写者长期从事“电磁场与电磁波”课程教学的经验和体会。

在本书的编写过程中，得到了许多同志的大力支持与帮助，合肥工业大学出版社为本书的出版给予了大力支持和帮助，作者在此一并表示衷心的感谢。

由于编写者水平有限，书中难免存在一些缺点和错误，敬请广大读者批评指正。

编　者

2006年5月于合肥

目　　录

第 1 章　矢量分析

1.1　三种常用的坐标系 …… (1)
1.2　矢量表示法与矢量函数的微积分 …… (8)
1.3　标量函数的梯度 …… (14)
1.4　矢量函数的散度 …… (20)
1.5　矢量函数的旋度 …… (28)
1.6　场函数的微分算子和恒等式 …… (33)
1.7　广义正交曲面坐标系 …… (37)
1.8　格林(Green)定理和亥姆霍兹(Helmholtz)定理 …… (43)
本章小结 …… (45)
习题 …… (47)

第 2 章　静电场与恒定电场

2.1　库仑定律　电场强度 …… (49)
2.2　电位 …… (52)
2.3　静电场中的导体与电介质 …… (54)
2.4　高斯定理 …… (57)
2.5　静电场的边界条件 …… (62)
2.6　泊松方程和拉普拉斯方程 …… (64)
2.7　电容 …… (65)
2.8　静电场能量与静电力 …… (67)
2.9　恒定电场 …… (69)
本章小结 …… (75)
习题 …… (77)

第 3 章　恒定磁场

3.1　安培力定律　磁感应强度 …… (80)
3.2　矢量磁位 …… (81)
3.3　真空中的安培环路定律 …… (84)
3.4　介质中恒定磁场的基本方程 …… (87)
3.5　恒定磁场的边界条件 …… (90)
3.6　电感 …… (91)
3.7　磁场能量与磁场力 …… (93)

本章小结 ……………………………………………………………………………………(96)
习题 ……………………………………………………………………………………(98)

第 4 章 静态场边值问题的解法

4.1 问题的分类 ……………………………………………………………………(100)
4.2 唯一性定理 ……………………………………………………………………(101)
4.3 直角坐标系中的分离变量法 ……………………………………………………(102)
4.4 圆柱坐标系中的分离变量法 ……………………………………………………(106)
4.5 球坐标系中的分离变量法 ………………………………………………………(109)
4.6 镜像法 …………………………………………………………………………(113)
4.7 有限差分法 ……………………………………………………………………(122)
本章小结……………………………………………………………………………………(126)
习题……………………………………………………………………………………(127)

第 5 章 时变电磁场

5.1 法拉第电磁感应定律 ……………………………………………………………(132)
5.2 位移电流 ………………………………………………………………………(134)
5.3 麦克斯韦方程组 ………………………………………………………………(136)
5.4 时变电磁场的边界条件 …………………………………………………………(138)
5.5 坡印廷定理和坡印廷矢量 ………………………………………………………(144)
5.6 波动方程 ………………………………………………………………………(146)
5.7 动态位与滞后位 ………………………………………………………………(147)
5.8 时谐电磁场 ……………………………………………………………………(151)
5.9 电磁对偶性 ……………………………………………………………………(160)
5.10 似稳电磁场……………………………………………………………………(162)
本章小结……………………………………………………………………………………(170)
习题……………………………………………………………………………………(173)

第 6 章 平面电磁波

6.1 理想介质中的均匀平面波 ………………………………………………………(177)
6.2 损耗媒质中的均匀平面波 ………………………………………………………(182)
6.3 均匀平面波的极化 ……………………………………………………………(190)
6.4 均匀平面波对平面边界的垂直入射 ……………………………………………(194)
6.5 均匀平面波对平面边界的斜入射 ………………………………………………(203)
6.6* 各向异性媒质中的均匀平面波 ………………………………………………(211)
本章小结……………………………………………………………………………………(226)
习题……………………………………………………………………………………(228)

第7章　导行电磁波

7.1　电磁波沿均匀导波系统传播的一般解 …… (233)
7.2　矩形波导 …… (236)
7.3　圆波导 …… (244)
7.4　同轴线 …… (251)
7.5　波导中的传输功率与损耗 …… (253)
7.6　谐振腔 …… (256)
本章小结 …… (260)
习题 …… (262)

第8章　电磁波辐射

8.1　电流元的辐射 …… (264)
8.2　天线的电参数 …… (267)
8.3　电流环的辐射 …… (270)
8.4　缝隙的辐射 …… (272)
8.5　对称振子天线 …… (273)
8.6　天线阵 …… (276)
本章小结 …… (278)
习题 …… (279)

附录Ⅰ　矢量恒等式 …… (280)

附录Ⅱ　符号与单位 …… (283)

附录Ⅲ　部分材料的电磁参数 …… (286)

习题解答 …… (287)

参考文献 …… (296)

第1章　矢量分析

广义而言,如果在空间中一个区域内的每一点都有一物理量的确定值与之对应,则在这个区域中就构成该物理量的场。如果这个物理量是一个确定的数值的标量,这种场就叫标量场,如温度场、密度场、电位场等。如果这个物理量是一个既有确定数值又有确定方向的矢量,这种场就叫矢量场,如水流中的速度场、地球表面的重力场、带电体周围的电场等等。

在电路理论中论述的是电压和电流,而在电磁场理论中论述的是电场强度矢量 $\boldsymbol{E}$ 和磁场强度矢量 $\boldsymbol{H}$。研究场理论比路理论更难的原因,主要是电路中研究的电压、电流只存在于导线中,而电场、磁场存在于三维空间,因此场理论中有数目较多的独立变量。一般的电场和磁场可能是四个独立变量的函数,如三个空间坐标变量和一个时间变量。矢量分析是研究电磁场理论的重要数学工具。因此,本书在第1章就较详细地介绍了这部分内容。本章首先介绍一下三种常用坐标系的构成,三种常用坐标系的坐标变量、坐标单位矢量之间的关系;然后重点介绍矢量分析中的三度,即:梯度、散度和旋度;最后简单介绍一下格林定理和亥姆霍兹定理。

1.1　三种常用的坐标系

为了考察某一物理量在空间的分布和变化规律,必须引入坐标系。而且,常常根据被研究对象几何形状的不同而采用不同的坐标系,以便问题的解决更为简单。在电磁场理论中,用得最多的是直角坐标系、圆柱坐标系(简称柱坐标系)和球坐标系。

1.1.1　坐标系的构成

两个曲面相交形成一条交线,三个曲面相交可有一个交点。因此,空间一点的坐标可以用三个参数来表示,其中每个参数确定一个坐标面。如果在空间的任一点 M 上,三个相交的坐标曲面相互正交,即各曲面在交点上的法线相互正交,这样构成的坐标系,称为正交曲面坐标系。直角坐标系、柱坐标系和球坐标系就是许多正交曲面坐标系中最常用的三种。

为了矢量分析的需要,在空间任一点,可沿三个坐标曲面的法线方向各取一个单位矢量。它的模等于1并以各坐标变量正的增加方向作为正方向。一个正交曲面坐标系的坐标单位矢量相互正交并满足右手螺旋法则。

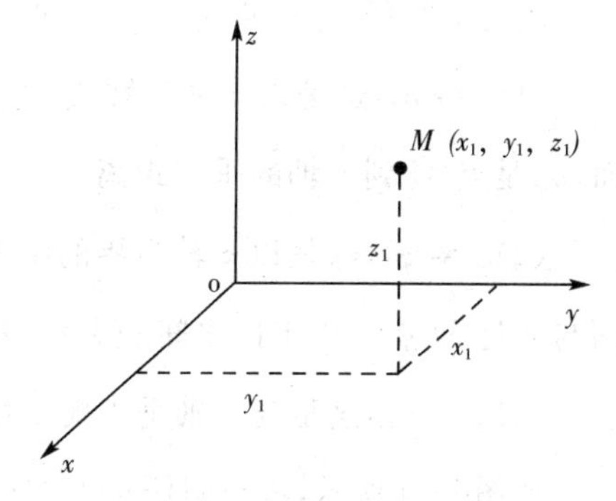

图1-1　直角坐标系

1. 直角坐标系

如图1-1所示,直角坐标系中的三个坐标变量是 x,y,z。它们的变化范围是

$$-\infty < x < \infty, \qquad -\infty < y < \infty, \qquad -\infty < z < \infty$$

决定空间任一点 $M(x_1,y_1,z_1)$ 的三个坐标曲面是:

(1)$x = x_1$,这是垂直于 x 轴的平面。x_1 是点 M 到平面 yoz 的垂直距离。

(2)$y=y_1$，这是垂直于 y 轴的平面。y_1 是点 M 到平面 xoz 的垂直距离。

(3)$z=z_1$，这是垂直于 z 轴的平面。z_1 是点 M 到平面 xoy 的垂直距离。

如图 1-2 所示，过空间任意点 $M(x,y,z)$ 的坐标矢量记为 $\boldsymbol{e}_x,\boldsymbol{e}_y,\boldsymbol{e}_z$。它们相互正交，而且遵循 $\boldsymbol{e}_x\times\boldsymbol{e}_y=\boldsymbol{e}_z$ 的右手螺旋法则。$\boldsymbol{e}_x,\boldsymbol{e}_y,\boldsymbol{e}_z$ 的方向不随 M 点位置的变化而变化，这是直角坐标系的一个很重要的特征。在直角坐标系内的任一矢量 $\boldsymbol{A}$ 可表示为

$$\boldsymbol{A}=A_x\boldsymbol{e}_x+A_y\boldsymbol{e}_y+A_z\boldsymbol{e}_z \tag{1-1}$$

其中 A_x,A_y,A_z 分别是矢量 $\boldsymbol{A}$ 在 $\boldsymbol{e}_x,\boldsymbol{e}_y,\boldsymbol{e}_z$ 方向上的投影。

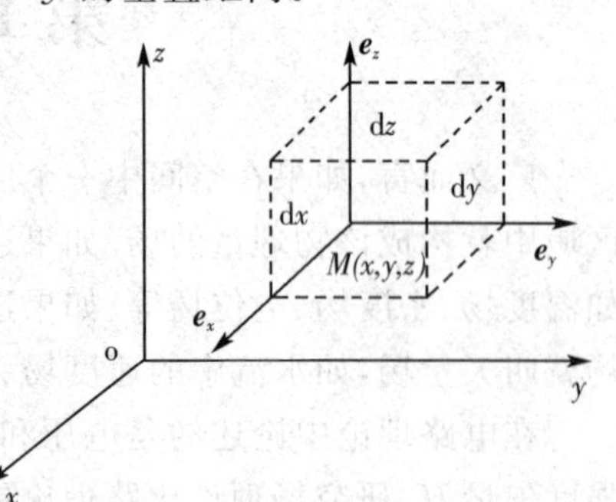

图 1-2 直角坐标系的单位矢量

由点 $M(x,y,z)$ 沿 $\boldsymbol{e}_x,\boldsymbol{e}_y,\boldsymbol{e}_z$ 方向分别取微分长度元 $\mathrm{d}x,\mathrm{d}y,\mathrm{d}z$。由 $x,x+\mathrm{d}x;y,y+\mathrm{d}y;z,z+\mathrm{d}z$ 这六个面决定一个直角六面体，它的各个面的面积元是

$$\mathrm{d}s_x=\mathrm{d}y\mathrm{d}z(\text{与 } \boldsymbol{e}_x \text{ 垂直})$$

$$\mathrm{d}s_y=\mathrm{d}x\mathrm{d}z(\text{与 } \boldsymbol{e}_y \text{ 垂直})$$

$$\mathrm{d}s_z=\mathrm{d}x\mathrm{d}y(\text{与 } \boldsymbol{e}_z \text{ 垂直})$$

其体积元 $\mathrm{d}V=\mathrm{d}x\mathrm{d}y\mathrm{d}z$。

2. 柱坐标系

如图 1-3 所示，柱坐标系中的三个坐标变量是 ρ,φ,z。与直角坐标系相同，也有一个 z 变量。各变量的变化范围是

$$0\leqslant\rho<\infty \qquad 0\leqslant\varphi<2\pi \qquad -\infty<z<\infty$$

决定空间任一点 $M(\rho_1,\varphi_1,z_1)$ 的三个坐标曲面是：

(1)$\rho=\rho_1$，这是以 z 轴为轴线，以 ρ_1 为半径的圆柱面。ρ_1 是点 M 到 z 轴的垂直距离。

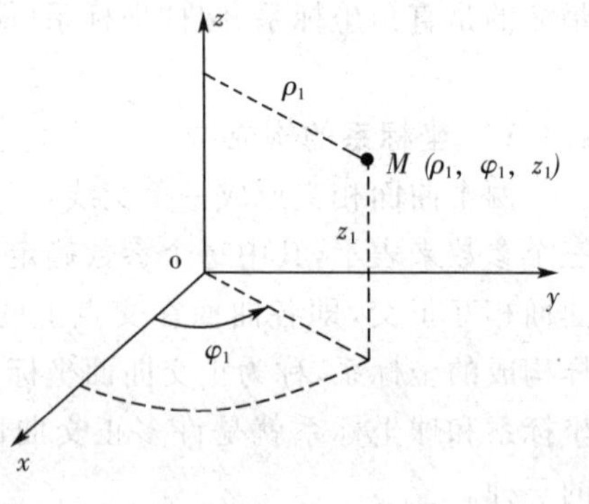

图 1-3 柱坐标系

(2)$\varphi=\varphi_1$，这是以 z 轴为界的半平面，φ_1 是 xoz 平面与通过 M 点的半平面之间的夹角。若 M 点在 z 轴上则 φ 角是不确定的。

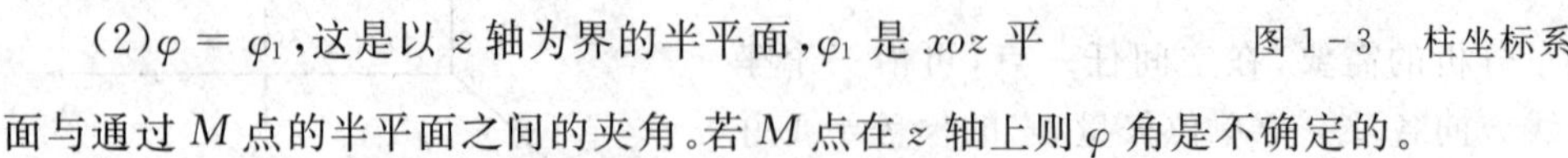

(3)$z=z_1$，这是与 z 轴垂直的平面，z_1 是点 M 到 xoy 平面的垂直距离。

如图 1-4 所示，过空间任意点 $M(\rho,\varphi,z)$ 的坐标单位矢量为 $\boldsymbol{e}_\rho,\boldsymbol{e}_\varphi,\boldsymbol{e}_z$。它们相互正交，而且遵循 $\boldsymbol{e}_\rho\times\boldsymbol{e}_\varphi=\boldsymbol{e}_z$ 的右手螺旋法则。值得注意的是，除 $\boldsymbol{e}_z$ 外，$\boldsymbol{e}_\rho,\boldsymbol{e}_\varphi$ 的方向都随 M 点位置的变化而变化，但三者之间总是保持上述正交关系。在点 M 的任一矢量 $\boldsymbol{A}$ 可表示为

$$\boldsymbol{A}=A_\rho\boldsymbol{e}_\rho+A_\varphi\boldsymbol{e}_\varphi+A_z\boldsymbol{e}_z \tag{1-2}$$

其中，A_ρ,A_φ,A_z 分别是矢量 $\boldsymbol{A}$ 在 $\boldsymbol{e}_\rho,\boldsymbol{e}_\varphi,\boldsymbol{e}_z$ 方向上的投影。

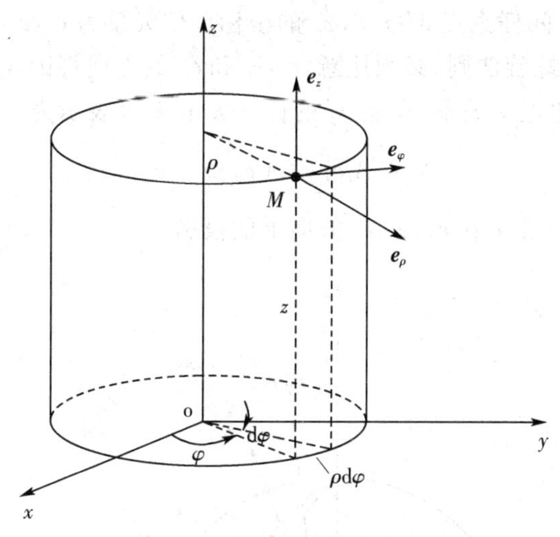

图 1-4 柱坐标系的单位矢量

在点 $M(\rho,\varphi,z)$ 处沿 $\boldsymbol{e}_\rho,\boldsymbol{e}_\varphi,\boldsymbol{e}_z$ 方向的长度元分别是

$$dl_\rho = d\rho \qquad dl_\varphi = \rho d\varphi \qquad dl_z = dz \tag{1-3}$$

由六个坐标曲面决定的六面体上的面积元是

$$\begin{aligned} ds_\rho &= dl_\varphi dl_z = \rho d\varphi dz(\text{与 } \boldsymbol{e}_\rho \text{ 垂直}) \\ ds_\varphi &= dl_\rho dl_z = d\rho dz(\text{与 } \boldsymbol{e}_\varphi \text{ 垂直}) \\ ds_z &= dl_\rho dl_\varphi = \rho d\rho d\varphi(\text{与 } \boldsymbol{e}_z \text{ 垂直}) \end{aligned} \tag{1-4}$$

这个六面体的体积元是

$$dV = dl_\rho dl_\varphi dl_z = \rho d\rho d\varphi dz \tag{1-5}$$

3. 球坐标系

如图1-5所示，球坐标系中的三个坐标变量是 r,θ,φ。与柱坐标系相似，也有一个 φ 变量。它们的变化范围是

$$0 \leqslant r < \infty$$

$$0 \leqslant \theta < \pi$$

$$0 \leqslant \varphi < 2\pi$$

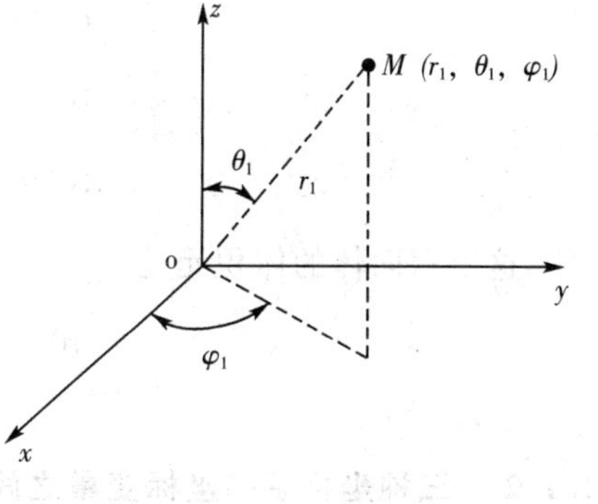

图 1-5 球坐标系

决定空间任一点 $M(r_1,\theta_1,\varphi_1)$ 的三个坐标曲面是：

(1)$r=r_1$，这是以原点为中心，以 r_1 为半径的球面。r_1 是点 M 到原点的直线距离。

(2)$\theta=\theta_1$，这是以原点为顶点，以 z 轴为轴线的圆锥面。θ_1 是正向 z 轴与连线 OM 之间的夹角。坐标变量 θ 称为极角。

(3)$\varphi=\varphi_1$，这是以 z 轴为界的半平面，φ_1 是 xoz 平面与通过 M 点的半平面之间的夹角。坐标变量 φ 称为方位角。位于 z 轴上的点的 φ 角是不确定的。

如图 1-6 所示，过空间任意点 $M(r,\theta,\varphi)$ 的坐标单位矢量为 $\boldsymbol{e}_r,\boldsymbol{e}_\theta,\boldsymbol{e}_\varphi$。它们相互正交，而且遵循 $\boldsymbol{e}_r\times\boldsymbol{e}_\theta=\boldsymbol{e}_\varphi$ 的右手螺旋法则。必须注意，$\boldsymbol{e}_r,\boldsymbol{e}_\theta$ 和 $\boldsymbol{e}_\varphi$ 的方向都因 M 点位置的变化而变化，但三者之间总是保持上述正交关系。在点 M 的任一矢量 $\boldsymbol{A}$ 可表示为

$$\boldsymbol{A}=A_r\boldsymbol{e}_r+A_\theta\boldsymbol{e}_\theta+A_\varphi\boldsymbol{e}_\varphi \tag{1-6}$$

其中，A_r,A_θ,A_φ 分别是矢量 $\boldsymbol{A}$ 在 $\boldsymbol{e}_r,\boldsymbol{e}_\theta,\boldsymbol{e}_\varphi$ 方向上的投影。

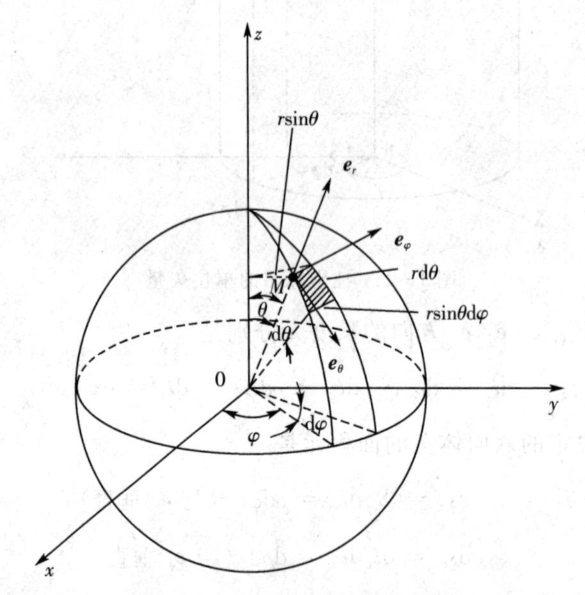

图 1-6 球坐标系的单位矢量

在点 $M(r,\theta,\varphi)$ 处沿 $\boldsymbol{e}_r,\boldsymbol{e}_\theta,\boldsymbol{e}_\varphi$ 方向的长度元分别是

$$\mathrm{d}l_r=\mathrm{d}r \qquad \mathrm{d}l_\theta=r\mathrm{d}\theta \qquad \mathrm{d}l_\varphi=r\sin\theta\mathrm{d}\varphi \tag{1-7}$$

由六个坐标曲面决定的六面体上的面积元是

$$\begin{aligned}\mathrm{d}s_r&=\mathrm{d}l_\theta\mathrm{d}l_\varphi=r^2\sin\theta\mathrm{d}\theta\mathrm{d}\varphi(\text{与 }\boldsymbol{e}_r\text{ 垂直})\\ \mathrm{d}s_\theta&=\mathrm{d}l_r\mathrm{d}l_\varphi=r\sin\theta\mathrm{d}r\mathrm{d}\varphi(\text{与 }\boldsymbol{e}_\theta\text{ 垂直})\\ \mathrm{d}s_\varphi&=\mathrm{d}l_r\mathrm{d}l_\theta=r\mathrm{d}r\mathrm{d}\theta(\text{与 }\boldsymbol{e}_\varphi\text{ 垂直})\end{aligned} \tag{1-8}$$

这个六面体的体积元是

$$\mathrm{d}V=\mathrm{d}l_r\mathrm{d}l_\theta\mathrm{d}l_\varphi=r^2\sin\theta\mathrm{d}r\mathrm{d}\theta\mathrm{d}\varphi \tag{1-9}$$

1.1.2 三种坐标系的坐标变量之间的关系

由图 1-7 所示的几何关系，可直接写出三种坐标系的坐标变量之间的关系。

1. 直角坐标系与柱坐标系的关系

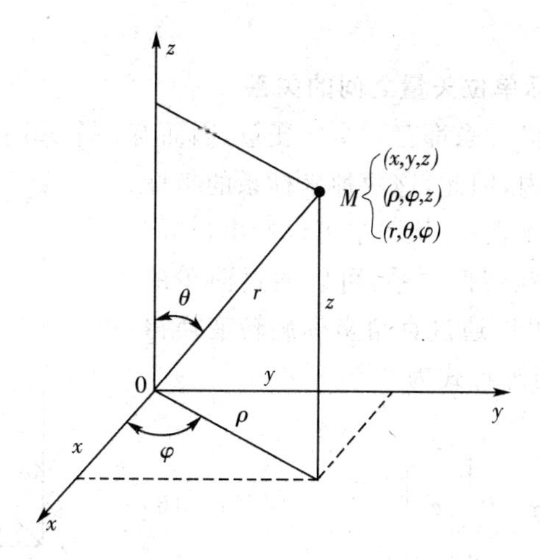

图 1－7　三种坐标系的坐标变量之间的关系

$$\begin{cases} x = \rho\cos\varphi \\ y = \rho\sin\varphi \\ z = z \end{cases} \tag{1-10}$$

$$\begin{cases} \rho = \sqrt{x^2 + y^2} \\ \varphi = \arctan\dfrac{y}{x} = \arcsin\dfrac{y}{\sqrt{x^2 + y^2}} = \arccos\dfrac{x}{\sqrt{x^2 + y^2}} \\ z = z \end{cases} \tag{1-11}$$

2. 直角坐标系与球坐标系的关系

$$\begin{cases} x = r\sin\theta\cos\varphi \\ y = r\sin\theta\sin\varphi \\ z = r\cos\theta \end{cases} \tag{1-12}$$

$$\begin{cases} r = \sqrt{x^2 + y^2 + z^2} \\ \theta = \arccos\dfrac{z}{\sqrt{x^2 + y^2 + z^2}} = \arcsin\dfrac{\sqrt{x^2 + y^2}}{\sqrt{x^2 + y^2 + z^2}} \\ \varphi = \arctan\dfrac{y}{x} = \arcsin\dfrac{y}{\sqrt{x^2 + y^2}} = \arccos\dfrac{x}{\sqrt{x^2 + y^2}} \end{cases} \tag{1-13}$$

3. 柱坐标系与球坐标系的关系

$$\begin{cases} \rho = r\sin\theta \\ \varphi = \varphi \\ z = r\cos\theta \end{cases} \tag{1-14}$$

$$\begin{cases} r = \sqrt{\rho^2 + z^2} \\ \theta = \arcsin\dfrac{\rho}{\sqrt{\rho^2 + z^2}} = \arccos\dfrac{z}{\sqrt{\rho^2 + z^2}} \\ \varphi = \varphi \end{cases} \tag{1-15}$$

1.1.3 三种坐标系的坐标单位矢量之间的关系

由于直角坐标系和柱坐标系都有一个 z 变量，因而有一个共同的坐标单位矢量 $\boldsymbol{e}_z$。而其他坐标矢量都落在 xoy 平面内，因此，这两种坐标系的坐标矢量及其关系可以用图1-8表示。从图中可以看出，它们的坐标单位矢量之间的相互转换关系，可以通过简单的矢量分解（投影）得到，也可以通过直角坐标旋转变换得到。将这种变换关系写成矩阵形式为

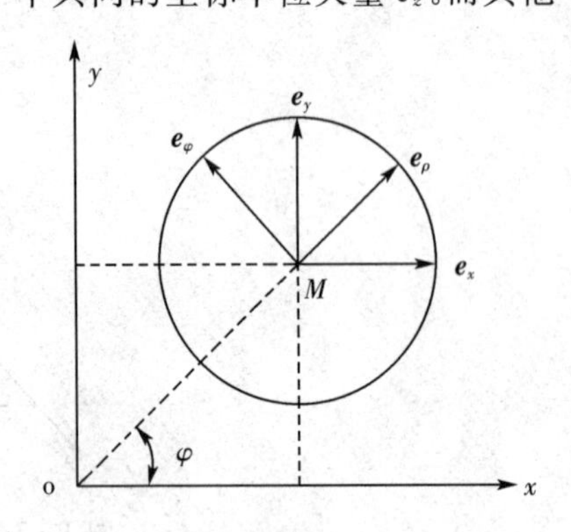

图 1-8 直角坐标系与柱坐标系的坐标单位矢量之间的关系

$$\begin{bmatrix}\boldsymbol{e}_\rho\\ \boldsymbol{e}_\varphi\\ \boldsymbol{e}_z\end{bmatrix}=\begin{bmatrix}\cos\varphi & \sin\varphi & 0\\ -\sin\varphi & \cos\varphi & 0\\ 0 & 0 & 1\end{bmatrix}\begin{bmatrix}\boldsymbol{e}_x\\ \boldsymbol{e}_y\\ \boldsymbol{e}_z\end{bmatrix} \tag{1-16}$$

$$\begin{bmatrix}\boldsymbol{e}_x\\ \boldsymbol{e}_y\\ \boldsymbol{e}_z\end{bmatrix}=\begin{bmatrix}\cos\varphi & -\sin\varphi & 0\\ \sin\varphi & \cos\varphi & 0\\ 0 & 0 & 1\end{bmatrix}\begin{bmatrix}\boldsymbol{e}_\rho\\ \boldsymbol{e}_\varphi\\ \boldsymbol{e}_z\end{bmatrix} \tag{1-17}$$

由于柱坐标系和球坐标系都有一个 φ 变量，因而有一个共同的坐标单位矢量 $\boldsymbol{e}_\varphi$。而其他坐标矢量都落在过 z 轴的平面内，因此，这两种坐标系的坐标矢量及其关系可以用图 1-9 表示。从图中可以看出，它们的坐标单位矢量之间的相互转换关系，同样可以通过简单的矢量分解（投影）得到，也可以通过直角坐标旋转变换得到。将这种变换关系写成矩阵形式为

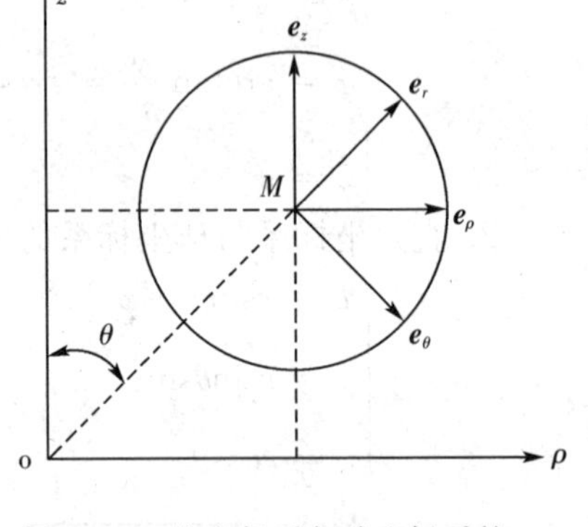

图 1-9 柱坐标系与球坐标系的坐标单位矢量之间的关系

$$\begin{bmatrix}\boldsymbol{e}_r\\ \boldsymbol{e}_\theta\\ \boldsymbol{e}_\varphi\end{bmatrix}=\begin{bmatrix}\sin\theta & 0 & \cos\theta\\ \cos\theta & 0 & -\sin\theta\\ 0 & 1 & 0\end{bmatrix}\begin{bmatrix}\boldsymbol{e}_\rho\\ \boldsymbol{e}_\varphi\\ \boldsymbol{e}_z\end{bmatrix} \tag{1-18}$$

$$\begin{bmatrix}\boldsymbol{e}_\rho\\ \boldsymbol{e}_\varphi\\ \boldsymbol{e}_z\end{bmatrix}=\begin{bmatrix}\sin\theta & \cos\theta & 0\\ 0 & 0 & 1\\ \cos\theta & -\sin\theta & 0\end{bmatrix}\begin{bmatrix}\boldsymbol{e}_r\\ \boldsymbol{e}_\theta\\ \boldsymbol{e}_\varphi\end{bmatrix} \tag{1-19}$$

由于直角坐标系和球坐标系中，空间任一点的坐标单位矢量及其关系要用立体图形才能表示出来，它们的坐标单位矢量之间的相互转换关系相对要复杂一些。但利用前面得到的坐标单位矢量之间的相互转换关系，将式(1-16)代入式(1-18)，将式(1-19)代入式(1-17)可以得到

$$\begin{bmatrix}\boldsymbol{e}_r\\ \boldsymbol{e}_\theta\\ \boldsymbol{e}_\varphi\end{bmatrix}=\begin{bmatrix}\sin\theta\cos\varphi & \sin\theta\sin\varphi & \cos\theta\\ \cos\theta\cos\varphi & \cos\theta\sin\varphi & -\sin\theta\\ -\sin\varphi & \cos\varphi & 0\end{bmatrix}\begin{bmatrix}\boldsymbol{e}_x\\ \boldsymbol{e}_y\\ \boldsymbol{e}_z\end{bmatrix} \tag{1-20}$$

$$\begin{bmatrix} \boldsymbol{e}_x \\ \boldsymbol{e}_y \\ \boldsymbol{e}_z \end{bmatrix} = \begin{bmatrix} \sin\theta\cos\varphi & \cos\theta\cos\varphi & -\sin\varphi \\ \sin\theta\sin\varphi & \cos\theta\sin\varphi & \cos\varphi \\ \cos\theta & -\sin\theta & 0 \end{bmatrix} \begin{bmatrix} \boldsymbol{e}_r \\ \boldsymbol{e}_\theta \\ \boldsymbol{e}_\varphi \end{bmatrix} \tag{1-21}$$

从前面的分析可以看出，式(1-16)与式(1-17)、式(1-18)与式(1-19)、式(1-20)与式(1-21)的转换系数矩阵是互为逆矩阵，不难看出，这些转换系数矩阵也是互为转置矩阵。这是因为，这些转换矩阵都是幺阵，幺阵具有 $\boldsymbol{A}^{-1}=\boldsymbol{A}^T$ 的性质。

【例1-1】 如果有一矢量在柱坐标系下的表达式为 $\boldsymbol{A}=A_\rho\boldsymbol{e}_\rho+A_\varphi\boldsymbol{e}_\varphi+A_z\boldsymbol{e}_z$，试求出它在直角坐标系下的各分量大小。

【解】 利用式(1-16)，容易得到

$$A_x=\boldsymbol{A}\cdot\boldsymbol{e}_x=A_\rho\boldsymbol{e}_\rho\cdot\boldsymbol{e}_x+A_\varphi\boldsymbol{e}_\varphi\cdot\boldsymbol{e}_x+A_z\boldsymbol{e}_z\cdot\boldsymbol{e}_x=A_\rho\cos\varphi-A_\varphi\sin\varphi$$

$$A_y=\boldsymbol{A}\cdot\boldsymbol{e}_y=A_\rho\boldsymbol{e}_\rho\cdot\boldsymbol{e}_y+A_\varphi\boldsymbol{e}_\varphi\cdot\boldsymbol{e}_y+A_z\boldsymbol{e}_z\cdot\boldsymbol{e}_y=A_\rho\sin\varphi+A_\varphi\cos\varphi$$

$$A_z=\boldsymbol{A}\cdot\boldsymbol{e}_z=A_\rho\boldsymbol{e}_\rho\cdot\boldsymbol{e}_z+A_\varphi\boldsymbol{e}_\varphi\cdot\boldsymbol{e}_z+A_z\boldsymbol{e}_z\cdot\boldsymbol{e}_z=A_z$$

将上式综合起来，写成简明矩阵形式为

$$\begin{bmatrix} A_x \\ A_y \\ A_z \end{bmatrix} = \begin{bmatrix} \cos\varphi & -\sin\varphi & 0 \\ \sin\varphi & \cos\varphi & 0 \\ 0 & 0 & 1 \end{bmatrix} \begin{bmatrix} A_\rho \\ A_\varphi \\ A_z \end{bmatrix}$$

显然，上式的转换矩阵与式(1-17)的转换矩阵一致。其他坐标系的矢量变换可以类似得到，它们与坐标单位矢量的变换是一致的。

【例1-2】 写出空间任一点在直角坐标系下的位置矢量表达式，然后将此位置矢量转换成在柱坐标系和球坐标系下的矢量。

【解】 在空间任一点 $P(x,y,z)$ 的位置矢量为

$$\boldsymbol{A}=x\boldsymbol{e}_x+y\boldsymbol{e}_y+z\boldsymbol{e}_z$$

利用[例1-1]中的结论，得

$$A_\rho=x\cos\varphi+y\sin\varphi \qquad A_\varphi=-x\sin\varphi+y\cos\varphi \qquad A_z=z$$

代入 $x=\rho\cos\varphi$，　$y=\rho\sin\varphi$，得

$$A_\rho=\rho \qquad A_\varphi=0 \qquad A_z=z$$

于是，位置矢量在柱坐标系下的表达式为

$$\boldsymbol{A}=\rho\boldsymbol{e}_\rho+z\boldsymbol{e}_z$$

同理可得，在球坐标系下的位置矢量表达式为

$$\boldsymbol{A}=r\boldsymbol{e}_r$$

可见，位置矢量在不同坐标系下的表达式是不同的。

【例1-3】 试判断下列矢量场 $\boldsymbol{E}$ 是否是均匀矢量场：

(1) 柱坐标系中 $\boldsymbol{E} = E_1 \sin\varphi \boldsymbol{e}_\rho + E_1 \cos\varphi \boldsymbol{e}_\varphi + E_2 \boldsymbol{e}_z$，其中 E_1、E_2 都是常数。

(2) 在球坐标系中 $\boldsymbol{E} = E_0 \boldsymbol{e}_r$，其中 E_0 是常数。

【解】 均匀矢量场 $\boldsymbol{E}$ 的定义是：在场中所有点上，$\boldsymbol{E}$ 的模处处相等，$\boldsymbol{E}$ 的方向彼此平行。只要这两个条件中有一个不符合就称为非均匀矢量场。

因为只有在直角坐标系中各点的坐标单位矢量方向是固定的，而在柱坐标系和球坐标系中的各单位坐标矢量的方向随空间点位置的变化而变化，所以判断场是否均匀，最好将柱、球坐标系的坐标单位矢量转换为直角坐标系的坐标单位矢量。

(1) 由式(1-16)得 $\boldsymbol{e}_\rho = \cos\varphi \boldsymbol{e}_x + \sin\varphi \boldsymbol{e}_y$，$\boldsymbol{e}_\varphi = -\sin\varphi \boldsymbol{e}_x + \cos\varphi \boldsymbol{e}_y$，$\boldsymbol{e}_z = \boldsymbol{e}_z$，代入已知 $\boldsymbol{E}$ 的柱坐标表示式，可得到 $\boldsymbol{E}$ 的直角坐标系表示式为

$$\boldsymbol{E} = E_1 \boldsymbol{e}_y + E_2 \boldsymbol{e}_z$$

$\boldsymbol{E}$ 的模 $|\boldsymbol{E}| = \sqrt{{E_1}^2 + {E_2}^2} =$ 常数，$\boldsymbol{E}$ 与 y 轴的夹角

$$\alpha = \arctan \frac{E_2}{E_1} = \text{常数}$$

所以 $\boldsymbol{E}$ 是均匀矢量场。

(2) $\boldsymbol{E} = E_0 \boldsymbol{e}_r$，虽然这一矢量场在各点的模数是一个常数，但它的方向是 $\boldsymbol{e}_r$ 的方向。显然在不同点 $\boldsymbol{e}_r$ 的方向是不同的，所以它不是均匀矢量场。

利用式(1-20)，将球坐标单位矢量转换为直角坐标单位矢量后得

$$\boldsymbol{E} = E_0 \boldsymbol{e}_r = E_0 \sin\theta \cos\varphi \boldsymbol{e}_x + E_0 \sin\theta \sin\varphi \boldsymbol{e}_y + E_0 \cos\theta \boldsymbol{e}_z$$

可以看出，$\theta = 0°$ 时，$\boldsymbol{E}$ 的方向是沿 z 轴的，而当 $\theta = 90°$ 时，则没有 z 轴分量，这清楚地说明 $\boldsymbol{E}$ 在不同点有不同的方向。

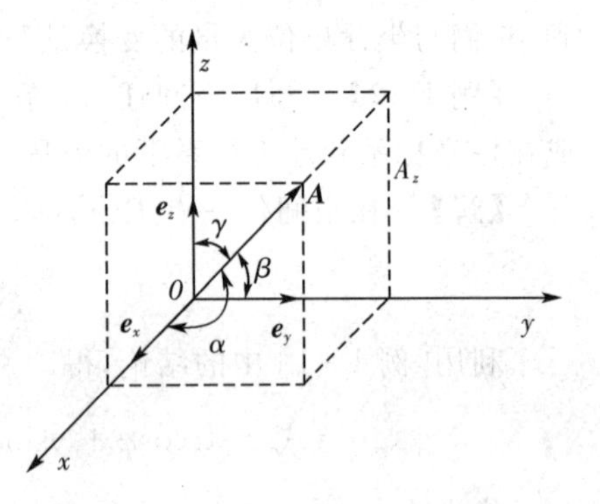

图 1-10 直角坐标系中矢量的分解

1.2 矢量表示法与矢量函数的微积分

1.2.1 矢量表示法

1. 在三维正交曲面坐标系中的某点，若沿三个相互垂直的坐标单位矢量方向的三个分量都给定，则一个从该点发出的矢量也就确定了。例如，在图 1-10 的直角坐标系中，矢量 $\boldsymbol{A}$ 的三个分量是 A_x，A_y，A_z。矢量 $\boldsymbol{A}$ 可表示为

$$\boldsymbol{A} = A_x \boldsymbol{e}_x + A_y \boldsymbol{e}_y + A_z \boldsymbol{e}_z \tag{1-22}$$

矢量 $\boldsymbol{A}$ 的长度或模值 $|\boldsymbol{A}|$（记为 A）可以从图 1-10 中直接写出

$$A = \sqrt{{A_x}^2 + {A_y}^2 + {A_z}^2} \tag{1-23}$$

如果矢量 $\boldsymbol{A}$ 与坐标轴 ox，oy，oz 的正向之间的夹角（方向角）分别是 α，β，γ，则 $\cos\alpha$，$\cos\beta$，$\cos\gamma$ 叫做矢量 $\boldsymbol{A}$ 的方向余弦。根据矢量标积的定义，分量 A_x，A_y，A_z 是矢量 $\boldsymbol{A}$ 分别在坐标单位

矢量 $\boldsymbol{e}_x, \boldsymbol{e}_y, \boldsymbol{e}_z$ 方向上的投影，即

$$\begin{cases} A_x = \boldsymbol{A} \cdot \boldsymbol{e}_x = A\cos\alpha \\ A_y = \boldsymbol{A} \cdot \boldsymbol{e}_y = A\cos\beta \\ A_z = \boldsymbol{A} \cdot \boldsymbol{e}_z = A\cos\gamma \end{cases} \tag{1-24}$$

所以式(1-22)又可写为

$$\boldsymbol{A} = A\cos\alpha\boldsymbol{e}_x + A\cos\beta\boldsymbol{e}_y + A\cos\gamma\boldsymbol{e}_z \tag{1-25}$$

2. 模等于1的矢量叫做单位矢量。与任一矢量 $\boldsymbol{A}$ 同方向的单位矢量在本书中规定用 $\boldsymbol{e}_A$ 表示。按矢量与数量乘积的定义，则有

$$\boldsymbol{A} = |\boldsymbol{A}|\boldsymbol{e}_A = A\boldsymbol{e}_A$$

由式(1-25)，在直角坐标系中，则有

$$\boldsymbol{e}_A = \frac{\boldsymbol{A}}{A} = \cos\alpha\boldsymbol{e}_x + \cos\beta\boldsymbol{e}_y + \cos\gamma\boldsymbol{e}_z \tag{1-26}$$

3. 在直角坐标系中，以坐标原点 o 为起点，引向空间任一点 $M(x,y,z)$ 的矢量 $\boldsymbol{r}$，称为点 M 的矢径，如图1-10中的 $\boldsymbol{A}$。如果取 $\boldsymbol{A}=\boldsymbol{r}$，则根据式(1-22)、式(1-23)、式(1-25)和式(1-26)，有

$$\boldsymbol{r} = x\boldsymbol{e}_x + y\boldsymbol{e}_y + z\boldsymbol{e}_z \tag{1-27}$$

$$|\boldsymbol{r}| = r = \sqrt{x^2 + y^2 + z^2} \tag{1-28}$$

$$\boldsymbol{e}_r = \frac{\boldsymbol{r}}{r} = \cos\alpha\boldsymbol{e}_x + \cos\beta\boldsymbol{e}_y + \cos\gamma\boldsymbol{e}_z \tag{1-29}$$

从式(1-27)看出：空间点的矢径 $\boldsymbol{r}$ 在三个坐标轴上的投影数值恰好分别等于点 M 的坐标值。因此，空间一点 M 对应着一个矢径；反之，每一矢径 $\boldsymbol{r}$ 对应着空间确定的一个点 M，即矢径的终点。所以 $\boldsymbol{r}$ 又称为位置矢量。点 $M(x,y,z)$ 可以表示为 $M(\boldsymbol{r})$。

4. 如果空间任一矢量 $\boldsymbol{R}$ 的起点是 $P(x',y',z')$，终点是 $Q(x,y,z)$，如图1-11所示，根据矢径的表示式(1-27)及矢量的加法规则，矢量 $\boldsymbol{R}$ 可表示为

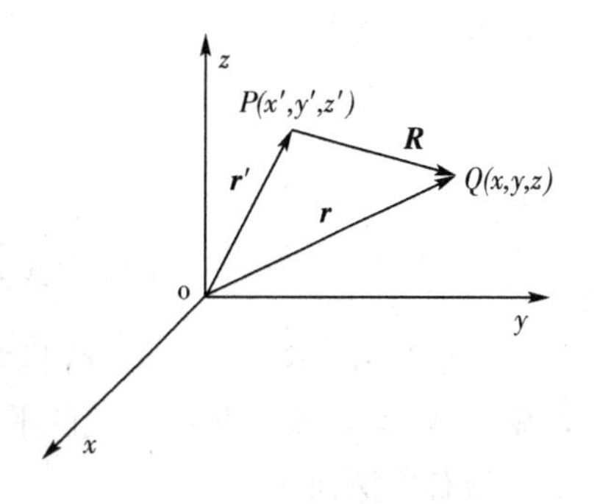

图1-11　空间矢量表示方法

$$\boldsymbol{R} = \boldsymbol{r} - \boldsymbol{r}' = (x - x')\boldsymbol{e}_x + (y - y')\boldsymbol{e}_y + (z - z')\boldsymbol{e}_z \tag{1-30}$$

矢量 $\boldsymbol{R}$ 的模值记为 R，就是点 $P(x',y',z')$ 与 $Q(x,y,z)$ 点之间的距离，由式(1-30)得

$$R = \sqrt{(x - x')^2 + (y - y')^2 + (z - z')^2} \tag{1-31}$$

矢量的 $\boldsymbol{R}$ 单位矢量

$$e_R = \frac{\boldsymbol{R}}{R} = \frac{(x-x')}{\sqrt{(x-x')^2+(y-y')^2+(z-z')^2}}\boldsymbol{e}_x$$

$$+\frac{(y-y')}{\sqrt{(x-x')^2+(y-y')^2+(z-z')^2}}\boldsymbol{e}_y+\frac{(z-z')}{\sqrt{(x-x')^2+(y-y')^2+(z-z')^2}}\boldsymbol{e}_z \tag{1-32}$$

式中，三个分量的系数也就是矢量 $\boldsymbol{R}$ 的方向余弦。

如果空间有一长度元矢量 $\mathrm{d}\boldsymbol{l}$，它在直角坐标单位矢量 $\boldsymbol{e}_x,\boldsymbol{e}_y,\boldsymbol{e}_z$ 上的投影值分别是 $\mathrm{d}x,\mathrm{d}y,\mathrm{d}z$，则

$$\mathrm{d}\boldsymbol{l} = \mathrm{d}x\boldsymbol{e}_x + \mathrm{d}y\boldsymbol{e}_y + \mathrm{d}z\boldsymbol{e}_z \tag{1-33}$$

$$\mathrm{d}l = \sqrt{(\mathrm{d}x)^2+(\mathrm{d}y)^2+(\mathrm{d}z)^2} \tag{1-34}$$

1.2.2 矢量代数运算

假设两个矢量 $\boldsymbol{A} = A_x\boldsymbol{e}_x + A_y\boldsymbol{e}_y + A_z\boldsymbol{e}_z$， $\boldsymbol{B} = B_x\boldsymbol{e}_x + B_y\boldsymbol{e}_y + B_z\boldsymbol{e}_z$

1. 矢量的和差：把两个矢量的对应分量相加或相减，就得到它们的和或差，即

$$\boldsymbol{A}\pm\boldsymbol{B} = (A_x\pm B_x)\boldsymbol{e}_x + (A_y\pm B_y)\boldsymbol{e}_y + (A_z\pm B_z)\boldsymbol{e}_z \tag{1-35}$$

2. 矢量的标量积和矢量积：矢量的相乘有两种定义，标量积（点乘）和矢量积（叉乘）。标量积 $\boldsymbol{A}\cdot\boldsymbol{B}$ 是一标量，其大小等于两个矢量模值相乘，再乘以它们夹角 α_{AB}（取小角，即 $\alpha_{AB}<\pi$）的余弦，即

$$\boldsymbol{A}\cdot\boldsymbol{B} = AB\cos\alpha_{AB} \tag{1-36}$$

它就是一个矢量的模与另一矢量在该矢量上的投影的乘积。它符合交换律

$$\boldsymbol{A}\cdot\boldsymbol{B} = \boldsymbol{B}\cdot\boldsymbol{A} \tag{1-37}$$

并有

$$\boldsymbol{A}\cdot\boldsymbol{B} = A_xB_x + A_yB_y + A_zB_z \tag{1-38}$$

矢量积 $\boldsymbol{A}\times\boldsymbol{B}$ 是一个矢量，其大小等于两个矢量的模值相乘，再乘以它们夹角 α_{AB}（$\leqslant\pi$）的正弦，实际就是 $\boldsymbol{A}$ 与 $\boldsymbol{B}$ 所形成的平行四边形面积，其方向与 $\boldsymbol{A}$、$\boldsymbol{B}$ 呈右手螺旋关系，为 $\boldsymbol{A}$、$\boldsymbol{B}$ 所在平面的右手法向 $\boldsymbol{n}$。

$$\boldsymbol{A}\times\boldsymbol{B} = AB\sin\alpha_{AB}\boldsymbol{n} \tag{1-39}$$

它不符合交换律。由定义知

$$\boldsymbol{A}\times\boldsymbol{B} = -\boldsymbol{B}\times\boldsymbol{A} \tag{1-40}$$

并有

$$\begin{aligned}&\boldsymbol{e}_x\times\boldsymbol{e}_x = \boldsymbol{e}_y\times\boldsymbol{e}_y = \boldsymbol{e}_z\times\boldsymbol{e}_z = 0\\&\boldsymbol{e}_x\times\boldsymbol{e}_y = \boldsymbol{e}_z,\quad \boldsymbol{e}_y\times\boldsymbol{e}_z = \boldsymbol{e}_x,\quad \boldsymbol{e}_z\times\boldsymbol{e}_x = \boldsymbol{e}_y\end{aligned} \tag{1-41}$$

故

$$\boldsymbol{A}\times\boldsymbol{B}=(A_x\boldsymbol{e}_x+A_y\boldsymbol{e}_y+A_z\boldsymbol{e}_z)\times(B_x\boldsymbol{e}_x+B_y\boldsymbol{e}_y+B_z\boldsymbol{e}_z)$$
$$=(A_yB_z-A_zB_y)\boldsymbol{e}_x+(A_zB_x-A_xB_z)\boldsymbol{e}_y+(A_xB_y-A_yB_x)\boldsymbol{e}_z \tag{1-42}$$

$\boldsymbol{A}\times\boldsymbol{B}$ 各分量的下标次序具有规律性。例如，$\boldsymbol{e}_x$ 分量的一项是 $y\to z$，其第二项下标则次序对调：$z\to y$，依此类推。并且式(1-42)可以写成行列式

$$\boldsymbol{A}\times\boldsymbol{B}=\begin{vmatrix}\boldsymbol{e}_x & \boldsymbol{e}_y & \boldsymbol{e}_z\\ A_x & A_y & A_z\\ B_x & B_y & B_z\end{vmatrix} \tag{1-43}$$

3. 矢量的三重积：矢量的三连乘也有两种。

标量三重积为

$$\boldsymbol{A}\cdot(\boldsymbol{B}\times\boldsymbol{C})=\boldsymbol{B}\cdot(\boldsymbol{C}\times\boldsymbol{A})=\boldsymbol{C}\cdot(\boldsymbol{A}\times\boldsymbol{B}) \tag{1-44}$$

因为 $\boldsymbol{A}\times\boldsymbol{B}$ 的模值就是 $\boldsymbol{A}$ 与 $\boldsymbol{B}$ 所形成的平行四边形面积，因此，$\boldsymbol{C}\cdot(\boldsymbol{A}\times\boldsymbol{B})$ 就是该平行四边形与 $\boldsymbol{C}$ 所构成的平行六面体的体积。

矢量三重积为

$$\boldsymbol{A}\times(\boldsymbol{B}\times\boldsymbol{C})=\boldsymbol{B}(\boldsymbol{A}\cdot\boldsymbol{C})-\boldsymbol{C}(\boldsymbol{A}\cdot\boldsymbol{B}) \tag{1-45}$$

上式右边为“BAC－CAB”，故称为“Back－Cab”法则，以便记忆。

1.2.3 矢量函数的微积分

1. 矢量函数的概念

模和方向都保持不变的矢量称为常矢。模和方向或其中之一会改变的矢量称为变矢。表示物理量的矢量一般都是一个或几个(标量)变量的函数，叫矢量函数。例如，静电场中的电场强度矢量 $\boldsymbol{E}$，一般是空间坐标变量 x,y,z 的函数，记作 $\boldsymbol{E}(x,y,z)$，它的三个坐标分量一般也是 x,y,z 的函数，即

$$\boldsymbol{E}(x,y,z)=E_x(x,y,z)\boldsymbol{e}_x+E_y(x,y,z)\boldsymbol{e}_y+E_z(x,y,z)\boldsymbol{e}_z \tag{1-46}$$

如果给定矢量场中任一点的坐标，式(1-46)就给出该点的一个确定的矢量(电场强度)。

为了书写简单，如果不是特别需要，以后类似式(1-46)中的坐标变量将略去。

2. 矢量函数的导数

在涉及矢量场的许多实际问题中，常常会遇到求矢量函数对时间和空间坐标的变化率的问题，也就是要求对时间和空间坐标的导数。

(1) 矢量对空间坐标的导数：设 $\boldsymbol{F}(u)$ 是单变量 u 的矢量函数，它对 u 的导数定义是

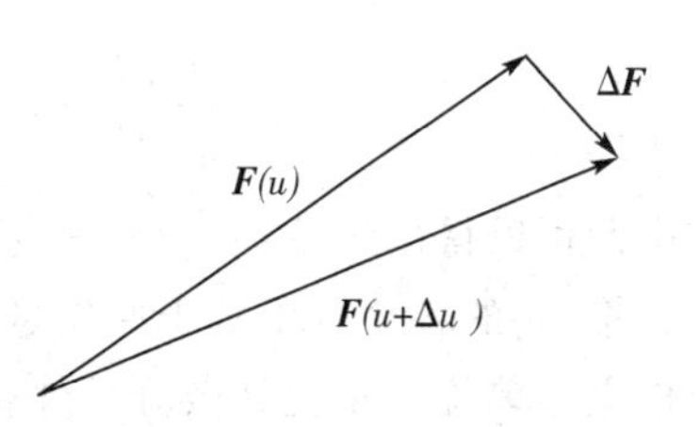

图 1-12 矢量微分示意图

$$\frac{\mathrm{d}\boldsymbol{F}}{\mathrm{d}u}=\lim_{\Delta u\to 0}\frac{\Delta\boldsymbol{F}}{\Delta u}=\lim_{\Delta u\to 0}\frac{\boldsymbol{F}(u+\Delta u)-\boldsymbol{F}(u)}{\Delta u} \tag{1-47}$$

这里假定此极限存在(即极限是单值的和有限的)。如图1-12所示,在一般情况下,矢量的增量$\Delta\boldsymbol{F}$不一定与矢量$\boldsymbol{F}$的方向相同。如果$\boldsymbol{F}$是一个常矢量,则$\frac{\mathrm{d}\boldsymbol{F}}{\mathrm{d}u}$必等于零。一阶导数$\frac{\mathrm{d}\boldsymbol{F}}{\mathrm{d}u}$仍然是一个矢量函数。逐次求导,就可得到$\boldsymbol{F}$的二阶导数$\frac{\mathrm{d}^2\boldsymbol{F}}{\mathrm{d}u^2}$以及更高阶导数。

如果f和$\boldsymbol{F}$分别是变量u的标量函数和矢量函数,则它们之积的导数由式(1-47)可得

$$\frac{\mathrm{d}(f\boldsymbol{F})}{\mathrm{d}u}=\lim_{\Delta u\to 0}\frac{(f+\Delta f)(\boldsymbol{F}+\Delta\boldsymbol{F})-f\boldsymbol{F}}{\Delta u}=f\lim_{\Delta u\to 0}\frac{\Delta\boldsymbol{F}}{\Delta u}+\boldsymbol{F}\lim_{\Delta u\to 0}\frac{\Delta f}{\Delta u}+\lim_{\Delta u\to 0}\frac{\Delta\boldsymbol{F}}{\Delta u}\Delta f$$

当$\Delta u\to 0$时,上式右端第三项趋向于零。因此

$$\frac{\mathrm{d}(f\boldsymbol{F})}{\mathrm{d}u}=f\frac{\mathrm{d}\boldsymbol{F}}{\mathrm{d}u}+\boldsymbol{F}\frac{\mathrm{d}f}{\mathrm{d}u} \tag{1-48}$$

可见,f和$\boldsymbol{F}$之积的导数在形式上与两个标量函数之积的导数运算法则相同。

如果$\boldsymbol{F}$是多变量(如u_1,u_2,u_3)的函数,则对一个变量u_1的偏导数的定义是

$$\frac{\partial\boldsymbol{F}(u_1,u_2,u_3)}{\partial u_1}=\lim_{\Delta u\to 0}\frac{\boldsymbol{F}(u_1+\Delta u_1,u_2,u_3)-\boldsymbol{F}(u_1,u_2,u_3)}{\Delta u_1} \tag{1-49}$$

对其余变量的偏导数有相同的表达式。由式(1-49)可以证明

$$\frac{\partial(f\boldsymbol{F})}{\partial u_1}=f\frac{\partial\boldsymbol{F}}{\partial u_1}+\boldsymbol{F}\frac{\partial f}{\partial u_1} \tag{1-50}$$

对$\frac{\partial\boldsymbol{F}}{\partial u_1}$再次取偏微分又可以得到像$\frac{\partial^2\boldsymbol{F}}{\partial u_1^{\ 2}}$,$\frac{\partial^2\boldsymbol{F}}{\partial u_1\partial u_2}$等等这样一些矢量函数。若$\boldsymbol{F}$至少有连续的二阶偏导数,则有

$$\frac{\partial^2\boldsymbol{F}}{\partial u_1\partial u_2}=\frac{\partial^2\boldsymbol{F}}{\partial u_2\partial u_1}$$

在直角坐标系中,坐标单位矢量$\boldsymbol{e}_x$,$\boldsymbol{e}_y$和$\boldsymbol{e}_z$都是常矢量,其导数为零。利用式(1-50)则有

$$\begin{aligned}\frac{\partial\boldsymbol{E}}{\partial x}&=\frac{\partial}{\partial x}(E_x\boldsymbol{e}_x+E_y\boldsymbol{e}_y+E_z\boldsymbol{e}_z)\\&=E_x\frac{\partial\boldsymbol{e}_x}{\partial x}+\frac{\partial E_x}{\partial x}\boldsymbol{e}_x+E_y\frac{\partial\boldsymbol{e}_y}{\partial x}+\frac{\partial E_y}{\partial x}\boldsymbol{e}_y+E_z\frac{\partial\boldsymbol{e}_z}{\partial x}+\frac{\partial E_z}{\partial x}\boldsymbol{e}_z\\&=\frac{\partial E_x}{\partial x}\boldsymbol{e}_x+\frac{\partial E_y}{\partial x}\boldsymbol{e}_y+\frac{\partial E_z}{\partial x}\boldsymbol{e}_z\end{aligned}$$

由此可以得出结论:在直角坐标系中,矢量函数对某一坐标变量的偏导数(或导数)仍然是个矢量,它的各个分量等于原矢量函数各分量对该坐标变量的偏导数(或导数)。简单地说,只要把坐标单位矢量提到微分号外就可以了。

在柱坐标和球坐标系中,由于一些坐标单位矢量不是常矢量,在求导数时,不能把坐标单

位矢量提到微分符号之外。在柱坐标系中，各坐标单位矢量对空间坐标变量的偏导数是

$$\frac{\partial \boldsymbol{e}_\rho}{\partial \rho}=\frac{\partial \boldsymbol{e}_\rho}{\partial z}=\frac{\partial \boldsymbol{e}_\varphi}{\partial \rho}=\frac{\partial \boldsymbol{e}_\varphi}{\partial z}=\frac{\partial \boldsymbol{e}_z}{\partial \rho}=\frac{\partial \boldsymbol{e}_z}{\partial \varphi}=\frac{\partial \boldsymbol{e}_z}{\partial z}=0 \tag{1-51a}$$

$$\frac{\partial \boldsymbol{e}_\rho}{\partial \varphi}=\boldsymbol{e}_\varphi \tag{1-51b}$$

$$\frac{\partial \boldsymbol{e}_\varphi}{\partial \varphi}=-\boldsymbol{e}_\rho \tag{1-51c}$$

从上式可以看出，在柱坐标系下，$\boldsymbol{e}_z$ 是常矢，它对任何一个坐标变量求导都为零，$\boldsymbol{e}_\rho,\boldsymbol{e}_\varphi,\boldsymbol{e}_z$ 都不随 ρ,z 变化而变化，也就是它们对 ρ,z 求导也为零。读者从单位矢量在空间坐标系中随位置的变化情况能够体会到这一点。

在球坐标系中，各坐标单位矢量对空间坐标变量的偏导数是

$$\frac{\partial \boldsymbol{e}_r}{\partial r}=0 \qquad \frac{\partial \boldsymbol{e}_r}{\partial \theta}=\boldsymbol{e}_\theta \qquad \frac{\partial \boldsymbol{e}_r}{\partial \varphi}=\sin\theta\boldsymbol{e}_\varphi \tag{1-52a}$$

$$\frac{\partial \boldsymbol{e}_\theta}{\partial r}=0 \qquad \frac{\partial \boldsymbol{e}_\theta}{\partial \theta}=-\boldsymbol{e}_r \qquad \frac{\partial \boldsymbol{e}_\theta}{\partial \varphi}=\cos\theta\boldsymbol{e}_\varphi \tag{1-52b}$$

$$\frac{\partial \boldsymbol{e}_\varphi}{\partial r}=0 \qquad \frac{\partial \boldsymbol{e}_\varphi}{\partial \theta}=0 \qquad \frac{\partial \boldsymbol{e}_\varphi}{\partial \varphi}=-\cos\theta\boldsymbol{e}_\theta-\sin\theta\boldsymbol{e}_r \tag{1-52c}$$

式(1-51)和式(1-52)可用作图法和解析法证明。我们以证明式(1-51b)和(1-51c)为例来说明解析法的步骤。根据柱坐标系的坐标单位矢量 $\boldsymbol{e}_\rho,\boldsymbol{e}_\varphi,\boldsymbol{e}_z$ 与直角坐标系中的坐标单位矢量 $\boldsymbol{e}_x,\boldsymbol{e}_y,\boldsymbol{e}_z$ 的关系式(1-16)，有

$$\boldsymbol{e}_\rho=\cos\varphi\boldsymbol{e}_x+\sin\varphi\boldsymbol{e}_y,\quad \boldsymbol{e}_\varphi=-\sin\varphi\boldsymbol{e}_x+\cos\varphi\boldsymbol{e}_y$$

$$\frac{\partial \boldsymbol{e}_\rho}{\partial \varphi}=\frac{\partial}{\partial \varphi}(\cos\varphi\boldsymbol{e}_x+\sin\varphi\boldsymbol{e}_y)$$

$$=-\sin\varphi\boldsymbol{e}_x+\cos\varphi\boldsymbol{e}_y=\boldsymbol{e}_\varphi$$

同样

$$\frac{\partial \boldsymbol{e}_\varphi}{\partial \varphi}=\frac{\partial}{\partial \varphi}(-\sin\varphi\boldsymbol{e}_x+\cos\varphi\boldsymbol{e}_y)$$

$$=-\cos\varphi\boldsymbol{e}_x-\sin\varphi\boldsymbol{e}_y=-\boldsymbol{e}_\rho$$

在上式推导中，使用了直角坐标系中的坐标单位矢量是常矢量这一特性。

在柱、球坐标系中，求矢量函数对坐标变量的偏导数时，必须考虑式(1-51)和式(1-52)中的各个关系式。例如，在柱坐标系中，矢量函数可表示为

$$\boldsymbol{E}(\rho,\varphi,z)=E_\rho\boldsymbol{e}_\rho+E_\varphi\boldsymbol{e}_\varphi+E_z\boldsymbol{e}_z$$

$\boldsymbol{E}$ 对坐标变量 φ 的偏导数是

$$\frac{\partial \boldsymbol{E}}{\partial \varphi}=\left(\frac{\partial E_\rho}{\partial \varphi}-E_\varphi\right)\boldsymbol{e}_\rho+\left(\frac{\partial E_\varphi}{\partial \varphi}+E_\rho\right)\boldsymbol{e}_\varphi+\frac{\partial E_z}{\partial \varphi}\boldsymbol{e}_z$$

又如在球坐标系中矢量函数可表示为

$$\boldsymbol{E}(r,\theta,\varphi) = E_r\boldsymbol{e}_r + E_\theta\boldsymbol{e}_\theta + E_\varphi\boldsymbol{e}_\varphi$$

$\boldsymbol{E}$ 对坐标变量 θ 的偏导数是

$$\frac{\partial \boldsymbol{E}}{\partial \theta} = \left(\frac{\partial E_r}{\partial \theta} - E_\theta\right)\boldsymbol{e}_r + \left(\frac{\partial E_\theta}{\partial \theta} + E_r\right)\boldsymbol{e}_\theta + \frac{\partial E_\varphi}{\partial \theta}\boldsymbol{e}_\varphi$$

也就是说，直角坐标系下的坐标单位矢量 $\boldsymbol{e}_x,\boldsymbol{e}_y,\boldsymbol{e}_z$ 不是空间位置的函数，而柱坐标系、球坐标系下的坐标单位矢量 $\boldsymbol{e}_\rho,\boldsymbol{e}_\varphi,\boldsymbol{e}_r,\boldsymbol{e}_\theta$ 都随空间位置变化而变化，是空间位置的函数。

(2) 矢量函数对时间的导数：有些矢量场既是空间坐标变量的函数，又是时间变量的函数，如在直角坐标系中的时变电场强度 $\boldsymbol{E}(x,y,z,t)$。由于在各种坐标系中的坐标单位矢量不随时间变化，矢量函数对 t 求偏导数时，都可以把它们作为常矢量提到偏微分符号之外。例如在球坐标系中，

$$\frac{\partial \boldsymbol{E}}{\partial t} = \frac{\partial}{\partial t}(E_r\boldsymbol{e}_r + E_\theta\boldsymbol{e}_\theta + E_\varphi\boldsymbol{e}_\varphi) = \frac{\partial E_r}{\partial t}\boldsymbol{e}_r + \frac{\partial E_\theta}{\partial t}\boldsymbol{e}_\theta + \frac{\partial E_\varphi}{\partial t}\boldsymbol{e}_\varphi$$

从上述分析看出，矢量函数对时间和空间坐标变量的导数（或偏导数）仍然是矢量。这个矢量的方向随具体情况而定，以后将结合具体问题进行讨论。

3. 矢量函数的积分

矢量函数的积分，包括不定积分和定积分两种。例如，已知 $\boldsymbol{B}(t)$ 是 $\boldsymbol{A}(t)$ 的一个原函数，则有不定积分

$$\int \boldsymbol{A}(t)\mathrm{d}t = \boldsymbol{B}(t) + \boldsymbol{C} \qquad (1-53)$$

式中，矢量函数 $\boldsymbol{A},\boldsymbol{B},\boldsymbol{C}$ 也可以是多个变量的函数，但 $\boldsymbol{C}$ 不随 t 变化。

由于矢量函数的积分和一般函数的积分在形式上类似，所以，一般函数积分的基本法则对矢量函数积分也都适用。但是，在柱坐标系和球坐标系中求矢量函数的积分时，仍然要注意式(1-51)和式(1-52)中的关系，不能在任何情况下都将坐标单位矢量提到积分运算符号之外。因为在一般情况下，坐标单位矢量可能是积分变量的函数。例如，在柱坐标系中的积分

$$\int_0^{2\pi} \boldsymbol{e}_\rho \mathrm{d}\varphi \neq \boldsymbol{e}_\rho \int_0^{2\pi} \mathrm{d}\varphi = 2\pi \boldsymbol{e}_\rho$$

而应当根据式(1-16)中的关系，将 $\boldsymbol{e}_\rho = \cos\varphi\boldsymbol{e}_x + \sin\varphi\boldsymbol{e}_y$ 代入后再进行积分。因 $\boldsymbol{e}_x,\boldsymbol{e}_y$ 与坐标变量无关，可以提到积分符号之外。因而得

$$\int_0^{2\pi} \boldsymbol{e}_\rho \mathrm{d}\varphi = \int_0^{2\pi} (\cos\varphi\boldsymbol{e}_x + \sin\varphi\boldsymbol{e}_y)\mathrm{d}\varphi$$

$$= \boldsymbol{e}_x\int_0^{2\pi} \cos\varphi \mathrm{d}\varphi + \boldsymbol{e}_y\int_0^{2\pi} \sin\varphi \mathrm{d}\varphi = 0$$

1.3 标量函数的梯度

为了考察标量场在空间的分布和变化规律，引进等值面、方向导数和梯度的概念。

1.3.1 标量场的等值面

一个标量场可以用一个标量函数来表示。例如，在直角坐标系中，某一标量物理函数 u 可表示为

$$u=u(x,y,z) \tag{1-54}$$

或用矢径确定点的位置就可写成 $u=u(\boldsymbol{r})$。在下面的讨论中，我们都假定 $u(x,y,z)$ 是坐标变量的连续可微函数。方程

$$u(x,y,z)=C(C\text{为任意常数}) \tag{1-55}$$

随着C的取值不同，给出一组曲面。在每一个曲面上的各点，虽然坐标值 x,y,z 不同，但函数值相等。这样的曲面称为标量场 u 的等值面。例如，温度场的等温面，电位场中的等位面等。式(1-55)称为等值面方程。

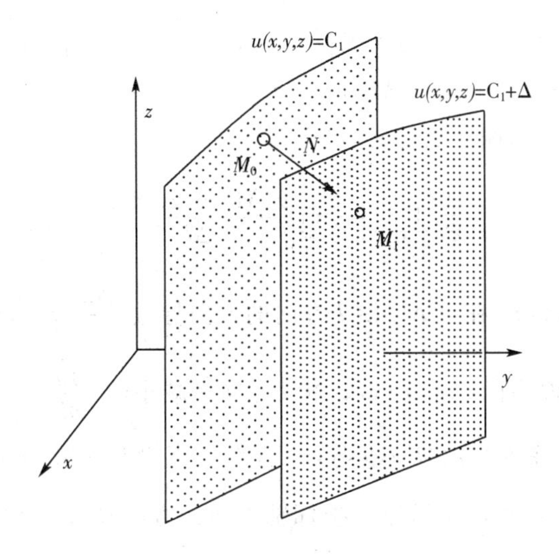

图1-13 等值面示意图

根据标量场的定义，空间的每一点上只对应一个场函数的确定值。因此，充满整个标量场所在空间的许许多多等值面互不相交。或者说场中的一个点只能在一个等值面上。

如果某一标量物理函数 v 是两个坐标变量的函数，这样的场称为平面标量场。则方程

$$v(x,y)=C(C\text{为任意常数}) \tag{1-56}$$

称为等值线方程。它在几何上一般表示一组等值曲线，当然场中的等值线也是互不相交的。

【例1-4】 设点电荷 q 位于直角坐标系的原点，在它周围空间的任一点 $M(x,y,z)$ 的电位是

$$\phi(x,y,z)=\frac{q}{4\pi\varepsilon_0\sqrt{x^2+y^2+z^2}}$$

式中，q 和 ε_0 是常数。试求等电位面方程。

【解】 根据等值面的定义，令 $\phi(x,y,z)=C$(常数) 即得到等电位面方程

$$\mathrm{C} = \frac{q}{4\pi\varepsilon_0 \sqrt{x^2 + y^2 + z^2}}$$

或
$$x^2 + y^2 + z^2 = \left(\frac{q}{4\pi\varepsilon_0 \mathrm{C}}\right)^2$$

这是一个球面方程。它表示一簇以原点为中心，以$\frac{q}{4\pi\varepsilon_0 \mathrm{C}}$为半径的球面。C 值(电位值)越小，对应的球面半径越大；与 C 值等于零对应的是一个半径为无限大的球面。可见，用等电位面可以帮助我们理解电位场的分布情况。

1.3.2 方向导数

标量场的等值面或等值线，可以形象地帮助我们了解物理量在场中总的分布情况，但在研究标量场时，还常常需要了解标量函数 $u(x,y,z)$ 在场中各个点的邻域内沿每一方向的变化情况。为此，引入方向导数。

如图 1-14 所示，设 $M_0(x_0, y_0, z_0)$ 为标量场 $u(x,y,z)$ 中的一点，从点 M_0 出发朝任一方向引一条射线 l 并在该方向上靠近点 M_0 取一动点 $M(x_0+\Delta x,\ y_0+\Delta y,\ z_0+\Delta z)$，点 M_0 到点 M 的距离表示为 Δl。根据偏导数定义，可以写出

$$\left.\frac{\partial u}{\partial l}\right|_{M_0} = \lim_{\Delta l \to 0} \frac{u(M) - u(M_0)}{\Delta l} \tag{1-57}$$

$\left.\frac{\partial u}{\partial l}\right|_{M_0}$ 就称为函数 $u(x,y,z)$ 在点 M_0 沿 $\boldsymbol{l}$ 方向的方向导数。$\frac{\partial u}{\partial l} > 0$，说明函数 $u(x,y,z)$ 沿 $\boldsymbol{l}$ 方向是增加的；$\frac{\partial u}{\partial l} < 0$，说明函数 $u(x,y,z)$ 沿 $\boldsymbol{l}$ 方向是减小的；$\frac{\partial u}{\partial l} = 0$，说明函数 $u(x,y,z)$ 沿 $\boldsymbol{l}$ 方向无变化。因此，方向导数是函数 $u(x,y,z)$ 在给定点沿某一方向对距离的变化率。在直角坐标系中，$\frac{\partial u}{\partial x}$，$\frac{\partial u}{\partial y}$，$\frac{\partial u}{\partial z}$ 就是函数 u 沿三个坐标轴方向的方向导数。

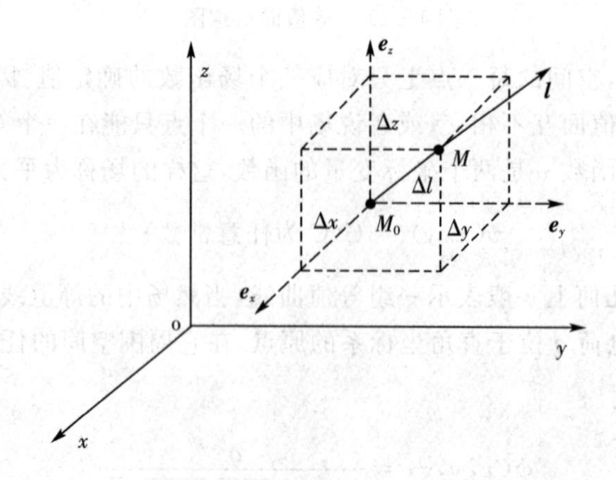

图 1-14 方向导数推导示意图

下面我们推导直角坐标系中方向导数$\frac{\partial u}{\partial l}$的公式。在图(1-14)中

$$\Delta l = \sqrt{(\Delta x)^2 + (\Delta y)^2 + (\Delta z)^2}$$

式中，$\Delta x = \Delta l\cos\alpha$，$\Delta y = \Delta l\cos\beta$，$\Delta z = \Delta l\cos\gamma$。$\cos\alpha$，$\cos\beta$，$\cos\gamma$ 是 $\boldsymbol{l}$ 的方向余弦。

根据多元函数的全增量和全微分的关系，有

$$\begin{aligned}\Delta u &= u(M) - u(M_0) \\ &= \left.\frac{\partial u}{\partial x}\right|_{M_0}\Delta x + \left.\frac{\partial u}{\partial y}\right|_{M_0}\Delta y + \left.\frac{\partial u}{\partial z}\right|_{M_0}\Delta z + \omega\Delta l\end{aligned}$$

其中，当 $\Delta l \to 0$ 时，$\omega \to 0$。上式两边除以 Δl，并令 $\Delta l \to 0$ 取极限得

$$\begin{aligned}&\lim_{\Delta l \to 0}\frac{u(M) - u(M_0)}{\Delta l} \\ &= \left.\frac{\partial u}{\partial x}\right|_{M_0}\cos\alpha + \left.\frac{\partial u}{\partial y}\right|_{M_0}\cos\beta + \left.\frac{\partial u}{\partial z}\right|_{M_0}\cos\gamma\end{aligned}$$

由方向导数的定义式(1-57)。略去下标 M_0，即得到直角坐标系中任意点上沿 $\boldsymbol{l}$ 方向的方向导数的表达式

$$\frac{\partial u}{\partial l} = \frac{\partial u}{\partial x}\cos\alpha + \frac{\partial u}{\partial y}\cos\beta + \frac{\partial u}{\partial z}\cos\gamma \tag{1-58}$$

【例 1-5】　求函数 $u = \sqrt{x^2 + y^2 + z^2}$ 在点 $M(1,0,1)$ 沿 $\boldsymbol{l} = \boldsymbol{e}_x + 2\boldsymbol{e}_y + 2\boldsymbol{e}_z$ 方向的方向导数。

【解】　$\dfrac{\partial u}{\partial x} = \dfrac{x}{\sqrt{x^2 + y^2 + z^2}}$　$\dfrac{\partial u}{\partial y} = \dfrac{y}{\sqrt{x^2 + y^2 + z^2}}$　$\dfrac{\partial u}{\partial z} = \dfrac{z}{\sqrt{x^2 + y^2 + z^2}}$

在点 $M(1,0,1)$ 有

$$\frac{\partial u}{\partial x} = \frac{1}{\sqrt{2}} \quad \frac{\partial u}{\partial y} = 0 \quad \frac{\partial u}{\partial z} = \frac{1}{\sqrt{2}}$$

$\boldsymbol{l}$ 的方向余弦是

$$\cos\alpha = \frac{1}{\sqrt{1^2 + 2^2 + 2^2}} = \frac{1}{3} \qquad \cos\beta = \frac{2}{3} \qquad \cos\gamma = \frac{2}{3}$$

由式(1-58)得

$$\left.\frac{\partial u}{\partial l}\right|_M = \frac{1}{\sqrt{2}} \times \frac{1}{3} + 0 \times \frac{2}{3} + \frac{1}{\sqrt{2}} \times \frac{2}{3} = \frac{1}{\sqrt{2}}$$

1.3.3　梯度

1. 梯度的定义

方向导数是函数 $u(x,y,z)$ 在给定点沿某个方向对距离的变化率。但是，从标量场中的给定点出发，有无穷多个方向。函数 $u(x,y,z)$ 沿其中哪个方向的变化率最大呢?这个最大的变化率又是多少呢?为了解决这个问题，我们首先分析在直角坐标系中的方向导数公式(1-58)。根

据定义式(1-26),$\boldsymbol{l}$ 方向的单位矢量是

$$\boldsymbol{e}_l = \cos\alpha\boldsymbol{e}_x + \cos\beta\boldsymbol{e}_y + \cos\gamma\boldsymbol{e}_z \tag{1-59}$$

把式(1-58)中的$\frac{\partial u}{\partial x},\frac{\partial u}{\partial y},\frac{\partial u}{\partial z}$看作一个矢量 $\boldsymbol{G}$ 沿三个坐标方向的分量,表示为

$$\boldsymbol{G} = \frac{\partial u}{\partial x}\boldsymbol{e}_x + \frac{\partial u}{\partial y}\boldsymbol{e}_y + \frac{\partial u}{\partial z}\boldsymbol{e}_z \tag{1-60}$$

很明显,矢量 $\boldsymbol{G}$ 与 $\boldsymbol{e}_l$ 的标量积恰好与式(1-58)右端相等。即

$$\frac{\partial u}{\partial l} = \boldsymbol{G}\cdot\boldsymbol{e}_l = |\boldsymbol{G}|\cos(\boldsymbol{G},\boldsymbol{e}_l) \tag{1-61}$$

必须强调指出,式(1-60)确定的矢量 $\boldsymbol{G}$ 在给定点是一个固定矢量,它只与函数 $u(x,y,z)$ 有关。而 $\boldsymbol{e}_l$ 则是在给定点引出的任一方向上的单位矢量,它与函数 $u(x,y,z)$ 无关。

式(1-61)说明,矢量 $\boldsymbol{G}$ 在方向 $\boldsymbol{l}$ 上的投影等于函数 $u(x,y,z)$ 在该方向上的方向导数。更为重要的是,当选择 $\boldsymbol{l}$ 的方向与 $\boldsymbol{G}$ 的方向一致时,$\cos(\boldsymbol{G},\boldsymbol{e}_l)=1$,则方向导数取最大值,即

$$\left.\frac{\partial u}{\partial l}\right|_{\max} = |\boldsymbol{G}| \tag{1-62}$$

因此,矢量 $\boldsymbol{G}$ 的方向就是函数 $u(x,y,z)$ 在给定点变化率最大的方向,矢量 $\boldsymbol{G}$ 的模也正好就是它的最大变化率。矢量 $\boldsymbol{G}$ 被称作函数 $u(x,y,z)$ 在给定点的梯度。

定义:标量场 $u(x,y,z)$ 在点 M 处的梯度是一个矢量,记作

$$\mathrm{grad}\ u = \boldsymbol{G} \tag{1-63}$$

它的大小等于场在点 M 所有方向导数中的最大值,它的方向等于取到这个最大值所沿的那个方向。

利用式(1-61)可以得出在任何坐标系中梯度的公式。式(1-60)就是直角坐标系中的梯度计算公式。柱、球坐标系中的梯度计算公式由1.7节中的式(1-135)和式(1-136)给出。

2. 梯度的性质

(1) 一个标量函数 u(标量场)的梯度是一个矢量函数。在给定点,梯度的方向就是函数 u 变化率最大的方向,它的模恰好等于函数 u 在该点的最大变化率的数值。又因函数 u 沿梯度方向的方向导数$\left.\frac{\partial u}{\partial l}\right|_{\max}=|\mathrm{grad}u|$恒大于零,说明梯度总是指向函数 $u(x,y,z)$ 增大的方向。

(2) 函数 u 在给定点沿任意 $\boldsymbol{l}$ 方向的方向导数等于函数 u 的梯度在 $\boldsymbol{l}$ 方向上的投影。

(3) 在任一点 M,标量场 $u(x,y,z)$ 的梯度垂直于过该点的等值面,也就是垂直于过该点的等值面的切平面。证明这一点是不难的。根据解析几何知识,过 M 点等值面的切平面的法线矢量是$\left(\frac{\partial u}{\partial x}\boldsymbol{e}_x+\frac{\partial u}{\partial y}\boldsymbol{e}_y+\frac{\partial u}{\partial z}\boldsymbol{e}_z\right)_M$。

对照式(1-60)和式(1-63),可见法线矢量刚好等于在点 M 函数 $u(x,y,z)$ 的梯度。因此,在点 M,u 的梯度垂直于过点 M 的等值面。

根据这一性质,曲面 $u(x,y,z)=\mathrm{C}$ 上任一点的单位法线矢量 $\boldsymbol{n}$ 可以用梯度表示,即

$$\boldsymbol{n} = \frac{\text{grad}u}{|\text{grad}u|} \tag{1-64}$$

3. 哈密顿(**Hamilton**)算子

为了方便，我们引入一个算子

$$\nabla = \frac{\partial}{\partial x}\boldsymbol{e}_x + \frac{\partial}{\partial y}\boldsymbol{e}_y + \frac{\partial}{\partial z}\boldsymbol{e}_z \tag{1-65}$$

称为哈密顿算子。我们知道，函数是把一个定义域中的值映射到值域中的值，而算子是把一个函数映射为另外一个函数。∇ 读作“del(德尔)”或“nabla(那勃拉)”。“∇”既是一个微分算子，又可以看作一个矢量，所以称它为一个矢性微分算子。

算子∇对标量函数作用产生一矢量函数。在直角坐标系中，

$$\nabla u = \left(\frac{\partial}{\partial x}\boldsymbol{e}_x + \frac{\partial}{\partial y}\boldsymbol{e}_y + \frac{\partial}{\partial z}\boldsymbol{e}_z\right)u \tag{1-66}$$

上式右边刚好是 $\text{grad}u$，所以用哈密顿算子可将梯度记为

$$\text{grad}u = \nabla u \tag{1-67}$$

4. 梯度运算基本公式

$$\nabla C = 0 (C \text{为常数}) \tag{1-68}$$

$$\nabla (Cu) = C\nabla u (C \text{为常数}) \tag{1-69}$$

$$\nabla (u \pm v) = \nabla u \pm \nabla v \tag{1-70}$$

$$\nabla (uv) = v\nabla u + u\nabla v \tag{1-71}$$

$$\nabla \left(\frac{u}{v}\right) = \frac{1}{v^2}(v\nabla u - u\nabla v) \tag{1-72}$$

$$\nabla f(u) = f'(u)\nabla u \tag{1-73}$$

这些公式与对一般函数求导数的法则类似。这里仅以式(1-73)为例，证明如下：

$$\begin{aligned}
\nabla f(u) &= \left(\frac{\partial}{\partial x}\boldsymbol{e}_x + \frac{\partial}{\partial y}\boldsymbol{e}_y + \frac{\partial}{\partial z}\boldsymbol{e}_z\right)f(u) \\
&= \frac{\partial f(u)}{\partial x}\boldsymbol{e}_x + \frac{\partial f(u)}{\partial y}\boldsymbol{e}_y + \frac{\partial f(u)}{\partial z}\boldsymbol{e}_z \\
&= \left[\frac{\partial f(u)}{\partial u}\cdot\frac{\partial u}{\partial x}\right]\boldsymbol{e}_x + \left[\frac{\partial f(u)}{\partial u}\cdot\frac{\partial u}{\partial y}\right]\boldsymbol{e}_y + \left[\frac{\partial f(u)}{\partial u}\cdot\frac{\partial u}{\partial z}\right]\boldsymbol{e}_z \\
&= \frac{\mathrm{d}f(u)}{\mathrm{d}u}\left[\frac{\partial u}{\partial x}\boldsymbol{e}_x + \frac{\partial u}{\partial y}\boldsymbol{e}_y + \frac{\partial u}{\partial z}\boldsymbol{e}_z\right]
\end{aligned}$$

所以$\nabla f(u) = f'(u)\nabla u$。

【例1-6】 $R = \sqrt{(x-x')^2 + (y-y')^2 + (z-z')^2}$，试证明$\nabla\left(\frac{1}{R}\right) = -\nabla'\left(\frac{1}{R}\right)$。$R$表示空间点$(x,y,z)$和$(x',y',z')$点之间的距离。符号$\nabla'$表示对$x',y',z'$微分，即

$$\nabla' = \left(\frac{\partial}{\partial x'}\boldsymbol{e}_x + \frac{\partial}{\partial y'}\boldsymbol{e}_y + \frac{\partial}{\partial z'}\boldsymbol{e}_z\right) \tag{1-74}$$

【解】

$$\begin{aligned}\nabla\left(\frac{1}{R}\right) &= \nabla\left[(x-x')^2+(y-y')^2+(z-z')^2\right]^{-\frac{1}{2}} \\ &= \frac{\partial}{\partial x}\left[(x-x')^2+(y-y')^2+(z-z')^2\right]^{-\frac{1}{2}}\boldsymbol{e}_x \\ &\quad+\frac{\partial}{\partial y}\left[(x-x')^2+(y-y')^2+(z-z')^2\right]^{-\frac{1}{2}}\boldsymbol{e}_y \\ &\quad+\frac{\partial}{\partial z}\left[(x-x')^2+(y-y')^2+(z-z')^2\right]^{-\frac{1}{2}}\boldsymbol{e}_z \\ &= \frac{-\left[(x-x')\boldsymbol{e}_x+(y-y')\boldsymbol{e}_y+(z-z')\boldsymbol{e}_z\right]}{\left[(x-x')^2+(y-y')^2+(z-z')^2\right]^{\frac{3}{2}}}\end{aligned}$$

所以

$$\nabla\left(\frac{1}{R}\right) = -\frac{\boldsymbol{R}}{R^3} = -\frac{\boldsymbol{e}_R}{R^2} \tag{1-75}$$

$$\nabla'\left(\frac{1}{R}\right) = \nabla'\left[(x-x')^2+(y-y')^2+(z-z')^2\right]^{-\frac{1}{2}}$$

$$= \frac{\partial}{\partial x'}\left[(x-x')^2+(y-y')^2+(z-z')^2\right]^{-\frac{1}{2}}\boldsymbol{e}_x + \frac{\partial}{\partial y'}\left[(x-x')^2+(y-y')^2+(z-z')^2\right]^{-\frac{1}{2}}\boldsymbol{e}_y$$

$$+\frac{\partial}{\partial z'}\left[(x-x')^2+(y-y')^2+(z-z')^2\right]^{-\frac{1}{2}}\boldsymbol{e}_z$$

所以

$$\nabla'\left(\frac{1}{R}\right) = \frac{\boldsymbol{R}}{R^3} = \frac{\boldsymbol{e}_R}{R^2} \tag{1-76}$$

从式(1-75)和式(1-76)可以看出，

$$\nabla\left(\frac{1}{R}\right) = -\nabla'\left(\frac{1}{R}\right) \tag{1-77}$$

这个公式在后续章节中将用到。

1.4 矢量函数的散度

为了考察矢量场在空间的分布和变化规律，引入矢量线、通量和散度的概念。

1.4.1 矢量场的矢量线

一个矢量场可以用一个矢量函数来表示。例如，在直角坐标系中，某一矢量物理函数 $\boldsymbol{F}$ 可

表示为

$$\boldsymbol{F}=\boldsymbol{F}(x,y,z) \tag{1-78}$$

或用分量表示为

$$\boldsymbol{F}(x,y,z)=F_x(x,y,z)\boldsymbol{e}_x+F_y(x,y,z)\boldsymbol{e}_y+F_z(x,y,z)\boldsymbol{e}_z \tag{1-79}$$

上式中 $F_x(x,y,z)$、$F_y(x,y,z)$、$F_z(x,y,z)$ 分别是矢量 $\boldsymbol{F}(x,y,z)$ 在三个坐标轴上的投影。我们假定它们都是坐标变量的单值函数，且具有连续偏导数。

为了形象地描绘矢量场在空间的分布状况，引入矢量线的概念。矢量线是这样的一些曲线，线上每一点的切线方向都代表该点的矢量场的方向。一般说来，矢量场的每一点均有唯一的一条矢量线通过，所以矢量线充满了整个矢量场所在的空间。电场中的电力线和磁场中的磁力线等，都是矢量线的例子。

为了精确地绘出矢量线，必须求出矢量线方程。根据定义，在矢量线上任一点的切向长度元 $\mathrm{d}\boldsymbol{l}$ 与该点的矢量场 $\boldsymbol{F}$ 的方向平行，即

$$\boldsymbol{F}\times\mathrm{d}\boldsymbol{l}=0 \tag{1-80}$$

由式(1-33)

$$\mathrm{d}\boldsymbol{l}=\mathrm{d}x\boldsymbol{e}_x+\mathrm{d}y\boldsymbol{e}_y+\mathrm{d}z\boldsymbol{e}_z$$

再把式(1-79)简写为

$$\boldsymbol{F}=F_x\boldsymbol{e}_x+F_y\boldsymbol{e}_y+F_z\boldsymbol{e}_z$$

则式(1-80)可写为

$$\boldsymbol{F}\times\mathrm{d}\boldsymbol{l}=\begin{vmatrix}\boldsymbol{e}_x & \boldsymbol{e}_y & \boldsymbol{e}_z\\ F_x & F_y & F_z\\ \mathrm{d}x & \mathrm{d}y & \mathrm{d}z\end{vmatrix}=0$$

展开上式，并根据零矢量的三个分量均为零的性质，或两矢量平行的基本条件，可得

$$\frac{\mathrm{d}x}{F_x}=\frac{\mathrm{d}y}{F_y}=\frac{\mathrm{d}z}{F_z} \tag{1-81}$$

这就是矢量线的微分方程。求得它的通解就可绘出矢量线。

【例1-7】 设点电荷 q 位于坐标原点，它在周围空间的任一点 $M(x,y,z)$ 所产生的电场强度矢量

$$\boldsymbol{E}=\frac{q}{4\pi\varepsilon_0 r^3}\boldsymbol{r}$$

式中的 q 和 ε_0 都是常数，$\boldsymbol{r}=x\boldsymbol{e}_x+y\boldsymbol{e}_y+z\boldsymbol{e}_z$ 是点 M 的矢径。求 $\boldsymbol{E}$ 的矢量方程的通解。

【解】 $\boldsymbol{E}=\dfrac{q}{4\pi\varepsilon_0 r^3}(x\boldsymbol{e}_x+y\boldsymbol{e}_y+z\boldsymbol{e}_z)=E_x\boldsymbol{e}_x+E_y\boldsymbol{e}_y+E_z\boldsymbol{e}_z$ 由式(1-81)化简后得矢量线微分方程

$$\begin{cases}\dfrac{dx}{x}=\dfrac{dy}{y}\\[2ex]\dfrac{dy}{y}=\dfrac{dz}{z}\end{cases}$$

此方程的通解是

$$\begin{cases}y=C_1x\\z=C_2y\end{cases}\quad (C_1,C_2\text{ 为任意常数})$$

将此解综合，可以写为：$z=D_1x+D_2y$（D_1，D_2 为任意常数）。可以看出，电力线是一簇从点电荷所在点（原点）向空间发散的径向辐射线。这样一簇矢量线形象地描绘出点电荷电场的分布状况。

1.4.2 通量

矢量 $\boldsymbol{F}$ 在场中某一个曲面 s 上的面积分，称为该矢量场通过此曲面的通量，记作

$$\Phi=\int_s \boldsymbol{F}\cdot d\boldsymbol{s}=\int_s \boldsymbol{F}\cdot \boldsymbol{n}ds \tag{1-82}$$

如图 1-15 所示，在场中任意曲面 s 上的点 M 周围取一小面积元 ds，它有两个方向相反的单位法线矢量 $\pm\boldsymbol{n}$。对于开曲面上的面元，设这个开曲面是由封闭曲线 $\boldsymbol{l}$ 所围成的，则当选定绕行 $\boldsymbol{l}$ 的方向后，沿绕行方向按右手螺旋的拇指方向就是 $\boldsymbol{n}$ 方向；对于封闭曲面上的面元，$\boldsymbol{n}$ 取为封闭曲面的外法线方向，则 $d\Phi=\boldsymbol{F}\cdot\boldsymbol{n}ds=F\cos\theta ds>0$；反之，则 $d\Phi<0$。可见，通量是一个代数量，它的正负与面积元法线矢量方向的选取有关。

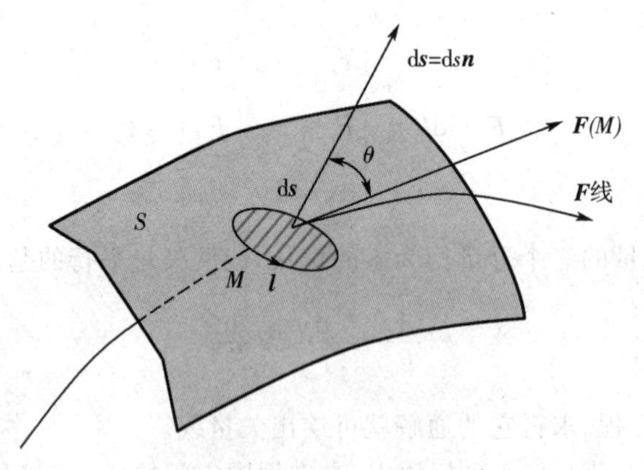

图 1-15 矢量场通量

利用矢量线的概念，通量也可以认为是穿过曲面 s 的矢量线总数。故矢量线也称为通量线。式(1-82) 中的矢量场 $\boldsymbol{F}$ 则可称为通量面密度矢量，它的模 F 就等于在某点与 $\boldsymbol{F}$ 垂直的单位面积上通过的矢量线的数目。例如，静电场中的电位移矢量 $\boldsymbol{D}$ 在某一曲面 s 上的面积分为 $\boldsymbol{D}$ 矢量在此面积上的电通量，$\boldsymbol{D}$ 可称为电通量面密度矢量。

如果 s 是限定一定体积的闭合面，则通过闭合面的总通量可表示为

$$\Phi=\oint_s \boldsymbol{F}\cdot d\boldsymbol{s}=\oint_s \boldsymbol{F}\cdot \boldsymbol{n}ds \tag{1-83}$$

对于闭合面，可以假定面积元的单位法线矢量 $\boldsymbol{n}$ 均由面内指向面外。在闭合面 s 的一部分面积上，各点的 $\boldsymbol{F}$ 与 $\boldsymbol{n}$ 的夹角 $\theta < 90°$，矢量线穿出这部分面积上，通量为正值；在另一部分面积上，各点的 $\boldsymbol{F}$ 与 $\boldsymbol{n}$ 的夹角 $\theta > 90°$，矢量线穿入这部分面积，通量为负值。式(1-83)中的 Φ 则表示从 s 内穿出的正通量与从 s 外穿入的负通量的代数和，称为通过 s 面的净通量。当 $\Phi > 0$ 时，穿出闭合面 s 的通量线多于穿入 s 的通量线，这时 s 内必有发出通量线的源，我们称它为正源。当 $\Phi < 0$ 时，穿入多于穿出，这时 s 内必有吸收通量线的沟，为对称起见，我们称它为负源。当 $\Phi = 0$ 时，穿出等于穿入，这时 s 内正源与负源的代数和为零，或者 s 内没有源。如图 1-16 所示。这里说的正源和负源都叫通量源，对应的场叫具有通量源的场(简称通量场)。例如，静电场中的正电荷发出电力线，在包围它的任意闭合面上的通量为正值。负电荷吸收电力线，在包围它的任意闭合面上的通量为负值。闭合面里的电荷电量的代数和为零，或无电荷时，闭合面上的通量等于零。静电场就是具有通量源的场。

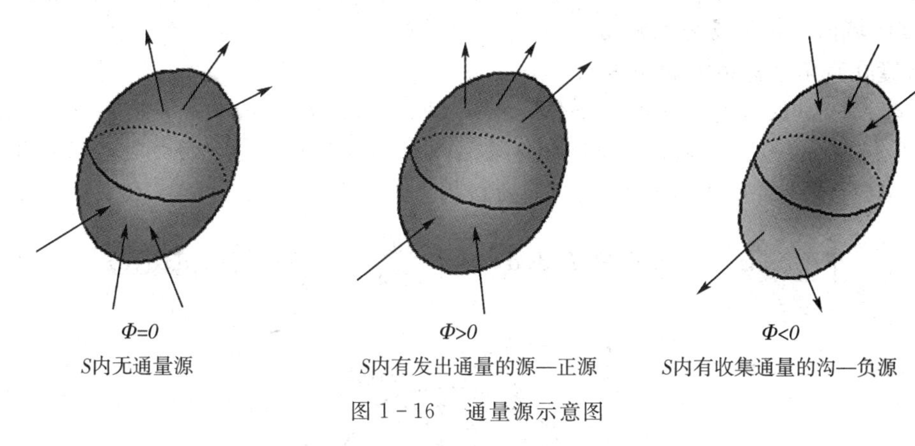

图 1-16　通量源示意图

如果一闭合面 s 上任一点的矢量场

$$\boldsymbol{F} = \boldsymbol{F}_1 + \boldsymbol{F}_2 + \cdots + \boldsymbol{F}_n = \sum_{i=1}^{n} \boldsymbol{F}_i$$

则通过 s 面的矢量场 $\boldsymbol{F}$ 的通量是

$$\Phi = \oint_s \boldsymbol{F} \cdot \mathrm{d}\boldsymbol{s} = \oint_s \left(\sum_{i=1}^{n} \boldsymbol{F}_i\right) \cdot \mathrm{d}\boldsymbol{s} = \sum_{i=1}^{n} \oint_s \boldsymbol{F}_i \cdot \mathrm{d}\boldsymbol{s} \tag{1-84}$$

上式表明，通量是可以迭加的。

1.4.3　散度

矢量场在闭合面 s 上的通量是由 s 内的通量源决定的。但是，通量只能描绘这种关系的较大范围的情况。我们还希望通过对矢量场的分析，了解场中每点上的场与源之间的关系。为此，需要引入矢量场散度的概念。

1. 散度的定义

定义：在连续函数的矢量场 $\boldsymbol{F}$ 中，任一点 M 的邻域内，作一包围该点的任意闭合面 s，并使 s 所限定的体积 ΔV 以任意方式趋于零(即缩至 M 点)。取下列极限

$$\lim_{\Delta V\to 0}\frac{\oint_s \boldsymbol{F}\cdot \mathrm{d}\boldsymbol{s}}{\Delta V}=\lim_{\Delta V\to 0}\frac{\oint_s \boldsymbol{F}\cdot \boldsymbol{n}\mathrm{d}s}{\Delta V}$$

这个极限称为矢量场 $\boldsymbol{F}$ 在点 M 的散度(divergence),记作 $\mathrm{div}\boldsymbol{F}$(读作散度 $\boldsymbol{F}$)。即

$$\mathrm{div}\boldsymbol{F}=\lim_{\Delta V\to 0}\frac{\oint_s \boldsymbol{F}\cdot \boldsymbol{n}\mathrm{d}s}{\Delta V} \tag{1-85}$$

这个定义与所选取的坐标系无关。$\mathrm{div}\boldsymbol{F}$ 表示在场中任意一点处,通过包围该点的单位体积的表面的通量。所以 $\mathrm{div}\boldsymbol{F}$ 可称为“通量源密度”。

在点 M,若 $\mathrm{div}\boldsymbol{F}>0$,则该点有发出通量线的正源,类似图 1-16;若 $\mathrm{div}\boldsymbol{F}<0$,则该点有吸收通量线的负源,若 $\mathrm{div}\boldsymbol{F}=0$,则该点无源,若在某一区域内所有点上的矢量场的散度都等于零,则称该区域内的矢量场为无源场。

2. 散度在直角坐标系中的表达式

设在点 $M(x,y,z)$,矢量 $\boldsymbol{F}$ 的三个分量为 F_x,F_y,F_z,即 $\boldsymbol{F}=F_x\boldsymbol{e}_x+F_y\boldsymbol{e}_y+F_z\boldsymbol{e}_z$。如图 1-17 所示,在点 $M(x,y,z)$ 邻域取一空间闭区域 ΔV,其边界曲面为 Σ,假设矢量场的分量 F_x,F_y,F_z 在 ΔV 上有一阶连续偏导数,则有下列高斯公式

$$\oint_{\Sigma} F_x\mathrm{d}y\mathrm{d}z+F_y\mathrm{d}x\mathrm{d}z+F_z\mathrm{d}x\mathrm{d}y=\int_{\Delta V}\left(\frac{\partial F_x}{\partial x}+\frac{\partial F_y}{\partial y}+\frac{\partial F_z}{\partial z}\right)\mathrm{d}x\mathrm{d}y\mathrm{d}z \tag{1-86}$$

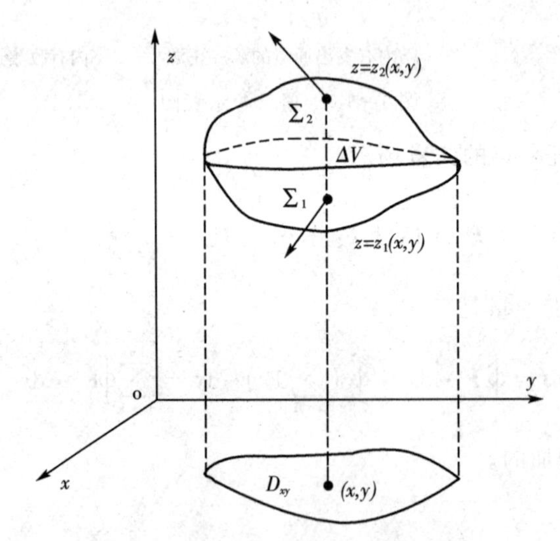

图 1-17 曲面积分与体积分关系示意图

下面我们对这一公式作简单证明。

证明:根据三重积分的计算法,有

$$\int_{\Delta V}\frac{\partial F_z}{\partial z}\mathrm{d}x\mathrm{d}y\mathrm{d}z=\int_{D_{xy}}\mathrm{d}x\mathrm{d}y\int_{z_1(x,y)}^{z_2(x,y)}\frac{\partial F_z}{\partial z}\mathrm{d}z$$

$$=\int_{D_{xy}}[F_z(x,y,z_2)-F_z(x,y,z_1)]\mathrm{d}x\mathrm{d}y$$

式中 D_{xy} 是空间区域 ΔV 在 xoy 平面上的投影区域，而 $z=z_1(x,y)$ 是边界曲面的下半部分 Σ_1 的方程，$z=z_2(x,y)$ 是边界曲面的上半部分 Σ_2 的方程。

再根据曲面积分的计算法，则函数 F_z 在边界曲面 Σ 的积分为

$$\begin{aligned}\oint_{\Sigma} F_z \mathrm{d}x\mathrm{d}y &= \int_{\Sigma_2} F_z \mathrm{d}x\mathrm{d}y + \int_{\Sigma_1} F_z \mathrm{d}x\mathrm{d}y \\ &= \int_{D_{xy}} F_z(x,y,z_2)\mathrm{d}x\mathrm{d}y - \int_{D_{xy}} F_z(x,y,z_1)\mathrm{d}x\mathrm{d}y \\ &= \int_{D_{xy}} [F_z(x,y,z_2) - F_z(x,y,z_1)\mathrm{d}x\mathrm{d}y\end{aligned}$$

于是，比较上面所得两个结果，我们证得

$$\oint_{\Sigma} F_z \mathrm{d}x\mathrm{d}y = \oint_{\Delta V} \frac{\partial F_z}{\partial z}\mathrm{d}x\mathrm{d}y\mathrm{d}z$$

同样可证

$$\oint_{\Sigma} F_x \mathrm{d}y\mathrm{d}z = \int_{\Delta V} \frac{\partial F_x}{\partial x}\mathrm{d}x\mathrm{d}y\mathrm{d}z,\quad \oint_{\Sigma} F_y \mathrm{d}x\mathrm{d}z = \int_{\Delta V} \frac{\partial F_y}{\partial y}\mathrm{d}x\mathrm{d}y\mathrm{d}z$$

合并上述三式即得式(1－86)。

由于

$$\mathrm{d}\boldsymbol{s} = \mathrm{d}y\mathrm{d}z\boldsymbol{e}_x + \mathrm{d}x\mathrm{d}z\boldsymbol{e}_y + \mathrm{d}x\mathrm{d}y\boldsymbol{e}_z \tag{1-87}$$

根据散度的定义，利用式(1－85)、式(1－86)和式(1－87)得

$$\begin{aligned}\mathrm{div}\boldsymbol{F} &= \lim_{\Delta V\to 0}\frac{\oint_s \boldsymbol{F}\cdot \mathrm{d}\boldsymbol{s}}{\Delta V} = \lim_{\Delta V\to 0}\frac{\oint_s F_x\mathrm{d}y\mathrm{d}z + F_y\mathrm{d}x\mathrm{d}z + F_z\mathrm{d}x\mathrm{d}y}{\Delta V} \\ &= \lim_{\Delta V\to 0}\frac{\int_{\Delta V}\left[\frac{\partial F_x}{\partial x}+\frac{\partial F_y}{\partial y}+\frac{\partial F_z}{\partial z}\right]\mathrm{d}x\mathrm{d}y\mathrm{d}z}{\Delta V}\end{aligned}$$

利用积分中值定理，则可以得到 $M(x,y,z)$ 点的散度为

$$\mathrm{div}\boldsymbol{F} = \lim_{\Delta V\to 0}\frac{\left[\frac{\partial F_x}{\partial x}+\frac{\partial F_y}{\partial y}+\frac{\partial F_z}{\partial z}\right]_M \Delta V}{\Delta V} = \left[\frac{\partial F_x}{\partial x}+\frac{\partial F_y}{\partial y}+\frac{\partial F_z}{\partial z}\right]_M$$

省去下标 M，便可得到散度在直角坐标系中的表达式

$$\mathrm{div}\boldsymbol{F} = \frac{\partial F_x}{\partial x}+\frac{\partial F_y}{\partial y}+\frac{\partial F_z}{\partial z} \tag{1-88}$$

可以看出，div$\boldsymbol{F}$ 刚好等于哈密顿算子 ∇ 与矢量 $\boldsymbol{F}$ 的标积，即

$$\nabla \cdot \boldsymbol{F} = \left(\frac{\partial}{\partial x}\boldsymbol{e}_x + \frac{\partial}{\partial y}\boldsymbol{e}_y + \frac{\partial}{\partial z}\boldsymbol{e}_z\right) \cdot (F_x\boldsymbol{e}_x + F_y\boldsymbol{e}_y + F_z\boldsymbol{e}_z) = \frac{\partial F_x}{\partial x} + \frac{\partial F_y}{\partial y} + \frac{\partial F_z}{\partial z} = \mathrm{div}\boldsymbol{F} \tag{1-89}$$

可见，一个矢量函数的散度是一个标量函数。在场中任一点，矢量场 $\boldsymbol{F}$ 的散度等于 $\boldsymbol{F}$ 在各坐标轴上的分量对各自坐标变量的偏导数之和。柱坐标系和球坐标系中的散度表示式见本章 1.7 中的式(1-145) 和式(1-146)。

3. 散度的基本运算公式

$$\nabla \cdot \mathbf{C} = 0 \quad (\mathbf{C}\text{ 为常矢量}) \tag{1-90}$$

$$\nabla \cdot (\mathrm{C}\boldsymbol{F}) = \mathrm{C}\,\nabla \cdot \boldsymbol{F} \quad (\mathrm{C}\text{ 为常数}) \tag{1-91}$$

$$\nabla \cdot (\boldsymbol{F} \pm \boldsymbol{G}) = \nabla \cdot \boldsymbol{F} \pm \nabla \cdot \boldsymbol{G} \tag{1-92}$$

$$\nabla \cdot (u\boldsymbol{F}) = u\,\nabla \cdot \boldsymbol{F} + \boldsymbol{F} \cdot \nabla u \quad (u\text{ 为标量函数}) \tag{1-93}$$

以上各式与所取坐标系无关。在直角坐标系中，利用式(1-89) 可以很容易地证明以上诸式。

1.4.4 高斯(Gauss) 散度定理

根据散度的定义，$\nabla \cdot \boldsymbol{F}$ 等于空间某一点从包围该点的单位体积内穿出的 $\boldsymbol{F}$ 通量。所以从空间任一体积 V 内穿出的 $\boldsymbol{F}$ 通量应等于 $\nabla \cdot \boldsymbol{F}$ 在 V 内的体积分，即

$$\Phi = \int_V \nabla \cdot \boldsymbol{F}\mathrm{d}V$$

这个通量也就是从限定体积 V 的闭合面 s 上穿出的净通量。所以

$$\int_V \nabla \cdot \boldsymbol{F}\mathrm{d}V = \oint_s \boldsymbol{F} \cdot \mathrm{d}\boldsymbol{s} \tag{1-94}$$

这就是高斯散度定理。式(1-94) 实际上是式(1-86) 的简化写法，因此，我们在证明式(1-86) 时，同时就证明了高斯散度定理。它的意义是：任意矢量场 $\boldsymbol{F}$ 的散度在场中任意一个体积内的体积分等于矢量场 $\boldsymbol{F}$ 在限定该体积的闭合面上的法向分量沿闭合面的面积分。这种矢量场中的积分变换关系，在电磁场理论中将经常用到。

【例 1-8】 点电荷 q 位于坐标原点，在离其 r 处产生的电通量密度为

$$\boldsymbol{D} = \frac{q}{4\pi r^3}\boldsymbol{r}, \qquad \boldsymbol{r} = x\boldsymbol{e}_x + y\boldsymbol{e}_y + z\boldsymbol{e}_z$$

求任意点处电通量密度的散度 $\nabla \cdot \boldsymbol{D}$，并求穿出以 r 为半径的球面的电通量 Φ。

【解】 $\boldsymbol{D} = \dfrac{q}{4\pi}\dfrac{x\boldsymbol{e}_x + y\boldsymbol{e}_y + z\boldsymbol{e}_z}{(x^2+y^2+z^2)^{3/2}} = D_x\boldsymbol{e}_x + D_y\boldsymbol{e}_y + D_z\boldsymbol{e}_z$

$$\frac{\partial D_x}{\partial x} = \frac{q}{4\pi}\frac{\partial}{\partial x}\left[\frac{x}{(x^2+y^2+z^2)^{3/2}}\right]$$

$$= \frac{q}{4\pi}\left[\frac{1}{(x^2+y^2+z^2)^{3/2}} - \frac{3x^2}{(x^2+y^2+z^2)^{5/2}}\right]$$

$$= \frac{q}{4\pi}\frac{r^2-3x^2}{r^5}$$

同理可得

$$\frac{\partial D_y}{\partial y} = \frac{q}{4\pi}\frac{r^2-3y^2}{r^5}, \quad \frac{\partial D_z}{\partial z} = \frac{q}{4\pi}\frac{r^2-3z^2}{r^5}$$

所以

$$\nabla \cdot \boldsymbol{D} = \frac{\partial D_x}{\partial x} + \frac{\partial D_y}{\partial y} + \frac{\partial D_z}{\partial z} = \frac{q}{4\pi}\frac{3r^2-3(x^2+y^2+z^2)}{r^5} = 0$$

可见，除点电荷所在源点($r=0$)外，空间各点的电通量密度散度均为0。

$$\Phi = \oint_s \boldsymbol{D} \cdot \mathrm{d}\boldsymbol{s} = \frac{q}{4\pi r^3}\oint_s \boldsymbol{r} \cdot \boldsymbol{e}_r \mathrm{d}s$$

$$= \frac{q}{4\pi r^2}\oint_s \mathrm{d}s = \frac{q}{4\pi r^2}4\pi r^2 = q$$

这证明在此球面上所穿过的电通量的源正是点电荷q。

【例1-9】 在$\boldsymbol{E} = \frac{3}{8}x^3y^2\boldsymbol{e}_x$的矢量场中，假设有一个边长为$2a$，中心在直角坐标系原点，各表面与三个坐标面平行的正六面体。试求从正六面体内穿出的电场净通量Φ，并验证高斯散度定理。

【解】 先用公式$\Phi = \oint_s \boldsymbol{E} \cdot \mathrm{d}\boldsymbol{s}$计算通量。

因为$\boldsymbol{E}$只有x分量，参见图1-10，在六面体的上、下、左、右四个表面上$\boldsymbol{E}$和$\mathrm{d}\boldsymbol{s}$垂直，面积分为零。所以

$$\Phi = \oint_s \boldsymbol{E} \cdot \mathrm{d}\boldsymbol{s} = \int_{s前} \boldsymbol{E} \cdot \mathrm{d}\boldsymbol{s} + \int_{s后} \boldsymbol{E} \cdot \mathrm{d}\boldsymbol{s}$$

$$= \int_{s前}\left(\frac{3}{8}x^3y^2\boldsymbol{e}_x\right) \cdot (\mathrm{d}s\boldsymbol{e}_x) + \int_{s后}\left(\frac{3}{8}x^3y^2\boldsymbol{e}_x\right) \cdot (-\mathrm{d}s\boldsymbol{e}_x)$$

$$= \int_{-a}^{a}\frac{3}{8}a^3y^2\mathrm{d}y\int_{-a}^{a}\mathrm{d}z - \int_{-a}^{a}\frac{3}{8}(-a)^3y^2\mathrm{d}y\int_{-a}^{a}\mathrm{d}z$$

$$= a^7$$

再用公式$\int_V \nabla \cdot \boldsymbol{E}\mathrm{d}V$计算通量。

$$\nabla \cdot \boldsymbol{E} = \frac{\partial}{\partial x}\left(\frac{3}{8}x^3y^2\right) = \frac{9}{8}x^2y^2$$

$$\int_V \nabla \cdot \boldsymbol{E}\mathrm{d}V = \int_V \frac{9}{8}x^2y^2\mathrm{d}x\mathrm{d}y\mathrm{d}z = \int_{-a}^{a}\frac{9}{8}x^2\mathrm{d}x\int_{-a}^{a}y^2\mathrm{d}y\int_{-a}^{a}\mathrm{d}z = a^7$$

所以 $\Phi=\oint_s \boldsymbol{E}\cdot \mathrm{d}\boldsymbol{s}=\int_V \nabla\cdot \boldsymbol{E}\mathrm{d}V$

从而验证了高斯散度定理。

1.5 矢量函数的旋度

由上节可知，一个具有通量源的矢量场，可以采用通量与散度来描述场与源之间的关系。而对于具有另一种源（即漩涡源）的矢量场，为了描述场与源之间的关系，就必须引入环量和旋度的概念。

1.5.1 环量

定义：矢量 $\boldsymbol{F}$ 沿某一闭合曲线（路径）的线积分，称为该矢量沿此闭曲线的环量。记作

$$\oint_l \boldsymbol{F}\cdot \mathrm{d}\boldsymbol{l}=\oint_l F\cos\theta \mathrm{d}l \tag{1-95}$$

式中的 $\boldsymbol{F}$ 是闭合积分路径上任一点的矢量，$\mathrm{d}\boldsymbol{l}$ 是该路径的切向长度元矢量，它的方向取决于该曲线的环绕方向，θ 是在该点 $\boldsymbol{F}$ 与 $\mathrm{d}\boldsymbol{l}$ 的夹角，如图 1-18 所示。

从式(1-95)看出，环量是一个代数量，它的大小和正负不仅与矢量场 $\boldsymbol{F}$ 的分布有关，而且与所取的积分环绕方向有关。

如果某一矢量场的环量不等于零，我们就认为场中必定有产生这种场的漩涡源。例如在磁场中，沿围绕电流的闭合路径的环量不等于零，电流就是产生磁场的漩涡源。如果在一个矢量场中沿任何闭合路径上的环量恒等于零，则在这个场中不可能有漩涡源。这种类型的场称为保守场或无旋场，例如静电场和重力场等。

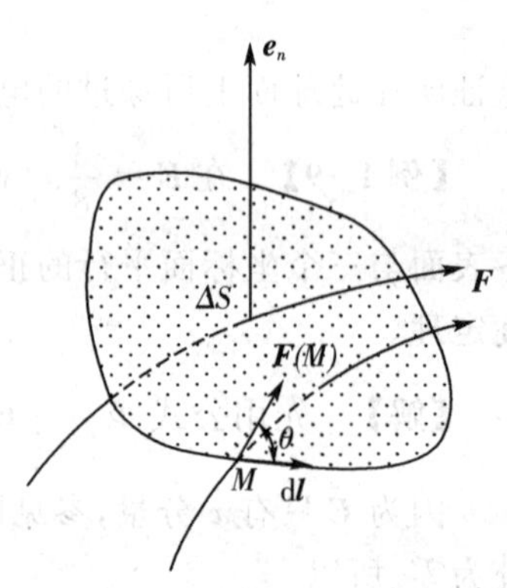

图 1-18 矢量场的环量

1.5.2 旋度

矢量场沿某一闭合曲线的环量与矢量场在那个区域的漩涡源分布有关，同时也与闭合曲线的取法有关。环量只能描绘这种关系的较大范围的情况。我们还希望通过对矢量场的分析，了解场中每点上的场与漩涡源之间的关系。为此，需要引入矢量场旋度的概念。

1. 旋度的定义

定义：如图 1-18 所示，在矢量场 $\boldsymbol{F}$ 中，在任意点 M 的邻域内，取任意有向闭合路径 l，限定曲面为 ΔS，取 ΔS 的单位法向矢量为 $\boldsymbol{n}$，周界 l 的环绕方向与 $\boldsymbol{n}$ 方向成右手螺旋关系，如果不论曲面 ΔS 的形状如何，只要 ΔS 无限收缩于 M 点时下列极限存在

$$\lim_{\Delta S\to 0}\frac{\oint_l \boldsymbol{F}\cdot \mathrm{d}\boldsymbol{l}}{\Delta S} \tag{1-96}$$

称此极限为场 $\boldsymbol{F}$ 在点 M 处绕 l 方向的涡量(或称环量面密度),并且,把这些涡量的最大值以及取到最大值的方向所构成的一个矢量,称为场在点 M 的旋度,记作 $\mathrm{rot}\boldsymbol{F}$,或 $\mathrm{curl}\boldsymbol{F}$,读作旋度 $\boldsymbol{F}$。

从上述定义可以看出,环量面密度是一个标量,而旋度是个矢量。矢量场 $\boldsymbol{F}$ 中点 M 处的旋度,在任一方向 $\boldsymbol{n}$ 上的投影就等于 M 点以 $\boldsymbol{n}$ 为法向的 ΔS 上的环量面密度。即

$$\mathrm{rot}\boldsymbol{F}\cdot\boldsymbol{n}=\lim_{\Delta S\to 0}\left.\frac{\oint_l \boldsymbol{F}\cdot \mathrm{d}\boldsymbol{l}}{\Delta S}\right|_n \tag{1-97}$$

旋度的定义与坐标系无关。

2. 旋度在直角坐标系中的表示式

利用式(1-97)来求解旋度在直角坐标系下的表达式。在直角坐标系下

$$\mathrm{d}\boldsymbol{l}=\mathrm{d}x\boldsymbol{e}_x+\mathrm{d}y\boldsymbol{e}_y+\mathrm{d}z\boldsymbol{e}_z \tag{1-98}$$

$$\oint_l \boldsymbol{F}\cdot \mathrm{d}\boldsymbol{l}=\oint_l (F_x\mathrm{d}x+F_y\mathrm{d}y+F_z\mathrm{d}z) \tag{1-99}$$

对式(1-99)右边进行分项计算,如图1-19所示。

$$\oint_l F_x(x,y,z)\mathrm{d}x=\int_\lambda F_x(x,y,f(x,y))\mathrm{d}x$$

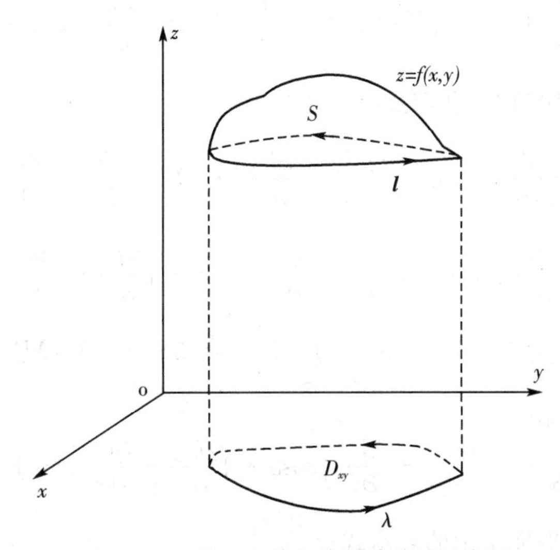

图1-19 曲面积分与线积分关系示意图

利用高等数学中学过的格林公式

$$\oint_l P\mathrm{d}x+Q\mathrm{d}y=\int_S\left(\frac{\partial Q}{\partial x}-\frac{\partial P}{\partial y}\right)\mathrm{d}x\mathrm{d}y$$

假设 $P=F_x$, $Q=0$,则得

$$\oint_l F_x(x,y,z)\mathrm{d}x=-\int_{D_{xy}}\frac{\partial F_x(x,y,f(x,y))}{\partial y}\mathrm{d}x\mathrm{d}y$$

$$=-\iint_{D_{xy}}\left(\frac{\partial F_x}{\partial y}+\frac{\partial F_x}{\partial z}f'_y\right)\mathrm{d}x\mathrm{d}y \tag{1-100}$$

又对于曲面 S 来说，其方程为 $z=f(x,y)$，假设其上任一点的法向单位矢量的方向余弦为 $(\cos\alpha,\cos\beta,\cos\gamma)$，则有

$$\frac{\cos\alpha}{f'_x}=\frac{\cos\beta}{f'_y}=\frac{\cos\gamma}{-1} \tag{1-101}$$

且有

$$\mathrm{d}y\mathrm{d}z=\cos\alpha\,\mathrm{d}s,\quad \mathrm{d}x\mathrm{d}z=\cos\beta\,\mathrm{d}s,\quad \mathrm{d}x\mathrm{d}y=\cos\gamma\,\mathrm{d}s \tag{1-102}$$

利用式(1-101)和式(1-102)，得

$$\mathrm{d}x\mathrm{d}z=\frac{\cos\beta}{\cos\gamma}\mathrm{d}x\mathrm{d}y=-f'_y\mathrm{d}x\mathrm{d}y \tag{1-103}$$

将式(1-103)代入到式(1-100)得

$$\oint_l F_x\mathrm{d}x=\int_S\frac{\partial F_x}{\partial z}\mathrm{d}x\mathrm{d}z-\int_S\frac{\partial F_x}{\partial y}\mathrm{d}x\mathrm{d}y \tag{1-104}$$

同理可证：

$$\oint_l F_y\mathrm{d}y=\int_S\frac{\partial F_y}{\partial x}\mathrm{d}x\mathrm{d}y-\int_S\frac{\partial F_y}{\partial z}\mathrm{d}y\mathrm{d}z,\quad \oint_l F_z\mathrm{d}z=\int_S\frac{\partial F_z}{\partial y}\mathrm{d}y\mathrm{d}z-\int_S\frac{\partial F_z}{\partial x}\mathrm{d}x\mathrm{d}z \tag{1-105}$$

组合式(1-104)、式(1-105)，并利用式(1-102)得

$$\begin{aligned}\oint_l \boldsymbol{F}\cdot\mathrm{d}\boldsymbol{l}&=\iint_S\left[\left(\frac{\partial F_z}{\partial y}-\frac{\partial F_y}{\partial z}\right)\cos\alpha+\left(\frac{\partial F_x}{\partial z}-\frac{\partial F_z}{\partial x}\right)\cos\beta+\left(\frac{\partial F_y}{\partial x}-\frac{\partial F_x}{\partial y}\right)\cos\gamma\right]\mathrm{d}S\\&=\left[\left(\frac{\partial F_z}{\partial y}-\frac{\partial F_y}{\partial z}\right)\cos\alpha+\left(\frac{\partial F_x}{\partial z}-\frac{\partial F_z}{\partial x}\right)\cos\beta+\left(\frac{\partial F_y}{\partial x}-\frac{\partial F_x}{\partial y}\right)\cos\gamma\right]_{M^*}\Delta S\end{aligned} \tag{1-106}$$

上式的第二等式利用了积分中值定理。由式(1-97)，当 $\Delta S\to 0$ 时，$M^*\to M$，所以有

$$\mathrm{rot}\boldsymbol{F}\cdot\boldsymbol{n}=\lim_{\Delta S\to 0}\frac{\oint_l \boldsymbol{F}\cdot\mathrm{d}\boldsymbol{l}}{\Delta S}=\left(\frac{\partial F_z}{\partial y}-\frac{\partial F_y}{\partial z}\right)\cos\alpha+\left(\frac{\partial F_x}{\partial z}-\frac{\partial F_z}{\partial x}\right)\cos\beta+\left(\frac{\partial F_y}{\partial x}-\frac{\partial F_x}{\partial y}\right)\cos\gamma$$

这样，便得到旋度在直角坐标系中的表示式

$$\mathrm{rot}\boldsymbol{F}=\left(\frac{\partial F_z}{\partial y}-\frac{\partial F_y}{\partial z}\right)\boldsymbol{e}_x+\left(\frac{\partial F_x}{\partial z}-\frac{\partial F_z}{\partial x}\right)\boldsymbol{e}_y+\left(\frac{\partial F_y}{\partial x}-\frac{\partial F_x}{\partial y}\right)\boldsymbol{e}_z \tag{1-107}$$

由上式看出，rot$\boldsymbol{F}$ 刚好等于哈密顿算子∇ 与矢量 $\boldsymbol{F}$ 的矢积，即

$$\nabla\times\boldsymbol{F}=\left(\frac{\partial}{\partial x}\boldsymbol{e}_x+\frac{\partial}{\partial y}\boldsymbol{e}_y+\frac{\partial}{\partial z}\boldsymbol{e}_z\right)\times(F_x\boldsymbol{e}_x+F_y\boldsymbol{e}_y+F_z\boldsymbol{e}_z)$$

$$= \begin{vmatrix} \boldsymbol{e}_x & \boldsymbol{e}_y & \boldsymbol{e}_z \\ \dfrac{\partial}{\partial x} & \dfrac{\partial}{\partial y} & \dfrac{\partial}{\partial z} \\ F_x & F_y & F_z \end{vmatrix} = \mathrm{rot}\boldsymbol{F} \tag{1-108}$$

可以看出一个矢量函数的旋度仍然是一个矢量函数,它可以用来描述场在空间的变化规律。以后讨论磁场的例子时会看到,旋度描述的是空间各点上场与漩涡源的关系。

旋度在柱坐标系和球坐标系中的表示式将由 1.7 节中的式(1－152) 和式(1－153) 给出。

3. 旋度与散度的区别

(1) 一个矢量场的旋度是一个矢量函数;一个矢量场的散度是一个标量函数。

(2) 旋度表示场中各点的场与漩涡源的关系。如果在矢量场所存在的全部空间里,场的旋度处处等于零,则这种场不可能有漩涡源,因而称它为无旋场或保守场。散度表示场中各点的场与通量源的关系。如果在矢量场所充满的空间里,场的散度处处为零,则这种场不可能有通量源,因而被称为管形场或无源场。以后将会讲到,静电场是无旋场,而磁场是管形场。

(3) 从旋度公式(1－107) 看出,矢量场 $\boldsymbol{F}$ 的 x 分量 F_x 只对 y、z 求偏导数,F_y 和 F_z 也类似地只对与其垂直方向的坐标变量求偏导数。所以旋度描述的是场分量沿着与它相垂直的方向上的变化规律。而从散度公式(1－88) 看出,场分量 F_x、F_y、F_z 分别对 x、y、z 求偏导数。所以散度描述的是场分量沿着各自方向上的变化规律。

4. 旋度的基本运算公式

$$\nabla \times \mathbf{C} = 0(\mathbf{C}\text{ 为常矢量}) \tag{1-109}$$

$$\nabla \times (C\boldsymbol{F}) = C\,\nabla \times \boldsymbol{F}(C\text{ 为常数}) \tag{1-110}$$

$$\nabla \times (\boldsymbol{F} \pm \boldsymbol{G}) = \nabla \times \boldsymbol{F} \pm \nabla \times \boldsymbol{G} \tag{1-111}$$

$$\nabla \times (u\boldsymbol{F}) = u\,\nabla \times \boldsymbol{F} + \nabla u \times \boldsymbol{F}(u\text{ 为标量函数}) \tag{1-112}$$

$$\nabla \cdot (\boldsymbol{F} \times \boldsymbol{G}) = \boldsymbol{G} \cdot \nabla \times \boldsymbol{F} - \boldsymbol{F} \cdot \nabla \times \boldsymbol{G} \tag{1-113}$$

1.5.3 斯托克斯(Stokes) 定理

对于矢量场 $\boldsymbol{F}$ 所在的空间中任一个以 l 为周界的曲面 s,存在以下关系

$$\int_s (\nabla \times \boldsymbol{F}) \cdot \mathrm{d}\boldsymbol{s} = \oint_l \boldsymbol{F} \cdot \mathrm{d}\boldsymbol{l} \tag{1-114}$$

这就是斯托克斯定理。它的意义是:任意矢量场 $\boldsymbol{F}$ 的旋度沿场中任意一个以 l 为周界的曲面的面积分,等于矢量场 $\boldsymbol{F}$ 沿此周界 l 的线积分。换句话说,$\nabla \times \boldsymbol{F}$ 在任意曲面 s 的通量等于 $\boldsymbol{F}$ 沿该曲面的周界 l 的环量。同高斯散度定理一样,斯托克斯定理表示的积分变换关系在电磁场理论中也是经常要用到的。

斯托克斯定理的证明同高斯散度定理的证明十分相似。实际上,前面在推导旋度在直角坐标系下的表达式(1－106) 已经证明了斯托克斯定理。这里我们对该定理从几何角度给出定性的解释。

如图 1－20 所示,在矢量场 $\boldsymbol{F}$ 中,任取一个非闭合曲面 s,它的周界长度是 l,把 s 分成许多

面积元 $\Delta s_1 \boldsymbol{n}_1, \Delta s_2 \boldsymbol{n}_2, \cdots$。对于其中任一个面积元 $\Delta s_i \boldsymbol{n}_i = \Delta \boldsymbol{s}_i$，其周界面为 Δl_i，应用旋度的定义式(1-97)有

$$\lim_{\Delta s_i \to 0} \frac{\oint_{\Delta l_i} \boldsymbol{F} \cdot \mathrm{d}\boldsymbol{l}}{\Delta s_i} = (\nabla \times \boldsymbol{F}) \cdot \boldsymbol{n}_i$$

在 $\Delta s_i \to 0$ 的条件下，下式成立

$$\oint_{\Delta l_i} \boldsymbol{F} \cdot \mathrm{d}\boldsymbol{l} = \lim_{\Delta s_i \to 0} (\nabla \times \boldsymbol{F}) \cdot \boldsymbol{n}_i \Delta s_i = \lim_{\Delta s_i \to 0} (\nabla \times \boldsymbol{F}) \cdot \Delta \boldsymbol{s}_i$$

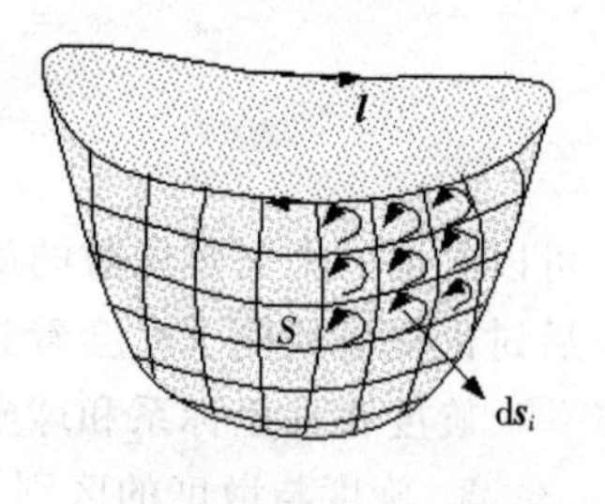

图 1-20 斯托克斯定理示意图

上式右端表示 $\nabla \times \boldsymbol{F}$ 在面积元 Δs_i 上的通量，左端表示 $\boldsymbol{F}$ 在 Δs_i 的周界 Δl_i 上的环量。曲面 s 上 $\nabla \times \boldsymbol{F}$ 的通量，就是把上式两端分别求和，即

$$\sum_{i=1}^{N} \oint_{\Delta l_i} \boldsymbol{F} \cdot \mathrm{d}\boldsymbol{l} = \sum_{i=1}^{N} \lim_{\Delta s_i \to 0} (\nabla \times \boldsymbol{F}) \cdot \Delta \boldsymbol{s}_i \tag{1-115}$$

注意上式左端求和时，各面积元之间的公共边上都经过两次积分，但因公共边上的 $\boldsymbol{F}$ 相同而积分元 $\mathrm{d}\boldsymbol{l}$ 方向相反，即 $\mathrm{d}\boldsymbol{l}_i = -\mathrm{d}\boldsymbol{l}_j$，所以两者的积分值相互抵消。只有曲面 s 的周界 l 上的各个线元的积分值不被抵消，即

$$\sum_{i=1}^{N} \oint_{\Delta l_i} \boldsymbol{F} \cdot \mathrm{d}\boldsymbol{l} = \oint_{l} \boldsymbol{F} \cdot \mathrm{d}\boldsymbol{l}$$

式(1-115)右端的求和在 N 趋近无限大时即为 $\nabla \times \boldsymbol{F}$ 在曲面 s 上的面积分

$$\sum_{i=1}^{N=\infty} \lim_{\Delta s_i \to 0} (\nabla \times \boldsymbol{F}) \cdot \Delta \boldsymbol{s}_i = \int_{s} (\nabla \times \boldsymbol{F}) \cdot \mathrm{d}\boldsymbol{s}$$

于是得

$$\int_{s} (\nabla \times \boldsymbol{F}) \cdot \mathrm{d}\boldsymbol{s} = \oint_{l} \boldsymbol{F} \cdot \mathrm{d}\boldsymbol{l}$$

这就从几何的角度直观地解释了斯托克斯定理。

【例 1-10】 矢量场 $\boldsymbol{F} = -y\boldsymbol{e}_x + x\boldsymbol{e}_y$，试求它沿闭合曲线 l 上的环量并验证斯托克斯定理。l 是一条星形线，其参量方程是：$x = a\cos^3\theta, y = a\sin^3\theta$。

【解】 由矢量线方程 $\frac{\mathrm{d}x}{F_x} = \frac{\mathrm{d}y}{F_y}$，可解得

$$x^2 + y^2 = \mathrm{C}(\mathrm{C}\text{ 为任意常数})$$

所以矢量线是一族以坐标原点为中心的平面圆。

(1) 先用公式 $\oint_{l} \boldsymbol{F} \cdot \mathrm{d}\boldsymbol{l}$ 计算 $\boldsymbol{F}$ 的环量

$$\oint_{l} \boldsymbol{F} \cdot \mathrm{d}\boldsymbol{l} = \oint_{l} (-y\boldsymbol{e}_x + x\boldsymbol{e}_y) \cdot (\mathrm{d}x\boldsymbol{e}_x + \mathrm{d}y\boldsymbol{e}_y) = \oint_{l} (-y\mathrm{d}x + x\mathrm{d}y)$$

由闭合曲线 l 的参量方程得

$$\begin{cases} dx = d(a\cos^3\theta) = -3a\cos^2\theta\sin\theta d\theta \\ dy = d(a\sin^3\theta) = 3a\sin^2\theta\cos\theta d\theta \end{cases}$$

沿曲线 l 一周即参变量 θ 从 0 变到 2π(弧度),所以

$$\oint_l \boldsymbol{F} \cdot d\boldsymbol{l} = \int_0^{2\pi} (3a^2\cos^2\theta\sin^4\theta + 3a^2\sin^2\theta\cos^4\theta) d\theta = \frac{3}{4}\pi a^2$$

(2) 再用公式 $\int_s (\nabla \times \boldsymbol{F}) \cdot d\boldsymbol{s}$ 计算 $\nabla \times \boldsymbol{F}$ 的通量

由于

$$\nabla \times \boldsymbol{F} = \begin{vmatrix} \boldsymbol{e}_x & \boldsymbol{e}_y & \boldsymbol{e}_z \\ \dfrac{\partial}{\partial x} & \dfrac{\partial}{\partial y} & \dfrac{\partial}{\partial z} \\ -y & x & 0 \end{vmatrix} = 2\boldsymbol{e}_z$$

$$\int_s (\nabla \times \boldsymbol{F}) \cdot d\boldsymbol{s} = \int_s (2\boldsymbol{e}_z) \cdot (dxdy\boldsymbol{e}_z) = 2\int_s dxdy$$

由 l 的参量方程可得 $x^{2/3} + y^{2/3} = a^{2/3}$。由于对称关系,上述以 l 为周界的面积分值等于第一象限中的四倍,所以

$$\int_s (\nabla \times \boldsymbol{F}) \cdot d\boldsymbol{s} = 4 \times 2\int_0^a dx \int_0^{(a^{2/3}-x^{2/3})^{3/2}} dy = 8\int_0^a (a^{\frac{2}{3}} - x^{\frac{2}{3}})^{3/2} dx$$

利用参量方程代换积分元

$$(a^{2/3} - x^{2/3})^{3/2} = a(1 - \cos^2\theta)^{3/2}$$

$$dx = -3a\cos^2\theta\sin\theta d\theta$$

当 $x = 0$ 时,$\theta = \frac{\pi}{2}$;当 $x = a$ 时,$\theta = 0$。所以

$$\begin{aligned} \int_s (\nabla \times \boldsymbol{F}) \cdot d\boldsymbol{s} &= -8\int_{\frac{\pi}{2}}^0 3a^2(1 - \cos^2\theta)^{3/2}\cos^2\theta\sin\theta d\theta \\ &= 24a^2\int_0^{\frac{\pi}{2}} \sin^4\theta(1 - \sin^2\theta)^2 d\theta \\ &= \frac{3}{4}\pi a^2 \end{aligned}$$

即

$$\int_s (\nabla \times \boldsymbol{F}) \cdot d\boldsymbol{s} = \oint_l \boldsymbol{F} \cdot d\boldsymbol{l} = \frac{3}{4}\pi a^2$$

这就验证了斯托克斯定理。

1.6　场函数的微分算子和恒等式

场函数包括标量函数和矢量函数。对标量函数只可作梯度运算,对所得出的梯度矢量还可

作散度或旋度运算。矢量函数的散度是标量函数，对它可再作梯度运算。矢量函数的旋度是矢量函数，对它还可作散度或旋度运算。引进一些微分算子可使上述运算简化，并能导出许多在电磁理论中很有用的恒等式(见附录 Ⅰ)。

1.6.1 哈密顿(Hamilton)一阶微分算子及恒等式

我们已经在 1.3 中把式(1-66)作为直角坐标系中哈密顿一阶微分算子的定义，即

$$\nabla = \frac{\partial}{\partial x}\boldsymbol{e}_x + \frac{\partial}{\partial y}\boldsymbol{e}_y + \frac{\partial}{\partial z}\boldsymbol{e}_z$$

这个算子既是三个标量微分算子$\frac{\partial}{\partial x}$,$\frac{\partial}{\partial y}$,$\frac{\partial}{\partial z}$的线性组合，又是一个矢量的三个分量，所以算子$\nabla$在计算中具有矢量和微分的双重性质。但必须注意，算子∇必须作用在标量函数或矢量函数上时才有意义，而且这些函数必须具有连续的一阶偏导数。从前面几节已经发现：算子∇与标量函数 u 相乘就是这个标量函数的梯度∇u，算子∇与矢量函数 $\boldsymbol{F}$ 的标积就是这个矢量函数的散度$\nabla \cdot \boldsymbol{F}$，算子$\nabla$与矢量函数 $\boldsymbol{F}$ 的矢积就是这个矢量函数的旋度$\nabla \times \boldsymbol{F}$。

为了方便，还可补充下面的算子运算公式

$$\boldsymbol{A} \cdot \nabla = (A_x\boldsymbol{e}_x + A_y\boldsymbol{e}_y + A_z\boldsymbol{e}_z) \cdot \left(\frac{\partial}{\partial x}\boldsymbol{e}_x + \frac{\partial}{\partial y}\boldsymbol{e}_y + \frac{\partial}{\partial z}\boldsymbol{e}_z\right) = A_x\frac{\partial}{\partial x} + A_y\frac{\partial}{\partial y} + A_z\frac{\partial}{\partial z} \tag{1-116}$$

例如

$$(\boldsymbol{A} \cdot \nabla)\boldsymbol{B} = A_x\frac{\partial \boldsymbol{B}}{\partial x} + A_y\frac{\partial \boldsymbol{B}}{\partial y} + A_z\frac{\partial \boldsymbol{B}}{\partial z}$$

注意

$$\boldsymbol{A} \cdot \nabla \neq \nabla \cdot \boldsymbol{A}$$

当算子∇作用到两个函数(标量函数或矢量函数)的乘积时，如果注意到∇的微分性质和矢量性质，可以使一些矢量恒等式的证明大为简化。根据算子∇的微分性质和矢量性质以及分部微分法，不难发现有下列规则。

规则 1：对任何∇运算，可将∇看作矢量进行恒等变换，所得结果不变，但在变换时不可将∇后面的函数搬到∇前面(微分时视为常数的函数例外)，而在把∇前面的函数搬到后面时，则要注上表示微分时视为常数的脚注 C。

规则 2：如果∇后面有两个函数的乘积(数积、标量积或矢量积)，那么算式可表示为两项之和：在一项中，一个函数视为常数，不受微分影响；而在另一项中，另一个函数视为常数，不受微分影响。

下面对这些规则的运用进行举例说明。

【例 1-11】 试证明：$\nabla(uv) = u\nabla v + v\nabla u$，$u$ 和 v 是两个标量函数。

【证】 可以利用∇的定义式直接证明，但比较麻烦。如果根据∇的微分性质，即服从乘积的微分法则，那么

$$\nabla(uv) = \nabla(u_c v) + \nabla(u v_c)$$

在上式右端，我们把附以下标 c 的函数暂时看成常量，待运算结束后再去掉，即

$$\nabla(uv) = u_c\nabla v + v_c\nabla u = u\nabla v + v\nabla u$$

【例 1-12】 试证明：$\nabla\cdot(\boldsymbol{A}\times\boldsymbol{B})=\boldsymbol{B}\cdot(\nabla\times\boldsymbol{A})-\boldsymbol{A}\cdot(\nabla\times\boldsymbol{B})$，$\boldsymbol{A}$ 和 $\boldsymbol{B}$ 是两个矢量函数。

【证】 根据算子∇的微分性质，并按乘积的微分法则，有

$$\nabla\cdot(\boldsymbol{A}\times\boldsymbol{B})=\nabla\cdot(\boldsymbol{A}_c\times\boldsymbol{B})+\nabla\cdot(\boldsymbol{A}\times\boldsymbol{B}_c)$$

再根据算子∇的矢量性质，把上式右端两项都看成三个矢量的混合积。但要注意混合积公式有几种不同的写法，在把算子∇也作为一个矢量时，必须把常矢都轮换到∇的前面，把变矢都留在∇的后面。因为

$$\boldsymbol{a}\cdot(\boldsymbol{b}\times\boldsymbol{c})=\boldsymbol{c}\cdot(\boldsymbol{a}\times\boldsymbol{b})=\boldsymbol{b}\cdot(\boldsymbol{c}\times\boldsymbol{a})$$

所以

$$\begin{cases}\nabla\cdot(\boldsymbol{A}_c\times\boldsymbol{B})=-\nabla\cdot(\boldsymbol{B}\times\boldsymbol{A}_c)=-\boldsymbol{A}_c\cdot(\nabla\times\boldsymbol{B})\\ \nabla\cdot(\boldsymbol{A}\times\boldsymbol{B}_c)=\boldsymbol{B}_c\cdot(\nabla\times\boldsymbol{A})\end{cases}$$

去掉下标 c 即得

$$\nabla\cdot(\boldsymbol{A}\times\boldsymbol{B})=\boldsymbol{B}\cdot(\nabla\times\boldsymbol{A})-\boldsymbol{A}\cdot(\nabla\times\boldsymbol{B})$$

【例 1-13】 试证明

$$\nabla\times(\boldsymbol{A}\times\boldsymbol{B})=(\boldsymbol{B}\cdot\nabla)\boldsymbol{A}-(\boldsymbol{A}\cdot\nabla)\boldsymbol{B}-\boldsymbol{B}(\nabla\cdot\boldsymbol{A})+\boldsymbol{A}(\nabla\cdot\boldsymbol{B})$$

【证】根据算子∇的微分性质，有

$$\nabla\times(\boldsymbol{A}\times\boldsymbol{B})=\nabla\times(\boldsymbol{A}_c\times\boldsymbol{B})+\nabla\times(\boldsymbol{A}\times\boldsymbol{B}_c)$$

再根据算子∇的矢量性质，将上式右端两项都看成三个矢量的二重矢量积。使用公式时也要注意[例 1-12] 中的问题。利用

$$\boldsymbol{a}\times(\boldsymbol{b}\times\boldsymbol{c})=(\boldsymbol{a}\cdot\boldsymbol{c})\boldsymbol{b}-(\boldsymbol{a}\cdot\boldsymbol{b})\boldsymbol{c}$$

得

$$\begin{cases}\nabla\times(\boldsymbol{A}_c\times\boldsymbol{B})=\boldsymbol{A}_c(\nabla\cdot\boldsymbol{B})-(\boldsymbol{A}_c\cdot\nabla)\boldsymbol{B}\\ \nabla\times(\boldsymbol{A}\times\boldsymbol{B}_c)=(\boldsymbol{B}_c\cdot\nabla)\boldsymbol{A}-\boldsymbol{B}_c(\nabla\cdot\boldsymbol{A})\end{cases}$$

去掉下标 c 即得

$$\nabla\times(\boldsymbol{A}\times\boldsymbol{B})=(\boldsymbol{B}\cdot\nabla)\boldsymbol{A}-(\boldsymbol{A}\cdot\nabla)\boldsymbol{B}-\boldsymbol{B}(\nabla\cdot\boldsymbol{A})+\boldsymbol{A}(\nabla\cdot\boldsymbol{B})$$

由一阶微分算子∇构成的恒等式还有许多，详见附录 Ⅰ。

1.6.2 二阶微分算子及恒等式

对具有连续二阶偏导数的场函数可以作二阶微分运算。一阶算子∇与∇相乘构成多种二阶微分算子，我们只讨论电磁场理论中最常用的几种。

1. $\nabla\times\nabla u\equiv 0$

证明： 因为 $\nabla u=\dfrac{\partial u}{\partial x}\boldsymbol{e}_x+\dfrac{\partial u}{\partial y}\boldsymbol{e}_y+\dfrac{\partial u}{\partial z}\boldsymbol{e}_z$

所以

$$\nabla\times\nabla u=\begin{vmatrix}\boldsymbol{e}_x & \boldsymbol{e}_y & \boldsymbol{e}_z\\ \dfrac{\partial}{\partial x} & \dfrac{\partial}{\partial y} & \dfrac{\partial}{\partial z}\\ \dfrac{\partial u}{\partial x} & \dfrac{\partial u}{\partial y} & \dfrac{\partial u}{\partial z}\end{vmatrix}=\left(\frac{\partial^2 u}{\partial y\partial z}-\frac{\partial^2 u}{\partial z\partial y}\right)\boldsymbol{e}_x+\left(\frac{\partial^2 u}{\partial x\partial z}-\frac{\partial^2 u}{\partial z\partial x}\right)\boldsymbol{e}_y+\left(\frac{\partial^2 u}{\partial x\partial y}-\frac{\partial^2 u}{\partial y\partial x}\right)\boldsymbol{e}_z$$

$$=0 \tag{1-117}$$

结论是标量函数的梯度的旋度恒等于零。因为∇u是一矢量函数，所以可得出如下推论。

推论：如果任一矢量函数的旋度恒等于零，则这个矢量函数可以用一个标量函数的梯度来表示。

这也说明：如果仅仅已知一个矢量场$\boldsymbol{F}$的旋度，不可能唯一地确定这个矢量场。这是因为如果$\boldsymbol{F}_1$是旋度方程的一个解，那么$\boldsymbol{F}_1+\nabla u$也是它的解。

2. $\nabla\cdot(\nabla\times\boldsymbol{F})\equiv 0$

证明：由直角坐标系下的旋度公式可得

$$\nabla\cdot(\nabla\times\boldsymbol{F})=\frac{\partial}{\partial x}\left(\frac{\partial F_z}{\partial y}-\frac{\partial F_y}{\partial z}\right)+\frac{\partial}{\partial y}\left(\frac{\partial F_x}{\partial z}-\frac{\partial F_z}{\partial x}\right)+\frac{\partial}{\partial z}\left(\frac{\partial F_y}{\partial x}-\frac{\partial F_x}{\partial y}\right)=0 \tag{1-118}$$

结论是矢量函数的旋度的散度恒等于零。因为$\nabla\times\boldsymbol{F}$仍是一矢量函数，同样可以得出如下推论。

推论：任一矢量函数的散度恒等于零，则这个矢量函数可以用另外一个矢量函数的旋度来表示。

这也说明：如果仅仅已知一个矢量场$\boldsymbol{F}$的散度，不可能唯一地确定这个矢量场。因为如果$\boldsymbol{F}_1$是散度方程的一个解，那么$\boldsymbol{F}_1+\nabla\times\boldsymbol{A}$也是它的解。

3. $\nabla\cdot\nabla u\equiv\nabla^2 u$

$$\begin{aligned}\nabla\cdot\nabla u&=\left(\frac{\partial}{\partial x}\boldsymbol{e}_x+\frac{\partial}{\partial y}\boldsymbol{e}_y+\frac{\partial}{\partial z}\boldsymbol{e}_z\right)\cdot\left(\frac{\partial u}{\partial x}\boldsymbol{e}_x+\frac{\partial u}{\partial y}\boldsymbol{e}_y+\frac{\partial u}{\partial z}\boldsymbol{e}_z\right)\\&=\frac{\partial^2 u}{\partial x^2}+\frac{\partial^2 u}{\partial y^2}+\frac{\partial^2 u}{\partial z^2}=\nabla^2 u\end{aligned} \tag{1-119}$$

算子∇^2表示标量函数的梯度的散度，称为拉普拉斯(Laplace)算子。

在矢量运算中，不难看出下列恒等式成立。

$$\boldsymbol{A}\times\boldsymbol{A}u\equiv 0,\quad \boldsymbol{A}\cdot(\boldsymbol{A}\times\boldsymbol{F})\equiv 0,\quad \boldsymbol{A}\cdot\boldsymbol{A}u\equiv A^2 u \tag{1-120}$$

如果我们将式(1-120)中的$\boldsymbol{A}$换成∇算子，则立即得到上面证明的三个恒等式(1-117)、式(1-118)和式(1-119)。因此，可以得到下列规则。

规则3：　对连续二重算子(∇,∇)，可将其看成普通矢量进行矢量代数恒等变换，所得结果不变，但应注意，不要把(∇,∇)后面的函数搬到任何一个∇的前面来。

4. $\nabla^2\boldsymbol{F}=\nabla(\nabla\cdot\boldsymbol{F})-\nabla\times(\nabla\times\boldsymbol{F})$

证明：由直角坐标系下的旋度公式

$$\nabla\times\boldsymbol{F}=\left(\frac{\partial F_z}{\partial y}-\frac{\partial F_y}{\partial z}\right)\boldsymbol{e}_x+\left(\frac{\partial F_x}{\partial z}-\frac{\partial F_z}{\partial x}\right)\boldsymbol{e}_y+\left(\frac{\partial F_y}{\partial x}-\frac{\partial F_x}{\partial y}\right)\boldsymbol{e}_z$$

所以

$$\nabla\times\nabla\times\boldsymbol{F}=\left[\frac{\partial}{\partial y}\left(\frac{\partial F_y}{\partial x}-\frac{\partial F_x}{\partial y}\right)-\frac{\partial}{\partial z}\left(\frac{\partial F_x}{\partial z}-\frac{\partial F_z}{\partial x}\right)\right]\boldsymbol{e}_x$$

$$+\left[\frac{\partial}{\partial z}\left(\frac{\partial F_z}{\partial y}-\frac{\partial F_y}{\partial z}\right)-\frac{\partial}{\partial x}\left(\frac{\partial F_y}{\partial x}-\frac{\partial F_x}{\partial y}\right)\right]\boldsymbol{e}_y+\left[\frac{\partial}{\partial x}\left(\frac{\partial F_x}{\partial z}-\frac{\partial F_z}{\partial x}\right)-\frac{\partial}{\partial y}\left(\frac{\partial F_z}{\partial y}-\frac{\partial F_y}{\partial z}\right)\right]\boldsymbol{e}_z \tag{1-121}$$

上式中的第一项展开是

$$\left(\frac{\partial^2 F_x}{\partial x^2}+\frac{\partial^2 F_y}{\partial y\partial x}+\frac{\partial^2 F_z}{\partial x\partial z}\right)-\left(\frac{\partial^2 F_x}{\partial x^2}+\frac{\partial^2 F_x}{\partial y^2}+\frac{\partial^2 F_x}{\partial z^2}\right)=\frac{\partial}{\partial x}(\nabla\cdot\boldsymbol{F})-\nabla^2\boldsymbol{F}_x$$

同理,第二项和第三项分别是$\frac{\partial}{\partial y}(\nabla\cdot\boldsymbol{F})-\nabla^2\boldsymbol{F}_y$ 和$\frac{\partial}{\partial z}(\nabla\cdot\boldsymbol{F})-\nabla^2\boldsymbol{F}_z$

将它们代入式(1-121),得

$$\nabla\times\nabla\times\boldsymbol{F}=\left[\frac{\partial}{\partial x}(\nabla\cdot\boldsymbol{F})\boldsymbol{e}_x+\frac{\partial}{\partial y}(\nabla\cdot\boldsymbol{F})\boldsymbol{e}_y+\frac{\partial}{\partial z}(\nabla\cdot\boldsymbol{F})\boldsymbol{e}_z\right]$$

$$-[\nabla^2F_x\boldsymbol{e}_x+\nabla^2F_y\boldsymbol{e}_y+\nabla^2F_z\boldsymbol{e}_z]=\nabla(\nabla\cdot\boldsymbol{F})-\nabla^2\boldsymbol{F}$$

所以

$$\nabla^2\boldsymbol{F}=\nabla(\nabla\cdot\boldsymbol{F})-\nabla\times(\nabla\times\boldsymbol{F}) \tag{1-122}$$

注意:在上面的证明中,利用了直角坐标系中的矢性拉普拉斯算子运算公式

$$\nabla^2\boldsymbol{F}=\nabla^2F_x\boldsymbol{e}_x+\nabla^2F_y\boldsymbol{e}_y+\nabla^2F_z\boldsymbol{e}_z \tag{1-123}$$

算子∇^2作用在标量函数上时,称为标性拉普拉斯算子,表示标量函数的梯度的散度。算子∇^2作用在矢量函数上时,称为矢性拉普拉斯算子。特别要指出的是,只有在直角坐标系中,$\nabla^2\boldsymbol{F}$才有式(1-123)那样简单的表示式,即与标性拉普拉斯算子具有相同的运算意义。这是因为直角坐标的单位矢量$\boldsymbol{e}_x,\boldsymbol{e}_y,\boldsymbol{e}_z$都是与坐标变量无关的常矢。在柱坐标和球坐标系中,$\nabla^2\boldsymbol{F}$有非常复杂的表示形式。

最后指出,以上各节和附录 Ⅰ 中所列的矢量恒等式,不仅适用于直角坐标系,而且适用于其他的正交曲面坐标系(如柱坐标系和球坐标系等等)。不过算子∇和∇^2在不同的坐标系有不同的形式。

1.7　广义正交曲面坐标系

前面主要以直角坐标系为例讨论了矢量分析问题。为了便于研究具有不同几何形状的各类对象,往往需要采用某些特定的正交曲面坐标系,其中最常用的有柱坐标系和球坐标系等。

梯度、散度和旋度在柱坐标系和球坐标系中的表示式,一方面可以根据他们的定义求出,

另一方面也可以根据已经得到的直角坐标系表示式，通过坐标变换求得。但是引入广义正交曲面坐标系的概念，可以使运算过程更加简单，而且用途也更加广泛。

1.7.1 正交曲面坐标系的概念

空间点的位置可用坐标系中的三个坐标量来表示。由 1.1 节知，直角坐标系(x,y,z)中三个单位矢量$(\boldsymbol{e}_x,\boldsymbol{e}_y,\boldsymbol{e}_z)$相互正交，且任何一个坐标量为常量时都代表一个平面，故可称为正交(直角)平面坐标系。柱坐标系(ρ,φ,z)中的单位矢量$(\boldsymbol{e}_\rho,\boldsymbol{e}_\varphi,\boldsymbol{e}_z)$相互正交，但坐标量$\rho$为常量，代表的是一个柱面。球坐标系$(r,\theta,\varphi)$中的单位矢量$(\boldsymbol{e}_r,\boldsymbol{e}_\theta,\boldsymbol{e}_\varphi)$相互正交，而坐标量$\theta$为常量时，代表的是一个锥面。因此，柱、球坐标系都属于正交曲面坐标系。

凡是具有三个坐标变量(q_1,q_2,q_3)，而且其坐标单位矢量$(\boldsymbol{e}_1,\boldsymbol{e}_2,\boldsymbol{e}_3)$相互正交的坐标系，都统称为三维广义正交曲面坐标系，如图 1-21 所示。广义正交曲面坐标系中的某一个坐标量变化时动点轨迹可以不是直线，坐标面也可以不是平面。一般可按照坐标面的形状命名为圆柱、椭圆柱、抛物柱、双圆柱、圆球、圆环等坐标系。直角坐标系是广义正交曲面坐标系中最简单的特例。

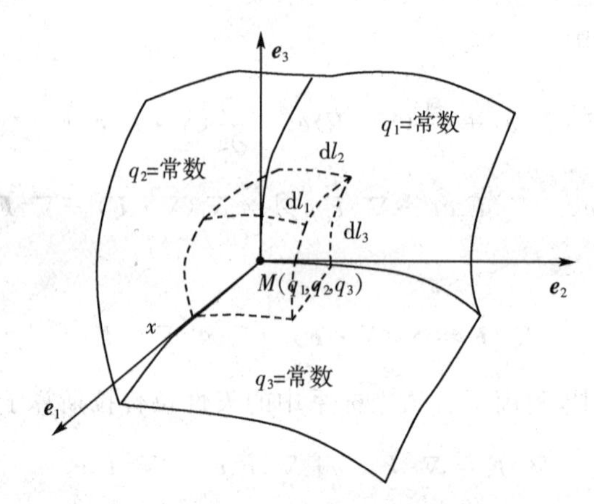

图 1-21 广义正交曲面坐标系

广义正交曲面坐标系的三个坐标面方程是

$$q_1 = C_1,\quad q_2 = C_2,\quad q_3 = C_3\,(C_1,C_2,C_3\text{ 为常量})$$

q_1,q_2,q_3是三个广义坐标变量，它们可以代表长度，也可以代表角度。三个坐标单位矢量$\boldsymbol{e}_1$，$\boldsymbol{e}_2,\boldsymbol{e}_3$分别指向$q_1,q_2,q_3$增加的方向，而且符合$\boldsymbol{e}_1\times\boldsymbol{e}_2=\boldsymbol{e}_3$的右手螺旋法则。一般来说，这三个坐标单位矢量的方向都随空间点的位置而改变，只有在直角坐标系中，它们才与空间点的位置无关。

我们把沿坐标轴q_1的长度元记为$\mathrm{d}l_1$，它的长度是一个点由q_1变到$q_1+\mathrm{d}l_1$所移动的距离。类似的有$\mathrm{d}l_2$和$\mathrm{d}l_3$。它们与坐标变量改变量的关系是

$$\begin{cases}\mathrm{d}l_1 = h_1\mathrm{d}q_1\\ \mathrm{d}l_2 = h_2\mathrm{d}q_2\\ \mathrm{d}l_3 = h_3\mathrm{d}q_3\end{cases}\tag{1-124}$$

式中的 h_1,h_2,h_3 称为拉梅系数。它们是坐标 q_1,q_2,q_3 的函数。对应三种常用正交坐标，它们的坐标变量、坐标单位矢量、沿坐标轴方向的长度元以及拉梅系数分别列出如下。

在直角坐标系中，

$$\begin{cases} q_1 = x \quad q_2 = y \quad q_3 = z \\ \boldsymbol{e}_1 = \boldsymbol{e}_x \quad \boldsymbol{e}_2 = \boldsymbol{e}_y \quad \boldsymbol{e}_3 = \boldsymbol{e}_z \\ \mathrm{d}l_1 = \mathrm{d}x \quad \mathrm{d}l_2 = \mathrm{d}y \quad \mathrm{d}l_3 = \mathrm{d}z \\ h_1 = 1 \quad h_2 = 1 \quad h_3 = 1 \end{cases} \tag{1-125}$$

在柱坐标系中，

$$\begin{cases} q_1 = \rho \quad q_2 = \varphi \quad q_3 = z \\ \boldsymbol{e}_1 = \boldsymbol{e}_\rho \quad \boldsymbol{e}_2 = \boldsymbol{e}_\varphi \quad \boldsymbol{e}_3 = \boldsymbol{e}_z \\ \mathrm{d}l_1 = \mathrm{d}\rho \quad \mathrm{d}l_2 = \rho\mathrm{d}\varphi \quad \mathrm{d}l_3 = \mathrm{d}z \\ h_1 = 1 \quad h_2 = \rho \quad h_3 = 1 \end{cases} \tag{1-126}$$

在球坐标系中，

$$\begin{cases} q_1 = r \quad q_2 = \theta \quad q_3 = \varphi \\ \boldsymbol{e}_1 = \boldsymbol{e}_r \quad \boldsymbol{e}_2 = \boldsymbol{e}_\theta \quad \boldsymbol{e}_3 = \boldsymbol{e}_\varphi \\ \mathrm{d}l_1 = \mathrm{d}r \quad \mathrm{d}l_2 = r\mathrm{d}\theta \quad \mathrm{d}l_3 = r\sin\theta\mathrm{d}\varphi \\ h_1 = 1 \quad h_2 = r \quad h_3 = r\sin\theta \end{cases} \tag{1-127}$$

由式(1-125)、式(1-126)和式(1-127)可以看出，如果坐标变量 q 代表长度时，拉梅系数 h 都等于1；如果坐标变量 q 代表角度时，拉梅系数 h 都是坐标变量的函数，以保证 $h\mathrm{d}q$ 具有长度的量纲。

三维广义正交曲面坐标系中的面积元和体积元分别是

$$\begin{cases} \mathrm{d}s_1 = \mathrm{d}l_2\mathrm{d}l_3 = h_2h_3\mathrm{d}q_2\mathrm{d}q_3 \quad (\text{与 } \boldsymbol{e}_1 \text{ 垂直}) \\ \mathrm{d}s_2 = \mathrm{d}l_3\mathrm{d}l_1 = h_3h_1\mathrm{d}q_3\mathrm{d}q_1 \quad (\text{与 } \boldsymbol{e}_2 \text{ 垂直}) \\ \mathrm{d}s_3 = \mathrm{d}l_1\mathrm{d}l_2 = h_1h_2\mathrm{d}q_1\mathrm{d}q_2 \quad (\text{与 } \boldsymbol{e}_3 \text{ 垂直}) \end{cases} \tag{1-128}$$

$$\mathrm{d}V = \mathrm{d}l_1\mathrm{d}l_2\mathrm{d}l_3 = h_1h_2h_3\mathrm{d}q_1\mathrm{d}q_2\mathrm{d}q_3 \tag{1-129}$$

1.7.2　梯度

从直角坐标系的梯度表示式(1-67)可以看出：一标量函数 u 的梯度沿三个坐标轴方向的分量正好等于该函数对各自的坐标变量长度元的偏导数。推广到广义正交曲面坐标系，一函数的全微分可以表示为

$$\Delta u = \frac{\partial u}{\partial l_1}\Delta l_1 + \frac{\partial u}{\partial l_2}\Delta l_2 + \frac{\partial u}{\partial l_3}\Delta l_3 \tag{1-130}$$

$$\Delta l = \sqrt{\Delta l_1^{\,2} + \Delta l_2^{\,2} + \Delta l_3^{\,2}} \tag{1-131}$$

将式(1-131)代入式(1-130)取极限得到

$$\frac{\mathrm{d}u}{\mathrm{d}l} = \frac{\partial u}{\partial l_1}\cos\alpha + \frac{\partial u}{\partial l_2}\cos\beta + \frac{\partial u}{\partial l_3}\cos\gamma \tag{1-132}$$

由梯度的定义就可以得到

$$\nabla u = \frac{\partial u}{\partial l_1}\boldsymbol{e}_1 + \frac{\partial u}{\partial l_2}\boldsymbol{e}_2 + \frac{\partial u}{\partial l_3}\boldsymbol{e}_3 \tag{1-133}$$

将式(1-124)代入上式得

$$\nabla u = \frac{1}{h_1}\frac{\partial u}{\partial q_1}\boldsymbol{e}_1 + \frac{1}{h_2}\frac{\partial u}{\partial q_2}\boldsymbol{e}_2 + \frac{1}{h_3}\frac{\partial u}{\partial q_3}\boldsymbol{e}_3 \tag{1-134}$$

将式(1-126)代入式(1-134)便得到梯度在柱坐标系中的表示式

$$\nabla u = \frac{\partial u}{\partial \rho}\boldsymbol{e}_\rho + \frac{1}{\rho}\frac{\partial u}{\partial \varphi}\boldsymbol{e}_\varphi + \frac{\partial u}{\partial z}\boldsymbol{e}_z \tag{1-135}$$

将式(1-127)代入式(1-134)便得到梯度在球坐标系中的表示式

$$\nabla u = \frac{\partial u}{\partial r}\boldsymbol{e}_r + \frac{1}{r}\frac{\partial u}{\partial \theta}\boldsymbol{e}_\theta + \frac{1}{r\sin\theta}\frac{\partial u}{\partial \varphi}\boldsymbol{e}_\varphi \tag{1-136}$$

1.7.3 散度

由梯度在广义正交曲面坐标系下的表达式(1-134)可以看出,在广义正交曲面坐标系中的坐标单位矢量可以表示为

$$\boldsymbol{e}_i = h_i \nabla q_i \quad (i = 1,2,3) \tag{1-137}$$

我们可以将正交曲面坐标系中的矢量 $\boldsymbol{F}$ 写成分量和的形式,即

$$\boldsymbol{F}(q_1,q_2,q_3) = F_1(q_1,q_2,q_3)\boldsymbol{e}_1 + F_2(q_1,q_2,q_3)\boldsymbol{e}_2 + F_3(q_1,q_2,q_3)\boldsymbol{e}_3 \tag{1-138}$$

则由式(1-137),得

$$\begin{aligned}\nabla\cdot(F_1\boldsymbol{e}_1) &= \nabla\cdot(F_1\boldsymbol{e}_2\times\boldsymbol{e}_3)\\ &= \nabla\cdot(h_2h_3F_1\,\nabla q_2\times\nabla q_3)\\ &= h_2h_3F_1\,\nabla\cdot(\nabla q_2\times\nabla q_3) + (\nabla q_2\times\nabla q_3)\cdot\nabla(h_2h_3F_1)\end{aligned} \tag{1-139}$$

利用附录恒等式(Ⅰ-15)和(Ⅰ-18)可得

$$\begin{aligned}&\nabla\cdot(\nabla q_2\times\nabla q_3) = \nabla q_3\cdot(\nabla\times\nabla q_2) - \nabla q_2\cdot(\nabla\times\nabla q_3) = 0\\ &\nabla q_2\times\nabla q_3 = \frac{1}{h_2h_3}\boldsymbol{e}_2\times\boldsymbol{e}_3 = \frac{1}{h_2h_3}\boldsymbol{e}_1\end{aligned} \tag{1-140}$$

将式(1-140)代入式(1-139),并利用式(1-134)得

$$\nabla \cdot (F_1 \boldsymbol{e}_1) = \frac{1}{h_2 h_3} \boldsymbol{e}_1 \cdot \nabla (h_2 h_3 F_1) = \frac{1}{h_1 h_2 h_3} \frac{\partial (h_2 h_3 F_1)}{\partial q_1} \tag{1-141}$$

同理，有

$$\nabla \cdot (F_2 \boldsymbol{e}_2) = \frac{1}{h_1 h_2 h_3} \frac{\partial (h_1 h_3 F_2)}{\partial q_2} \tag{1-142}$$

$$\nabla \cdot (F_3 \boldsymbol{e}_3) = \frac{1}{h_1 h_2 h_3} \frac{\partial (h_1 h_2 F_3)}{\partial q_3} \tag{1-143}$$

从而可得广义正交曲面坐标系下的散度表达式为

$$\begin{aligned} \nabla \cdot \boldsymbol{F} &= \nabla \cdot (F_1 \boldsymbol{e}_1 + F_2 \boldsymbol{e}_2 + F_3 \boldsymbol{e}_3) \\ &= \nabla \cdot (F_1 \boldsymbol{e}_1) + \nabla \cdot (F_2 \boldsymbol{e}_2) + \nabla \cdot (F_3 \boldsymbol{e}_3) \\ &= \frac{1}{h_1 h_2 h_3} \left[\frac{\partial}{\partial q_1}(F_1 h_2 h_3) + \frac{\partial}{\partial q_2}(F_2 h_1 h_3) + \frac{\partial}{\partial q_3}(F_3 h_1 h_2) \right] \end{aligned} \tag{1-144}$$

将柱、球坐标的 h 和 q 代入上式便得到相应的散度表示式。在柱坐标系中，

$$\nabla \cdot \boldsymbol{F} = \frac{1}{\rho} \frac{\partial}{\partial \rho}(\rho F_\rho) + \frac{1}{\rho} \frac{\partial F_\varphi}{\partial \varphi} + \frac{\partial F_z}{\partial z} \tag{1-145}$$

而在球坐标系中

$$\nabla \cdot \boldsymbol{F} = \frac{1}{r^2 \sin\theta} \left[\frac{\partial}{\partial r}(r^2 \sin\theta F_r) + \frac{\partial}{\partial \theta}(r \sin\theta F_\theta) + \frac{\partial}{\partial \varphi}(r F_\varphi) \right] \tag{1-146}$$

上面公式的记忆有一定的困难，但是它还是有一定规律可循的。式(1-144)的记忆应从散度的定义式出发，$h_1 h_2 h_3 \to \Delta V$ 体积元，$F_1 h_2 h_3 \to \boldsymbol{F} \cdot \mathrm{d}\boldsymbol{s}|_{e_1}$ 体现 $\boldsymbol{e}_1$ 方向的通量大小。这样理解好了式(1-144)就容易记忆。然后将拉梅系数代入就可以记住柱、球坐标系下的散度公式。

1.7.4 旋度

旋度在三维广义正交曲面坐标系中的表示式可根据散度的推导过程类似得到。利用式(1-137)和矢量恒等式(Ⅰ-13)，得

$$\begin{aligned} \nabla \times (F_1 \boldsymbol{e}_1) &= \nabla \times (h_1 F_1 \nabla q_1) \\ &= h_1 F_1 (\nabla \times \nabla q_1) - \nabla q_1 \times \nabla (h_1 F_1) \\ &= -\nabla q_1 \times \nabla (h_1 F_1) \end{aligned} \tag{1-147}$$

再利用式(1-134)和式(1-137)，可得

$$\begin{aligned} \nabla \times (F_1 \boldsymbol{e}_1) &= -\frac{\boldsymbol{e}_1}{h_1} \times \left[\frac{1}{h_1} \frac{\partial (h_1 F_1)}{\partial q_1} \boldsymbol{e}_1 + \frac{1}{h_2} \frac{\partial (h_1 F_1)}{\partial q_2} \boldsymbol{e}_2 + \frac{1}{h_3} \frac{\partial (h_1 F_1)}{\partial q_3} \boldsymbol{e}_3 \right] \\ &= \frac{1}{h_1 h_3} \frac{\partial (h_1 F_1)}{\partial q_3} \boldsymbol{e}_2 - \frac{1}{h_1 h_2} \frac{\partial (h_1 F_1)}{\partial q_2} \boldsymbol{e}_3 \end{aligned} \tag{1-148}$$

用类似的方法可求得

$$\nabla \times (F_2 \boldsymbol{e}_2) = \frac{1}{h_1 h_2} \frac{\partial (h_2 F_2)}{\partial q_1} \boldsymbol{e}_3 - \frac{1}{h_2 h_3} \frac{\partial (h_2 F_2)}{\partial q_3} \boldsymbol{e}_1$$

$$\nabla \times (F_3 \boldsymbol{e}_3) = \frac{1}{h_2 h_3} \frac{\partial (h_3 F_3)}{\partial q_2} \boldsymbol{e}_1 - \frac{1}{h_1 h_3} \frac{\partial (h_3 F_3)}{\partial q_1} \boldsymbol{e}_2 \tag{1-149}$$

所以

$$\begin{aligned}\nabla \times \boldsymbol{F} &= \nabla \times (F_1 \boldsymbol{e}_1 + F_2 \boldsymbol{e}_2 + F_3 \boldsymbol{e}_3) \\ &= \frac{1}{h_2 h_3}\left[\frac{\partial (h_3 F_3)}{\partial q_2} - \frac{\partial (h_2 F_2)}{\partial q_3}\right] \boldsymbol{e}_1 + \frac{1}{h_1 h_3}\left[\frac{\partial (h_1 F_1)}{\partial q_3} - \frac{\partial (h_3 F_3)}{\partial q_1}\right] \boldsymbol{e}_2 \\ &\quad + \frac{1}{h_1 h_2}\left[\frac{\partial (h_2 F_2)}{\partial q_1} - \frac{\partial (h_1 F_1)}{\partial q_2}\right] \boldsymbol{e}_3\end{aligned} \tag{1-150}$$

写成行列式

$$\nabla \times \boldsymbol{F} = \frac{1}{h_1 h_2 h_3} \begin{vmatrix} h_1 \boldsymbol{e}_1 & h_2 \boldsymbol{e}_2 & h_3 \boldsymbol{e}_3 \\ \frac{\partial}{\partial q_1} & \frac{\partial}{\partial q_2} & \frac{\partial}{\partial q_3} \\ h_1 F_1 & h_2 F_2 & h_3 F_3 \end{vmatrix} \tag{1-151}$$

将柱、球坐标的 h 和 q 代入上式便得到相应的旋度表达式。

在柱坐标中

$$\nabla \times \boldsymbol{F} = \frac{1}{\rho} \begin{vmatrix} \boldsymbol{e}_\rho & \rho \boldsymbol{e}_\varphi & \boldsymbol{e}_z \\ \frac{\partial}{\partial \rho} & \frac{\partial}{\partial \varphi} & \frac{\partial}{\partial z} \\ F_\rho & \rho F_\varphi & F_z \end{vmatrix} \tag{1-152}$$

在球坐标中

$$\nabla \times \boldsymbol{F} = \frac{1}{r^2 \sin\theta} \begin{vmatrix} \boldsymbol{e}_r & r \boldsymbol{e}_\theta & r \sin\theta \boldsymbol{e}_\varphi \\ \frac{\partial}{\partial r} & \frac{\partial}{\partial \theta} & \frac{\partial}{\partial \varphi} \\ F_r & r F_\theta & r \sin\theta F_\varphi \end{vmatrix} \tag{1-153}$$

1.7.5 拉普拉斯

1. 标量场 u 的拉普拉斯。它的定义是

$$\nabla^2 u = \nabla \cdot \nabla u$$

只要把式(1-134)中的∇u 看作一个矢量，再使用式(1-144)便得到

$$\nabla^2 u = \frac{1}{h_1 h_2 h_3}\left[\frac{\partial}{\partial q_1}\left(\frac{h_2 h_3}{h_1} \frac{\partial u}{\partial q_1}\right) + \frac{\partial}{\partial q_2}\left(\frac{h_1 h_3}{h_2} \frac{\partial u}{\partial q_2}\right) + \frac{\partial}{\partial q_3}\left(\frac{h_1 h_2}{h_3} \frac{\partial u}{\partial q_3}\right)\right] \tag{1-154}$$

在柱坐标系中

$$\nabla^2 u = \frac{1}{\rho}\frac{\partial}{\partial\rho}\left(\rho\frac{\partial u}{\partial\rho}\right)+\frac{1}{\rho^2}\frac{\partial^2 u}{\partial\varphi^2}+\frac{\partial^2 u}{\partial z^2} \tag{1-155}$$

在球坐标系中

$$\nabla^2 u = \frac{1}{r^2}\frac{\partial}{\partial r}\left(r^2\frac{\partial u}{\partial r}\right)+\frac{1}{r^2\sin\theta}\frac{\partial}{\partial\theta}\left(\sin\theta\frac{\partial u}{\partial\theta}\right)+\frac{1}{r^2\sin^2\theta}\frac{\partial^2 u}{\partial\varphi^2} \tag{1-156}$$

2. 矢量场 $\boldsymbol{F}$ 的拉普拉斯。由式(1－122)

$$\nabla^2\boldsymbol{F} = \nabla(\nabla\cdot\boldsymbol{F})-\nabla\times(\nabla\times\boldsymbol{F})$$

使用式(1－134)、式(1－144) 和式(1－151) 便可导出$\nabla^2\boldsymbol{F}$的复杂表示式。

最后指出,柱坐标系和球坐标系的梯度、散度、旋度、拉普拉斯表示式,在 z 轴上均不能成立,因为 ρ 和 $\sin\theta$ 都等于零。

1.8 格林(Green) 定理和亥姆霍兹(Helmholtz) 定理

1.8.1 格林定理

格林定理通常又称为格林恒等式(或格林公式)。从历史上说,格林定理是独立地提出来的,因而是一个原始的定理。然而,由于它和高斯散度定理密切相关,所以又可以认为它是高斯散度定理的直接推论。下面就证明这一点。

高斯散度定理表示任一矢量场 $\boldsymbol{F}$ 的散度在场中任一体积中的体积分等于 $\boldsymbol{F}$ 在限定该体积的闭合面上的面积分,即

$$\int_V \nabla\cdot\boldsymbol{F}\mathrm{d}V = \oint_s \boldsymbol{F}\cdot\mathrm{d}\boldsymbol{s} = \oint_s \boldsymbol{F}\cdot(\boldsymbol{n}\mathrm{d}s)$$

式中,$\boldsymbol{n}$ 是闭合面上的面积元的外法线方向的单位矢量。令 $\boldsymbol{F}$ 等于一个标量函数ϕ和矢量函数$\nabla\varphi$ 的乘积,即 $\boldsymbol{F}=\phi\nabla\varphi$($\varphi$ 为另一标量函数)。则

$$\nabla\cdot\boldsymbol{F} = \nabla\cdot(\phi\nabla\varphi) = \phi\nabla^2\varphi+\nabla\phi\cdot\nabla\varphi$$

取上式在任意体积 V 的积分,并应用高斯散度定理以及方向导数与梯度的关系,得

$$\int_V(\phi\nabla^2\varphi+\nabla\phi\cdot\nabla\varphi)\mathrm{d}V = \oint_s(\phi\nabla\varphi)\cdot\boldsymbol{n}\mathrm{d}s = \oint_s\phi\frac{\partial\varphi}{\partial n}\mathrm{d}s \tag{1-157}$$

这就是格林第一定理(第一恒等式)。上式对于在体积 V 内具有二阶连续偏导数的任意标量函数ϕ和 φ 都是成立的。

把式(1－157) 中的ϕ和 φ 交换位置,则有

$$\int_V(\varphi\nabla^2\phi+\nabla\varphi\cdot\nabla\phi)\mathrm{d}V = \oint_s\varphi\frac{\partial\phi}{\partial n}\mathrm{d}s \tag{1-158}$$

将式(1－158) 与式(1－157) 相减得

$$\int_V (\varphi \nabla^2 \phi - \phi \nabla^2 \varphi) \mathrm{d}V = \oint_s \left(\varphi \frac{\partial \phi}{\partial n} - \phi \frac{\partial \varphi}{\partial n} \right) \mathrm{d}s = \oint_s (\varphi \nabla \phi - \phi \nabla \varphi) \cdot \mathrm{d}\boldsymbol{s} \tag{1-159}$$

这就是格林第二定理(第二恒等式)。

1.8.2 亥姆霍兹定理

通过对散度和旋度的讨论已经知道:一个矢量场 $\boldsymbol{F}$ 的散度唯一地确定场中任一点的通量源密度,场的旋度唯一地确定场中任一点的漩涡源密度。那么,如果仅仅知道矢量场 $\boldsymbol{F}$ 的散度,或仅仅知道矢量场 $\boldsymbol{F}$ 的旋度,或两者都已知时,能否唯一地确定这个矢量场呢?这是一个偏微分方程的定解问题。亥姆霍兹定理回答了这个问题。

亥姆霍兹定理的含义是:在空间有限区域 V 内的任一个矢量场 $\boldsymbol{F}$,由它的散度、旋度和边界条件(即限定体积 V 的闭合面上矢量场分布)唯一地确定。亥姆霍兹定理的另一说法是,在空间有限区域 V 内的任一矢量场 $\boldsymbol{F}$,若已知它的散度、旋度和边界条件,则该矢量场就唯一地被确定,并可表示成一个无旋场($\boldsymbol{F}_1 = -\nabla \phi$)和一个无源场($\boldsymbol{F}_2 = \nabla \times \boldsymbol{A}$)之和。即

$$\boldsymbol{F} = \boldsymbol{F}_1 + \boldsymbol{F}_2 = -\nabla \phi + \nabla \times \boldsymbol{A} \tag{1-160}$$

其中

$$\phi(x,y,z) = \frac{1}{4\pi} \int_V \frac{\nabla' \cdot \boldsymbol{F}(x',y',z')}{R} \mathrm{d}V - \frac{1}{4\pi} \oint_s \frac{\boldsymbol{F}(x',y',z')}{R} \cdot \mathrm{d}\boldsymbol{s} \tag{1-161}$$

$$\boldsymbol{A}(x,y,z) = \frac{1}{4\pi} \int_V \frac{\nabla' \times \boldsymbol{F}(x',y',z')}{R} \mathrm{d}V + \frac{1}{4\pi} \oint_s \frac{\boldsymbol{F}(x',y',z')}{R} \times \mathrm{d}\boldsymbol{s} \tag{1-162}$$

上面两式中 $R = [(x-x') + (y-y') + (z-z')]^{\frac{1}{2}}$,是场点$(x,y,z)$ 到源点(x',y',z') 的距离。$\nabla' \cdot \boldsymbol{F}(x',y',z')$ 就是已知的通量源密度 $\rho(x',y',z')$,$\nabla' \times \boldsymbol{F}(x',y',z')$ 就是已知的漩涡源密度 $\boldsymbol{J}(x',y',z')$。$\nabla' \cdot \boldsymbol{F}$ 和$\nabla' \times \boldsymbol{F}$ 表示对(x',y',z') 求散度和旋度。函数 $\boldsymbol{F}(x',y',z')$ 是给定的。

如果矢量场 $\boldsymbol{F}$ 在无限远处以足够的速度减弱至零,则式(1-161) 和式(1-162) 中的体积可扩展到整个无限大空间,并且在包围整个空间的 s 面上 $\boldsymbol{F}(x',y',z') \equiv 0$,所以两式中的面积分项就不存在了。即

$$\phi(x,y,z) = \frac{1}{4\pi} \int_{V'} \frac{\nabla' \cdot \boldsymbol{F}(x',y',z')}{R} \mathrm{d}V' \tag{1-163}$$

$$\boldsymbol{A}(x,y,z) = \frac{1}{4\pi} \int_{V'} \frac{\nabla' \times \boldsymbol{F}(x',y',z')}{R} \mathrm{d}V' \tag{1-164}$$

$$\boldsymbol{F}(x,y,z) = -\nabla \phi(x,y,z) + \nabla \times \boldsymbol{A}(x,y,z)$$

上述公式中的 V' 就是有场源分布的区域。对于这种特殊情形,参考文献[1] 附录 Ⅱ 中有简单的证明。

根据亥姆霍兹定理,如果仅仅已知矢量场的散度或旋度,都不能唯一地确定这个矢量场。这一点读者可根据任一矢量函数的旋度的散度恒等于零和标量函数的梯度的旋度恒等于零的结论,自行证明。

亥姆霍兹定理的意义非常重要，是研究电磁场理论的一条主线。它告诉我们，研究一个矢量场必须从它的散度和旋度两个方面着手，无论是静态电磁场还是时变电磁场问题，都要研究它们的散度、旋度和边界条件。因此，矢量场的散度和旋度满足的关系，决定了矢量场的基本性质，故称之为矢量场的基本方程。后面我们将要讨论的静电场的基本方程、时变场的麦克斯韦方程都是描述电场或磁场的散度和旋度关系。

本章小结

1. 若物理量既有大小又有方向，则它是一矢量。在直角坐标系中，矢量 $\boldsymbol{A}$ 可表示为

$$\boldsymbol{A} = A_x\boldsymbol{e}_x + A_y\boldsymbol{e}_y + A_z\boldsymbol{e}_z$$

$\boldsymbol{A}$ 的模为 $A = (A_x^2 + A_y^2 + A_z^2)^{1/2}$，$\boldsymbol{A}$ 的单位矢量为 $\boldsymbol{A}/A$。

2. 介绍了三种常用坐标系的构成、坐标变量之间的换算关系、坐标单位矢量之间的换算关系。要特别注意的是：在直角坐标系的坐标单位矢量 $\boldsymbol{e}_x,\boldsymbol{e}_y,\boldsymbol{e}_z$ 不是空间位置的函数，而柱坐标系、球坐标系下的坐标单位矢量 $\boldsymbol{e}_\rho,\boldsymbol{e}_\varphi,\boldsymbol{e}_r,\boldsymbol{e}_\theta$ 都随空间位置变化而变化，是空间位置的函数。因此，在计算矢量函数微积分时要注意。

3. 标量ϕ在某点沿 l 方向的变化率$\partial\phi/\partial l$，称为ϕ沿该方向的方向导数。标量ϕ在该点的梯度 grad ϕ与方向导数的关系为

$$\frac{\partial\phi}{\partial l} = \nabla\phi\cdot\boldsymbol{e}_l$$

标量ϕ的梯度是一个矢量，它的大小和方向就是该点最大变化率的大小和方向。在直角坐标系中

$$\nabla\phi = \frac{\partial\phi}{\partial x}\boldsymbol{e}_x + \frac{\partial\phi}{\partial y}\boldsymbol{e}_y + \frac{\partial\phi}{\partial z}\boldsymbol{e}_z$$

标量场ϕ中，相同ϕ值的点构成等值面。在等值面的法线方向上，ϕ值变化最快。因此，梯度的方向也就是ϕ等值面的法线方向。该法线方向单位矢量可表示为 $\boldsymbol{n} = \dfrac{\nabla\phi}{|\nabla\phi|}$。

4. 矢量 $\boldsymbol{A}$ 的矢量线穿过曲面 S 的通量为$\int_s \boldsymbol{A}\cdot\mathrm{d}\boldsymbol{s}$。矢量 $\boldsymbol{A}$ 在某点的散度定义为

$$\mathrm{div}\boldsymbol{A} = \nabla\cdot\boldsymbol{A} = \lim_{\Delta V\to 0}\frac{\oint_s \boldsymbol{A}\cdot\mathrm{d}\boldsymbol{s}}{\Delta V}$$

它是标量，表示从该点散发的通量源密度。它描述该点的通量强度。在直角坐标系中

$$\nabla\cdot\boldsymbol{A} = \frac{\partial A_x}{\partial x} + \frac{\partial A_y}{\partial y} + \frac{\partial A_z}{\partial z}$$

散度定理为

$$\int_V \nabla\cdot\boldsymbol{A}\mathrm{d}V = \oint_s \boldsymbol{A}\cdot\mathrm{d}\boldsymbol{s}$$

5. 矢量$\boldsymbol{A}$沿闭合曲线l的线积分$\oint_l \boldsymbol{A}\cdot \mathrm{d}\boldsymbol{l}$,称为$\boldsymbol{A}$沿该曲线的环量。矢量$\boldsymbol{A}$在某点的旋度定义为

$$(\mathrm{rot}\boldsymbol{A})\cdot \boldsymbol{n}=\lim_{\Delta S\to 0}\frac{\oint_s \boldsymbol{A}\cdot \mathrm{d}\boldsymbol{l}}{\Delta S}\Bigg|_{\boldsymbol{n}}$$

它是矢量,其大小和方向是该点最大环量面密度的大小和此时的面元方向,它描述该点的漩涡源强度。在直角坐标系中

$$\nabla\times\boldsymbol{A}=\begin{vmatrix}\boldsymbol{e}_x & \boldsymbol{e}_y & \boldsymbol{e}_z\\ \dfrac{\partial}{\partial x} & \dfrac{\partial}{\partial y} & \dfrac{\partial}{\partial z}\\ A_x & A_y & A_z\end{vmatrix}$$

斯托克斯定理为

$$\int_S(\nabla\times\boldsymbol{A})\cdot\mathrm{d}\boldsymbol{s}=\oint_l \boldsymbol{A}\cdot\mathrm{d}\boldsymbol{l}$$

6. 算子∇是一个兼有矢量和微分运算作用的矢量运算符号。$\nabla\cdot\boldsymbol{A}$可看作两个矢量的标量积。计算时,先按标量积规则展开,再作微分运算。$\nabla\times\boldsymbol{A}$可看作两个矢量的矢量积。计算时,先按矢量积规则展开,再作微分运算。$\nabla\phi$可看作∇和ϕ相乘。在直角坐标系中,

$$\nabla=\frac{\partial}{\partial x}\boldsymbol{e}_x+\frac{\partial}{\partial y}\boldsymbol{e}_y+\frac{\partial}{\partial z}\boldsymbol{e}_z$$

在柱坐标系中,三个长度元分别为$\mathrm{d}\rho$、$\rho\mathrm{d}\varphi$、$\mathrm{d}z$,

$$\nabla=\frac{\partial}{\partial\rho}\boldsymbol{e}_\rho+\frac{1}{\rho}\frac{\partial}{\partial\varphi}\boldsymbol{e}_\varphi+\frac{\partial}{\partial z}\boldsymbol{e}_z$$

在球坐标系中,三个长度元分别为$\mathrm{d}r,r\mathrm{d}\theta,r\sin\theta\mathrm{d}\varphi$,

$$\nabla=\frac{\partial}{\partial r}\boldsymbol{e}_r+\frac{1}{r}\frac{\partial}{\partial\theta}\boldsymbol{e}_\theta+\frac{1}{r\sin\theta}\frac{\partial}{\partial\varphi}\boldsymbol{e}_\varphi$$

7. 根据算子∇的矢量性和微分性,得到三个基本规则以及几个基本恒等式:

$$\nabla\times\nabla u\equiv 0 \qquad \nabla\cdot(\nabla\times\boldsymbol{F})\equiv 0$$

$$\nabla\cdot\nabla u\equiv\nabla^2 u \qquad \nabla^2\boldsymbol{F}=\nabla(\nabla\cdot\boldsymbol{F})-\nabla\times(\nabla\times\boldsymbol{F})$$

8. 格林定理是高斯定理的直接推广,后面我们要用到它。亥姆霍兹定理总结了矢量场的共同性质:矢量场$\boldsymbol{F}$由它的散度$\nabla\cdot\boldsymbol{F}$和旋度$\nabla\times\boldsymbol{F}$及边界条件唯一地确定;矢量的散度和矢量的旋度各对应矢量场的一种源。所以分析矢量场时,总是从研究它的散度和旋度着手。散度方程和旋度方程构成矢量场的基本方程(微分形式)。也可以从矢量穿过封闭面的通量和沿闭合曲线的环量去研究矢量场,从而得到积分形式的基本方程。

9. 算子∇既有微分性质又有矢量性质,因此在计算柱和球坐标系下的三度时,不能与直角坐标系下等同。它们分别为

$$\nabla u = \frac{1}{h_1}\frac{\partial u}{\partial q_1}\boldsymbol{e}_1 + \frac{1}{h_2}\frac{\partial u}{\partial q_2}\boldsymbol{e}_2 + \frac{1}{h_3}\frac{\partial u}{\partial q_3}\boldsymbol{e}_3$$

$$\nabla \cdot \boldsymbol{F} = \frac{1}{h_1 h_2 h_3}\left[\frac{\partial}{\partial q_1}(F_1 h_2 h_3) + \frac{\partial}{\partial q_2}(F_2 h_1 h_3) + \frac{\partial}{\partial q_3}(F_3 h_1 h_2)\right]$$

$$\nabla \times \boldsymbol{F} = \frac{1}{h_1 h_2 h_3}\begin{vmatrix} h_1\boldsymbol{e}_1 & h_2\boldsymbol{e}_2 & h_3\boldsymbol{e}_3 \\ \dfrac{\partial}{\partial q_1} & \dfrac{\partial}{\partial q_2} & \dfrac{\partial}{\partial q_3} \\ h_1 F_1 & h_2 F_2 & h_3 F_3 \end{vmatrix}$$

$h_i(i=1,2,3)$ 为拉梅系数。

习　题

1-1　在球坐标系，试求点 $M\left(6,\frac{2\pi}{3},\frac{2\pi}{3}\right)$ 与点 $N\left(4,\frac{\pi}{3},0\right)$ 之间的距离。

1-2　证明下列三个矢量在同一平面上。

$$\boldsymbol{A} = \frac{11}{3}\boldsymbol{e}_x + 3\boldsymbol{e}_y + 6\boldsymbol{e}_z,\quad \boldsymbol{B} = \frac{17}{3}\boldsymbol{e}_x + 3\boldsymbol{e}_y + 9\boldsymbol{e}_z,\quad \boldsymbol{C} = 4\boldsymbol{e}_x - 6\boldsymbol{e}_y + 5\boldsymbol{e}_z$$

1-3　设 $\boldsymbol{F} = -\mathrm{a}\sin\theta\boldsymbol{e}_x + \mathrm{b}\cos\theta\boldsymbol{e}_y + \mathrm{c}\boldsymbol{e}_z$，式中 a，b，c 为常数，求积分 $\boldsymbol{S} = \frac{1}{2}\int_0^{2\pi}\left(\boldsymbol{F}\times\frac{\mathrm{d}\boldsymbol{F}}{\mathrm{d}\theta}\right)\mathrm{d}\theta$

1-4　若 $\boldsymbol{D} = (1+16r^2)\boldsymbol{e}_r$，在半径为 2 和 $0\leqslant\theta\leqslant\pi/2$ 的半球面上计算 $\int_S \boldsymbol{D}\cdot\mathrm{d}\boldsymbol{S}$。

1-5　设 $\boldsymbol{r} = x\boldsymbol{e}_x + y\boldsymbol{e}_y + z\boldsymbol{e}_z$，$r = |\boldsymbol{r}|$，$n$ 为整数。试求 ∇r，∇r^n，$\nabla f(r)$。

1-6　矢量 $\boldsymbol{A}$ 的分量是 $A_x = y\frac{\partial f}{\partial z} - z\frac{\partial f}{\partial y}$，$A_y = z\frac{\partial f}{\partial x} - x\frac{\partial f}{\partial z}$，$A_z = x\frac{\partial f}{\partial y} - y\frac{\partial f}{\partial x}$，其中 f 是 x,y,z 的函数，还有 $\boldsymbol{r} = x\boldsymbol{e}_x + y\boldsymbol{e}_y + z\boldsymbol{e}_z$。证明：

$$\boldsymbol{A} = \boldsymbol{r}\times\nabla f,\quad \boldsymbol{A}\cdot\boldsymbol{r} = 0,\quad \boldsymbol{A}\cdot\nabla f = 0。$$

1-7　求函数 $\boldsymbol{\Psi} = x^2yz$ 的梯度及 $\boldsymbol{\Psi}$ 在点 $M(2,3,1)$ 沿一个指定方向的方向导数，此方向上的单位矢量 $\boldsymbol{e}_l = \frac{3}{\sqrt{50}}\boldsymbol{e}_x + \frac{4}{\sqrt{50}}\boldsymbol{e}_y + \frac{5}{\sqrt{50}}\boldsymbol{e}_z$。

1-8　在球坐标系中，已知 $\boldsymbol{\Phi} = \frac{\mathrm{P_e}\cos\theta}{4\pi\varepsilon_0 r^2}$，$\mathrm{P_e}$、$\varepsilon_0$ 为常数，试求矢量场 $\boldsymbol{E} = -\nabla\boldsymbol{\Phi}$。

1-9　设 S 是上半球面 $x^2+y^2+z^2=a^2(z\geqslant 0)$，它的单位法线矢量 $\boldsymbol{n}$ 与 oz 轴的夹角是锐角，求矢量场 $r = x\boldsymbol{e}_x + y\boldsymbol{e}_y + z\boldsymbol{e}_z$ 向 $\boldsymbol{n}$ 所指的一侧穿过 S 的通量。

1-10　求 $\nabla\cdot\boldsymbol{A}$ 在给定点的值

(1) $\boldsymbol{A} = x^3\boldsymbol{e}_x + y^3\boldsymbol{e}_y + z^3\boldsymbol{e}_z$ 在点 $M(1,0,-1)$；

(2) $\boldsymbol{A} = 4x\boldsymbol{e}_x - 2xy\boldsymbol{e}_y + z^2\boldsymbol{e}_z$ 在点 $M(1,1,3)$；

(3)$\boldsymbol{A} = xyz\boldsymbol{r}$ 在点 $M(1,3,2)$，式中的 $\boldsymbol{r} = x\boldsymbol{e}_x + y\boldsymbol{e}_y + z\boldsymbol{e}_z$

1-11 已知 $\boldsymbol{r} = x\boldsymbol{e}_x + y\boldsymbol{e}_y + z\boldsymbol{e}_z, \boldsymbol{e}_r = \dfrac{\boldsymbol{r}}{r}$，试求

$$\nabla \cdot \boldsymbol{r}, \nabla \cdot \boldsymbol{e}_r, \nabla \cdot \frac{\boldsymbol{e}_r}{r}, \nabla \cdot \frac{\boldsymbol{e}_r}{r^2} \text{ 以及 } \nabla \cdot (\mathbf{C}r)(\mathbf{C} \text{ 为常矢})$$

1-12 在球坐标系中，设矢量场 $\boldsymbol{F} = f(r)\boldsymbol{r}$，试证明当 $\nabla \cdot \boldsymbol{F} = 0$ 时，$f(r) = \dfrac{\mathrm{C}}{r^3}$（C 为任意常数）。

1-13 在圆柱 $x^2 + y^2 = 16$ 和 $z = 0$ 及 $z = 2$ 两平面所包含的区域内，对矢量 $\boldsymbol{F} = x^3\boldsymbol{e}_x + x^2y\boldsymbol{e}_y + x^2z\boldsymbol{e}_z$，验证高斯散度定理。

1-14 求矢量场 $\boldsymbol{A} = xyz(\boldsymbol{e}_x + \boldsymbol{e}_y + \boldsymbol{e}_z)$ 在点 $M(1,3,2)$ 的旋度以及在这点沿方向 $\boldsymbol{e}_x + 2\boldsymbol{e}_y + 2\boldsymbol{e}_z$ 的环量面密度。

1-15 设 $\boldsymbol{r} = x\boldsymbol{e}_x + y\boldsymbol{e}_y + z\boldsymbol{e}_z, r = |\boldsymbol{r}|$，C 为常矢，求：

(1) $\nabla \times \boldsymbol{r}$，(2) $\nabla \times [f(r)\boldsymbol{r}]$，(3) $\nabla \times [f(r)\mathbf{C}]$，(4) $\nabla \cdot [\boldsymbol{r} \times f(r)\mathbf{C}]$。

1-16 证明恒等式：$\nabla \cdot (\boldsymbol{E} \times \boldsymbol{H}) = \boldsymbol{H} \cdot \nabla \times \boldsymbol{E} - \boldsymbol{E} \cdot \nabla \times \boldsymbol{H}$。

1-17 试用斯托克斯定理证明矢量场 ∇f 沿任意闭合路径的线积分恒等于零，即 $\oint_l \nabla f \cdot \mathrm{d}\boldsymbol{l} \equiv 0$。

1-18 如果 $\boldsymbol{F} = 3y^2\boldsymbol{e}_x + 4z\boldsymbol{e}_y + 6y\boldsymbol{e}_z$，对在 $x = 0$ 平面上的圆 $z^2 + y^2 = 4$，验证斯托克斯定理。

1-19 如果电场强度 $\boldsymbol{E} = E_0\cos\theta\boldsymbol{e}_r - E_0\sin\theta\boldsymbol{e}_\theta$，求 $\nabla \cdot \boldsymbol{E}$ 和 $\nabla \times \boldsymbol{E}$。

1-20 证明 $\nabla \cdot (\nabla^2\boldsymbol{A}) = \nabla^2(\nabla \cdot \boldsymbol{A})$。

1-21 证明 $\int_V \nabla f \mathrm{d}V = \oint_s f \mathrm{d}\boldsymbol{s}$，其中 f 是坐标的函数，s 是限定体积 V 的闭合面。

1-22 证明 $\int_V \nabla \times \boldsymbol{F} \mathrm{d}V = -\oint_s \boldsymbol{F} \times \mathrm{d}\boldsymbol{s}$，$s$ 是限定体积 V 的闭合面。

1-23 证明 $\oint_l u \mathrm{d}\boldsymbol{l} = -\int_s \nabla u \times \mathrm{d}\boldsymbol{s}$，$l$ 是限定曲面 s 的周界。

1-24 设有标量函数 u 和 v，证明 $\nabla^2(uv) = u\nabla^2 v + v\nabla^2 u + 2(\nabla u) \cdot (\nabla v)$。

1-25 如果 $f = x^2$ 和 $g = y^2$ 是两个标量函数，在中心位于原点的单位立方体区域内，验证格林第一和第二恒等式。

1-26 试证明：如果仅仅已知一个矢量场 $\boldsymbol{F}$ 的旋度，不可能唯一地确定这个场。

1-27 试证明：如果仅仅已知一个矢量场 $\boldsymbol{F}$ 的散度，不可能唯一地确定这个场。

第 2 章　静电场与恒定电场

本章研究静止电荷产生的静电场和导电媒质中维持恒定电流分布的恒定电场。静电场是指由静止的、其电量不随时间变化的电荷所产生的电场。这些电荷可以集中在某一点或以某种形式分布，但无论怎样，它们必须是恒定的。电荷在电场作用下作有规则的定向运动便形成电流。当电荷流动不随时间改变时，称为恒定电流，维持恒定电流分布的电场称为恒定电场。

本章将从静电学的基本定律——库仑定律出发，导出电场强度的定义及其计算公式；根据静电场的无旋性引入标量电位的概念；在推导出高斯定理后，给出静电场的基本方程。由基本方程的积分形式，导出不同介质分界面的边界条件；由基本方程的微分形式，得出泊松方程和拉普拉斯方程。然后讨论导体系统电容和静电场能量与静电力问题。最后介绍恒定电场的特性和求解方法。

2.1　库仑定律　电场强度

2.1.1　库仑定律

库仑定律是描述真空中两个静止点电荷之间相互作用的实验定律，如图 2-1 所示，点电荷 q_1 对 q_2 的作用力 $\boldsymbol{F}_{12}$ 可表示为

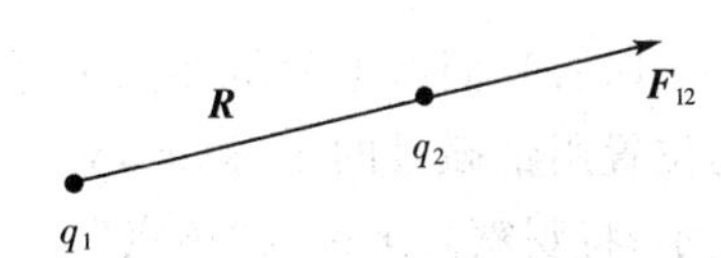

图 2-1　两点电荷之间的作用力

$$\boldsymbol{F}_{12} = \frac{q_1 q_2}{4\pi\varepsilon_0 R^2}\boldsymbol{e}_R = \frac{q_1 q_2}{4\pi\varepsilon_0 R^3}\boldsymbol{R} \tag{2-1}$$

式中，$\boldsymbol{R} = \boldsymbol{r} - \boldsymbol{r}'$ 表示从 $\boldsymbol{r}$ 到 $\boldsymbol{r}'$ 的距离矢量，R 是 $\boldsymbol{r}'$ 到 $\boldsymbol{r}$ 的距离，$\boldsymbol{e}_R = \boldsymbol{R}/R$ 是 $\boldsymbol{R}$ 的单位矢量；ε_0 是表征真空电性质的物理量，称为真空的介电常数（电容率），其值为

$$\varepsilon_0 = \frac{1}{36\pi} \times 10^{-9} \approx 8.854 \times 10^{-12}\,(\mathrm{F/m})$$

库仑定律表明，真空中两个静止点电荷之间的相互作用力 $\boldsymbol{F}$ 的大小与它们的电量 q_1 和 q_2 的乘积成正比；与它们之间的距离 R 的平方成反比；力的方向沿着它们的连线，同号电荷之间是斥力，异号电荷之间是引力。

库仑定律只能直接用于点电荷。所谓点电荷，是指当带电体的尺度远远小于它们之间的距离时，将其电荷集中于一点的理想化模型。理想的点电荷是不存在的，实际的带电体总是分布在一定的区域内，通常称为分布电荷。

库仑定律是大量实验的总结。实验还表明，真空中多个点电荷构成的电荷体系，两两之间的作用力，不受其他电荷存在与否的影响。电荷 i 所受到的作用力是空间其余电荷单独存在时作用力的矢量代数和，即

$$\boldsymbol{F}_i = \sum_{j \neq i} \frac{q_i q_j}{4\pi\varepsilon_0 R_{ij}^3}\boldsymbol{R}_{ij} \tag{2-2}$$

这说明电荷之间的作用力满足线性叠加原理。

2.1.2 电场强度

库仑定律表明了两个点电荷之间相互作用力的大小和方向，但没有表明这种作用力是如何传递的。实验表明，任何电荷都在自己周围的空间产生电场，而电场对处在其中的任何电荷都有作用力，称为电场力。电荷间的相互作用力就是通过电场传递的。为了定量地描述电场的物理特性，我们引入电场强度概念。空间任意一点的电场强度定义为该点的单位正实验电荷所受到的作用力，即

$$\boldsymbol{E}(\boldsymbol{r})=\lim_{q_0\to 0}\frac{\boldsymbol{F}(\boldsymbol{r})}{q_0}\quad (\mathrm{N/C}) \tag{2-3}$$

这里的实验电荷是指带电量很小，引入到电场内不影响电场分布的点电荷。由库仑定律，可以得到位于点 $\boldsymbol{r}'$ 处的点电荷 q 在 $\boldsymbol{r}$ 处产生的电场强度为

$$\boldsymbol{E}(\boldsymbol{r})=\frac{q}{4\pi\varepsilon_0 R^2}\boldsymbol{e}_R=\frac{q\boldsymbol{R}}{4\pi\varepsilon_0 R^3} \tag{2-4}$$

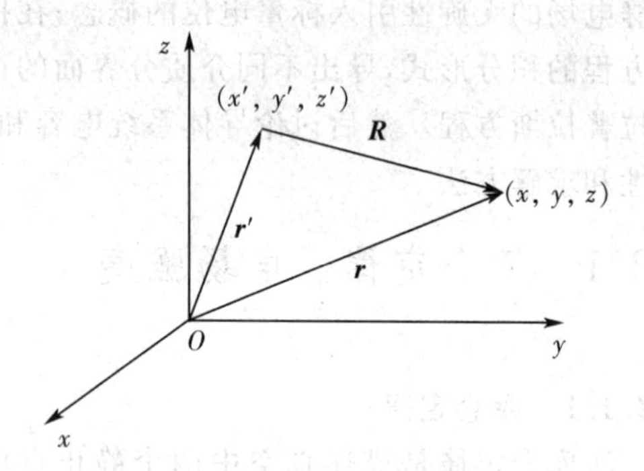

图 2-2　场点和源点

以后我们将电荷所在点 $\boldsymbol{r}'$ 称为“源点”，源点的位置用带撇号的坐标(x',y',z')或位置矢量 $\boldsymbol{r}'$ 表示；将观察点 $\boldsymbol{r}$ 称为“场点”，场点的位置用不带撇号的坐标(x,y,z)或位置矢量 $\boldsymbol{r}$ 表示。则源点到场点的距离矢量为

$$\boldsymbol{R}=\boldsymbol{r}-\boldsymbol{r}'$$

$$R=|\boldsymbol{r}-\boldsymbol{r}'|=\sqrt{(x-x')^2+(y-y')^2+(z-z')^2}$$

故式(2-4)也可写成

$$\boldsymbol{E}(\boldsymbol{r})=\frac{q(\boldsymbol{r}-\boldsymbol{r}')}{4\pi\varepsilon_0\,|\boldsymbol{r}-\boldsymbol{r}'|^3} \tag{2-5}$$

如果真空中有 n 个点电荷，则 r 点处的电场强度可由叠加原理计算。即真空中 n 个点电荷在 r 点处的电场强度，等于各个点电荷单独在该点产生的电场强度的叠加，即

$$\boldsymbol{E}(\boldsymbol{r})=\sum_{i=1}^{n}\boldsymbol{E}_i(\boldsymbol{r})=\sum_{i=1}^{n}\frac{q_i}{4\pi\varepsilon_0 R_i^2}\boldsymbol{e}_{R_i} \tag{2-6}$$

众所周知，电子是自然界中最小的带电粒子之一，任何带电体的电荷量都是以电子电荷量 e 的整数倍的数值量出现的。从微观上看，电荷是以离散的方式出现在空间中。但从工程或宏观电磁学的观点上看，大量的带电粒子密集地出现在某空间体积内时，可以假定电荷以连续分布的形式充满于该体积中。基于这种假设，我们用电荷体密度(即体电荷密度)来描述电荷在空间的分布，体电荷密度的定义为

$$\rho(\boldsymbol{r})=\lim_{\Delta V\to 0}\frac{\Delta q}{\Delta V} \tag{2-7}$$

体电荷密度 $\rho(\boldsymbol{r})$ 的单位为 $\mathrm{C/m^3}$。

同样,我们可以定义电荷面密度为

$$\rho_S(\boldsymbol{r}) = \lim_{\Delta S \to 0} \frac{\Delta q}{\Delta S} \tag{2-8}$$

其单位为 C/m^2。

定义电荷线密度为

$$\rho_l(\boldsymbol{r}) = \lim_{\Delta l \to 0} \frac{\Delta q}{\Delta l} \tag{2-9}$$

其单位为 C/m。

当电荷是连续分布时,它在空间任意一点产生的电场可以通过积分的方法求得:首先将连续分布的体电荷分割为无数多的小体积元,$\boldsymbol{r}_i'$ 点小体积的电荷量为 $\rho(\boldsymbol{r}_i')\Delta V_i'$。由于体积很小,可视为点电荷,故连续分布的体电荷在空间 $\boldsymbol{r}$ 处的电场强度可视为一系列点电荷产生的电场强度的叠加,从而得出 $\boldsymbol{r}$ 点的电场强度为

$$\boldsymbol{E}(\boldsymbol{r}) = \sum_{i=1}^{\infty} \frac{\rho(\boldsymbol{r}_i')\Delta V_i' \boldsymbol{e}_{R_i}}{4\pi\varepsilon_0 R_i^2} = \int_{V'} \frac{\rho(\boldsymbol{r}')\boldsymbol{e}_R}{4\pi\varepsilon_0 R^2} \mathrm{d}V' \tag{2-10}$$

其中的体积分为电荷所在区域。

同理,连续分布的面电荷和线电荷产生的电场强度分别为

$$\boldsymbol{E}(\boldsymbol{r}) = \sum_{i=1}^{\infty} \frac{\rho_S(\boldsymbol{r}_i')\Delta S_i' \boldsymbol{e}_{R_i}}{4\pi\varepsilon_0 R_i^2} = \int_{S'} \frac{\rho_S(\boldsymbol{r}')\boldsymbol{e}_R}{4\pi\varepsilon_0 R^2} \mathrm{d}S' \tag{2-11}$$

$$\boldsymbol{E}(\boldsymbol{r}) = \sum_{i=1}^{\infty} \frac{\rho_l(\boldsymbol{r}_i')\Delta l_i' \boldsymbol{e}_{R_i}}{4\pi\varepsilon_0 R_i^2} = \int_{l'} \frac{\rho_l(\boldsymbol{r}')\boldsymbol{e}_R}{4\pi\varepsilon_0 R^2} \mathrm{d}l' \tag{2-12}$$

【例 2-1】 已知一个半径为 a 的均匀带电圆环,其电荷线密度为 ρ_l,求轴线上任意一点的电场强度。

【解】 选择圆柱坐标系,如图 2-3 所示,圆环位于 xoy 平面,圆环中心与坐标原点重合,则

引入连续分布电荷概念后,也可将点电荷当作分布电荷看待,其体密度 $\rho(\boldsymbol{r})$ 为无穷大,$\rho(\boldsymbol{r})$ 可用 δ 函数来表示。对于单位点电荷,定义 δ 函数为

$$\rho(\boldsymbol{r}) = \delta(\boldsymbol{r}-\boldsymbol{r}') = \begin{cases} 0 & \boldsymbol{r} \neq \boldsymbol{r}' \\ \infty & \boldsymbol{r} = \boldsymbol{r}' \end{cases}$$

$$\int_V \rho(\boldsymbol{r})\mathrm{d}V = \int_V \delta(\boldsymbol{r}-\boldsymbol{r}')\mathrm{d}V = \begin{cases} 0 & \boldsymbol{r} \neq \boldsymbol{r}' \\ 1 & \boldsymbol{r} = \boldsymbol{r}' \end{cases}$$

另外,$\delta(\boldsymbol{r}-\boldsymbol{r}')$ 具有抽样特性,即

$$\int_V f(\boldsymbol{r})\delta(\boldsymbol{r}-\boldsymbol{r}')\mathrm{d}V = f(\boldsymbol{r}')$$

$$\boldsymbol{r} = z\boldsymbol{e}_z$$

$$\boldsymbol{r}' = a\,\boldsymbol{e}_r = a\cos\varphi'\boldsymbol{e}_x + a\sin\varphi'\boldsymbol{e}_y$$

$$R = |\,\boldsymbol{r} - \boldsymbol{r}'\,| = (z^2 + a^2)^{1/2}$$

$$\boldsymbol{e}_R = \frac{\boldsymbol{R}}{R} = \frac{\boldsymbol{r} - \boldsymbol{r}'}{R}$$

$$\mathrm{d}l' = a\,\mathrm{d}\varphi'$$

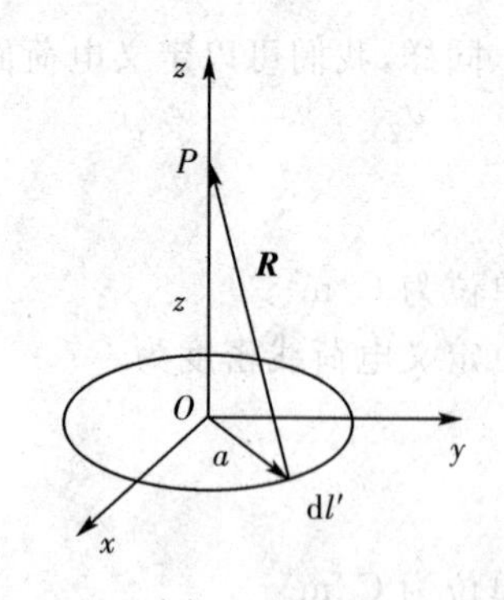

图 2-3　带均匀线电荷的圆环

所以轴线上任意一点的电场强度为

$$\begin{aligned}\boldsymbol{E}(\boldsymbol{r}) &= \int_{l'} \frac{\rho_l(\boldsymbol{r}')\boldsymbol{e}_R}{4\pi\varepsilon_0 R^2}\mathrm{d}l' \\ &= \frac{\rho_l}{4\pi\varepsilon_0}\int_0^{2\pi} \frac{z\boldsymbol{e}_z - a\cos\varphi'\boldsymbol{e}_x - a\sin\varphi'\boldsymbol{e}_y}{(z^2+a^2)^{3/2}}a\,\mathrm{d}\varphi' \\ &= \frac{a\rho_l}{2\varepsilon_0}\,\frac{z}{(a^2+z^2)^{3/2}}\boldsymbol{e}_z\end{aligned}$$

2.2　电　位

上一节介绍了用电场强度 $\boldsymbol{E}$ 来表示静电场的特性，并讨论了根据给定的电荷计算场强的方法。但由于矢量运算比标量运算复杂，故希望能用一个标量函数来表征静电场。在本节中我们将根据静电场的性质，定义一个和待求电场矢量 $\boldsymbol{E}$ 有确定关系的标量函数，先求解这个辅助的标量函数，然后再将它变换为待求的电场强度 $\boldsymbol{E}$。

2.2.1　静电场的无旋性

首先根据体电荷的场强表达式来推导静电场的旋度。

$$\begin{aligned}\boldsymbol{E}(\boldsymbol{r}) &= \int_{V'} \frac{\rho(\boldsymbol{r}')\boldsymbol{e}_R}{4\pi\varepsilon_0 R^2}\mathrm{d}V' \\ &= -\frac{1}{4\pi\varepsilon_0}\int_{V'}\rho(\boldsymbol{r}')\,\nabla\left(\frac{1}{R}\right)\mathrm{d}V' \\ &= -\nabla\left[\frac{1}{4\pi\varepsilon_0}\int_{V'}\frac{\rho(\boldsymbol{r}')}{R}\mathrm{d}V'\right] \\ &= -\nabla\phi(\boldsymbol{r})\end{aligned}$$

式中，中括号内的函数是一个标量函数，这表明电场强度 $\boldsymbol{E}$ 可以用一个标量函数的梯度来表示。对上式两边同时取旋度

$$\nabla\times\boldsymbol{E} = \nabla\times(-\nabla\phi)$$

由矢量分析中的恒等式 $\nabla\times\nabla\phi = 0$ 知，静电场的旋度恒为零，即

$$\nabla\times\boldsymbol{E} = 0 \tag{2-13}$$

由斯托克斯定理知

$$\oint_l \boldsymbol{E} \cdot \mathrm{d}\boldsymbol{l} = \int_S \nabla \times \boldsymbol{E} \cdot \mathrm{d}\boldsymbol{S} = 0$$

所以

$$\oint_l \boldsymbol{E} \cdot \mathrm{d}\boldsymbol{l} = 0 \tag{2-14}$$

上式表明静电场是无旋场(保守场)，电场强度$\boldsymbol{E}$沿任一闭合曲线的线积分均恒为零，静电场中不存在漩涡源。

2.2.2　电位

由于静电场的无旋性，可用标量函数ϕ完整地描述静电场$\boldsymbol{E}$的特性，即

$$\boldsymbol{E}(\boldsymbol{r}) = -\nabla \phi(\boldsymbol{r}) \tag{2-15}$$

该标量函数ϕ称为电位(或电势)，单位为伏特(V)。式中的负号表示电场$\boldsymbol{E}$是指向电位下降的方向。需要指出，由上式定义的电位并不是唯一的。把任意一个常数C加到ϕ上，并不会影响$\boldsymbol{E}$。因此要确定某一给定点的电位，必须任意设定空间某一点的电位为零，该点称为参考点。

电位ϕ也可以通过电场$\boldsymbol{E}$的积分来计算。因为$\boldsymbol{E}$沿场中任意闭合曲线的积分为零，这等价于$\boldsymbol{E}$从场中一点沿任意路径到另一点的线积分与路径无关，而只与积分的起点和终点有关，所以有

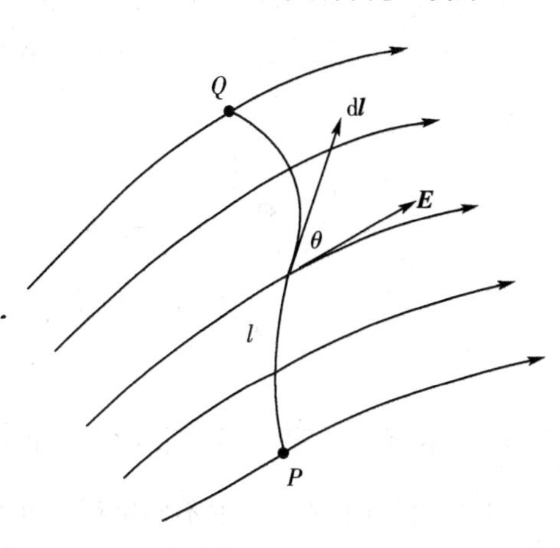

图 2-4　静电场中的电位

$$\begin{aligned}\int_l \boldsymbol{E} \cdot \mathrm{d}\boldsymbol{l} &= \int_P^Q \boldsymbol{E} \cdot \mathrm{d}\boldsymbol{l} \\ &= -\int_P^Q \nabla \phi \cdot \boldsymbol{e}_l \mathrm{d}l \\ &= -\int_P^Q \frac{\partial \phi}{\partial l} \mathrm{d}l \\ &= -\int_P^Q \mathrm{d}\phi \\ &= \phi_P - \phi_Q\end{aligned}$$

令

$$\int_P^Q \boldsymbol{E} \cdot \mathrm{d}\boldsymbol{l} = \phi_P - \phi_Q = U_{PQ} \tag{2-16}$$

式中U_{PQ}是P、Q两点间的电位差(或电压)。

若选择Q点为电位参考点，即$\phi_Q = 0$，则场域内任一点P的电位为

$$\phi_P = \int_P^Q \boldsymbol{E} \cdot \mathrm{d}\boldsymbol{l} \tag{2-17}$$

当电荷分布在有限区域时，通常取无穷远为参考点，即

$$\phi_P = \int_P^\infty \boldsymbol{E} \cdot \mathrm{d}\boldsymbol{l} \tag{2-18}$$

由式(2-18)可推导出不同电荷产生的电位的表达式

1. 点电荷 $$\phi = \frac{q}{4\pi\varepsilon_0 R} \tag{2-19}$$

2. 点电荷系 $$\phi = \sum_{i=1}^{N} \frac{q_i}{4\pi\varepsilon_0 R_i} \tag{2-20}$$

3. 体电荷 $$\phi = \int_{V'} \frac{\rho(\boldsymbol{r}')}{4\pi\varepsilon_0 R} \mathrm{d}V' \tag{2-21}$$

4. 面电荷 $$\phi = \int_{S'} \frac{\rho_S(\boldsymbol{r}')}{4\pi\varepsilon_0 R} \mathrm{d}S' \tag{2-22}$$

5. 线电荷 $$\phi = \int_{l'} \frac{\rho_l(\boldsymbol{r}')}{4\pi\varepsilon_0 R} \mathrm{d}l' \tag{2-23}$$

【例 2-2】 一个半径为 a 的均匀带电圆环,其电荷线密度为 ρ_l,求轴线上任一点的电位和电场强度。

【解】 选择圆柱坐标系,如图 2-3 所示,圆环位于 xoy 平面,圆环中心与坐标原点重合,源点到场点的距离为

$$R = (z^2 + a^2)^{1/2}$$

所以

$$\phi = \int_{l'} \frac{\rho_l}{4\pi\varepsilon_0 R} \mathrm{d}l' = \frac{\rho_l}{4\pi\varepsilon_0} \int_0^{2\pi a} \frac{\mathrm{d}l'}{R} = \frac{a\rho_l}{2\varepsilon_0 (z^2 + a^2)^{1/2}}$$

$$\boldsymbol{E}(\boldsymbol{r}) = -\nabla\phi(\boldsymbol{r}) = -\frac{\partial \phi}{\partial z}\boldsymbol{e}_z = \frac{a\rho_l}{2\varepsilon_0} \frac{z}{(a^2 + z^2)^{3/2}} \boldsymbol{e}_z$$

2.3 静电场中的导体与电介质

对自由空间(真空)中不同电荷分布所产生的电场,我们已经进行了充分的讨论,现在来探讨一下在电场中存在其他物质时,它们对电场分布会产生什么影响?根据物质在静电场中的静电表现,可分为两大类:导体和电介质(绝缘体)。首先来看看静电场中的导体。

2.3.1 静电场中的导体

导体是一种拥有大量自由电子的物质,如金属。在静电场中,导体内的自由电子会在静电力的作用下,作反电场方向的运动,直至积累在导体表面的电荷产生的附加电场在导体内处处与外加电场相抵消,此时导体内净电场为零(即静电平衡状态)。由 $\boldsymbol{E} = -\nabla\phi = 0$ 知,导体中的电位为常数,导体为等位体,导体表面是等位面。导体内净电荷密度 $\rho = 0$,任何净电荷只能分布在导体表面上(包括空腔导体的内表面)。此外,静电平衡条件还要求导体表面上场强的切向分量 $E_t = 0$,否则,电荷将在 E_t 的作用下沿导体表面运动。因此,导体表面只可能有电场的法向分量 E_n,即电场 $\boldsymbol{E}$ 必垂直于导体表面。其中导体表面的场强与导体表面的面电荷密度的关系为

$$E_n = -\frac{\partial \phi}{\partial n} = \frac{\rho_s}{\varepsilon_0} \tag{2-24}$$

2.3.2　静电场中的电介质

1. 电介质

电介质与导体不同，它的原子核与周围的电子之间相互作用力很大，所有的电子均被束缚在原子核周围，没有可自由运动的自由电荷。因此在电场的作用下，唯一可能存在的运动，就是正负电荷向相反方向产生微小位移，从而形成极化电荷。这些极化电荷构成了新的附加场源，使原电场的分布发生变化，因而有必要单独加以讨论。

按照介质分子内部结构的不同，可将其分为两类：一类是非极性分子，它的正负电荷的电中心重合，偶极矩为零。另一类是极性分子，其正负电荷的电中心不重合，具有固有偶极矩。但由于分子的热运动，它们的排列是随机的。在没有外加电场时，从整体上看呈电中性，即总的偶极矩为零。此外，还有部分介质是由离子组成的。我们主要讨论由分子组成的介质。

2. 电介质的极化

电介质在外电场的作用下，非极性分子中的正负电荷要产生相反方向的微小位移，形成电偶极子；而对于极性分子会向外电场方向偏转，排列有序，总的电偶极矩不再为零。这两种现象均称为电介质的极化。极化的结果在电介质的内部和表面上都产生了极化电荷，极化电荷产生的电场叠加在原来的电场上，使电场发生变化。

3. 电偶极子

在极化了的电介质中，每个分子都起着电偶极子的作用。因此从微观上讨论电偶极子的场是很有必要的。电偶极子是指由间距很小的两个等量异号点电荷组成的系统，如图 2 - 5 所示。

下面计算电偶极子的远区场($r \gg l$)。

取电偶极子的轴与 z 轴重合，电偶极子的中心在坐标原点。则电偶极子在空间任意点 P 的电位为

$$\phi = \frac{q}{4\pi\varepsilon_0}\left(\frac{1}{r_1} - \frac{1}{r_2}\right)$$

其中：$r_1 = (r^2 + \frac{l^2}{4} - rl\cos\theta)^{1/2}$

$$r_2 = (r^2 + \frac{l^2}{4} + rl\cos\theta)^{1/2}$$

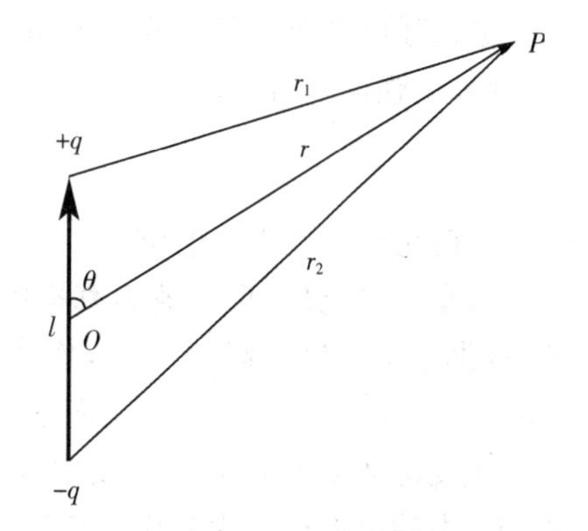

图 2 - 5　电偶极子

由于 $r \gg l$，所以将 r_1，r_2 展开并略去高阶项，得

$$r_1 \approx r - \frac{l}{2}\cos\theta$$

$$r_2 \approx r + \frac{l}{2}\cos\theta$$

故

$$\phi = \frac{ql\cos\theta}{4\pi\varepsilon_0 r^2} \tag{2-25}$$

通常用电偶极矩表示电偶极子的大小和取向，它定义为电荷 q 乘以有向距离 $\boldsymbol{l}$，即

$$\boldsymbol{p} = q\boldsymbol{l} \tag{2-26}$$

式(2-25)也可改写为

$$\phi = \frac{p\cos\theta}{4\pi\varepsilon_0 r^2} = \frac{\boldsymbol{p}\cdot\boldsymbol{e}_r}{4\pi\varepsilon_0 r^2} \tag{2-27}$$

所以，电偶极子的远区场为

$$\boldsymbol{E} = -\nabla\phi = \frac{p}{4\pi\varepsilon_0 r^3}(2\cos\theta\boldsymbol{e}_r + \sin\theta\boldsymbol{e}_\theta) \tag{2-28}$$

电偶极子的场图如图 2-6 所示。

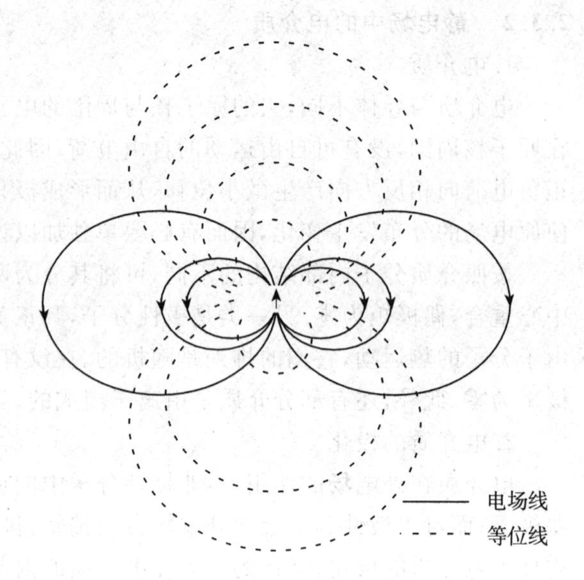

图 2-6 电偶极子的场图

4.极化强度

为了定量地计算介质极化的影响，我们引入极化强度矢量 $\boldsymbol{P}$ 以及极化电荷密度的概念。

极化强度 $\boldsymbol{P}$ 定义为：在介质极化后，给定点上单位体积内总的电偶极矩，即

$$\boldsymbol{P} = \lim_{\Delta V\to 0}\frac{\sum \boldsymbol{p}_i}{\Delta V} \tag{2-29}$$

极化强度的单位是库仑每平方米(C/m^2)。若 $\boldsymbol{p}$ 是体积 ΔV 中的平均偶极矩，N 是分子密度，则极化强度也可表示为

$$\boldsymbol{P} = N\boldsymbol{p} \tag{2-30}$$

5.极化介质产生的电位

当介质极化后，可等效为真空中一系列电偶极子。极化介质产生的附加电场，实质上就是这些电偶极子产生的电场，如图 2-7 所示。

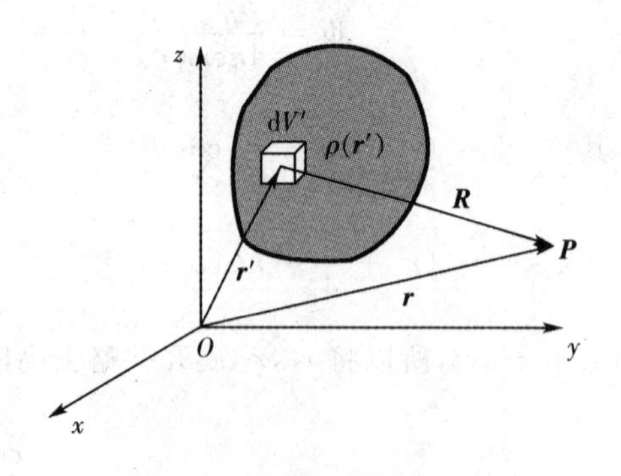

图 2-7 极化介质的电位

在极化强度为 $\boldsymbol{P}$ 的电介质中取一体积元 $\mathrm{d}V'$，则 $\mathrm{d}V'$ 中的电偶极矩为 $\boldsymbol{P}\mathrm{d}V'$，$\mathrm{d}V'$ 中的电偶极子在介质外 $\boldsymbol{r}$ 处产生的电位是

$$\mathrm{d}\phi(\boldsymbol{r}) = \frac{\boldsymbol{P}(\boldsymbol{r}')\mathrm{d}V'\cdot\boldsymbol{e}_R}{4\pi\varepsilon_0 R^2}$$

整个极化介质产生的电位是

$$\phi(\boldsymbol{r}) = \int_{V'}\frac{\boldsymbol{P}(\boldsymbol{r}')\mathrm{d}V'\cdot\boldsymbol{e}_R}{4\pi\varepsilon_0 R^2} = \int_{V'}\frac{\boldsymbol{P}(\boldsymbol{r}')}{4\pi\varepsilon_0}\cdot\nabla'\left(\frac{1}{R}\right)\mathrm{d}V'$$

利用矢量恒等式(Ⅰ-12)得

$$\phi(\boldsymbol{r}) = \frac{1}{4\pi\varepsilon_0}\int_{V'} \nabla' \cdot \frac{\boldsymbol{P}(\boldsymbol{r}')}{R}\mathrm{d}V' - \frac{1}{4\pi\varepsilon_0}\int_{V'} \frac{\nabla' \cdot \boldsymbol{P}(\boldsymbol{r}')}{R}\mathrm{d}V'$$

$$= \frac{1}{4\pi\varepsilon_0}\oint_{S'} \frac{\boldsymbol{P}(\boldsymbol{r}') \cdot \mathrm{d}\boldsymbol{S}'}{R} + \frac{1}{4\pi\varepsilon_0}\int_{V'} \frac{-\nabla' \cdot \boldsymbol{P}(\boldsymbol{r}')}{R}\mathrm{d}V'$$

$$= \frac{1}{4\pi\varepsilon_0}\oint_{S'} \frac{\rho_{PS}\mathrm{d}S'}{R} + \frac{1}{4\pi\varepsilon_0}\int_{V'} \frac{\rho_P}{R}\mathrm{d}V' \tag{2-31}$$

将上式与自由电荷ρ和ρ_S产生的电位表达式相比较可知，两者形式相同。因此极化介质产生的电位可以看作是等效体分布电荷和等效面分布电荷在真空中共同产生的。等效体电荷密度和等效面电荷密度分别为

$$\rho_P(\boldsymbol{r}') = -\nabla' \cdot \boldsymbol{P}(\boldsymbol{r}') \tag{2-32}$$

$$\rho_{PS}(\boldsymbol{r}') = \boldsymbol{P}(\boldsymbol{r}') \cdot \boldsymbol{n} \tag{2-33}$$

这个等效电荷也称为极化电荷或束缚电荷。可以证明，上面的结果也适用于极化介质内部任一点的电位计算。

需要指出，对于均匀极化介质，其极化强度 $\boldsymbol{P}$ 为常矢量，$\rho_P = 0$，极化电荷只存在于介质的表面，极化介质内部的总极化电荷为零。

2.4　高斯定理

2.4.1　真空中的高斯定理

在上一章我们已经指出，矢量场的性质可由它的环量和通量来描述，而静电场的环量处处为零，它的通量就不能全为零。下面我们讨论静电场的通量问题。

先引入立体角的概念。立体角是由过一点的射线，旋转一周扫出的锥面所限定的空间角度。如果它是由过点o'的射线沿给定曲面S的边缘绕行一周所得，则称之为S对o'所张的立体角。立体角的度量与平面角类似：以其顶点o'为球心，以R为半径作球面，若立体角的锥面在球面上截下的面积为S，则此立体角的大小是

$$\Omega = \frac{S}{R^2} \tag{2-34}$$

曲面S上任一面元$\mathrm{d}\boldsymbol{S}$对o'所张的立体角为

$$\mathrm{d}\Omega = \frac{\mathrm{d}S\cos\theta}{R^2} = \frac{\mathrm{d}\boldsymbol{S} \cdot \boldsymbol{e}_R}{R^2} \tag{2-35}$$

故曲面S对o'所张的立体角为

$$\Omega = \int_S \frac{\boldsymbol{e}_R}{R^2} \cdot \mathrm{d}\boldsymbol{S} \tag{2-36}$$

若S为封闭曲面，则

$$\Omega = \oint_S \frac{\boldsymbol{e}_R}{R^2} \cdot \mathrm{d}\boldsymbol{S} = \begin{cases} 4\pi & (o'\text{在}S\text{内}) \\ 0 & (o'\text{在}S\text{外}) \end{cases} \tag{2-37}$$

立体角可正可负，视夹角 θ 为锐角或钝角而定。

高斯定理描述通过某个闭合面电场强度的通量与闭合面内电荷之间的关系。先考虑点电荷产生的电场穿过任意闭合曲面 S 的通量：

$$\oint_S \boldsymbol{E} \cdot \mathrm{d}\boldsymbol{S} = \frac{q}{4\pi\varepsilon_0}\oint_S \frac{\boldsymbol{e}_R}{R^2} \cdot \mathrm{d}\boldsymbol{S} = \begin{cases} q/\varepsilon_0 & (q\text{ 在 } S \text{ 内}) \\ 0 & (q\text{ 在 } S \text{ 外}) \end{cases} \tag{2-38}$$

对点电荷系或分布电荷，由叠加原理得出高斯定理为

$$\oint_S \boldsymbol{E} \cdot \mathrm{d}\boldsymbol{S} = \frac{\sum q}{\varepsilon_0} \tag{2-39}$$

式(2-39)称为真空中的高斯定理。其中 $\sum q$ 是闭合面内的总电荷。高斯定理是静电场的一个基本定理。它表明，在真空中穿出任意闭合面的电场强度通量，等于该闭合面内部的总电荷量与 ε_0 之比。式(2-39)是高斯定理的积分形式，它只能说明通过闭合面的电场强度通量与闭合面内电荷之间的关系，并不能说明某一点的情况。分析某一点的情形，要用微分形式。如果闭合面内的电荷是密度为 ρ 的体电荷，则式(2-39)可写为

$$\oint_S \boldsymbol{E} \cdot \mathrm{d}\boldsymbol{S} = \frac{1}{\varepsilon_0}\int_V \rho \mathrm{d}V \tag{2-40}$$

式中 V 是闭合面 S 所限定的体积。用散度定理对上式左边进行变换，得

$$\int_V \nabla \cdot \boldsymbol{E} \mathrm{d}V = \frac{1}{\varepsilon_0}\int_V \rho \mathrm{d}V$$

由于体积是任意的，所以有

$$\nabla \cdot \boldsymbol{E} = \frac{\rho}{\varepsilon_0} \tag{2-41}$$

式(2-41)是高斯定理的微分形式。它说明，真空中任一点电场强度的散度等于该点的电荷密度 ρ 与 ε_0 之比。

高斯定理的积分形式可直接用来计算某些对称分布电荷所产生的场强值。解题的关键是能将电场强度从积分中提出来，这就要求找出一个闭合面(高斯面)S，在 S 面上电场强度 E 处处与 S 面平行，且 E 值相同，或者 S 面的一部分 S_1 上满足上述条件，另一部分 S_2 上电场强度 E 处处与 S 面垂直。这样就可求出对称分布电荷所产生的电场。

高斯定理的微分形式可用于由电场分布计算电荷分布。

【例 2-3】 已知电荷按体密度 $\rho = \rho_0(1 - \frac{r^2}{a^2})$ 分布于一个半径为 a 的球形区域内，试计算球内、外的电场强度及其电位。

【解】 显然电场具有球对称性，可以用高斯定理解题。

(1) 当 $r > a$ 时

$$\oint_S \boldsymbol{E}_2 \cdot \mathrm{d}\boldsymbol{S} = \frac{1}{\varepsilon_0}\int_V \rho \mathrm{d}V$$

$$E_2 4\pi r^2 = \frac{1}{\varepsilon_0}\int_0^a \rho_0 (1-\frac{r^2}{a^2})4\pi r^2 \mathrm{d}r$$

$$E_2 = \frac{2\rho_0 a^3}{15\varepsilon_0 r^2}$$

所以球外电场为

$$\boldsymbol{E}_2 = \frac{2\rho_0 a^3}{15\varepsilon_0 r^2}\boldsymbol{e}_r \qquad (r > a)$$

球外电位为

$$\phi_2 = \int_P^\infty \boldsymbol{E}_2 \cdot \mathrm{d}\boldsymbol{l} = \int_r^\infty E_2 \mathrm{d}r = \int_r^\infty \frac{2\rho_0 a^3}{15\varepsilon_0 r^2}\mathrm{d}r = \frac{2\rho_0 a^3}{15\varepsilon_0 r}$$

（2）当 $r \leqslant a$ 时

$$\oint_S \boldsymbol{E}_1 \cdot \mathrm{d}\boldsymbol{S} = \frac{1}{\varepsilon_0}\int_V \rho \mathrm{d}V$$

$$E_1 4\pi r^2 = \frac{1}{\varepsilon_0}\int_0^r \rho_0 (1-\frac{r^2}{a^2})4\pi r^2 \mathrm{d}r$$

$$E_1 = \frac{\rho_0}{\varepsilon_0}(\frac{r}{3}-\frac{r^3}{5a^2})$$

所以球内电场为

$$\boldsymbol{E}_1 = \frac{\rho_0}{\varepsilon_0}(\frac{r}{3}-\frac{r^3}{5a^2})\boldsymbol{e}_r \qquad (r \leqslant a)$$

球内电位为

$$\phi_1 = \int_P^\infty \boldsymbol{E} \cdot \mathrm{d}\boldsymbol{l} = \int_r^a E_1 \mathrm{d}r + \int_a^\infty E_2 \mathrm{d}r = \frac{\rho_0}{2\varepsilon_0}(\frac{a^2}{2}-\frac{r^2}{3}+\frac{r^4}{10a^2})$$

【例 2-4】 已知半径为 a 的球内、外的电场强度为

$$\boldsymbol{E} = \begin{cases} E_0 \dfrac{a^2}{r^2}\boldsymbol{e}_r & (r > a) \\ E_0 (\dfrac{5r}{2a}-\dfrac{3r^3}{2a^3})\boldsymbol{e}_r & (r \leqslant a) \end{cases}$$

求电荷分布。

【解】

$$\rho = \varepsilon_0 \nabla \cdot \boldsymbol{E} = \varepsilon_0 \frac{1}{r^2}\frac{\partial (r^2 E_r)}{\partial r} = \begin{cases} 0 & (r > a) \\ \dfrac{15\varepsilon_0 E_0}{2a^3}(a^2 - r^2) & (r \leqslant a) \end{cases}$$

2.4.2 介质中的高斯定理

在有介质存在的情况下，总电场 $\boldsymbol{E}$（也称宏观电场）是外加电场和极化介质产生的电场之和，即

$$\oint_S \boldsymbol{E}\cdot \mathrm{d}\boldsymbol{S} = \frac{\sum q + \sum q_P}{\varepsilon_0} \tag{2-42}$$

式中，$\sum q_P$ 为闭合面内的总的净束缚电荷。且

$$\sum q_P = \int_V \rho_P \mathrm{d}V = -\int_V \nabla' \cdot \boldsymbol{P}\mathrm{d}V = -\oint_S \boldsymbol{P}\cdot \mathrm{d}\boldsymbol{S}$$

所以

$$\oint_S \boldsymbol{E}\cdot \mathrm{d}\boldsymbol{S} = \frac{\sum q - \oint_S \boldsymbol{P}\cdot \mathrm{d}\boldsymbol{S}}{\varepsilon_0}$$

$$\oint_S (\varepsilon_0 \boldsymbol{E} + \boldsymbol{P})\cdot \mathrm{d}\boldsymbol{S} = \sum q \tag{2-43}$$

令

$$\boldsymbol{D} = \varepsilon_0 \boldsymbol{E} + \boldsymbol{P} \tag{2-44}$$

式中 $\boldsymbol{D}$ 称为电位移矢量（电感应强度、电通量密度），单位为库仑每平方米（$\mathrm{C/m^2}$）。

故式(2-43)可写为

$$\oint_S \boldsymbol{D}\cdot \mathrm{d}\boldsymbol{S} = \sum q \tag{2-45}$$

式(2-45)称为介质中的高斯定理的积分形式。

由散度定理，式(2-45)可写成

$$\oint_S \boldsymbol{D}\cdot \mathrm{d}\boldsymbol{S} = \int_V \nabla\cdot \boldsymbol{D}\mathrm{d}V = \sum q = \int_V \rho \mathrm{d}V$$

因闭合面 $\boldsymbol{S}$ 是任意的，由此可得到介质中的高斯定理的微分形式

$$\nabla\cdot \boldsymbol{D} = \rho \tag{2-46}$$

用式(2-45)计算 $\boldsymbol{D}$ 时，只需要考虑自由电荷 $\sum q$，而无需考虑束缚电荷 $\sum q_P$，显然计算电位移矢量 $\boldsymbol{D}$ 较简单。如果我们仍然需要计算电场强度 $\boldsymbol{E}$，则还需找出 $\boldsymbol{D}$ 和 $\boldsymbol{E}$ 的关系。

大量的物理实验表明，对于各向同性、线性的均匀介质，其极化强度 $\boldsymbol{P}$ 与宏观电场强度 $\boldsymbol{E}$ 成正比，即

$$\boldsymbol{P} = \chi_e \varepsilon_0 \boldsymbol{E} \tag{2-47}$$

其中，χ_e 是介质的极化率。当介质的极化强度 $\boldsymbol{P}$ 与宏观电场强度 $\boldsymbol{E}$ 的方向一致，且比值相等时，称为各向同性介质。若介质的极化率 χ_e 与 $\boldsymbol{E}$ 无关，称为线性介质。若介质的极化率 χ_e 与坐标变量无关，则称为均匀介质。

将式(2-47)代入式(2-44)可得

$$\boldsymbol{D}=\varepsilon_0\boldsymbol{E}+\chi_e\varepsilon_0\boldsymbol{E}=(1+\chi_e)\varepsilon_0\boldsymbol{E}=\varepsilon_r\varepsilon_0\boldsymbol{E}=\varepsilon\boldsymbol{E}$$

即

$$\boldsymbol{D}=\varepsilon\boldsymbol{E} \tag{2-48}$$

式(2-48)称为电介质的本构关系。其中，ε 为介质的介电常数；$\varepsilon_r=\varepsilon/\varepsilon_0$ 为介质的相对介电常数。

【例2-5】 一个半径为 a 的导体球，带电量为 Q，在导体球外，套有半径为 b 的同心介质球壳，壳外是空气。试计算空间任一点的电场强度。

【解】 由于导体球和介质球壳都是球对称的，故场分布也应该是球对称的，可以用高斯定理求解。

(1) 当 $r<a$ 时，显然，导体内场强为零，即

$$\boldsymbol{E}_1=0$$

(2) 当 $a\leqslant r<b$ 时，应用介质中的高斯定理，得

$$\oint_S\boldsymbol{D}\cdot\mathrm{d}\boldsymbol{S}=Q$$

$$\boldsymbol{D}=\frac{Q}{4\pi r^2}\boldsymbol{e}_r$$

$$\boldsymbol{E}_2=\frac{1}{\varepsilon}\boldsymbol{D}=\frac{Q}{4\pi\varepsilon r^2}\boldsymbol{e}_r$$

(3) 当 $r\geqslant b$ 时，应用真空中的高斯定理，得

$$\oint_S\boldsymbol{E}_3\cdot\mathrm{d}\boldsymbol{S}=\frac{Q}{\varepsilon_0}$$

$$\boldsymbol{E}_3=\frac{Q}{4\pi\varepsilon_0 r^2}\boldsymbol{e}_r$$

【例2-6】 已知一个半径为 a 的介质球，其极化强度为 $\boldsymbol{P}=\frac{1}{r}\boldsymbol{e}_r$。

(1) 试计算束缚电荷的体密度和面密度；

(2) 计算介质球的自由电荷密度。

【解】

(1)
$$\rho_P=-\nabla\cdot\boldsymbol{P}=-\frac{1}{r^2}\frac{\partial}{\partial r}(r^2P_r)=-\frac{1}{r^2}$$

$$\rho_{PS}=\boldsymbol{P}\cdot\boldsymbol{n}=\boldsymbol{P}\cdot\boldsymbol{e}_r=\frac{1}{r}$$

(2)
$$\boldsymbol{D}=\varepsilon_0\boldsymbol{E}+\boldsymbol{P}=\varepsilon\boldsymbol{E}$$

$$\boldsymbol{E}=\frac{\boldsymbol{P}}{\varepsilon-\varepsilon_0}=\frac{1}{\varepsilon-\varepsilon_0}\frac{\boldsymbol{e}_r}{r}\qquad(r\leqslant a)$$

$$\rho = \varepsilon \nabla \cdot \boldsymbol{E} = \frac{\varepsilon}{\varepsilon - \varepsilon_0} \nabla \cdot \boldsymbol{P} = \frac{\varepsilon}{\varepsilon - \varepsilon_0} \frac{1}{r^2}$$

2.4.3 静电场的基本方程

根据前面所学的静电场的特性，我们可以总结出静电场的基本方程为：

积分形式

$$\oint_l \boldsymbol{E} \cdot \mathrm{d}\boldsymbol{l} = 0 \tag{2-49a}$$

$$\oint_S \boldsymbol{D} \cdot \mathrm{d}\boldsymbol{S} = \sum q \tag{2-49b}$$

微分形式

$$\nabla \times \boldsymbol{E} = 0 \tag{2-50a}$$

$$\nabla \cdot \boldsymbol{D} = \rho \tag{2-50b}$$

本构关系

$$\boldsymbol{D} = \varepsilon \boldsymbol{E} \tag{2-51}$$

理论上求解一组基本方程可唯一地确定静电场的场强 $\boldsymbol{E}$，但由于它们是矢量方程组，除了某些特例，直接求解相当困难。

2.5 静电场的边界条件

在电磁场中，空间常常存在着两种或两种以上的不同媒质。由于不同媒质的极化特性不同，在两种不同媒质的分界面上一般存在着面束缚电荷，它将使电场强度 $\boldsymbol{E}$ 和电位移 $\boldsymbol{D}$ 产生跃变。电场强度 $\boldsymbol{E}$ 和电位移 $\boldsymbol{D}$ 在不同媒质的分界面上的跃变规律，称为边界条件（或衔接条件）。由于分界面上的场量产生跃变，静电场方程的微分形式不成立，故只能从静电场方程的积分形式出发来讨论场的边界条件。

2.5.1 法向边界条件

在分界面上任取一点 P，包含该点作一闭合小圆柱，其上下底面与分界面平行，底面积 ΔS 非常小；侧面与分界面垂直，且侧高 Δh 趋于零，如图 2-8 所示。对此闭合面应用介质中的高斯定理得

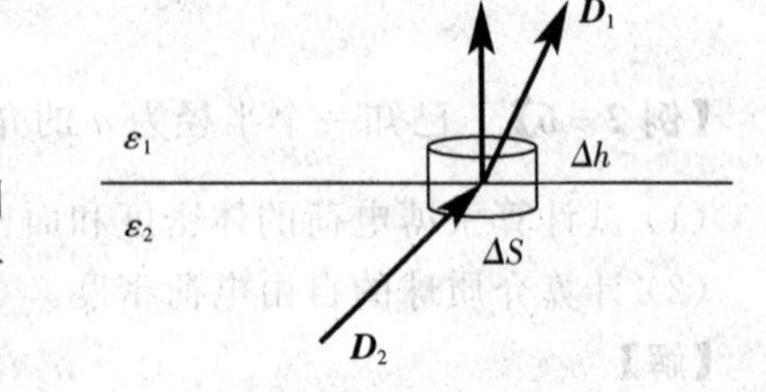

图 2-8 法向边界条件

$$\oint_S \boldsymbol{D} \cdot \mathrm{d}\boldsymbol{S} = \sum q$$

$$D_{1n} \Delta S - D_{2n} \Delta S = \rho_S \Delta S$$

$$D_{1n} - D_{2n} = \rho_S \tag{2-52}$$

或写成

$$\boldsymbol{n} \cdot (\boldsymbol{D}_1 - \boldsymbol{D}_2) = \rho_S \tag{2-53}$$

式(2-52)、(2-53)称为静电场法向分量的边界条件。式中 ρ_S 是分界面上的自由电荷面密度。

当介质分界面不存在自由电荷时，法向边界条件变为

$$D_{1n} = D_{2n} \tag{2-54}$$

或

$$\boldsymbol{n} \cdot (\boldsymbol{D}_1 - \boldsymbol{D}_2) = 0 \tag{2-55}$$

该边界条件也可用电位来表示

$$-\varepsilon_1 \frac{\partial \phi_1}{\partial n} + \varepsilon_2 \frac{\partial \phi_2}{\partial n} = \rho_S \tag{2-56}$$

2.5.2　切向边界条件

在分界面上任取一点 P，包含该点作一小矩形闭合回路。长边 Δl(Δl 足够短)分居界面两侧，并与界面平行，短边 Δh 趋于零，且与界面垂直，如图 2-9 所示。由静电场的保守性得

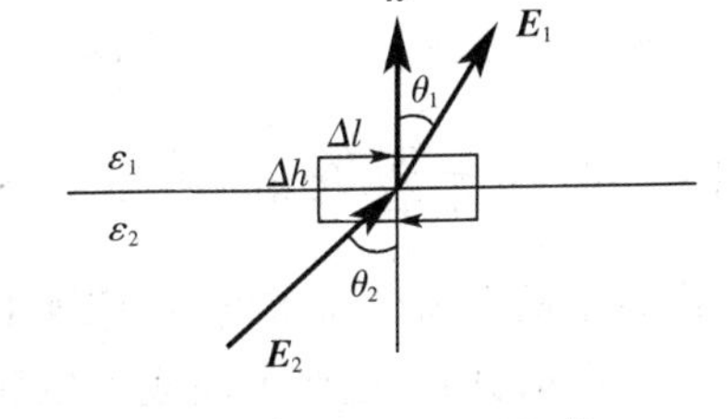

图 2-9　切向边界条件

$$\oint_l \boldsymbol{E} \cdot \mathrm{d}\boldsymbol{l} = 0$$

$$E_{1t}\,\Delta l - E_{2t}\,\Delta l = 0$$

$$E_{1t} = E_{2t} \tag{2-57}$$

或

$$\boldsymbol{n} \times \boldsymbol{E}_1 = \boldsymbol{n} \times \boldsymbol{E}_2 \tag{2-58}$$

式(2-57)、(2-58)称为电场切向分量的边界条件，表明电场强度 $\boldsymbol{E}$ 的切向分量在分界面上是连续的。

同样，切向边界条件也可用电位来表示

$$\phi_1 = \phi_2 \tag{2-59}$$

在介质分界面不存在自由电荷时，设分界面两侧的电场线与法线 $\boldsymbol{n}$ 的夹角为 θ_1 和 θ_2，由式(2-54)和式(2-57)可得

$$\frac{\tan\theta_2}{\tan\theta_1} = \frac{E_{2t}/E_{2n}}{E_{1t}/E_{1n}} = \frac{E_{1n}}{E_{2n}} = \frac{\varepsilon_2}{\varepsilon_1} \tag{2-60}$$

边界条件实质上是静电场基本方程在媒质分界面上的一种表现形式。只有同时满足基本方程和边界条件的场矢量 $\boldsymbol{D}$、$\boldsymbol{E}$ 才是静电场问题的解。

【例 2-7】　设 $y=0$ 平面是两种介质的分界面，在 $y>0$ 的区域内，$\varepsilon_1 = 5\varepsilon_0$，而在 $y<0$ 的区域内，$\varepsilon_2 = 3\varepsilon_0$。如已知 $\boldsymbol{E}_2 = 10\boldsymbol{e}_x + 20\boldsymbol{e}_y$，求 $\boldsymbol{E}_1$ 和 $\boldsymbol{D}_1$、$\boldsymbol{D}_2$。

【解】　因为

$$E_{1t} = E_{2t}$$

所以

$$E_{1x} = E_{2x} = 10$$

又因为

$$D_{1n} = D_{2n}$$

$$\varepsilon_1 E_{1n} = \varepsilon_2 E_{2n}$$

$$5\varepsilon_0 E_{1y} = 3\varepsilon_0 E_{2y}$$

$$E_{1y} = \frac{3}{5}E_{2y} = 12$$

所以

$$\boldsymbol{E}_1 = 10\boldsymbol{e}_x + 12\boldsymbol{e}_y$$

$$\boldsymbol{D}_1 = \varepsilon_1 \boldsymbol{E}_1 = \varepsilon_0(50\boldsymbol{e}_x + 60\boldsymbol{e}_y)$$

$$\boldsymbol{D}_2 = \varepsilon_2 \boldsymbol{E}_2 = \varepsilon_0(30\boldsymbol{e}_x + 60\boldsymbol{e}_y)$$

2.6 泊松方程和拉普拉斯方程

由给定的电荷分布求电位，原则上都可以从式(2-19)～式(2-23)求出。但这要求给出空间的所有电荷分布，还要求完成不规则的积分运算，通常这是很困难的。这就促使我们寻求解决问题的其他途径，即求解电位ϕ所满足的微分方程。

我们可以根据静电场基本方程的微分形式，推导出电位ϕ与场源之间满足的泊松方程和拉普拉斯方程。

在$\nabla \cdot \boldsymbol{D} = \rho$中，代入$\boldsymbol{D} = \varepsilon \boldsymbol{E}$和$\boldsymbol{E} = -\nabla\phi$关系式，得

$$\nabla \cdot (\varepsilon \boldsymbol{E}) = \nabla \cdot (-\varepsilon \nabla \phi) = -\varepsilon \nabla^2 \phi = \rho$$

即

$$\nabla^2 \phi = -\frac{\rho}{\varepsilon} \tag{2-61}$$

这就是电位ϕ的泊松方程。

对于无电荷分布区域，即$\rho = 0$的空间，有

$$\nabla^2 \phi = 0 \tag{2-62}$$

这就是电位ϕ的拉普拉斯方程。

泊松方程和拉普拉斯方程是二阶偏微分方程，在一般情况下不易求解。但是如果场源电荷和边界形状具有某种对称性，那么电位ϕ也将具有某种对称性。这将使电位ϕ的偏微分方程简化为常微分方程，可以用直接积分法求解。

在工程上常涉及有限空间区域，即场域限定在一个有限的范围内。在有限空间区域内，可以有电荷，也可以没有电荷，但在有限区域的边界面上都具有一定的边界条件。在这些给定边界条件下求解场的问题，称为边值问题。所有这些问题的解决，都归结为求解满足给定边值的泊松方程和拉普拉斯方程。具体的求解方法将在第4章中加以介绍，这里只举一个简单的例子。

【例2-8】 已知两无限大平行板电极，板间距离为d，电压为U_0，板间充满密度为$\rho_0 x/d$的体电荷。求极板间电场强度。

【解】　由于极板面无限大，故板间电场为均匀场，且场源电荷仅与 x 有关，所以板间电场和电位也只是 x 的函数。设 $x=0$ 处电位为 0，$x=d$ 处电位为 U_0。根据题意有

$$\nabla^2\phi=-\frac{\rho}{\varepsilon_0}\qquad(0<x<d)$$

$$\frac{\partial^2\phi}{\partial x^2}=-\frac{\rho_0 x}{\varepsilon_0 d}$$

$$\phi(x)=-\frac{\rho_0 x^3}{6\varepsilon_0 d}+C_1x+C_2$$

当 $x=0$ 时

$$\phi(0)=C_2=0$$

当 $x=d$ 时

$$\phi(d)=-\frac{\rho_0 d^3}{6\varepsilon_0 d}+C_1 d=U_0$$

$$C_1=\frac{U_0}{d}+\frac{\rho_0 d}{6\varepsilon_0}$$

所以板间任意一点电位为

$$\phi(x)=-\frac{\rho_0 x^3}{6\varepsilon_0 d}+\left(\frac{U_0}{d}+\frac{\rho_0 d}{6\varepsilon_0}\right)x$$

故板间任意一点电场为

$$\boldsymbol{E}=-\nabla\phi=-\frac{\partial\phi}{\partial x}\boldsymbol{e}_x=\left(\frac{\rho_0 x^2}{2\varepsilon_0 d}-\frac{U_0}{d}-\frac{\rho_0 d}{6\varepsilon_0}\right)\boldsymbol{e}_x$$

2.7　电　容

2.7.1　电容

若两个导体上的电量分别为 q 和 $-q$，它们之间的电压为 U 时，双导体电容定义为

$$C=\frac{q}{U}\tag{2-63}$$

电容量是一个与两个导体形状、相对位置及周围介质有关的常数，单位为法拉(F)。孤立导体的电容可以看成是孤立导体与无穷远处的另一导体之间的电容，即

$$C=\frac{q}{\phi}\tag{2-64}$$

一个导体系统，如果它的形状、相对位置及周围介质确定，则其电容量也随之确定。因此在计算系统电容时，可按：设 $q\rightarrow$ 求 $\boldsymbol{E}\rightarrow$ 计算 $U\rightarrow$ 得 $C=q/U$ 的思路计算。下面举例说明。

【例 2-9】　如图所示的球形电容器是由半径分别为 a、b 的同心导体球面组成，两导体之间充以介电常数为 ε 的电介质。求其电容量。

【解】 设球形电容器的内外导体上分别带有$+q$和$-q$的电荷，由于电荷分布具有球面对称，由高斯定理可得两导体之间的电场强度为

$$\boldsymbol{E}=\frac{q}{4\pi\varepsilon r^{2}}\boldsymbol{e}_{r}$$

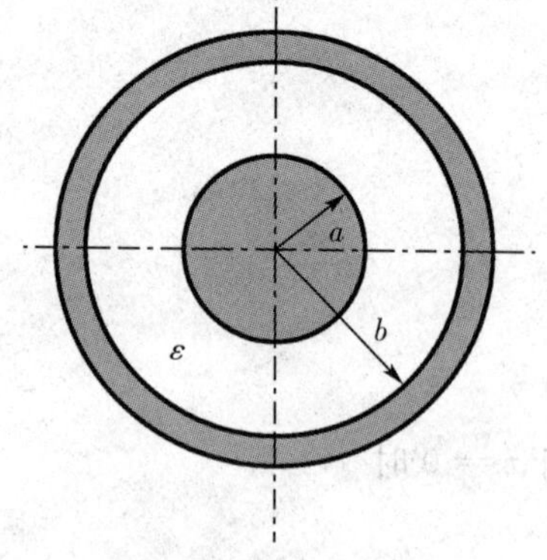

图 2-10 球形电容器

则内外导体之间的电压为

$$U_{ab}=\int_{a}^{b}\boldsymbol{E}\cdot\mathrm{d}\boldsymbol{l}=\int_{a}^{b}\frac{q}{4\pi\varepsilon r^{2}}\mathrm{d}r=\frac{q}{4\pi\varepsilon}\frac{b-a}{ab}$$

故球形电容器的电容量为

$$C=\frac{q}{U_{ab}}=\frac{4\pi\varepsilon ab}{b-a}$$

2.7.2 部分电容

有两个以上导体的系统称为多导体系统。在多导体系统中，每个导体所带的电量都会影响其他导体的电位。在线性媒质中，应用叠加原理，可得到每个导体的电位和各导体所带电量之间的关系如下：

$$\begin{cases}\phi_{1}=p_{11}q_{1}+p_{12}q_{2}+\cdots+p_{1n}q_{n}\\ \phi_{2}=p_{21}q_{1}+p_{22}q_{2}+\cdots+p_{2n}q_{n}\\ \quad\vdots\\ \phi_{n}=p_{n1}q_{1}+p_{n2}q_{2}+\cdots+p_{nn}q_{n}\end{cases}\tag{2-65}$$

式中，p_{ij} 称为电位系数，且 $p_{ij}=p_{ji}$，即具有互易性。电位系数只与导体的几何形状、尺寸、相对位置及介质特性有关，而与导体所带电量无关。

对上面的方程组求解，可用各导体上的电位来表示其带电量

$$\begin{cases}q_{1}=\beta_{11}\phi_{1}+\beta_{12}\phi_{2}+\cdots+\beta_{1n}\phi_{n}\\ q_{2}=\beta_{21}\phi_{1}+\beta_{22}\phi_{2}+\cdots+\beta_{2n}\phi_{n}\\ \quad\vdots\\ q_{n}=\beta_{n1}\phi_{1}+\beta_{n2}\phi_{2}+\cdots+\beta_{nn}\phi_{n}\end{cases}\tag{2-66}$$

式中 β_{ij} 称为电容系数。电容系数也只与导体的几何参数及系统中介质的特性有关，且 $\beta_{ij}=\beta_{ji}$。上式可改写为

$$\begin{cases}q_{1}=C_{11}U_{10}+C_{12}U_{12}+C_{13}U_{13}\cdots+C_{1n}U_{1n}\\ q_{2}=C_{21}U_{21}+C_{22}U_{20}+C_{23}U_{23}\cdots+C_{2n}U_{2n}\\ \quad\vdots\\ q_{n}=C_{n1}U_{n1}+C_{n2}U_{2n}+C_{n3}U_{n3}\cdots+C_{nn}U_{n0}\end{cases}\tag{2-67}$$

式中，$C_{ii}=\beta_{i1}+\beta_{i2}+\cdots+\beta_{in}$，称为自部分电容；$C_{ij}=-\beta_{ij}(i\neq j)$，称为互部分电容，互部分电

容也具有互易性，即 $C_{ij}=C_{ji}$。

2.8　静电场能量与静电力

2.8.1　静电能

电场的最基本特征是对场域中的电荷有作用力，这说明静电场中储存有能量，该能量称为静电能。它是电场在建立过程中由外力做功转化而来的。静电能是势能，其总能量只与静电系统最终的电荷分布有关，与形成这种分布的过程无关。因此我们可以假设在电场的建立过程中，各带电体的电荷密度均按同一比例因子 α 增加，则各带电体的电位也按同一比例因子 α 增加。即当某一时刻电荷分布为 $\alpha\rho$ 时，其电位为 $\alpha\phi$。令 α 从 0 到 1，则当 α 增加到 $\alpha+\mathrm{d}\alpha$ 时，对于某一体积元 $\mathrm{d}V'$，新增加的微分电荷为 $(\mathrm{d}\alpha\rho)\mathrm{d}V'$，则新增加的电能为 $(\alpha\phi)(\mathrm{d}\alpha\rho)\mathrm{d}V'$，所以整个空间增加的能量为

$$\mathrm{d}W_e=\int_{V'}(\alpha\phi)(\mathrm{d}\alpha\rho)\mathrm{d}V'$$

整个充电过程增加的能量就是系统的总能量，即电荷系统总的静电能为

$$W_e=\int_0^1\alpha\,\mathrm{d}\alpha\int_{V'}\rho\phi\,\mathrm{d}V'=\frac{1}{2}\int_{V'}\rho\phi\,\mathrm{d}V' \tag{2-68}$$

式中，V' 是指包含所有电荷的空间。它包括体电荷、面电荷、线电荷、点电荷和带电导体。其中点电荷系和带电导体的静电能也可写为

$$W_e=\frac{1}{2}\sum_{i=1}^{N}q_i\phi_i \tag{2-69}$$

式(2-68)、式(2-69)似乎暗示静电能只存在于有电荷之处，实际上静电能是弥散于整个场空间，即凡是电场不为零的空间，均储存有电场能量。下面证明之。

首先将式(2-68)的积分范围扩展到整个场空间，因为只有有电荷的空间才对积分有贡献，故扩大积分空间并不影响积分结果，故式(2-68)可改写为

$$W_e=\frac{1}{2}\int_V\rho\phi\,\mathrm{d}V \tag{2-70}$$

将 $\rho=\nabla\cdot\boldsymbol{D}$ 代入式(2-70)，则

$$\begin{aligned}W_e&=\frac{1}{2}\int_V(\nabla\cdot\boldsymbol{D})\,\phi\,\mathrm{d}V\\&=\frac{1}{2}\int_V[\nabla\cdot(\phi\boldsymbol{D})-\nabla\phi\cdot\boldsymbol{D}]\mathrm{d}V\\&=\frac{1}{2}\oint_S\phi\boldsymbol{D}\cdot\mathrm{d}\boldsymbol{S}+\frac{1}{2}\int_V\boldsymbol{E}\cdot\boldsymbol{D}\mathrm{d}V\end{aligned}$$

上式中已经应用了高斯散度定理和矢量恒等式(Ⅰ-12)。在等式右边第一项中，当体积无限扩大时，包围这个体积的表面 S 也随之扩大。只要电荷分布在有限的区域内，当闭合面 S 无限扩大时，有限区域内的电荷就可近似为点电荷，它在 S 面上的 ϕ 和 $|\boldsymbol{D}|$ 将分别与 $\frac{1}{R}$ 和 $\frac{1}{R^2}$ 成比例，

而 S 面的面积与 R^2 成比例，故当 $R \to \infty$ 时，等式右边第一项必为零。所以有

$$W_e = \frac{1}{2}\int_V \boldsymbol{E} \cdot \boldsymbol{D} \mathrm{d}V = \int_V w_e \mathrm{d}V \tag{2-71}$$

式中 V 指整个场域空间。$w_e = \frac{1}{2}\boldsymbol{E} \cdot \boldsymbol{D}$ 称为电能密度，单位为焦耳每立方米（$\mathrm{J/m^3}$）。

对于各向同性的、线性的均匀介质有

$$\boldsymbol{D} = \varepsilon \boldsymbol{E}$$

故

$$w_e = \frac{1}{2}\varepsilon E^2 \tag{2-72}$$

$$W_e = \frac{1}{2}\int_V \varepsilon E^2 \mathrm{d}V \tag{2-73}$$

由此可见，静电能是弥散于整个场空间的。式(2-71)反映了场的本质，不仅适用于静电场，也适用于时变场。而式(2-68)仅适用于静电场。

【例 2-10】 若真空中电荷 q 均匀分布在半径为 a 的球体内，计算电场能量。

【解】 方法一：由高斯定理可得球内外的电场为

$$\boldsymbol{E} = \frac{qr}{4\pi\varepsilon_0 a^3}\boldsymbol{e}_r \qquad (r \leqslant a)$$

$$\boldsymbol{E} = \frac{q}{4\pi\varepsilon_0 r^2}\boldsymbol{e}_r \qquad (r > a)$$

所以

$$\begin{aligned} W_e &= \frac{1}{2}\int_V \varepsilon_0 E^2 \mathrm{d}V \\ &= \frac{1}{2}\varepsilon_0 \int_0^a \left(\frac{qr}{4\pi\varepsilon_0 a^3}\right)^2 4\pi r^2 \mathrm{d}r + \frac{1}{2}\varepsilon_0 \int_a^\infty \left(\frac{q}{4\pi\varepsilon_0 r^2}\right)^2 4\pi r^2 \mathrm{d}r \\ &= \frac{3q^2}{20\pi\varepsilon_0 a} \end{aligned}$$

方法二：球内任一点的电位为

$$\phi = \int_P^\infty \boldsymbol{E} \cdot \mathrm{d}\boldsymbol{l} = \int_r^a \frac{qr}{4\pi\varepsilon_0 a^3}\mathrm{d}r + \int_a^\infty \frac{q}{4\pi\varepsilon_0 r^2}\mathrm{d}r = \frac{q}{8\pi\varepsilon_0 a}\left(3 - \frac{r^2}{a^2}\right)$$

由式(2-68)得

$$\begin{aligned} W_e &= \frac{1}{2}\int_{V'} \rho\phi \, \mathrm{d}V' \\ &= \frac{1}{2}\int_0^a \frac{q}{\frac{4}{3}\pi a^3} \frac{q}{8\pi\varepsilon_0 a}\left(3 - \frac{r^2}{a^2}\right) 4\pi r^2 \mathrm{d}r \\ &= \frac{3q^2}{20\pi\varepsilon_0 a} \end{aligned}$$

可见两种解法的结果是一致的。

2.8.2　静电力

根据库仑定律或电场强度的定义可以计算电荷 q 所受的电场力。在简单问题中，这种方法是有效的，但在复杂系统中，这种计算是很困难的。这时就需要用虚位移法来计算电场力。

在一个与电源相连接的带电体系统中，假设某个带电体在电场力的作用下产生了一个微小位移，那么电场力就要对它做功。根据能量守恒原理应有：

电场力所做的功 + 电场储能的增量 = 外电源所提供的能量

即

$$\boldsymbol{F} \cdot \mathrm{d}\boldsymbol{r} + \mathrm{d}W_e = \mathrm{d}W \tag{2-74}$$

由于各带电体与电源相连，所以它们的电位是不变的，即有

$$\mathrm{d}W = \sum_{i=1}^{N} \phi_i \mathrm{d}q_i$$

而电场储能的增量为

$$\mathrm{d}W_e = \frac{1}{2}\sum_{i=1}^{N} \phi_i \mathrm{d}q_i$$

这说明外电源所提供的能量一半使得电场储能增加，另一半提供给电场力做功，即

$$\boldsymbol{F} \cdot \mathrm{d}\boldsymbol{r} = \mathrm{d}W_e$$

所以

$$F = \frac{\partial W_e}{\partial r}\bigg|_{\phi=\mathrm{const}} \tag{2-75}$$

如果带电体系统是与外电源断开的隔离系统，则外电源对系统不提供能量，此时各带电体上的电量不变，式(2-74)变为

$$\boldsymbol{F} \cdot \mathrm{d}\boldsymbol{r} + \mathrm{d}W_e = 0$$

即

$$\boldsymbol{F} \cdot \mathrm{d}\boldsymbol{r} = -\mathrm{d}W_e$$

所以

$$F = -\frac{\partial W_e}{\partial r}\bigg|_{q=\mathrm{const}} \tag{2-76}$$

由于计算的是没有位移(虚位移)时的力，故不论是哪一种情况，其计算结果是一致的。

2.9　恒定电场

2.9.1　电流密度

我们知道，电荷在电场作用下作定向运动就形成电流，等速运动的电荷形成恒定电流，维持恒定电流分布的电场称为恒定电场。

电流(强度)是指单位时间内通过某导体截面的电量,即

$$I=\lim_{\Delta t\to 0}\frac{\Delta q}{\Delta t}=\frac{\mathrm{d}q}{\mathrm{d}t} \tag{2-77}$$

习惯上,规定正电荷运动的方向为电流的方向。电流的单位为安培(A)。电流可分为传导电流和运流电流。

从场的观点来看,电流是一个通量,它并没有说明电流在导体内某一点的分布情况,为了研究导体内不同点的电荷运动情况,需引入电流密度的概念。

电流密度是一个矢量,它的方向与导体中该点正电荷运动的方向相同,大小等于与正电荷运动方向垂直的单位面积上的电流强度,即

$$\boldsymbol{J}=\lim_{\Delta S\to 0}\frac{\Delta I}{\Delta S}\boldsymbol{n}=\frac{\mathrm{d}I}{\mathrm{d}S}\boldsymbol{n} \tag{2-78}$$

式中 $\boldsymbol{n}$ 为该点正电荷运动的方向,亦即电流密度的方向。电流密度的单位为安培每平方米($\mathrm{A/m^2}$)。导体内每一点都有一个电流密度,因而构成一个矢量场,亦称为电流场。电流场可用电流线来描绘。

根据电流密度 $\boldsymbol{J}$ 可以求出流过任意面积 S 的电流 I,即

$$I=\int_S \boldsymbol{J}\cdot \mathrm{d}\boldsymbol{S} \tag{2-79}$$

如果电流仅仅分布在导体表面的一个薄层内,则称为面电流。任意一点面电流密度的方向是该点正电荷运动的方向,大小等于通过与电流方向垂直的单位长度上的电流,即

$$\boldsymbol{J}_S=\lim_{\Delta l\to 0}\frac{\Delta I}{\Delta l_\perp}\boldsymbol{n}=\frac{\mathrm{d}I}{\mathrm{d}l_\perp}\boldsymbol{n} \tag{2-80}$$

面电流密度的单位为安培每米(A/m)。同样,可以根据面电流密度 $\boldsymbol{J}_S$ 求出流过电流曲面上任意线段 l 的电流 I,即

$$I=\int_l \boldsymbol{J}_S\cdot \boldsymbol{e}_\perp\,\mathrm{d}l \tag{2-81}$$

式中 $\boldsymbol{e}_\perp$ 是指垂直于线段 l 的单位矢量。

如果电荷沿着细导线或空间一线形区域流动,则可近似地看成是线电流。若运动电荷的密度和速度分别为 ρ_{lv} 和 v,则线电流 I 为

$$I=\rho_{lv}v \tag{2-82}$$

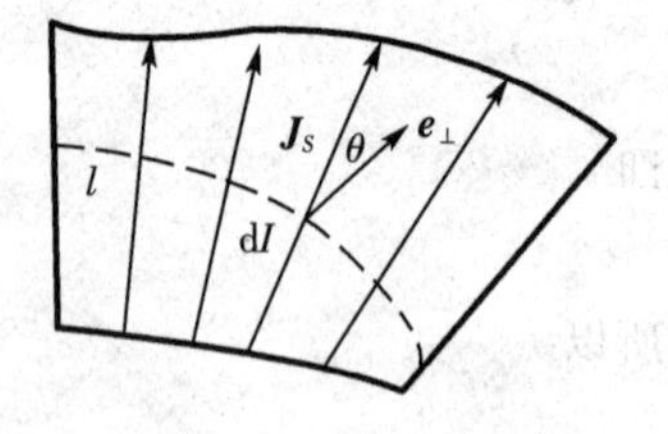

图 2-11　面电流

2.9.2　欧姆定律与焦耳定律

1. 欧姆定律

实验表明,对于各向同性的、线性的均匀导电媒质,其中任意一点的电流密度与该点的电场强度成正比,即

$$\boldsymbol{J}=\sigma\boldsymbol{E} \tag{2-83}$$

式中 σ 是导电媒质的电导率，单位是西门子 / 米(S/m)。上式称为欧姆定律的微分形式。通常的欧姆定律 $U = RI$，称为欧姆定律的积分形式。积分形式的欧姆定律是描述一段导线上的导电规律，而微分形式的欧姆定律是描述导体内任一点电流密度与电场强度的关系，它比积分形式更能细致地描述导体的导电规律。

2. 焦耳定律

导体内的电子在运动过程中，不断与原子核碰撞，把自身的能量传递给原子核，使得导体的温度升高，这就是电流的热效应。这种由电能转换来的热能称为焦耳热能。

假设导体内运动电荷的密度为 ρ_v，速度为 v，则在单位时间 $\mathrm{d}t$ 内，电场力对体积元 $\mathrm{d}V$ 中的元电荷 $\mathrm{d}q$ 所做的功为

$$\mathrm{d}A = \mathrm{d}q\boldsymbol{E} \cdot \boldsymbol{l} = \rho_v \,\mathrm{d}V\boldsymbol{E} \cdot \boldsymbol{v}\mathrm{d}t = \boldsymbol{E} \cdot \boldsymbol{J}\mathrm{d}V\mathrm{d}t$$

此功转换为焦耳热能，故电场在导电媒质单位体积中消耗的功率为

$$P_0 = \frac{\mathrm{d}P}{\mathrm{d}V} = \frac{\mathrm{d}A/\mathrm{d}t}{\mathrm{d}V} = \boldsymbol{E} \cdot \boldsymbol{J} \tag{2-84}$$

上式称为焦耳定律的微分形式。P_0 的单位是焦耳 / 米^3($\mathrm{J/m^3}$)。

对于整个导体消耗的总功率为

$$P = \int_V P_0 \mathrm{d}V = \int_V \boldsymbol{E} \cdot \boldsymbol{J}\mathrm{d}V \tag{2-85}$$

应该指出，焦耳定律不适用于运流电流。因为对于运流电流而言，电场力对电荷所做的功转变为电荷的动能，而非热能。

2.9.3　电荷守恒定律

电荷守恒定律表明，任一封闭系统内的电荷总量不变。因此，从任一封闭曲面 S 流出的电流，应等于曲面 S 所包围的体积 V 内，单位时间内电荷的减少量，即

$$\oint_S \boldsymbol{J} \cdot \mathrm{d}\boldsymbol{S} = -\frac{\mathrm{d}q}{\mathrm{d}t} \tag{2-86}$$

其中，q 是闭曲面 S 内的总电量。设 $q = \int_V \rho \mathrm{d}V$，则

$$\oint_S \boldsymbol{J} \cdot \mathrm{d}\boldsymbol{S} = -\frac{\mathrm{d}}{\mathrm{d}t}\int_V \rho \mathrm{d}V = -\int_V \frac{\partial \rho}{\partial t}\mathrm{d}V \tag{2-87}$$

这就是电荷守恒的数学表达式，亦称为电流连续性方程的积分形式。

对方程左边应用散度定理，有

$$\int_V \nabla \cdot \boldsymbol{J}\mathrm{d}V = -\int_V \frac{\partial \rho}{\partial t}\mathrm{d}V$$

$$\int_V \left(\nabla \cdot \boldsymbol{J} + \frac{\partial \rho}{\partial t}\right)\mathrm{d}V = 0$$

要使这个积分对任意体积 V 均成立，被积函数必须为零，即

$$\nabla \cdot \boldsymbol{J} = -\frac{\partial \rho}{\partial t} \tag{2-88}$$

上式称为电流连续性方程的微分形式。

在恒定电场中，电荷在空间的分布是不随时间变化的，即$\frac{\partial \rho}{\partial t}=0$，所以恒定电场中的电流连续性方程为

$$\oint_S \boldsymbol{J} \cdot \mathrm{d}\boldsymbol{S} = 0 \tag{2-89}$$

$$\nabla \cdot \boldsymbol{J} = 0 \tag{2-90}$$

上式表明恒定电流必定是连续的，电流线总是闭合曲线，恒定电流场是无散场。

2.9.4 恒定电场的基本方程与边界条件

1.恒定电场的基本方程

由于在恒定电场中，电荷的分布不随时间变化。故由该分布电荷产生的电场（电源外）必定与静电场的性质相同，也是保守场，即

$$\oint_l \boldsymbol{E} \cdot \mathrm{d}\boldsymbol{l} = 0 \tag{2-91}$$

$$\nabla \times \boldsymbol{E} = 0 \tag{2-92}$$

因此，电源外部的恒定电场的基本方程可归纳如下：

微分形式

$$\begin{cases} \nabla \times \boldsymbol{E} = 0 & (2-93\text{a}) \\ \nabla \cdot \boldsymbol{J} = 0 & (2-93\text{b}) \end{cases}$$

积分形式

$$\begin{cases} \oint_l \boldsymbol{E} \cdot \mathrm{d}\boldsymbol{l} = 0 & (2-94\text{a}) \\ \oint_S \boldsymbol{J} \cdot \mathrm{d}\boldsymbol{S} = 0 & (2-94\text{b}) \end{cases}$$

本构关系

$$\boldsymbol{J} = \sigma \boldsymbol{E} \tag{2-95}$$

由于恒定电场的旋度为零，因此也可引入电位ϕ，且$\boldsymbol{E}=-\nabla\phi$。同样，电源外的电位$\phi$也满足拉普拉斯方程，即

$$\nabla^2 \phi = 0 \tag{2-96}$$

2.恒定电场的边界条件

将恒定电场基本方程的积分形式应用到两种不同导体的分界面上，如图 2-12、图 2-13，可得出恒定电场的边界条件为

(1) 法向边界条件

$$\boldsymbol{n} \cdot \boldsymbol{J}_1 = \boldsymbol{n} \cdot \boldsymbol{J}_2 \tag{2-97}$$

或

$$J_{1n} = J_{2n} \tag{2-98}$$

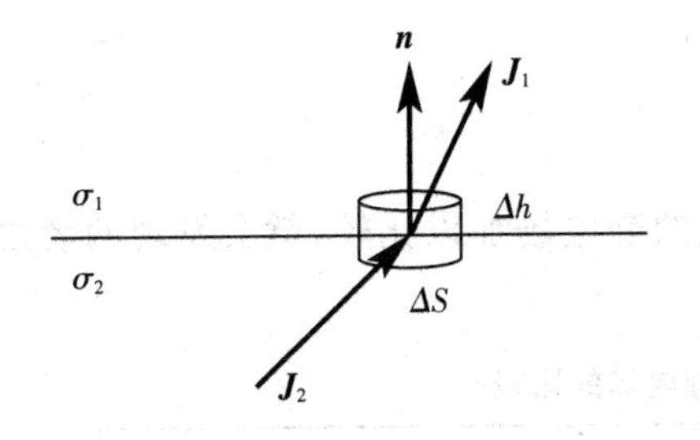

图 2-12　法向边界条件

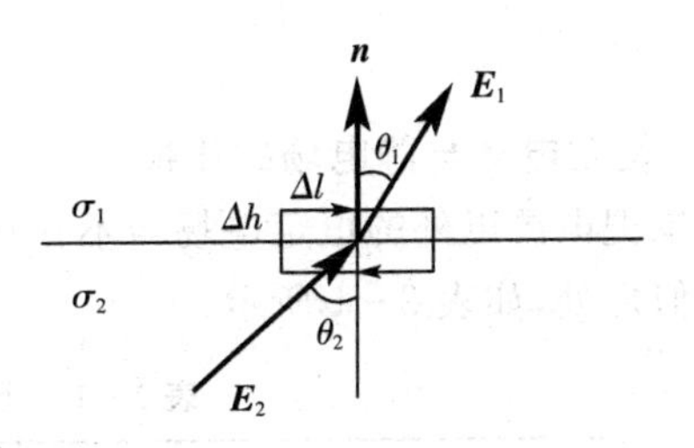

图 2-13　切向边界条件

(2) 切向边界条件

$$\boldsymbol{n} \times \boldsymbol{E}_1 = \boldsymbol{n} \times \boldsymbol{E}_2 \tag{2-99}$$

或

$$E_{1t} = E_{2t} \tag{2-100}$$

上式表明在不同导体的分界面上，电流密度的法向分量连续，电场强度的切向分量连续。这两个边界条件也可用电位表示：

法向边界条件

$$\sigma_1 \frac{\partial \phi_1}{\partial n} = \sigma_2 \frac{\partial \phi_2}{\partial n} \tag{2-101}$$

切向边界条件

$$\phi_1 = \phi_2 \tag{2-102}$$

设分界面两侧的电场线与法线 $\boldsymbol{n}$ 的夹角为 θ_1 和 θ_2，则分界面上的折射关系为

$$\frac{\tan\theta_1}{\tan\theta_2} = \frac{\sigma_1}{\sigma_2} \tag{2-103}$$

【例 2-11】　设同轴线的内导体半径为 a，外导体的内半径为 b，内外导体之间填充的介质 $\sigma \neq 0$(漏电)，求同轴线单位长度的漏电导。

【解】　设同轴线单位长度的漏电流为 I_0，则电流密度为

$$\boldsymbol{J} = \frac{I_0}{2\pi r}\boldsymbol{e}_r$$

电场强度为

$$\boldsymbol{E} = \frac{1}{\sigma}\boldsymbol{J} = \frac{I_0}{2\pi\sigma r}\boldsymbol{e}_r$$

内外导体之间的电压为

$$U=\int_a^b E\mathrm{d}r=\frac{I_0}{2\pi\sigma}\ln\frac{b}{a}$$

所以，单位长度的漏电导为

$$G_0=\frac{I_0}{U}=\frac{2\pi\sigma}{\ln\frac{b}{a}}$$

2.9.5　恒定电场与静电场的比拟

如果把电源以外的恒定电场与不存在电荷区域的静电场加以比较，就会发现两者之间有许多相似之处，如表 2-1 所示。

表 2-1　恒定电场与静电场的比较

恒定电场(电源外)	静电场($\rho=0$) 的区域
$\nabla\times\boldsymbol{E}=0$	$\nabla\times\boldsymbol{E}=0$
$\nabla\cdot\boldsymbol{J}=0$	$\nabla\cdot\boldsymbol{D}=0$
$\boldsymbol{J}=\sigma\boldsymbol{E}$	$\boldsymbol{D}=\varepsilon\boldsymbol{E}$
$\boldsymbol{E}=-\nabla\phi$	$\boldsymbol{E}=-\nabla\phi$
$\nabla^2\phi=0$	$\nabla^2\phi=0$
$J_{1n}=J_{2n}$	$D_{1n}=D_{2n}$
$E_{1t}=E_{2t}$	$E_{1t}=E_{2t}$
$\phi=\int_l\boldsymbol{E}\cdot\mathrm{d}\boldsymbol{l}$	$\phi=\int_l\boldsymbol{E}\cdot\mathrm{d}\boldsymbol{l}$
$I=\int_S\boldsymbol{J}\cdot\mathrm{d}\boldsymbol{S}$	$q=\oint_S\boldsymbol{D}\cdot\mathrm{d}\boldsymbol{S}$

可见，恒定电场中的 $\boldsymbol{E}$、ϕ、$\boldsymbol{J}$、I 和 σ 分别与静电场中的 $\boldsymbol{E}$、ϕ、$\boldsymbol{D}$、q 和 ε 是相互对应的，它们在方程中的地位相同，是对偶量，且两者都满足拉普拉斯方程。若处在相同的边界条件下，则这两个场的电位函数必有相同的解。因此，可以把一种场的计算和实验所得的结果，通过对偶量的代换，应用于另一种场，这种方法称为静电比拟法。

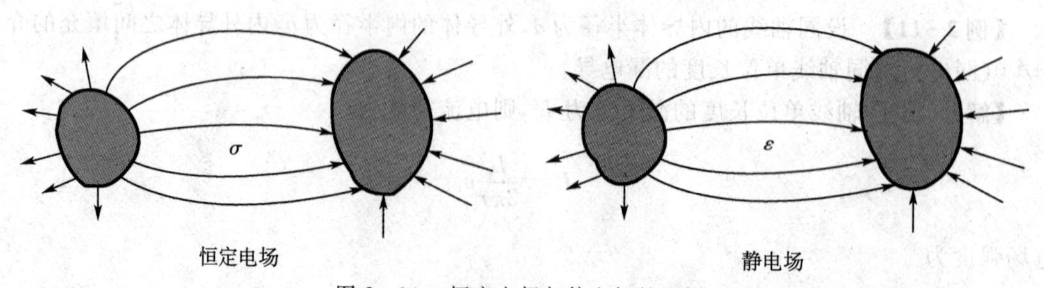

图 2-14　恒定电场与静电场的比拟

例如，我们可以用静电比拟法根据电容求电导。一个球形电容器(如图 2-10 所示) 的电容为

$$C=\frac{q}{U}=\frac{\varepsilon\oint_S \boldsymbol{E}\cdot\mathrm{d}\boldsymbol{S}}{\int_a^b \boldsymbol{E}\cdot\mathrm{d}\boldsymbol{l}}=\frac{4\pi\varepsilon ab}{b-a}$$

式中 a 是内球半径，b 是外球壳半径。

对应的球形电导为

$$G=\frac{I}{U}=\frac{\sigma\oint_S \boldsymbol{E}\cdot\mathrm{d}\boldsymbol{S}}{\int_a^b \boldsymbol{E}\cdot\mathrm{d}\boldsymbol{l}}$$

只要将 ε 换为 σ，就可由电容 C 求得电导 G，而不必去求解电场 $\boldsymbol{E}$，即

$$G=\frac{4\pi\sigma ab}{b-a}$$

【例 2 - 12】　试计算半径为 a 的半球形接地器的接地电阻。

【解】　先求半径为 a 的球形电容

$$C=\frac{q}{U}=\frac{\varepsilon\oint_S \boldsymbol{E}\cdot\mathrm{d}\boldsymbol{S}}{\int_a^\infty \boldsymbol{E}\cdot\mathrm{d}\boldsymbol{l}}=\frac{\varepsilon 4\pi r^2 E_r}{E_r r^2/a}=4\pi\varepsilon a$$

根据对偶关系知，对应的球形电导为

$$G=4\pi\sigma a$$

故半球电阻为

$$R=\frac{2}{G}=\frac{1}{2\pi\sigma a}$$

本 章 小 结

1. 库仑定律是静电学的基础。真空中的库仑定律为

$$\boldsymbol{F}_{12}=\frac{q_1 q_2}{4\pi\varepsilon_0 R^2}\boldsymbol{e}_R$$

2. 在各向同性的、线性的均匀介质中，点电荷及分布电荷的电场和电位为

	电场强度	电位
点电荷	$\boldsymbol{E}(\boldsymbol{r})=\frac{q}{4\pi\varepsilon R^2}\boldsymbol{e}_R$	$\phi=\frac{q}{4\pi\varepsilon R}$
体电荷	$\boldsymbol{E}(\boldsymbol{r})=\int_{V'}\frac{\rho(\boldsymbol{r}')\boldsymbol{e}_R}{4\pi\varepsilon R^2}\mathrm{d}V'$	$\phi=\int_{V'}\frac{\rho(\boldsymbol{r}')}{4\pi\varepsilon R}\mathrm{d}V'$

面电荷 $\boldsymbol{E}(\boldsymbol{r})=\int_{S'}\frac{\rho_S(\boldsymbol{r}')\boldsymbol{e}_R}{4\pi\varepsilon R^2}\mathrm{d}S'$ $\phi=\int_{S'}\frac{\rho_S(\boldsymbol{r}')}{4\pi\varepsilon R}\mathrm{d}S'$

线电荷 $\boldsymbol{E}(\boldsymbol{r})=\int_{l'}\frac{\rho_l(\boldsymbol{r}')\boldsymbol{e}_R}{4\pi\varepsilon R^2}\mathrm{d}l'$ $\phi=\int_{l'}\frac{\rho_l(\boldsymbol{r}')}{4\pi\varepsilon R}\mathrm{d}l'$

3. 电位与场强的关系

积分关系： $\phi_p=\int_P^Q\boldsymbol{E}\cdot\mathrm{d}\boldsymbol{l}$

微分关系： $\boldsymbol{E}=-\nabla\phi$

4. 静电场的基本方程

积分形式：
$$\begin{cases}\oint_l\boldsymbol{E}\cdot\mathrm{d}\boldsymbol{l}=0\\ \oint_S\boldsymbol{D}\cdot\mathrm{d}\boldsymbol{S}=\sum q\end{cases}$$

微分形式：
$$\begin{cases}\nabla\times\boldsymbol{E}=0\\ \nabla\cdot\boldsymbol{D}=\rho\end{cases}$$

本构关系： $\boldsymbol{D}=\varepsilon\boldsymbol{E}$

5. 静电场电位的微分方程

泊松方程： $\nabla^2\phi=-\frac{\rho}{\varepsilon}$

拉普拉斯方程： $\nabla^2\phi=0$ $(\rho=0)$

6. 在不同介质分界面上的边界条件

法向边界条件： $\boldsymbol{n}\cdot(\boldsymbol{D}_1-\boldsymbol{D}_2)=\rho_S$ 或 $D_{1n}-D_{2n}=\rho_S$

切向边界条件： $\boldsymbol{n}\times\boldsymbol{E}_1=\boldsymbol{n}\times\boldsymbol{E}_2$ 或 $E_{1t}=E_{2t}$

用电位表示： $-\varepsilon_1\frac{\partial\phi_1}{\partial n}+\varepsilon_2\frac{\partial\phi_2}{\partial n}=\rho_S$ ， $\phi_1=\phi_2$

7. 电容与电导

电容： $C=\frac{q}{U}$

电导： $G=\frac{I}{U}$

8. 静电场的能量与能量密度

静电能为： $W_e=\frac{1}{2}\int_{V'}\rho\,\phi\,\mathrm{d}V'$

或

$$W_e = \frac{1}{2}\int_V \boldsymbol{E} \cdot \boldsymbol{D}\mathrm{d}V$$

静电能密度为：

$$w_e = \frac{1}{2}\boldsymbol{E} \cdot \boldsymbol{D}$$

9. 电流连续性方程

积分形式：

$$\oint_S \boldsymbol{J} \cdot \mathrm{d}\boldsymbol{S} = -\frac{\partial}{\partial t}\int_V \rho \mathrm{d}V$$

微分形式：

$$\nabla \cdot \boldsymbol{J} = -\frac{\partial \rho}{\partial t}$$

10. 恒定电场的基本方程(电源外)

积分形式：

$$\begin{cases} \oint_l \boldsymbol{E} \cdot \mathrm{d}\boldsymbol{l} = 0 \\ \oint_S \boldsymbol{J} \cdot \mathrm{d}\boldsymbol{S} = 0 \end{cases}$$

微分形式：

$$\begin{cases} \nabla \times \boldsymbol{E} = 0 \\ \nabla \cdot \boldsymbol{J} = 0 \end{cases}$$

本构关系：

$$\boldsymbol{J} = \sigma \boldsymbol{E}$$

11. 不同导体分界面上的边界条件

法向边界条件：

$$J_{1n} = J_{2n}$$

切向边界条件：

$$E_{1t} = E_{2t}$$

用电位表示：

$$\sigma_1 \frac{\partial \phi_1}{\partial n} = \sigma_2 \frac{\partial \phi_2}{\partial n}, \quad \phi_1 = \phi_2$$

习　　题

2-1　三个点电荷 $q_1 = 4\mathrm{C}$，$q_2 = q_3 = 2\mathrm{C}$，分别放在直角坐标系中的三点上：(0,0,0)，(0,1,1)，(0，-1，-1)。求放在点(6,0,0) 上的点电荷 $q_0 = -1\mathrm{C}$ 所受的力。

2-2　三个相同的正点电荷 q 放在边长为 a 的等边三角形的各顶点上。在此三角形的中心再放一个点电荷 q_0，问它等于多少时才能使各顶点电荷 q 所受的合力为零。

2-3　在半径为 a 的一个半圆弧线上均匀分布有电荷 q，求圆心处的电场强度。

2-4　求长度为 L，线密度为 ρ_l 的均匀分布线电荷的电场强度。

2-5　一个半径为 a 的均匀带电圆盘，电荷面密度为 ρ_S，求轴线上任一点的电场强度。

2-6　设半径为 a，电荷体密度为 ρ 的无限长圆柱形带电体位于真空中，计算该带电圆柱体内、外的电场强度。

2-7　总量为 q 的电荷均匀分布于半径为 a 的球体中，分别求球内、外的电场强度。

2-8　半径为 a 的球中充满密度为 $\rho(r)$ 的电荷，已知电场为

$$E_r = \begin{cases} r^3 + Ar^2 & (r \leqslant a) \\ (a^5 + Aa^4)/r^2 & (r > a) \end{cases}$$

求电荷密度 $\rho(r)$。

2-9　半径为 a 和 $b(a<b)$ 的两同心导体球面，球面上电荷分布均匀，密度分别为 ρ_{s1} 和 ρ_{s2}，求任意点的电场及两导体之间的电压。

2-10　在一个半径为 a 的薄导体球壳内壁涂了一层绝缘膜，球内充满总电量为 Q 的电荷，球壳外充了电量为 Q 的电荷。已知球内电场为 $\boldsymbol{E} = \left(\frac{r}{a}\right)^4 \boldsymbol{e}_r$。试计算：(1) 球内电荷分布；(2) 球外表面电荷分布；(3) 球壳的电位；(4) 球心的电位。

2-11　电场中有一半径为 a 的圆柱体，已知圆柱内、外的电位为：

$$\phi = \begin{cases} 0 & (r \leqslant a) \\ A\left(r - \frac{a^2}{r}\right)\cos\varphi & (r > a) \end{cases}$$

(1) 求圆柱内、外的电场；(2) 求圆柱表面的电荷分布。

2-12　半径分别为 a 和 $b(a<b)$ 的同心导体球壳之间分布着密度为 $\rho = a/r^2$ 的自由电荷。求电场和电位分布。如果外导体球壳接地，电位、电场有无变化？

2-13　两个偏心球面，半径分别为 a 和 $b(a<b)$，其偏心距为 $d(d+a<b)$，两球面之间均匀分布着密度为 ρ 的自由电荷。求小球面内的场分布。

2-14　电场中有一半径为 a 的介质球，已知

$$\phi_1 = -E_0 r\cos\theta + \frac{\varepsilon - \varepsilon_0}{\varepsilon + 2\varepsilon_0} a^3 E_0 \frac{\cos\theta}{r^2} \qquad (r \geqslant a)$$

$$\phi_2 = -\frac{3\varepsilon_0}{\varepsilon + 2\varepsilon_0} E_0 r\cos\theta \qquad (r < a)$$

验证球表面的边界条件，并计算球表面的极化电荷密度。

2-15　假设 $x<0$ 的区域为空气，$x>0$ 的区域为电介质，电介质的介电常数为 $3\varepsilon_0$。如果空气中的电场强度为：$\boldsymbol{E}_1 = 3\boldsymbol{e}_x + 4\boldsymbol{e}_y + 5\boldsymbol{e}_z$(V/m)。求电介质中的电场强度。

2-16　平行板电容器的长和宽分别为 a 和 b，板间距离为 d。电容器的一半厚度($0 \sim d/2$)用介质 ε 填充。板间外加电压 U，求板上的自由电荷密度、极化电荷密度和电容器的电容量。

2-17　圆柱形电容器外导体的内半径为 b，当外加电压固定时，求使电容器中场强取最小值的内导体半径 a 的值和此时的电场强度。

2-18　同轴电容器内、外导体半径分别为 a 和 b，在 $a<r<b'(b'<b)$ 部分填充有介质 ε，求单位长度的电容。

2-19　有一半径为 a，带电量为 q 的导体球，其球心位于两种介质的分界面上，两种介质的介电常数分别为 ε_1 和 ε_2，分界面可视为无限大平面。求：(1) 球电容；(2) 总静电能。

2-20　证明单位长度同轴线所储存的电场能量有一半是在 $r=\sqrt{ab}$ 的介质区域内。其中同轴线的内、外导体半径分别为 a 和 b。

2-21　某一同轴电缆的内、外导体的直径分别为 10mm 和 20mm，其中绝缘体的相对介电

常数为5，击穿场强为200kV/cm。问该电缆中每公里所储存的最大静电能量为多少？

2-22　利用虚位移法计算平板电容器极板上受到的作用力。

2-23　计算带电肥皂泡的膨胀力。

2-24　半径为a和b的同心球，内球的电位$\phi=U$，外球的电位$\phi=0$，两球之间媒质的电导率为σ，求球形电阻器的电阻。

2-25　在一块厚为d的导电板上，由两个半径分别为r_1和r_2的圆弧割出一块夹角为α的扇形，求两圆弧面间的电阻。

2-26　球形电容器的内半径$a=5\text{cm}$，外半径$b=10\text{cm}$，内外导体之间媒质的电导率为$\sigma=10^{-9}\text{S/m}$，若两极之间的电压$U=1000\text{V}$，求：(1) 球间各点的$\boldsymbol{\phi}$、$\boldsymbol{E}$和$\boldsymbol{J}$；(2) 漏电导。

2-27　在电导率为σ的均匀漏电介质中有两个导体小球，半径分别为a和b，两小球间距离为$d(d\gg a、d\gg b)$，求两小球之间的电阻。

第3章　恒定磁场

实验表明，在运动电荷（或电流）的周围存在磁场。磁场表现为对场中的其他运动电荷（或电流）有力的作用。由恒定电流或永恒磁体产生的磁场不随时间变化，称为恒定磁场。本章从恒定磁场的基本实验定律 —— 安培力定律出发，首先定义出真空中磁场的基本物理量 —— 磁感应强度；根据磁场的无散性引入矢量磁位，并导出其满足的矢量泊松方程。再由导磁媒质在恒定磁场中的磁化现象引入磁场强度概念，并推导出一般形式的安培环路定律；结合磁通连续性原理，总结出恒定磁场的基本方程及不同媒质分界面上的边界条件。最后介绍导体回路的电感、恒定磁场的能量和磁场力的计算等问题。

3.1　安培力定律　磁感应强度

3.1.1　安培力定律

安培力定律是法国物理学家安培根据实验结果总结出来的一个基本定律。安培力定律指出，在真空中载有恒定电流 I_1 的回路 l_1 对另一载有恒定电流 I_2 的回路 l_2 的作用力为

$$\boldsymbol{F}_{12}=\frac{\mu_0}{4\pi}\oint_{l_2}\oint_{l_1}\frac{I_2\,\mathrm{d}\boldsymbol{l}_2\times(I_1\,\mathrm{d}\boldsymbol{l}_1\times\boldsymbol{e}_R)}{R^2} \tag{3-1}$$

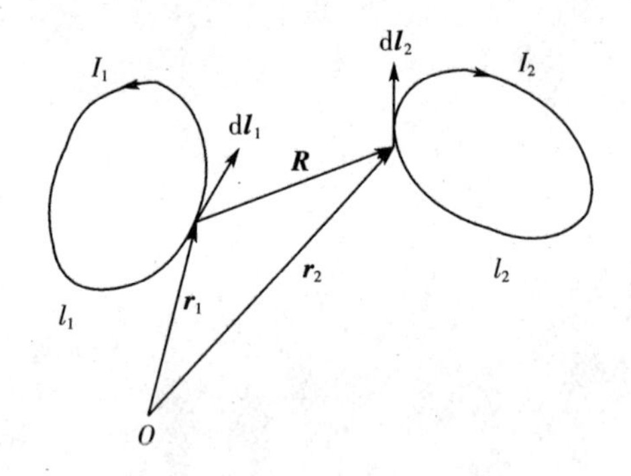

图 3-1　两电流回路之间的作用力

式中 $I_1\mathrm{d}\boldsymbol{l}_1$ 和 $I_2\mathrm{d}\boldsymbol{l}_2$ 分别为回路 l_1 和 l_2 上的电流元；$\boldsymbol{R}=\boldsymbol{r}_2-\boldsymbol{r}_1$ 是相对位置矢量；$\mu_0=4\pi\times10^{-7}$ 为真空中的磁导率，单位是亨利每米（H/m）。

3.1.2　磁感应强度

对安培力定律，用场的观点来解释，可以认为电流回路之间的相互作用力是通过磁场来传递的。因此可以将式(3-1) 改写为

$$\boldsymbol{F}_{12}=\oint_{l_2}I_2\,\mathrm{d}\boldsymbol{l}_2\times\left(\frac{\mu_0}{4\pi}\oint_{l_1}\frac{I_1\,\mathrm{d}\boldsymbol{l}_1\times\boldsymbol{e}_R}{R^2}\right) \tag{3-2}$$

式中括号内的量与电流回路 l_1 有关，而与电流回路 l_2 无关，故可定义

$$\boldsymbol{B}_1=\frac{\mu_0}{4\pi}\oint_{l_1}\frac{I_1\,\mathrm{d}\boldsymbol{l}_1\times\boldsymbol{e}_R}{R^2} \tag{3-3}$$

上式称为毕奥－沙伐定理。其中 $\boldsymbol{B}$ 是描述磁场的物理量，称为磁感应强度，或磁通密度，单位为特斯拉（T）或韦伯每平方米（$\mathrm{Wb/m^2}$）。

我们还可以将线电流的情况推广到体电流和面电流的情况。

对于体电流有

$$\boldsymbol{B}(\boldsymbol{r})=\frac{\mu_0}{4\pi}\int_{V'}\frac{\boldsymbol{J}(\boldsymbol{r}')\times\boldsymbol{e}_R}{R^2}\mathrm{d}V' \tag{3-4}$$

对于面电流有

$$\boldsymbol{B}(\boldsymbol{r})=\frac{\mu_0}{4\pi}\int_{S'}\frac{\boldsymbol{J}_S(\boldsymbol{r}')\times\boldsymbol{e}_R}{R^2}\mathrm{d}S' \tag{3-5}$$

【例 3-1】 计算长为 $2l$、通有电流 I 的细直导线外任意一点的磁感应强度。

【解】 采用圆柱坐标系，如图 3-2 所示。由于场源电流 I 与坐标 φ 无关，所以场量 $\boldsymbol{B}$ 也不会是 φ 的函数。取场点为 $(r,0,z)$，源点为 $(0,0,z')$，则

$$\boldsymbol{R}=\boldsymbol{r}-\boldsymbol{r}'=r\boldsymbol{e}_r+(z-z')\boldsymbol{e}_z$$

$$\boldsymbol{e}_R=\frac{\boldsymbol{R}}{R}=\frac{r}{R}\boldsymbol{e}_r+\frac{(z-z')}{R}\boldsymbol{e}_z$$

$$\mathrm{d}\boldsymbol{l}'=\mathrm{d}z'\boldsymbol{e}_z$$

$$\mathrm{d}\boldsymbol{l}'\times\boldsymbol{e}_R=\frac{r}{R}\mathrm{d}z'\boldsymbol{e}_\varphi$$

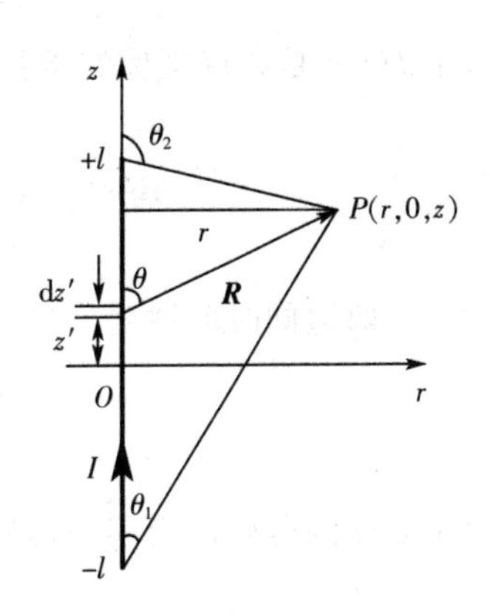

图 3-2 长直导线 $\boldsymbol{B}$ 的计算

根据线电流的毕奥－沙伐公式得

$$\boldsymbol{B}=\frac{\mu_0}{4\pi}\oint_{l'}\frac{I\mathrm{d}\boldsymbol{l}'\times\boldsymbol{e}_R}{R^2}=\boldsymbol{e}_\varphi\frac{\mu_0 Ir}{4\pi}\int_{-l}^{l}\frac{\mathrm{d}z'}{R^3}$$

由于上式直接积分较难，引入积分变量 θ，令

$$z'=z-r\cot\theta$$

则

$$\mathrm{d}z'=r\csc^2\theta\mathrm{d}\theta$$

$$R=r\csc\theta$$

所以

$$\boldsymbol{B}=\boldsymbol{e}_\varphi\frac{\mu_0 I}{4\pi r}\int_{\theta_1}^{\theta_2}\sin\theta\,\mathrm{d}\theta=\frac{\mu_0 I}{4\pi r}(\cos\theta_1-\cos\theta_2)\boldsymbol{e}_\varphi$$

当 $l\to\infty$ 时，$\theta_1\to0$，$\theta_2\to\pi$，故无限长细直导线外任一点处的磁感应强度为

$$\boldsymbol{B}=\frac{\mu_0 I}{2\pi r}\boldsymbol{e}_\varphi$$

3.2 矢量磁位

3.2.1 磁感应强度的散度

磁场的散度可由毕奥－沙伐定理直接导出。

$$\begin{aligned}\boldsymbol{B}(\boldsymbol{r}) &= \frac{\mu_0}{4\pi}\int_{V'}\frac{\boldsymbol{J}(\boldsymbol{r}')\times\boldsymbol{e}_R}{R^2}\mathrm{d}V' \\ &= \frac{\mu_0}{4\pi}\int_{V'}\boldsymbol{J}(\boldsymbol{r}')\times\left[-\nabla\left(\frac{1}{R}\right)\right]\mathrm{d}V'\end{aligned}$$

由矢量恒等式(Ⅰ-13)可得

$$\boldsymbol{B}(\boldsymbol{r}) = \frac{\mu_0}{4\pi}\int_{V'}\nabla\times\frac{\boldsymbol{J}(\boldsymbol{r}')}{R}\mathrm{d}V' - \frac{\mu_0}{4\pi}\int_{V'}\frac{1}{R}\nabla\times\boldsymbol{J}(\boldsymbol{r}')\mathrm{d}V'$$

由于$\boldsymbol{J}(\boldsymbol{r}')$是源点坐标的函数,而$\nabla$算符是对场点坐标变量求导,所以$\nabla\times\boldsymbol{J}(\boldsymbol{r}')=0$。上式变为

$$\boldsymbol{B}(\boldsymbol{r}) = \frac{\mu_0}{4\pi}\int_{V'}\nabla\times\frac{\boldsymbol{J}(\boldsymbol{r}')}{R}\mathrm{d}V' = \nabla\times\left[\frac{\mu_0}{4\pi}\int_{V'}\frac{\boldsymbol{J}(\boldsymbol{r}')}{R}\mathrm{d}V'\right] \tag{3-6}$$

对上式两边同时取散度,得

$$\nabla\cdot\boldsymbol{B}(\boldsymbol{r}) = \nabla\cdot\nabla\times\left[\frac{\mu_0}{4\pi}\int_{V'}\frac{\boldsymbol{J}(\boldsymbol{r}')}{R}\mathrm{d}V'\right]$$

由于旋度的散度恒为零,所以

$$\nabla\cdot\boldsymbol{B}(\boldsymbol{r}) = 0 \tag{3-7}$$

可见磁场的散度处处为零,磁场为无散场,自然界中不存在单独的“磁荷”源。

3.2.2 磁通连续性原理

磁感应强度在有向曲面上的通量简称为磁通量(或磁通),用Φ表示,单位是韦伯(Wb)。

即
$$\Phi = \int_S \boldsymbol{B}\cdot\mathrm{d}\boldsymbol{S} \tag{3-8}$$

若S是闭合曲面,则

$$\Phi = \oint_S \boldsymbol{B}\cdot\mathrm{d}\boldsymbol{S} \tag{3-9}$$

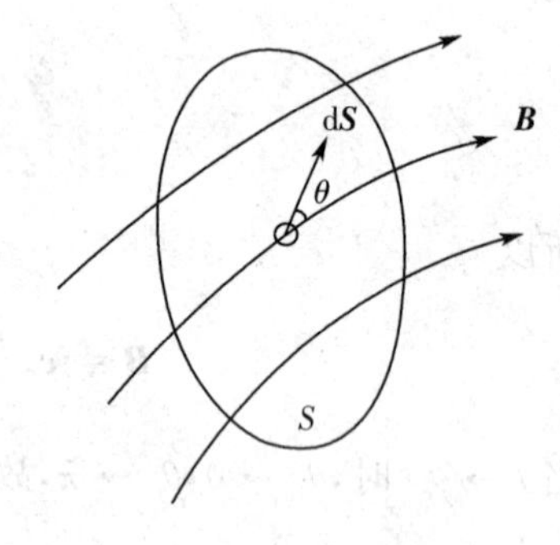

图 3-3 磁通量示意图

根据高斯散度定理,有

$$\oint_S \boldsymbol{B}\cdot\mathrm{d}\boldsymbol{S} = \int_V \nabla\cdot\boldsymbol{B}\mathrm{d}V$$

由于磁场是无散场$\nabla\cdot\boldsymbol{B}(\boldsymbol{r})=0$,所以

$$\oint_S \boldsymbol{B}\cdot\mathrm{d}\boldsymbol{S} = 0 \tag{3-10}$$

上式表明磁感应强度**B**穿过任意闭合面的磁通量恒为零,即磁通是连续的,磁场线总是闭合曲线。这一性质称为磁通连续性原理。磁通连续性原理是磁场的一个基本特征(尽管这里是以恒定磁场为例推导的,但以后我们会学到磁通连续性原理对时变场也成立)。

3.2.3 矢量磁位

1. 矢量磁位的定义

磁场的无散性给我们提供了一个简化磁场问题的途径，即用一个矢量 $\boldsymbol{A}$ 的旋度来代替磁感应强度 $\boldsymbol{B}$。因为矢量旋度的散度恒为零，故可以令

$$\boldsymbol{B} = \nabla \times \boldsymbol{A} \tag{3-11}$$

式中 $\boldsymbol{A}$ 称为矢量磁位，单位是特·米(T·m)或韦伯/米(Wb/m)。矢量磁位是一个没有物理意义的辅助函数。式(3-11)仅仅规定了矢量磁位 $\boldsymbol{A}$ 的旋度，其散度是不确定的，可以任意假定。指定一个矢量磁位的散度，称为一种规范。在恒定磁场中，我们规定

$$\nabla \cdot \boldsymbol{A} = 0 \tag{3-12}$$

上式称为库仑规范。此时，矢量磁位 $\boldsymbol{A}$ 被唯一地确定。

2. 矢量磁位 $\boldsymbol{A}$ 的积分表达式

根据式(3-6)知，体电流的磁感应强度可写为

$$\boldsymbol{B}(\boldsymbol{r}) = \nabla \times \left[\frac{\mu_0}{4\pi}\int_{V'} \frac{\boldsymbol{J}(\boldsymbol{r}')}{R}\mathrm{d}V'\right] = \nabla \times \boldsymbol{A}$$

所以体电流矢量磁位的积分表达式为

$$\boldsymbol{A}(\boldsymbol{r}) = \frac{\mu_0}{4\pi}\int_{V'} \frac{\boldsymbol{J}(\boldsymbol{r}')}{R}\mathrm{d}V' \tag{3-13}$$

同理，面电流和线电流矢量磁位的积分表达式分别为

面电流

$$\boldsymbol{A}(\boldsymbol{r}) = \frac{\mu_0}{4\pi}\int_{S'} \frac{\boldsymbol{J}_S(\boldsymbol{r}')}{R}\mathrm{d}S' \tag{3-14}$$

线电流

$$\boldsymbol{A}(\boldsymbol{r}) = \frac{\mu_0 I}{4\pi}\int_{l'} \frac{\mathrm{d}\boldsymbol{l}'}{R} \tag{3-15}$$

另外，利用矢量磁位也可简化磁通的计算

$$\Phi = \int_S \boldsymbol{B} \cdot \mathrm{d}\boldsymbol{S} = \int_S \nabla \times \boldsymbol{A} \cdot \mathrm{d}\boldsymbol{S} = \oint_l \boldsymbol{A} \cdot \mathrm{d}\boldsymbol{l} \tag{3-16}$$

总之，矢量磁位的引入，可以简化磁场的分析和计算，而且情况越复杂，简化的效果越好。

【例3-2】 计算半径为 a 的小圆环电流 I 产生的磁感应强度 $\boldsymbol{B}$。

【解】 选择球坐标系，小圆环如图3-4放置。由于电流的对称性，$\boldsymbol{B}$ 和 $\boldsymbol{A}$ 与坐标 φ 无关，把场点放在 $\varphi = 0$ 的平面上，不失普遍性。

在 $\varphi = 0$ 的平面两边 $+\varphi'$、$-\varphi'$ 处同时取两个电流元，它们在场点的矢量磁位 $\mathrm{d}\boldsymbol{A}$ 都与各自的 $\mathrm{d}\boldsymbol{l}'$ 方向一致，叠加后的合成矢量只有 $\boldsymbol{e}_\varphi$ 方向的分量，所以有

$$\mathrm{d}\boldsymbol{A}=\frac{\mu_0 I\mathrm{d}\boldsymbol{l}'}{4\pi R}$$

$$\mathrm{d}\boldsymbol{l}'=a\mathrm{d}\varphi'\boldsymbol{e}_\varphi$$

$$\mathrm{d}A_\varphi=2\mathrm{d}A\cos\varphi'=\frac{\mu_0 Ia\cos\varphi'}{2\pi R}\mathrm{d}\varphi'$$

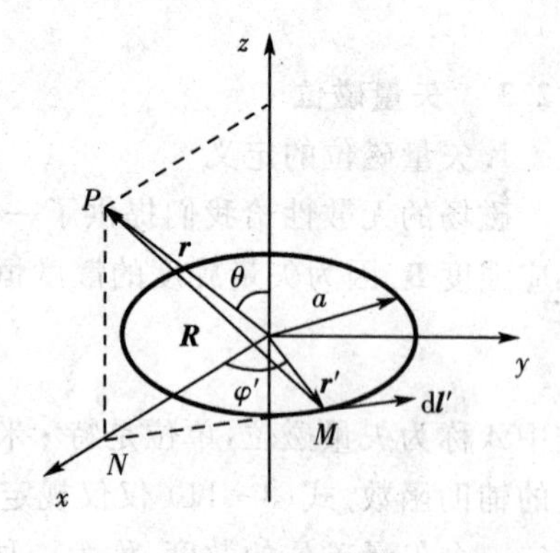

图 3-4 小圆环电流 $\boldsymbol{B}$ 的计算

其中

$$R^2=PN^2+NM^2$$

$$PN=r\cos\theta$$

$$NM^2=a^2+(r\sin\theta)^2-2a(r\sin\theta)\cos\varphi'$$

$$R=\sqrt{(r\cos\theta)^2+a^2+(r\sin\theta)^2-2a(r\sin\theta)\cos\varphi'}$$

$$=r\sqrt{1-\frac{2a}{r}\sin\theta\cos\varphi'+\frac{a^2}{r^2}}$$

因为 $r\gg a$，将上式展开为泰勒级数，取前两项，得

$$\frac{1}{R}\approx\frac{1}{r}\left(1+\frac{a}{r}\sin\theta\cos\varphi'\right)$$

所以

$$A_\varphi\approx\frac{\mu_0 Ia}{2\pi r}\int_0^\pi\left(1+\frac{a}{r}\sin\theta\cos\varphi'\right)\cos\varphi'\,\mathrm{d}\varphi'$$

$$=\frac{\mu_0 Ia^2}{4r^2}\sin\theta$$

若令 $S=\pi a^2$ 为小圆环面积，$\boldsymbol{p}_m=\boldsymbol{I}\boldsymbol{S}$ 为小圆环电流的磁矩（也称为磁偶极矩），则小圆环电流的矢量磁位可以写成

$$\boldsymbol{A}=\frac{\mu_0 SI}{4\pi r^2}\sin\theta\boldsymbol{e}_\varphi=\frac{\mu_0\boldsymbol{p}_m\times\boldsymbol{e}_r}{4\pi r^2}$$

小圆环电流的远区场为

$$\boldsymbol{B}=\nabla\times\boldsymbol{A}=\frac{\mu_0 IS}{4\pi r^3}(2\cos\theta\boldsymbol{e}_r+\sin\theta\boldsymbol{e}_\theta)$$

将上式与电偶极子的远区场相比较，可发现两者是非常相似的，因此小圆环电流也被称为磁偶极子。

3.3 真空中的安培环路定律

3.3.1 恒定磁场的旋度

恒定磁场的旋度可根据毕奥－沙伐定理直接导出。对式(3-6)两边同时取旋度，有

$$\nabla \times \boldsymbol{B}(\boldsymbol{r}) = \nabla \times \nabla \times \left[\frac{\mu_0}{4\pi}\int_{V'} \frac{\boldsymbol{J}(\boldsymbol{r}')}{R} \mathrm{d}V'\right]$$

根据矢量恒等式(Ⅰ－20)得

$$\nabla \times \boldsymbol{B}(\boldsymbol{r}) = \frac{\mu_0}{4\pi}\nabla\left[\nabla \cdot \left(\int_{V'} \frac{\boldsymbol{J}(\boldsymbol{r}')}{R}\mathrm{d}V'\right)\right] - \frac{\mu_0}{4\pi}\nabla^2\left[\int_{V'}\frac{\boldsymbol{J}(\boldsymbol{r}')}{R}\mathrm{d}V'\right]$$

$$= \frac{\mu_0}{4\pi}\nabla\left[\int_{V'}\nabla \cdot \frac{\boldsymbol{J}(\boldsymbol{r}')}{R}\mathrm{d}V'\right] - \frac{\mu_0}{4\pi}\left[\int_{V'}\boldsymbol{J}(\boldsymbol{r}')\nabla^2\left(\frac{1}{R}\right)\mathrm{d}V'\right]$$

对方程右边第一项用高斯散度定理进行变换，在第二项中 *

$$\nabla^2\left(\frac{1}{R}\right) = -4\pi\delta(\boldsymbol{r}-\boldsymbol{r}')$$

所以，方程右边可变换为

$$\nabla \times \boldsymbol{B}(\boldsymbol{r}) = -\frac{\mu_0}{4\pi}\nabla\left[\oint_{S'}\frac{\boldsymbol{J}(\boldsymbol{r}')}{R}\cdot \mathrm{d}\boldsymbol{S}'\right] + \mu_0\int_{V'}\boldsymbol{J}(\boldsymbol{r}')\delta(\boldsymbol{r}-\boldsymbol{r}')\mathrm{d}V'$$

由于在导体表面 $\boldsymbol{S}'$ 上，电流密度 $\boldsymbol{J}(\boldsymbol{r}')$ 总是与 $\boldsymbol{S}'$ 面的法线垂直，故它们的点乘积恒为零，即 $\boldsymbol{J}(\boldsymbol{r}')\cdot \mathrm{d}\boldsymbol{S}' = 0$，因此方程右边第一项恒为零。所以

$$\nabla \times \boldsymbol{B}(\boldsymbol{r}) = \mu_0\int_{V'}\boldsymbol{J}(\boldsymbol{r}')\delta(\boldsymbol{r}-\boldsymbol{r}')\mathrm{d}V'$$

$$= \begin{cases} \mu_0\boldsymbol{J}(\boldsymbol{r}) & (\boldsymbol{r}\text{ 在 }V'\text{ 内}) \\ 0 & (\boldsymbol{r}\text{ 在 }V'\text{ 外}) \end{cases}$$

场点 $\boldsymbol{r}$ 在 V' 外时，电流密度 $\boldsymbol{J}(\boldsymbol{r}) = 0$，故两种情况可合并为

$$\nabla \times \boldsymbol{B}(\boldsymbol{r}) = \mu_0\boldsymbol{J}(\boldsymbol{r}) \tag{3-17}$$

由此可见，磁场是有旋场，而非保守场，它存在漩涡源 $\mu_0\boldsymbol{J}(\mathbf{r})$，它是由电流产生的。

---

* 证明：由于点电荷的泊松方程可表示为

$$\nabla^2\phi = -q\delta(\boldsymbol{r}-\boldsymbol{r}')/\varepsilon_0$$

又因为点电荷的位函数为

$$\phi = \frac{q}{4\pi\varepsilon_0 R}$$

所以

$$\nabla^2\left(\frac{q}{4\pi\varepsilon_0 R}\right) = -q\delta(\boldsymbol{r}-\boldsymbol{r}')/\varepsilon_0$$

即

$$\nabla^2\left(\frac{1}{R}\right) = -4\pi\delta(\boldsymbol{r}-\boldsymbol{r}')$$

3.3.2 真空中的安培环路定律

利用斯托克斯定理和式(3-17),可以很容易地推导出真空中的安培环路定律。在磁场中任取一闭合回路 l,所包围的曲面为 S,则有

$$\oint_l \boldsymbol{B}\cdot \mathrm{d}\boldsymbol{l} = \int_S \nabla\times\boldsymbol{B}\cdot \mathrm{d}\boldsymbol{S} = \int_S \mu_0 \boldsymbol{J}\cdot \mathrm{d}\boldsymbol{S} = \mu_0 \sum I$$

即

$$\oint_l \boldsymbol{B}\cdot \mathrm{d}\boldsymbol{l} = \mu_0 \sum I \qquad (3-18)$$

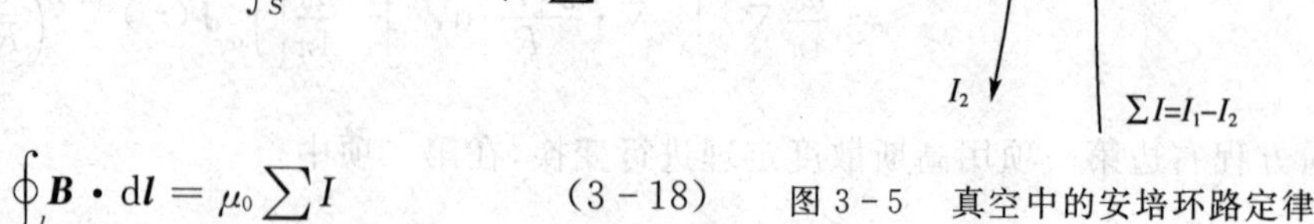

图 3-5 真空中的安培环路定律

式中 I 的正方向与路径 l 的绕向符合右手定律,上式称为真空中的安培环路定律。它表明在真空中,磁感应强度 $\boldsymbol{B}$ 沿任一闭合回路 l 的环量等于与回路 l 相交链的总电流的 μ_0 倍。

当电流分布具有某种对称性时,用安培环路定律求解磁感应强度 $\boldsymbol{B}$ 将非常简单。这时需选择合适的闭合积分路径,要求在积分路径上,切向分量的大小应一致。

【例3-3】 半径为 a 的无限长直导体通有轴向电流:$J_z = 4r^2 + 3r(r\leqslant a)$。试计算导体内、外的磁感应强度 $\boldsymbol{B}$。

【解】 由题意知,场源电流与 φ、z 无关,所以磁感应强度 $\boldsymbol{B}$ 关于 z 轴圆对称,只要选择同心圆积分回路,则在积分回路上只存在 $\boldsymbol{B}$ 的切向分量,且数值相等。

(1) 导体外($r > a$)

$$\oint_l \boldsymbol{B}\cdot \mathrm{d}\boldsymbol{l} = \mu_0 \int_S \boldsymbol{J}\cdot \mathrm{d}\boldsymbol{S}$$

$$\oint_l B_\varphi \,\mathrm{d}l = \mu_0 \int_0^a (4r^2 + 3r) 2\pi r \,\mathrm{d}r$$

$$B_\varphi 2\pi r = 2\pi\mu_0 (a^4 + a^3)$$

$$\boldsymbol{B} = \frac{\mu_0}{r}(a^4 + a^3)\boldsymbol{e}_\varphi$$

(2) 导体内($r \leqslant a$)

$$\oint_l \boldsymbol{B}\cdot \mathrm{d}\boldsymbol{l} = \mu_0 \int_S \boldsymbol{J}\cdot \mathrm{d}\boldsymbol{S}$$

$$\oint_l B_\varphi \,\mathrm{d}l = \mu_0 \int_0^r (4r^2 + 3r) 2\pi r \,\mathrm{d}r$$

$$B_\varphi 2\pi r = 2\pi\mu_0 (r^4 + r^3)$$

$$\boldsymbol{B} = \mu_0 (r^3 + r^2)\boldsymbol{e}_\varphi$$

3.4　介质中恒定磁场的基本方程

3.4.1　介质的磁化

1. 介质的磁化

与电介质在电场中被极化相似，磁介质在磁场中也要被磁化，形成磁偶极子。磁偶极子产生的磁场会使原磁场发生改变。

在物质的分子或原子中，电子的自旋和轨道运动都会形成微观的圆电流。每个圆电流就相当于一个磁偶极子，具有一定的磁矩。在没有外磁场的情况下，由于分子的热运动，每个分子磁矩的方向是随机的，因此总的磁矩之和为零，对外不呈磁性。当外界存在磁场时，分子磁矩会在磁力的作用下取向排列，总磁矩不再为零，这种现象就称为物质的磁化。

就磁化的特性而言，物质大体上可分为抗磁性、顺磁性和铁磁性物质。这三类磁介质在外磁场的作用下，都要产生感应磁矩，且介质内部的固有磁矩会沿外磁场方向取向。其中前两类物质的磁化现象较为微弱，而铁磁性物质则会产生强烈的磁化效应。

2. 磁化强度

为了定量描述介质的磁化程度，引入磁化强度矢量，其定义为：磁化介质中单位体积内总的分子磁矩，即

$$\boldsymbol{M} = \lim_{\Delta V \to 0} \frac{\sum \boldsymbol{P}_m}{\Delta V} \tag{3-19}$$

磁化强度的单位是安培每米（A/m）。若 $\boldsymbol{P}_m$ 是体积 ΔV 中的平均磁矩，N 是分子密度，则磁化强度也可表示为

$$\boldsymbol{M} = N\boldsymbol{P}_m \tag{3-20}$$

3. 磁化电流

分子的磁矩来源于分子中的电荷运动，对应的电流称为分子电流。由于介质中的电子运动不能脱离原子核的束缚，故分子电流为束缚电流。介质磁化后，介质中的分子电流合起来可在介质体内和介质表面产生净束缚电流（亦称磁化电流）。因此，磁介质（磁偶极子）的作用可以用等效的磁化电流来代替，即磁化电流产生的磁场等效于所有的磁偶极子产生的磁场的总和。

等效的体磁化电流密度和面磁化电流密度分别为

$$\boldsymbol{J}_m = \nabla \times \boldsymbol{M} \tag{3-21}$$

$$\boldsymbol{J}_{ms} = \boldsymbol{M} \times \boldsymbol{n} \tag{3-22}$$

其中，$\boldsymbol{n}$ 是介质表面的外法向单位矢量。

3.4.2　介质中的安培环路定律

在有介质的情况下，由于介质内部存在磁化电流，此时，应将真空中的安培环路定律修正为如下形式：

$$\oint_l \boldsymbol{B} \cdot \mathrm{d}\boldsymbol{l} = \mu_0 \left(\sum I + \sum I_m \right) = \mu_0 \left(\sum I + \int_S \boldsymbol{J}_m \cdot \mathrm{d}\boldsymbol{S} \right) \tag{3-23}$$

因为

$$\int_S \boldsymbol{J}_m \cdot \mathrm{d}\boldsymbol{S} = \int_S \nabla \times \boldsymbol{M} \cdot \mathrm{d}\boldsymbol{S} = \oint_l \boldsymbol{M} \cdot \mathrm{d}\boldsymbol{l}$$

所以,式(3-23)可改写为

$$\oint_l \left(\frac{\boldsymbol{B}}{\mu_0} - \boldsymbol{M}\right) \cdot \mathrm{d}\boldsymbol{l} = \sum I \tag{3-24}$$

令

$$\boldsymbol{H} = \frac{\boldsymbol{B}}{\mu_0} - \boldsymbol{M} \tag{3-25}$$

式中 $\boldsymbol{H}$ 称为磁场强度,单位是安培每米(A/m)。于是有

$$\oint_l \boldsymbol{H} \cdot \mathrm{d}\boldsymbol{l} = \sum I \tag{3-26}$$

上式称为介质中的安培环路定律的积分形式。利用斯托克斯定律有

$$\oint_l \boldsymbol{H} \cdot \mathrm{d}\boldsymbol{l} = \int_S \nabla \times \boldsymbol{H} \cdot \mathrm{d}\boldsymbol{S} = \sum I = \int_S \boldsymbol{J} \cdot \mathrm{d}\boldsymbol{S}$$

由于积分路径是任意的,所以有

$$\nabla \times \boldsymbol{H} = \boldsymbol{J} \tag{3-27}$$

上式称为介质中的安培环路定律的微分形式。

对于各向同性的、线性的均匀介质,其磁化强度 $\boldsymbol{M}$ 与磁场强度 $\boldsymbol{H}$ 成正比,即

$$\boldsymbol{M} = \chi_m \boldsymbol{H} \tag{3-28}$$

其中χ_m 是介质的磁化率,是一个无量纲常数。所以

$$\boldsymbol{B} = \mu_0(\boldsymbol{H} + \boldsymbol{M}) = \mu_0(1 + \chi_m)\boldsymbol{H} = \mu_0\mu_r\boldsymbol{H} = \mu\boldsymbol{H} \tag{3-29}$$

式中,μ_r 是介质的相对磁导率,μ 是介质的磁导率。上式也称为磁介质的本构关系。

3.4.3 介质中恒定磁场的基本方程

综上所述,我们可以将介质中恒定磁场的基本方程归纳如下:

积分形式

$$\oint_S \boldsymbol{B} \cdot \mathrm{d}\boldsymbol{S} = 0 \tag{3-30a}$$

$$\oint_l \boldsymbol{H} \cdot \mathrm{d}\boldsymbol{l} = \sum I \tag{3-30b}$$

微分形式

$$\nabla \cdot \boldsymbol{B} = 0 \tag{3-31a}$$

$$\nabla \times \boldsymbol{H} = \boldsymbol{J} \tag{3-31b}$$

本构关系

$$\boldsymbol{B} = \mu \boldsymbol{H} \tag{3-32}$$

利用式(3-31)、式(3-32)还可得到矢量磁位的微分方程。在均匀介质中,我们将$\boldsymbol{B} = \nabla \times \boldsymbol{A}$代入$\nabla \times \boldsymbol{B} = \mu \boldsymbol{J}$中,得

$$\nabla \times \nabla \times \boldsymbol{A} = \mu \boldsymbol{J}$$

根据矢量恒等式(Ⅰ-20)得

$$\nabla(\nabla \cdot \boldsymbol{A}) - \nabla^2 \boldsymbol{A} = \mu \boldsymbol{J}$$

若采用库仑规范,则$\nabla \cdot \boldsymbol{A} = 0$,所以有

$$\nabla^2 \boldsymbol{A} = -\mu \boldsymbol{J} \tag{3-33}$$

上式称为矢量泊松方程。

对于无源区域($\boldsymbol{J} = 0$),有

$$\nabla^2 \boldsymbol{A} = 0 \tag{3-34}$$

上式称为矢量拉普拉斯方程。

微分算符∇^2后面是矢量时,其表达式与标量方程中∇^2表达式完全不同,不可混淆。在直角坐标系中,式(3-33)可分解为三个标量泊松方程如下

$$\begin{cases} \nabla^2 A_x = -\mu J_x \\ \nabla^2 A_y = -\mu J_y \\ \nabla^2 A_z = -\mu J_z \end{cases} \tag{3-35}$$

这三个方程与静电场中电位ϕ的泊松方程形式相同,解法也相同。

3.4.4 标量磁位

1. 标量磁位的定义

恒定磁场与静电场不同,它是一个有旋场。因此一般情况下不能用标量函数的梯度来描述,但在自由电流等于零的区域内,磁场强度$\boldsymbol{H}$的旋度等于零,即$\nabla \times \boldsymbol{H} = 0$。此时,磁场强度$\boldsymbol{H}$可以用一个标量函数的梯度来表示,因此,在$\boldsymbol{J} = 0$的区域,我们令

$$\boldsymbol{H} = -\nabla \phi_m \tag{3-36}$$

式中,ϕ_m称为标量磁位,单位是安培(A)。

在均匀介质中,将$\boldsymbol{H} = -\nabla \phi_m$代入式$\nabla \cdot \boldsymbol{B} = 0$中,可得到标量磁位的拉普拉斯方程

$$\nabla^2 \phi_m = 0 \tag{3-37}$$

显然,求解标量磁位的拉普拉斯方程比求解矢量拉普拉斯方程要简单得多,但它只适用于无源空间。

2. 标量磁位的多值性

根据标量磁位的定义，我们可以像静电场一样，定义磁场中任意两点 A、B 之间的磁压为

$$U_{mAB} = \int_A^B \boldsymbol{H} \cdot \mathrm{d}\boldsymbol{l} = \phi_{mA} - \phi_{mB} \qquad (3-38)$$

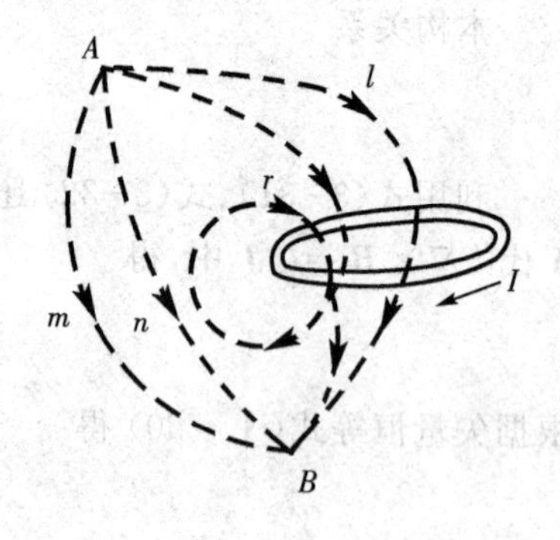

图 3-6　标量磁位的多值性

若令 B 点为零磁位（$\phi_{mB} = 0$），则 A 点的磁位 ϕ_{mA} 会因积分路径的不同而数值不同，它们之间相差一个常数，即标量磁位 ϕ_m 具有多值性。其主要原因是积分路径与电流回路相交链的结果，故要消除 ϕ_m 的多值性，应规定所选的积分路径不能与电流回路相交链。当然，标量磁位 ϕ_m 的多值性并不影响磁场强度 $\boldsymbol{H}$ 的计算。

3.5　恒定磁场的边界条件

由于磁介质表面一般总存在束缚电流，它的存在使 $\boldsymbol{B}$ 和 $\boldsymbol{H}$ 在通过界面时将发生突变。其变化规律称为恒定磁场的边界条件。我们可以由恒定磁场基本方程的积分形式推导出恒定磁场的边界条件。

3.5.1　法向边界条件

在分界面上任取一点 P，包含该点作一闭合小圆柱，其上下底面与分界面平行，底面积 ΔS 非常小；侧面与分界面垂直，且侧高 Δh 趋于零，如图 3-7 所示。对此闭合面应用积分形式的磁通连续性原理（即 $\oint_S \boldsymbol{B} \cdot \mathrm{d}\boldsymbol{S} = 0$），得

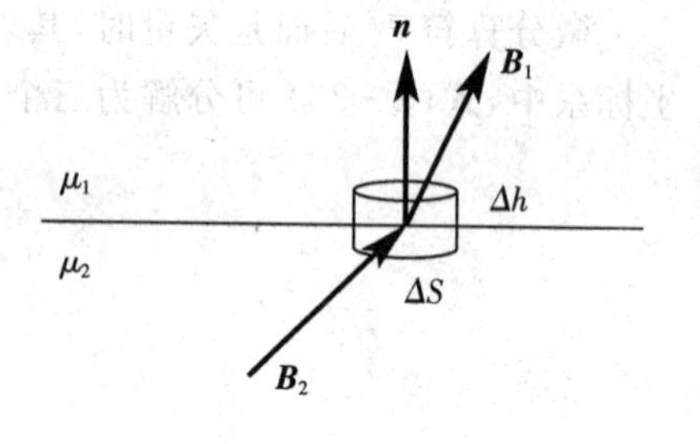

图 3-7　法向边界条件

$$B_{1n}\,\Delta S - B_{2n}\,\Delta S = 0$$

$$B_{1n} = B_{2n} \qquad (3-39)$$

或写成矢量形式

$$\boldsymbol{n} \cdot \boldsymbol{B}_1 = \boldsymbol{n} \cdot \boldsymbol{B}_2 \qquad (3-40)$$

上式表明磁感应强度的法向分量在介质分界面是连续的。法向边界条件亦可用矢量磁位来表示

$$\boldsymbol{n} \cdot \nabla \times \boldsymbol{A}_1 = \boldsymbol{n} \cdot \nabla \times \boldsymbol{A}_2 \qquad (3-41)$$

3.5.2　切向边界条件

在分界面上任取一点 P，包含该点作一小矩形闭合回路。长边 Δl 分居界面两侧，并与界面平行，短边 Δh 趋于零，且与界面垂直，如图 3-8 所示。由安培环路定律的积分形式得

$$H_{1t}\,\Delta l - H_{2t}\,\Delta l = J_S\,\Delta l$$

$$H_{1t}-H_{2t}=J_S \quad (3-42)$$

或写成矢量形式

$$\boldsymbol{n}\times(\boldsymbol{H}_1-\boldsymbol{H}_2)=\boldsymbol{J}_S \quad (3-43)$$

式中，$\boldsymbol{J}_S$ 是分界面上自由电流的面密度，且假设其方向为垂直进入纸面方向。

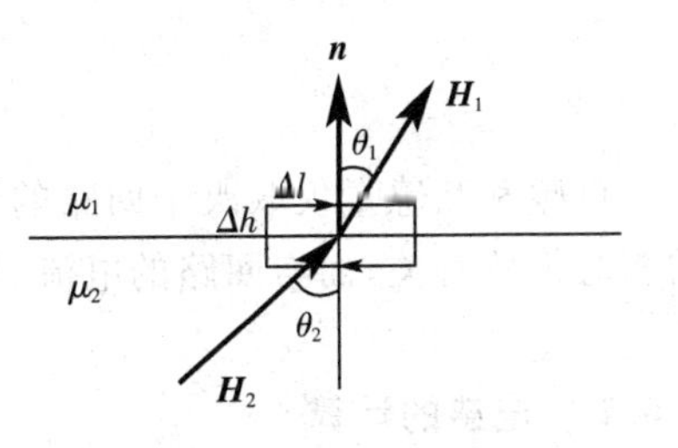

图 3-8 切向边界条件

当分界面上没有自由电流时，即 $\boldsymbol{J}_S=0$ 时，有

$$H_{1t}=H_{2t} \quad (3-44)$$

或

$$\boldsymbol{n}\times\boldsymbol{H}_1=\boldsymbol{n}\times\boldsymbol{H}_2 \quad (3-45)$$

此时，磁场强度的切向分量在分界面上是连续的。上式亦可用矢量磁位来表示

$$\boldsymbol{n}\times(\frac{1}{\mu_1}\nabla\times\boldsymbol{A}_1)=\boldsymbol{n}\times(\frac{1}{\mu_2}\nabla\times\boldsymbol{A}_2) \quad (3-46)$$

在介质分界面不存在自由电流时，设分界面两侧的磁场线与法线 $\boldsymbol{n}$ 的夹角为 θ_1 和 θ_2，由式(3-39)和式(3-44)可得

$$\frac{\tan\theta_2}{\tan\theta_1}=\frac{H_{2t}/H_{2n}}{H_{1t}/H_{1n}}=\frac{H_{1n}}{H_{2n}}=\frac{\mu_2}{\mu_1} \quad (3-47)$$

3.6 电 感

3.6.1 电感

磁链与产生磁链的电流之比称之为电感。其中，磁链是指与某电流回路相交链的总磁通，用 Ψ 表示。若回路中有 N 匝线圈，每匝线圈的磁通近似相等，则

$$\Psi=N\Phi \quad (3-48)$$

电感分为自感和互感两种。

1. 自感

当磁场是由回路本身的电流所产生时，穿过回路的磁链与回路电流之比，称为自感系数或自感，单位是亨利(H)。即

$$L=\frac{\Psi}{I} \quad (3-49)$$

2. 互感

如果回路1的电流 I_1 产生的磁场穿过回路2的磁链为 Ψ_{12}，则比值

$$M_{12}=\frac{\Psi_{12}}{I_1} \quad (3-50)$$

称为互感系数，或互感，单位是亨利(H)。反之亦然，即

$$M_{21} = \frac{\Psi_{21}}{I_2} = M_{12} \tag{3-51}$$

自感和互感量仅取决于回路的形状、尺寸、匝数和周围介质的磁导率，互感还与两个回路的相对位置有关，而与回路的电流、场强和磁链无关。

3.6.2 电感的计算

设有两个单匝细导线回路，如图 3－9 所示，若回路 l_1 中通有电流 I_1，则它在回路 l_2 产生的磁通为 Φ_{12}，即

$$\Phi_{12} = \oint_{l_2} \boldsymbol{A}_{12} \cdot \mathrm{d}\boldsymbol{l}_2 = \frac{\mu}{4\pi}\oint_{l_2}\oint_{l_1} \frac{I_1 \mathrm{d}\boldsymbol{l}_1 \cdot \mathrm{d}\boldsymbol{l}_2}{R}$$

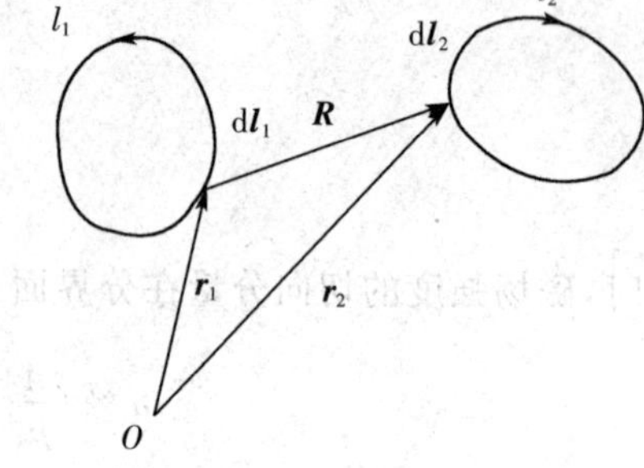

图 3－9 诺伊曼公式的推导

所以，互感 M_{12} 为

$$M_{12} = \frac{\Phi_{12}}{I_1} = \frac{\mu}{4\pi}\oint_{l_2}\oint_{l_1} \frac{\mathrm{d}\boldsymbol{l}_1 \cdot \mathrm{d}\boldsymbol{l}_2}{R} \tag{3-52}$$

上式称为诺依曼公式。

同理，回路 l_2 对回路 l_1 的互感 M_{21} 为

$$M_{21} = \frac{\Phi_{21}}{I_2} = \frac{\mu}{4\pi}\oint_{l_1}\oint_{l_2} \frac{\mathrm{d}\boldsymbol{l}_2 \cdot \mathrm{d}\boldsymbol{l}_1}{R} \tag{3-53}$$

比较式(3－52)和式(3－53)，显然有

$$M_{12} = M_{21} \tag{3-54}$$

若上面所设回路分别由 N_1、N_2 匝细导线构成，则相应的互感为

$$M_{12} = M_{21} = \frac{\mu N_1 N_2}{4\pi}\oint_{l_2}\oint_{l_1} \frac{\mathrm{d}\boldsymbol{l}_1 \cdot \mathrm{d}\boldsymbol{l}_2}{R} \tag{3-55}$$

当使用诺依曼公式求自感时，为保证积分收敛，必须考虑导线的线径，如图 3－10 所示。

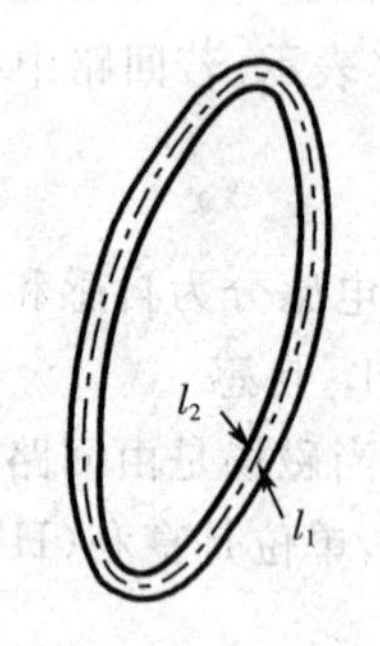

图 3－10 自感的计算

$$L = \frac{\mu N^2}{4\pi}\oint_{l_2}\oint_{l_1} \frac{\mathrm{d}\boldsymbol{l}_1 \cdot \mathrm{d}\boldsymbol{l}_2}{R} \tag{3-56}$$

此时，自感分为内自感和外自感。其中导线外部的磁链 Ψ_e 与电流的比值称为外自感 L_e；导线内部的磁链 Ψ_i 与电流的比值称为内自感 L_i。

【例 3－4】 求单位长度同轴线的自感。同轴线的内、外导体半径分别为 a 和 b，其中外导体的厚度可忽略。

【解】 设同轴线内、外导体的电流分别为 I、$-I$。

当 $a \leqslant r \leqslant b$ 时，

$$\boldsymbol{B}_1 = \frac{\mu_0 I}{2\pi r}\boldsymbol{e}_\varphi$$

$$\Psi_e = \Phi_e = \int_S \boldsymbol{B}_1 \cdot \mathrm{d}\boldsymbol{S} = \frac{\mu_0 I}{2\pi}\int_0^1\int_a^b \frac{1}{r}\mathrm{d}r\mathrm{d}z = \frac{\mu_0 I}{2\pi}\ln\frac{b}{a}$$

所以外自感　$$L_e = \frac{\Psi_e}{I} = \frac{\mu_0}{2\pi}\ln\frac{b}{a} \quad (\text{H/m})$$

当 $r \leqslant a$ 时，　$$\oint_l \boldsymbol{B}_2 \cdot \mathrm{d}\boldsymbol{l} = \mu_0 \frac{r^2}{a^2} I$$

$$\boldsymbol{B}_2 = \frac{\mu_0 I r}{2\pi a^2}\boldsymbol{e}_\varphi$$

$$\Psi_i = \int_S N\boldsymbol{B}_2 \cdot \mathrm{d}\boldsymbol{S} = \int_0^1\int_0^a \frac{r^2}{a^2}\frac{\mu_0 I r}{2\pi a^2}\mathrm{d}r\mathrm{d}z = \frac{\mu_0 I}{8\pi}$$

其中，$N = \frac{r^2}{a^2}$ 为分数匝数。

所以内自感　$$L_i = \frac{\Psi_i}{I} = \frac{\mu_0}{8\pi} \quad (\text{H/m})$$

总自感　$$L_0 = \frac{\mu_0}{2\pi}\ln\frac{b}{a} + \frac{\mu_0}{8\pi} \quad (\text{H/m})$$

3.7　磁场能量与磁场力

3.7.1　磁场能量

电流回路系统的磁场能量是在建立电流过程中，由外电源提供的。这个能量是势能，它只与系统的最终状态有关，与系统的建立过程无关。当电流从零增加时，回路中的感应电动势将阻止电流增加，因此必须外加电压以克服回路中的感应电动势，则外电源所做的功将转化为系统的磁能。这时回路上的外加电压和回路中的感应电动势是等值异号的。根据法拉第电磁感应定律知，回路中的感应电动势等于回路磁链的时间变化率，回路 j 中的感应电动势为

$$\varepsilon_j = -\frac{\mathrm{d}\Psi_j}{\mathrm{d}t}$$

而外加电压为

$$u_j = -\varepsilon_j = \frac{\mathrm{d}\Psi_j}{\mathrm{d}t}$$

在 $\mathrm{d}t$ 时间内，与回路 j 相连的电源所做的功为

$$\mathrm{d}W_j = u_j\mathrm{d}q_j = \frac{\mathrm{d}\Psi_j}{\mathrm{d}t}i_j\mathrm{d}t = i_j\mathrm{d}\Psi_j$$

如果系统中有 N 个电流回路，则增加的磁能为

$$\mathrm{d}W_m = \sum_{j=1}^{N} i_j\mathrm{d}\Psi_j \tag{3-57}$$

回路 j 的磁链为

$$\Psi_j = \sum_{k=1}^{N} M_{kj} i_k \tag{3-58}$$

其中，当 $j \neq k$ 时，M_{kj} 是互感系数；当 $j = k$ 时，$M_{jj} = L_j$ 是自感系数。将式(3-58)代入式(3-57)得

$$\mathrm{d}W_m = \sum_{j=1}^{N} \sum_{k=1}^{N} M_{kj} i_j \mathrm{d}i_k \tag{3-59}$$

假设各回路中的电流从零开始以相同的比例 $\alpha(0 \leqslant \alpha \leqslant 1)$ 同时增加，直至终值，即 $i_j = \alpha I_j$，$\mathrm{d}i_k = \mathrm{d}(\alpha I_k) = I_k \mathrm{d}\alpha$，所以

$$\mathrm{d}W_m = \sum_{j=1}^{N} \sum_{k=1}^{N} M_{kj} I_j I_k \alpha \mathrm{d}\alpha$$

整个充电过程外电源提供的总能量就是系统的总磁能，故

$$W_m = \sum_{j=1}^{N} \sum_{k=1}^{N} M_{kj} I_j I_k \int_0^1 \alpha \mathrm{d}\alpha = \frac{1}{2} \sum_{j=1}^{N} \sum_{k=1}^{N} M_{kj} I_j I_k \tag{3-60}$$

或

$$W_m = \frac{1}{2} \sum_{j=1}^{N} \Psi_j I_j \tag{3-61}$$

其中，当 $i = j$ 时，为自感能；当 $i \neq j$ 时，为互感能。

类似于静电能，磁场能量也可以用磁场矢量来表示，由式(3-61)得

$$W_m = \frac{1}{2} \sum_{j=1}^{N} \Psi_j I_j = \frac{1}{2} \sum_{j=1}^{N} I_j \oint_{l_j} \boldsymbol{A}_j \cdot \mathrm{d}\boldsymbol{l}_j \tag{3-62}$$

式中，$\boldsymbol{A}$ 是 N 个回路在 $\mathrm{d}\boldsymbol{l}_j$ 上的合成矢量磁位，上面的结果适用于线电流回路。对于体电流而言，可将线电流元 $I_j \mathrm{d}\boldsymbol{l}_j$ 用体电流元 $\boldsymbol{J}\mathrm{d}V'$ 代替，即

$$W_m = \frac{1}{2} \int_{V'} \boldsymbol{A} \cdot \boldsymbol{J} \mathrm{d}V' \tag{3-63}$$

把积分区域扩大到整个空间并不影响积分结果，所以有

$$\begin{aligned} W_m &= \frac{1}{2} \int_V \boldsymbol{A} \cdot \boldsymbol{J} \mathrm{d}V \\ &= \frac{1}{2} \int_V \boldsymbol{A} \cdot (\nabla \times \boldsymbol{H}) \mathrm{d}V \\ &= \frac{1}{2} \int_V [\boldsymbol{H} \cdot (\nabla \times \boldsymbol{A}) + \nabla \cdot (\boldsymbol{H} \times \boldsymbol{A})] \mathrm{d}V \\ &= \frac{1}{2} \int_V \boldsymbol{H} \cdot \boldsymbol{B} \mathrm{d}V + \frac{1}{2} \oint_S \boldsymbol{H} \times \boldsymbol{A} \cdot \mathrm{d}\boldsymbol{S} \end{aligned}$$

当 $V \to \infty$ 时，$R \to \infty$，$|\boldsymbol{H} \times \boldsymbol{A}| \propto \frac{1}{R^3}$，$S \propto R^2$，故上式右边第二项积分为零，所以

$$W_m = \frac{1}{2}\int_V \boldsymbol{H} \cdot \boldsymbol{B} \mathrm{d}V \tag{3-64}$$

其中，被积函数 $w_m = \frac{1}{2}\boldsymbol{H} \cdot \boldsymbol{B}$ 称为磁能密度。

对于各向同性的、线性的均匀介质

$$w_m = \frac{1}{2}\mu H^2 \tag{3-65}$$

$$W_m = \frac{1}{2}\int_V \mu H^2 \mathrm{d}V \tag{3-66}$$

由此可见，磁场能量也是分布于整个磁场空间，而非仅存于电流所限的导电空间。

【例 3-5】 根据磁能求例题 3-4 中同轴线的自感。

【解】 由于 $W_m = \frac{1}{2}\Psi I = \frac{1}{2}LI^2$，则 $L = \frac{2W_m}{I^2}$，显然只要求出同轴线的总磁能即可。

$$\begin{aligned} W_m &= \frac{1}{2}\int_V \mu_0 H^2 \mathrm{d}V = \frac{1}{2\mu_0}\int_{V_1} B_1^2 \mathrm{d}V_1 + \frac{1}{2\mu_0}\int_{V_2} B_2^2 \mathrm{d}V_2 \\ &= \frac{1}{2\mu_0}\int_a^b \left(\frac{\mu_0 I}{2\pi r}\right)^2 2\pi r \mathrm{d}r + \frac{1}{2\mu_0}\int_0^a \left(\frac{\mu_0 Ir}{2\pi a^2}\right)^2 2\pi r \mathrm{d}r \\ &= \frac{\mu_0 I^2}{4\pi}\ln\frac{b}{a} + \frac{\mu_0 I^2}{16\pi} \end{aligned}$$

所以总自感为：

$$L_0 = \frac{2W_m}{I^2} = \frac{\mu_0}{2\pi}\ln\frac{b}{a} + \frac{\mu_0}{8\pi} \quad (\mathrm{H/m})$$

3.7.2 磁场力

原则上讲，一个回路在磁场中所受到的力，可以用安培力定律来计算，但这常常很困难。与静电场类似，用虚位移法求磁场力则很简单。在电流回路系统中，我们假设某个电流回路在磁场力的作用下发生了一个小的虚位移，这时磁场力要做功，磁场能量也会产生变化。根据能量守恒原理应有：磁场力所做的功 + 磁场储能的增量 = 外电源所提供的能量

即

$$\boldsymbol{F} \cdot \mathrm{d}\boldsymbol{r} + \mathrm{d}W_m = \mathrm{d}W \tag{3-67}$$

由此即可求出磁场力。

我们分两种情况来讨论：

1. 电流回路与电源断开

此时电源不做功，各回路的感应电动势为零，磁链不变化。磁场力做功所消耗的能量必来源于磁场的储能，即

$$\boldsymbol{F} \cdot \mathrm{d}\boldsymbol{r} + \mathrm{d}W_m = 0$$

所以

$$F = -\frac{\partial W_m}{\partial r}\Big|_{\Psi=\text{const}} \tag{3-68}$$

2. 电流回路与电源相连

此时电源做功,各回路的电流不变,而磁链发生变化。电源除了提供磁场力做功所消耗的能量,还使得磁场储能增加,且电源做的功为

$$\mathrm{d}W = \sum_{i=1}^{N} I_i \mathrm{d}\Psi_i$$

磁场储能的增加量为

$$\mathrm{d}W_m = \frac{1}{2}\sum_{i=1}^{N} I_i \mathrm{d}\Psi_i$$

可见外电源所提供的能量一半使得磁场储能增加,另一半提供给磁场力做功,亦即

$$\boldsymbol{F}\cdot \mathrm{d}\boldsymbol{r} = \mathrm{d}W_m$$

所以

$$F = \frac{\partial W_m}{\partial r}\Big|_{I=\text{const}} \tag{3-69}$$

本章小结

1. 从安培力的实验定律出发,定义真空或均匀媒质中线电流回路的磁感应强度为

$$\boldsymbol{B}(\boldsymbol{r}) = \frac{\mu}{4\pi}\oint_l \frac{I\mathrm{d}\boldsymbol{l}' \times \boldsymbol{e}_R}{R^2}$$

体电流和面电流的磁感应强度为

$$\boldsymbol{B}(\boldsymbol{r}) = \frac{\mu}{4\pi}\int_{V'} \frac{\boldsymbol{J}(\boldsymbol{r}') \times \boldsymbol{e}_R}{R^2}\mathrm{d}V'$$

$$\boldsymbol{B}(\boldsymbol{r}) = \frac{\mu}{4\pi}\int_{S'} \frac{\boldsymbol{J}_S(\boldsymbol{r}') \times \boldsymbol{e}_R}{R^2}\mathrm{d}S'$$

2. 媒质磁化后对磁场的作用,可用等效的磁化电流来代替。媒质的磁化程度用磁化强度表示

$$\boldsymbol{M} = \lim_{\Delta V\to 0}\frac{\sum \boldsymbol{P}_m}{\Delta V}$$

磁化电流与磁化强度的关系为

$$\boldsymbol{J}_m = \nabla\times\boldsymbol{M},\quad \boldsymbol{J}_{ms} = \boldsymbol{M}\times\boldsymbol{n}$$

3. 恒定磁场的基本方程为

积分形式
$$\begin{cases}\oint_S \boldsymbol{B}\cdot d\boldsymbol{S}=0\\ \oint_l \boldsymbol{H}\cdot d\boldsymbol{l}=\sum I\end{cases}$$

微分形式
$$\begin{cases}\nabla\cdot\boldsymbol{B}=0\\ \nabla\times\boldsymbol{H}=\boldsymbol{J}\end{cases}$$

本构关系
$$\boldsymbol{B}=\mu\boldsymbol{H}$$

4. 恒定磁场的边界条件

法向边界条件
$$\boldsymbol{n}\cdot\boldsymbol{B}_1=\boldsymbol{n}\cdot\boldsymbol{B}_2$$

切向边界条件
$$\boldsymbol{n}\times(\boldsymbol{H}_1-\boldsymbol{H}_2)=\boldsymbol{J}_S$$

5. 根据磁场的无散性,即$\nabla\cdot\boldsymbol{B}=0$,引入矢量磁位$\boldsymbol{A}$,定义$\boldsymbol{B}=\nabla\times\boldsymbol{A}$。并规定$\nabla\cdot\boldsymbol{A}=0$(库仑规范)。

$\boldsymbol{A}$满足的微分方程为$\nabla^2\boldsymbol{A}=-\mu\boldsymbol{J}$

$\boldsymbol{A}$的特解为

体电流
$$\boldsymbol{A}(\boldsymbol{r})=\frac{\mu}{4\pi}\int_{V'}\frac{\boldsymbol{J}(\boldsymbol{r}')}{R}dV'$$

面电流
$$\boldsymbol{A}(\boldsymbol{r})=\frac{\mu}{4\pi}\int_{S'}\frac{\boldsymbol{J}_S(\boldsymbol{r}')}{R}dS'$$

线电流
$$\boldsymbol{A}(\boldsymbol{r})=\frac{\mu I}{4\pi}\int_{l'}\frac{d\boldsymbol{l}'}{R}$$

对于复杂的磁场问题,通过$\boldsymbol{A}$求$\boldsymbol{B}$比直接计算$\boldsymbol{B}$简单。

6. 在$\boldsymbol{J}=0$区域,$\nabla\times\boldsymbol{H}=0$,可定义$\boldsymbol{H}=-\nabla\phi_m$,$\phi_m$称为标量磁位。

ϕ_m满足的微分方程为 $\nabla^2\phi_m=0$

7. 磁链与产生磁链的电流之比称为电感。

自感
$$L=\frac{\Psi}{I}$$

互感
$$M_{12}=\frac{\Psi_{12}}{I_1}$$

8. 磁场能量

电流回路系统的总磁能
$$W_m=\frac{1}{2}\sum_{i=1}^{N}\Psi_i I_i$$

用场量表示的磁能
$$W_m=\frac{1}{2}\int_V \boldsymbol{H}\cdot\boldsymbol{B}dV$$

磁能密度
$$w_m=\frac{1}{2}\boldsymbol{H}\cdot\boldsymbol{B}$$

习　题

3-1　分别求如图所示各种形状的线电流 I 在 P 点产生的磁感应强度。

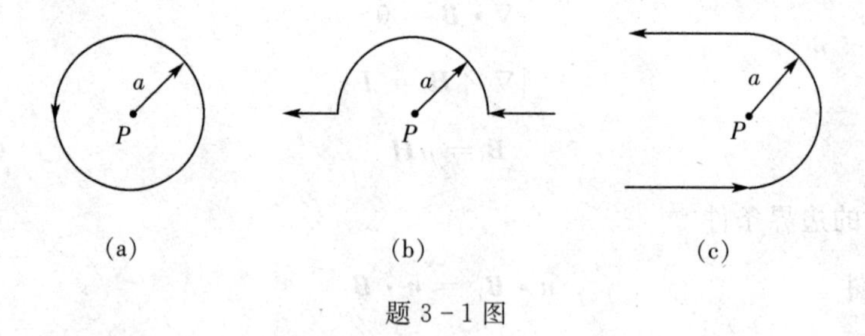

题 3-1 图

3-2　有一正 n 边形线圈，通有电流 I。试证：

(1) 线圈中心处的磁感应强度为 $\boldsymbol{B}=\dfrac{\mu_0 nI}{2\pi a}\tan\dfrac{\pi}{n}$（其中 a 是正 n 边形外接圆半径）。

(2) 当 $n\to\infty$ 时，$\boldsymbol{B}=\dfrac{\mu_0 I}{2a}$。

3-3　计算半径为 a、载流为 I 的细导线圆形回路轴线上任一点的磁感应强度。

3-4　半径为 10^{-2}m 的圆柱形导体，其内部磁场为

$$\boldsymbol{H}=4.77\times10^4[r/2-r^2/(3\times10^{-2})]\boldsymbol{e}_\varphi\quad \text{A/m}$$

求导体中的总电流。

3-5　已知某电流在空间产生的矢量磁位是：$\boldsymbol{A}=x^2y\boldsymbol{e}_x+xy^2\boldsymbol{e}_y-4xyz\boldsymbol{e}_z$。求磁感应强度 $\boldsymbol{B}$。

3-6　真空中一半径为 a 的球体，被永久磁化为 $\boldsymbol{M}=M_0\boldsymbol{e}_z$。求其磁化电流密度。

3-7　一对无限长平行导线，相距 $2a$，线上载有大小相等、方向相反的电流 I，求矢量磁位 $\mathbf{A}$。

3-8　两无限长直导线，放置于 $x=1,y=0$ 和 $x=-1,y=0$ 处，并与 z 轴平行，通过电流 I，方向相反。求此两线电流在 xoy 平面上任意点的 $\boldsymbol{B}$。

3-9　在磁化率为 χ_m 的导磁媒质与空气的分界面上，靠空气一侧的 $\boldsymbol{B}_0$ 与导磁媒质表面的法向成 α 角。求靠导磁媒质一侧的 $\boldsymbol{B}$ 及 $\boldsymbol{H}$。

3-10　已知半径为 a，长度为 l 的圆柱形磁性材料，沿轴线方向获得均匀磁化。若磁化强度为 $\boldsymbol{M}$，试求位于圆柱轴线上距离远大于圆柱半径 P 点处由磁化电流产生的磁感应强度。

3-11　铁质的无限长圆管中通过电流 I，管道内外半径各为 a 和 b。已知铁的磁导率为 μ，求管壁中和管内外空气中的 $\boldsymbol{B}$，并计算铁中的 $\boldsymbol{M}$ 和 $\boldsymbol{J}_m$、$\boldsymbol{J}_{ms}$。

3-12　设 $x<0$ 的空间充满磁导率为 μ 的均匀磁介质，$x>0$ 的空间为真空。现有一无限长直电流 I 沿 z 轴流动，且处于两种媒质的分界面上。求两种媒质中的磁感应强度和磁化电流。

3-13　围绕一个半径为 10cm 的理想导体圆柱的磁场强度为 $10/r\boldsymbol{e}_\varphi$(A/m)。试计算导体表面的面电流密度和面电流值。

3-14　求双线传输线单位长度的自感，已知导线半径为 a，导线间距为 $D(a\ll D)$。

3－15　如图所示的直导线附近有一矩形回路，回路与导线不共面。证明互感是：

$$M=-\frac{\mu_0 a}{2\pi}\ln\frac{R}{\left[2b(R^2-C^2)^{1/2}+b^2+R^2\right]^{1/2}}$$

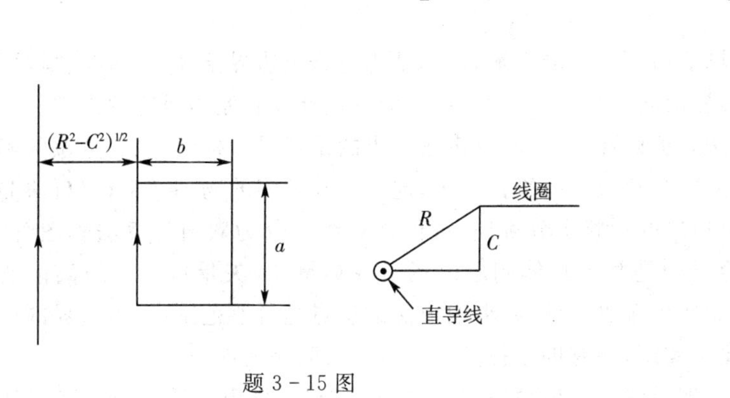

题3－15图

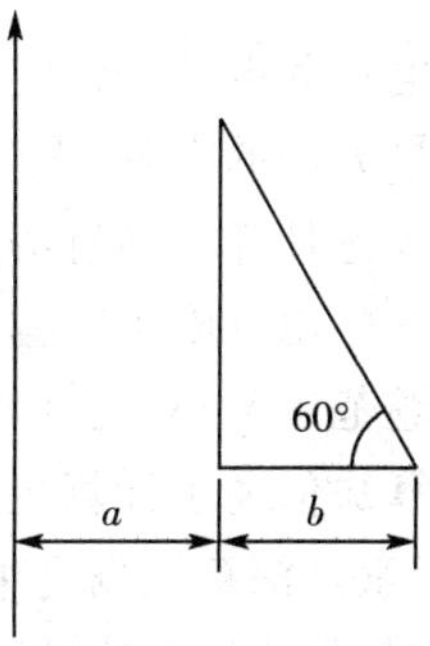

题3－16图

3－16　计算如图所示的长直导线与共面三角形回路之间的互感。

3－17　一个电流为 I_1 的长直导线与一个电流为 I_2 的圆环在同一平面上，圆心与导线的距离为 d。证明：两回路间的作用力的大小为 $\mu_0 I_1 I_2(\sec\alpha-1)$。其中 α 是圆环在直线最接近圆环的点所张的角的半角。

3－18　两个互相平行且共轴的圆线圈，其中一个圆的半径为 a(a 远小于两圆间距 d)，另一圆的半径 b 不受此限制，两圆都只有一匝，求互感。

3－19　一环形螺旋管，平均半径为15cm，其圆形截面的半径为2cm，铁心的 $\mu_r=1400$，环上绕1000匝线圈，通过电流0.7A。求：(1) 计算螺旋管的电感；(2) 在铁心上开一个0.1cm的空气隙，再计算电感(假设开口后铁心的 μ 不变)。

3－20　一个电流为 I_1 的长直导线与一个电流为 I_2 的矩形回路共面，如图所示，求两者之间的相互作用力。

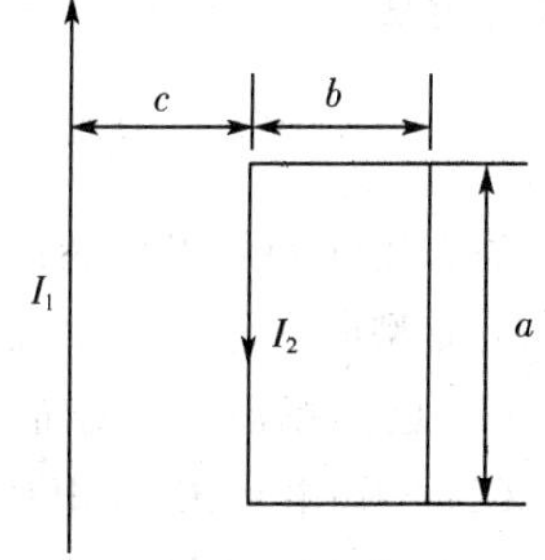

题3－20图

第4章 静态场边值问题的解法

静电场和电源外恒定电场的边值问题的求解，可归结为在给定边界条件下，对拉普拉斯方程或泊松方程的求解。求解边界值问题的方法，大体可分为理论计算和实验研究两大类。

在理论计算方面有解析法和近似计算方法。解析法给出的是场量或标量位、矢量位的函数表达式——由有限个项构成的闭合解或无穷级数解等，通常具有鲜明的物理意义；解析法的缺点是解题范围窄小，尤其是对边界的形状十分挑剔。近似计算法又分为数值计算法和图解法，数值计算法借助于计算机，给出的是某个具体问题的场量或标量位、矢量位的一组离散的数据，物理意义深藏数据之中，非经挖掘难露峥嵘，但数值法的优点是解题范围广，对边界的形状没有限制，数值计算法既重要又实用，还有助于提高计算机解决问题的能力。

场的实验研究方法有直接测量法和电模拟法（物理模拟法和数学模拟法）。直接测量法是在真实的电磁设备中直接测量场的电磁量，常用于检测实际运行设备的性能和技术指标。由于这种方法是在真实的电磁设备中进行，测量中会遇到许多困难，准确性较低，使用存在一定的局限性。电模拟法是将被研究的实际装置（称为原型），通过对一个与原型有数学上相似性的物理装置（称为模型）进行研究和测试，来定量地分析原型中的物理现象。它实测法简单，花费少，并且该法不仅能为电磁领域里的物理场造型，还能为非电领域（如传导学、流体力学等）的物理场造型，因此在实际中有着广泛的应用。

理论计算和实验研究各具优势和特点，可以相互补充。

本章主要介绍解析法中的分离变量法（直接求解）和镜像法（间接求解），近似计算法中的有限差分法。

4.1 问题的分类

静态场问题可以分为两大类型——分布型问题和边值型问题。

分布型问题不外乎下面两种情况：

(1) 已知场源 ρ、$\boldsymbol{J}$ 分布，求解电场 $\boldsymbol{E}$、$\boldsymbol{D}$ 或磁场 $\boldsymbol{H}$、$\boldsymbol{B}$。

(2) 已知电场 $\boldsymbol{E}$（或电位ϕ）、磁场 $\boldsymbol{H}$ 分布，反推场源 ρ、$\boldsymbol{J}$。

分布型问题比较简单，在第2、第3章已作过详尽研究。

边值型问题究竟是什么？边值型问题都有哪些类型？怎样保证边值型问题有且仅有唯一解（唯一性定理）？

顾名思义，静态场边值型问题是指：已知场量 $\boldsymbol{E}$、$\boldsymbol{H}$（或其位函数ϕ、$\boldsymbol{A}$）在场域 Ω 边界上的值（含法向导数），求解场域 Ω 内部任一点的场量。按照偏微分方程理论，定解条件 = 泛定方程 + 边界条件 + 初始条件。静态场因不随时间变化，毋须初始条件。由此可见，静态场边值问题是典型的偏微分方程定解问题。

在场域 Ω 内，媒质参数 μ、ε、σ 必须是已知的，但允许它们突变（即存在不同媒质的分界面）或渐变（μ、ε、σ 是空间坐标的函数）。在不同媒质分界面的两侧，场量（或其位函数）应满足边值关系，这在偏微分方程定解问题中常被称为衔接条件。

由此可见，静态场边值问题的解应同时满足下列三个条件：

(1) 对于场域 Ω 的内点(既非边界点又不在媒质分界面上的点) 泛定方程成立;

(2) 在不同媒质分界面的两侧,场量(或位函数) 边值关系(衔接条件) 成立;

(3) 对于场域 Ω 的边界点,场量(或其位函数) 符合给定的边界条件。

下面以电位函数ϕ的泊松方程为例,来说明边值型问题的分类方法。设场域为Ω,场域的边界为Γ,边界Γ又任意划分为两块,即Γ_1和Γ_2,$\Gamma_1+\Gamma_2=\Gamma$。

第一类边值问题的特征是:已知全部边界Γ上任一点的电位ϕ。第一类边值问题又称为狄里赫利问题(Dirichlet)。

第二类边值问题的特征是:已知全部边界Γ上任一点的电位ϕ的法向导数$\dfrac{\partial \phi}{\partial n}$。第二类边值问题又称为诺埃曼问题(Neumann)。

第三类边值问题的特征是:已知部分边界Γ_1上任一点的电位ϕ和另一部分边界Γ_2上任一点的电位的法向导数$\dfrac{\partial \phi}{\partial n}$。第三类边值问题又称为混合边值问题。

4.2　唯一性定理

在上述每一类边界条件下,泊松方程或拉普拉斯方程的解唯一,这就是唯一性定理,现用反证法证明。

【反证法】　假如存在两个满足相同边界条件的不同解ϕ_1和ϕ_2则令

$$U=\phi_1-\phi_2$$

于是在场域Ω内,U满足拉普拉斯方程

$$\nabla^2 U=0$$

在边界Γ上,要么$U\equiv 0$(对于第一类边值问题),要么$\dfrac{\partial U}{\partial n}\equiv 0$(对于第二类边值问题)。令格林第一恒等式(1-157) 中的$\phi=\varphi=U$,即

$$\int_V (U\nabla^2 U+\nabla U\cdot\nabla U)\mathrm{d}V=\oint_\Gamma U\frac{\partial U}{\partial n}\mathrm{d}s$$

因为$\nabla^2 U=0$,并且U(或U的法向导数) 沿Γ处处等于0,故上式简化为

$$\int_V |\nabla U|^2\mathrm{d}V=0$$

这意味着U的梯度等于0。因此,在场域Ω内,$U=$常数。对于第一类边值型问题,因$U(\Gamma)=0$,且电位不可跃变,故在场域Ω内,$U=0$,从而$\phi_1=\phi_2$。这就证明了对于第一类边值问题,电位ϕ的解确实是唯一的。

对于第二类边值型问题,U未必是0,可以是任一常数,但对于电场强度$\boldsymbol{E}$和电位移矢量$\boldsymbol{D}$来说,解仍然是唯一的,因为常数的梯度恒等于0。

同样,对于第三类边值型问题,场解也是唯一的。

静态场第一、二、三类边值问题的解是唯一的。这就是静态场的唯一性定理。

应当指出,在边界上Γ既要任意地给定电位ϕ值,又要任意地给定ϕ的法向导数的值行不

行呢？不行。这是因为，根据电位在边界 Γ 上的值$\phi(\Gamma)$，存在唯一的解$\phi_1 \in \Omega$；根据电位在边界 Γ 上的法向导数$\frac{\partial \phi}{\partial n}$，存在另一个唯一解$\phi_2 \in \Omega$，解$\phi_1$ 和ϕ_2 一般是不一致的。例如，孤立的带电导体球的电位ϕ给定以后，电位ϕ的法向导数以及球面上的面电荷密度 ρ_s 也就定了，反之亦然。由此可见，对于边界条件的过度规定反倒是错误的。换言之，第一、二、三类边值问题是适定的，因为它们对边界条件提出的要求既是充分的也是必要的。求解时，总是首先判断这个问题的边界条件是否足够。当满足必要条件时，则可断定解是唯一的。用不同方法可能得到在形式上不同的解，但根据唯一性定理，它们必须是等价的。唯一性定理还告诉我们只要能够找到一个满足边界条件的位函数，且这个位函数又满足拉普拉斯方程，则这个位函数就是所求的解。

4.3 直角坐标系中的分离变量法

分离变量法是通过偏微分方程求解边值问题。其基本思想是：首先要求给定边界与一个适当坐标系的坐标面相合，或者至少分段地与坐标面相合；其次在坐标系中，待求偏微分方程的解可表示为三个函数的乘积，其中每个函数分别仅是一个坐标的函数。这样，通过分离变量将偏微分方程化为常微分方程求解。

若边界面形状适合用直角坐标表示，则在直角坐标系中求解，电位函数的拉普拉斯方程为

$$\frac{\partial^2 \phi}{\partial x^2}+\frac{\partial^2 \phi}{\partial y^2}+\frac{\partial^2 \phi}{\partial z^2}=0 \tag{4-1}$$

为了方便起见，以二维的拉普拉斯方程为例求解电位函数，设$\phi=\phi(x,y)$，则待求电位函数满足

$$\frac{\partial^2 \phi}{\partial x^2}+\frac{\partial^2 \phi}{\partial y^2}=0 \tag{4-2}$$

待求的电位函数ϕ用两个函数的乘积表示为

$$\phi=f(x)g(y) \tag{4-3}$$

将式(4-3)代入式(4-2)，得到

$$g(y)f''(x)+f(x)g''(y)=0$$

式中 $f''(x)=\frac{\mathrm{d}^2 f(x)}{\mathrm{d}x^2}$，$g''(y)=\frac{\mathrm{d}^2 g(y)}{\mathrm{d}y^2}$。用 $f(x)g(y)$ 除上式，得

$$\frac{1}{f(x)}\frac{\mathrm{d}^2 f(x)}{\mathrm{d}x^2}+\frac{1}{g(y)}\frac{\mathrm{d}^2 g(y)}{\mathrm{d}y^2}=0 \tag{4-4}$$

上式中每项都只是一个变量的函数，上式成立的唯一条件是两项中每项都是常数，故有

$$\frac{\mathrm{d}^2 f(x)}{\mathrm{d}x^2}=-k_x^2 f(x) \tag{4-5}$$

$$\frac{\mathrm{d}^2 g(y)}{\mathrm{d}y^2}=-k_y^2 g(y) \tag{4-6}$$

这样，把偏微分方程(4-2)化为两个常微分方程(4-5)与(4-6)。其中 k_x，k_y 称为分离常数，它

们是待定的常数，且必须满足

$$k_x^2 + k_y^2 = 0 \tag{4-7}$$

由式(4－7)可知，两个待定常数中只有一个是独立的，且它们不能全为实数，也不能全为虚数。一个为零，另一个必为零；一个为大于零的实数，另一个必取虚数。

当 $k_x^2 = k_y^2 = 0$ 时，常微分方程(4－5)和(4－6)的解分别为

$$f(x) = A_0 x + B_0$$

$$g(y) = C_0 y + D_0$$

式中，A_0, B_0, C_0, D_0 为待定常数。此时偏微分方程(4－2)的解为

$$\phi(x, y) = (A_0 x + B_0)(C_0 y + D_0) \tag{4-8}$$

当 $k_x^2 > 0, k_y^2 = -k_x^2 < 0$ 时，常微分方程(4－5)和(4－6)的解分别为

$$f(x) = A\sin(k_x x) + B\cos(k_x x) \tag{4-9}$$

$$g(y) = C\sinh(k_x y) + D\cosh(k_x y) \tag{4-10a}$$

或

$$g(y) = Ce^{k_x y} + De^{-k_x y} \tag{4-10b}$$

所以

$$\phi(x, y) = [A\sin(k_x x) + B\cos(k_x x)][C\sinh(k_x y) + D\cosh(k_x y)] \tag{4-11a}$$

或

$$\phi(x, y) = [A\sin(k_x x) + B\cos(k_x x)][Ce^{k_x y} + De^{-k_x y}] \tag{4-11b}$$

当 $k_y^2 > 0, k_x^2 = -k_y^2 < 0$ 时，同理可得

$$\phi(x, y) = [A\sinh(k_y x) + B\cosh(k_y x)][C\sin(k_y y) + D\cos(k_y y)] \tag{4-12a}$$

或

$$\phi(x, y) = [Ae^{k_y x} + Be^{-k_y x}][C\sin(k_y y) + D\cos(k_y y)] \tag{4-12b}$$

综上所述，当 $k_x^2 \geqslant 0$ 时，偏微分方程(4－2)的通解为

$$\phi(x, y) = (A_0 x + B_0)(C_0 y + D_0) + \sum_{n=1}^{\infty}[A_n \sin(k_{xn} x) + B_n \cos(k_{xn} x)][C_n \sinh(k_{xn} y) + D_n \cosh(k_{xn} y)] \tag{4-13a}$$

或

$$\phi(x, y) = (A_0 x + B_0)(C_0 y + D_0) + \sum_{n=1}^{\infty}[A_n \sin(k_{xn} x) + B_n \cos(k_{xn} x)][C_n e^{k_{xn} y} + D_n e^{-k_{xn} y}] \tag{4-13b}$$

式中，A_n, B_n, C_n, D_n 为待定常数。

当 $k_y^2 \geqslant 0$ 时，偏微分方程(4－2)的通解为

$$\phi(x, y) = (A_0 x + B_0)(C_0 y + D_0) + \sum_{n=1}^{\infty}[A_n \sinh(k_{yn} x) + B_n \cosh(k_{yn} x)][C_n \sin(k_{yn} y) + D_n \cos(k_{yn} y)] \tag{4-14a}$$

或 $\phi(x,y)=(A_0x+B_0)(C_0y+D_0)$

$$+\sum_{n=1}^{\infty}[A_ne^{k_{yn}x}+B_ne^{-k_{yn}x}][C_n\sin(k_{yn}y)+D_n\cos(k_{yn}y)] \tag{4-14b}$$

这样，拉普拉斯方程的解为$\phi=f(x)g(y)$，然后根据所给定的边界条件定出满足所有边界条件的具体问题的解(包括待定常数和分离常数)。

【例 4-1】 横截面为矩形的无限长金属管由四块平板组成，四条棱处缝隙都无限小，相互绝缘，如图 4-1 所示，试求管中的电位分布。

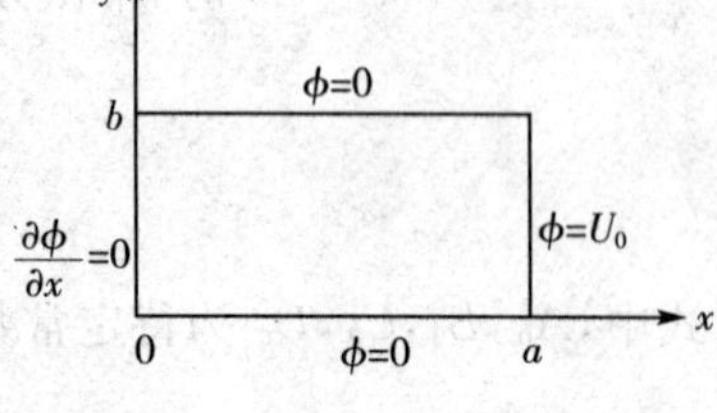

图 4-1 管中的电位

【解】 因为金属管在 z 轴方向为无限长，故管中的电位分布与 z 坐标无关

由题意得边界条件为

$$\phi=0 \quad (\text{下边界 } y=0,0<x<a) \tag{4-15}$$

$$\phi=0 \quad (\text{上边界 } y=b,0<x<a) \tag{4-16}$$

$$\frac{\partial\phi}{\partial x}=0 \quad (\text{左边界 } x=0,0<y<b) \tag{4-17}$$

$$\phi=U_0 \quad (\text{右边界 } x=a,0<y<b) \tag{4-18}$$

为了满足边界条件(4-15) 和(4-16)，电位函数的通解应取式(4-14)。将边界条件(4-15) 代之得

$$0=(A_0x+B_0)D_0+\sum_{n=1}^{\infty}D_n[A_n\sinh(k_{yn}x)+B_n\cosh(k_{yn}x)] \tag{4-19}$$

由此可得 $D_0=0,D_n=0$。因此

$$\phi(x,y)=(A_0x+B_0)C_0y+\sum_{n=1}^{\infty}C_n\sin(k_{yn}y)[A_n\sinh(k_{yn}x)+B_n\cosh(k_{yn}x)] \tag{4-20}$$

将边界条件(4-16) 代入式(4-20) 得

$$0=(A_0x+B_0)C_0b+\sum_{n=1}^{\infty}C_n\sin(k_{yn}b)[A_n\sinh(k_{yn}x)+B_n\cosh(k_{yn}x)] \tag{4-21}$$

由此可得 $C_0=0,\sin(k_{yn}b)=0$，即

$$k_{yn}=\frac{n\pi}{b} \qquad n=1,2,\cdots \tag{4-22}$$

从而得到

$$\phi(x,y)=\sum_{n=1}^{\infty}\sin\left(\frac{n\pi}{b}y\right)\left[A_n'\sinh\left(\frac{n\pi}{b}x\right)+B_n'\cosh\left(\frac{n\pi}{b}x\right)\right] \tag{4-23}$$

式中，$A_n'=A_nC_n,B_n'=B_nC_n$。由边界条件(4-17) 和式(4-23) 得

$$0=\sum_{n=1}^{\infty}A_n'\frac{n\pi}{b}\sin\left(\frac{n\pi}{b}y\right)$$

于是 $A_n' = 0$，所以

$$\phi(x,y) = \sum_{n=1}^{\infty} B_n' \cosh\left(\frac{n\pi}{b}x\right)\sin\left(\frac{n\pi}{b}y\right) \tag{4-24}$$

最后将边界条件(4－18) 代入式(4－24) 得

$$U_0 = \sum_{n=1}^{\infty} B_n' \cosh\left(\frac{n\pi}{b}a\right)\sin\left(\frac{n\pi}{b}y\right)$$

这是一个傅里叶级数，用求傅里叶系数的方法可得

$$B_n' = \begin{cases} \dfrac{4U_0}{n\pi\cosh\left(\frac{n\pi}{b}a\right)} & n = 2k+1 \\ 0 & n = 2k \end{cases}$$

$$\phi(x,y) = \frac{4U_0}{\pi}\sum_{n=2k+1}^{\infty} \frac{1}{n\cosh\left(\frac{n\pi}{b}a\right)}\cosh\left(\frac{n\pi}{b}x\right)\sin\left(\frac{n\pi}{b}y\right) \tag{4-25}$$

式中，$k = 0,1,2,\cdots$。

【例 4－2】 如图 4－2 所示，无限长金属槽，两平行侧壁相距为 a，高度向上方无限延伸，两侧壁的电位为零，槽底电位为ϕ_0，求槽内电位分布。

【解】 由边界条件易写出槽内电位函数应该为

$$\phi = \sum_{m=1}^{\infty} C_m e^{-\frac{m\pi}{a}y}\sin\left(\frac{m\pi}{a}x\right) \tag{4-26}$$

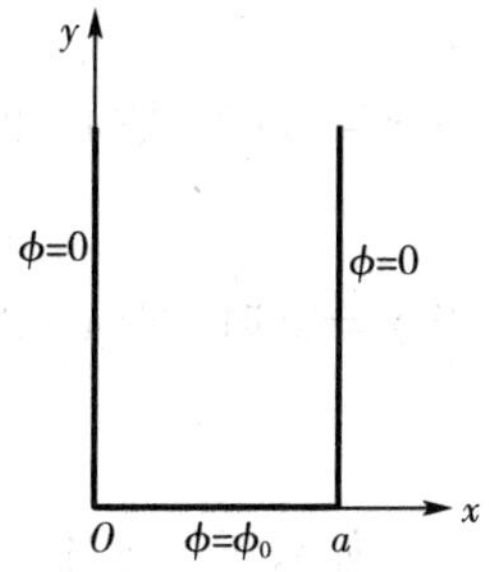

由槽底边界条件，得　$\sum_{m=1}^{\infty} C_m \sin\left(\frac{m\pi}{a}x\right) = \phi_0$

对上述方程两边同乘以 $\sin\left(\frac{n\pi}{a}x\right)$，并对 x 从 $0 \to a$ 积分，得到

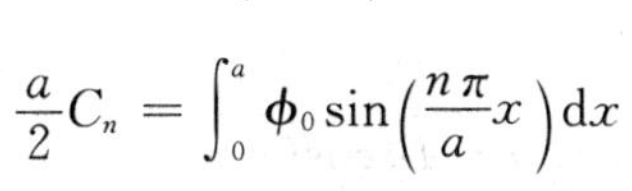

$$\frac{a}{2}C_n = \int_0^a \phi_0 \sin\left(\frac{n\pi}{a}x\right)\mathrm{d}x$$

图 4－2

当 n 为奇数时，得到

$$\frac{a}{2}C_n = \frac{a\phi_0}{n\pi}(1-\cos n\pi)$$

即
$$C_n = \frac{4\phi_0}{n\pi}(n = 1,3,5,\cdots,\infty)$$

因此，槽内电位函数为

$$\phi = \frac{4\phi_0}{\pi}\sum_{m=1}^{\infty}\frac{1}{m}e^{-\frac{m\pi}{a}y}\sin\left(\frac{m\pi}{a}x\right)\quad (m = 1,3,5,\cdots,\infty)$$

4.4 圆柱坐标系中的分离变量法

圆柱坐标中的拉普拉斯方程为

$$\frac{1}{r}\frac{\partial}{\partial r}\left(r\frac{\partial \phi}{\partial r}\right)+\frac{1}{r^2}\frac{\partial^2 \phi}{\partial \varphi^2}+\frac{\partial^2 \phi}{\partial z^2}=0$$

仅讨论二维平面场情形，即ϕ与 z 无关的情形，这时的拉普拉斯方程变为

$$\frac{1}{r}\frac{\partial}{\partial r}\left(r\frac{\partial \phi}{\partial r}\right)+\frac{1}{r^2}\frac{\partial^2 \phi}{\partial \varphi^2}=0 \tag{4-27}$$

设解具有$\phi=f(r)g(\varphi)$，代入上式并化简得

$$\frac{r}{f(r)}\frac{\partial}{\partial r}\left(r\frac{\partial f(r)}{\partial r}\right)+\frac{1}{g(\varphi)}\frac{\partial^2 g(\varphi)}{\partial \varphi^2}=0 \tag{4-28}$$

上式中第一项仅是r的函数，第二项仅是φ的函数，要使上式对于所有的r、φ值都成立，必须每项都等于一个常数。如果令第二项等于$(-\gamma^2)$，则得到

$$\frac{\mathrm{d}^2 g(\varphi)}{\mathrm{d}\varphi^2}+\gamma^2 g(\varphi)=0 \tag{4-29}$$

$$\frac{r}{f(r)}\frac{\mathrm{d}}{\mathrm{d}r}\left(r\frac{\mathrm{d}f(r)}{\mathrm{d}r}\right)-\gamma^2=0 \tag{4-30}$$

当 $\gamma=0$ 时，式(4-29) 的解为

$$g(\varphi)=A_0\varphi+B_0$$

当 $\gamma\neq 0$ 时，式(4-29) 的解为

$$g(\varphi)=A\sin(\gamma\varphi)+B\cos(\gamma\varphi)$$

如果所讨论的空间包含 φ 从 $0\to 2\pi$，因为ϕ必须是单值的，即$\phi[\gamma(\varphi+2\pi)]=\phi[\gamma\varphi]$，则 γ 必须等于整数 n，故

$$g_n(\varphi)=A_n\sin(n\varphi)+B_n\cos(n\varphi) \tag{4-31}$$

式(4-30) 变为

$$r\frac{\mathrm{d}}{\mathrm{d}r}\left(r\frac{\mathrm{d}f(r)}{\mathrm{d}r}\right)-n^2 f(r)=0 \tag{4-32}$$

即

$$r^2\frac{\mathrm{d}^2 f(r)}{\mathrm{d}r^2}+r\frac{\mathrm{d}f(r)}{\mathrm{d}r}-n^2 f(r)=0 \tag{4-33}$$

式(4-33) 为欧拉方程。当 $n=0$ 时，其解为

$$f(r)=C_0\ln r+D_0$$

当 $n\neq 0$ 时，式(4-33) 的解为

$$f(r) = C_n r^n + D_n r^{-n} \tag{4-34}$$

圆柱坐标中二维场的ϕ的通解为

$$\phi(r,\varphi) = (A_0\varphi + B_0)(C_0\ln r + D_0) + \sum_{n=1}^{\infty}[A_n\sin(n\varphi) + B_n\cos(n\varphi)](C_n r^n + D_n r^{-n}) \tag{4-35}$$

由于$\phi(r,\varphi) = \phi(r,\varphi + 2K\pi)$（$K$ 为整数），所以式(4-35)中的 $A_0 = 0$。

【例 4-3】　一根半径为 a、介电常数为 ε_1 的无限长介质圆柱体置于均匀外电场 $\boldsymbol{E}_0$ 中，且与 $\boldsymbol{E}_0$ 相垂直。设外电场方向为 x 轴方向，圆柱轴与 z 轴重合，如图 4-3 所示。求圆柱内、外的电位函数。

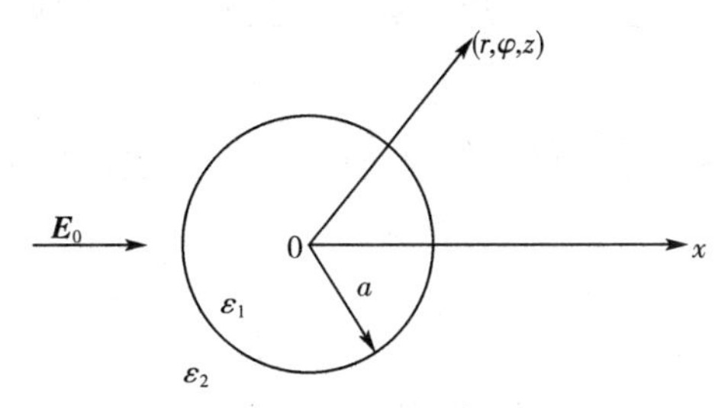

图 4-3　均匀电场中的介质圆柱体

【解】　圆柱内、外的电位函数ϕ具有性质

$$\begin{cases}\phi(\varphi + 2K\pi) = \phi(\varphi) \\ \phi(\varphi) = \phi(-\varphi)\end{cases} \tag{4-36}$$

所以一般解式(4-35)中不应包含 $\sin(n\varphi)$ 及 $A_0 = 0$。因此，式(4-35)变为

$$\phi(r,\varphi) = C_0\ln r + D_0 + \sum_{n=1}^{\infty}(C_n r^n + D_n r^{-n})\cos(n\varphi) \tag{4-37}$$

设圆柱内、外的电位分别为ϕ_1、ϕ_2，并假设零电位点在坐标原点（因为 $r \to 0$ 时，ϕ_1 应为有限值，设为零），则边界条件为

$$\phi_1 = 0 \,|_{r\to 0} \tag{4-38}$$

$$\phi_1 = \phi_2 \,|_{r=a} \tag{4-39}$$

$$\varepsilon_1 \frac{\partial \phi_1}{\partial r} = \varepsilon_2 \frac{\partial \phi_2}{\partial r}\bigg|_{r=a} \tag{4-40}$$

$$\phi_2 = -E_0 r\cos\varphi \,|_{r\to\infty} \tag{4-41}$$

将边界条件(4-38)代入式(4-37)得 $C_0 = 0, D_0 = 0, D_n = 0$，故有

$$\phi_1(r,\phi) = \sum_{n=1}^{\infty} C_n r^n \cos(n\varphi) \tag{4-42}$$

将边界条件(4-41)代入(4-37)得

$$-E_0 r\cos\varphi = C_0\ln r + D_0 + \sum_{n=1}^{\infty}(C_n r^n + D_n r^{-n})\cos(n\varphi) \tag{4-43}$$

比较同类项系数得

当 $n=1$ 时，$C_1=-E_0$；当 $n\neq 1$ 时，$C_n=0$，$C_0=0$，$D_0=0$，所以

$$\phi_2(r,\varphi) = -E_0 r\cos\varphi + \sum_{n=1}^{\infty} D_n r^{-n}\cos(n\varphi) \tag{4-44}$$

由边界条件(4-39)、(4-40)及方程(4-42)与(4-44)得

$$\begin{cases} -E_0 a\cos\varphi + \sum\limits_{n=1}^{\infty} D_n a^{-n}\cos(n\varphi) = \sum\limits_{n=1}^{\infty} C_n a^n\cos(n\varphi) \\ \varepsilon_2\left[-E_0\cos\varphi - \sum\limits_{n=1}^{\infty} nD_n a^{-n-1}\cos(n\varphi)\right] = \varepsilon_1\sum\limits_{n=1}^{\infty} nC_n a^{n-1}\cos(n\varphi) \end{cases} \tag{4-45}$$

比较 $\cos(n\varphi)$ 的系数

当 $n=1$ 时，得

$$\begin{cases} -E_0 a + D_1 a^{-1} = C_1 a \\ \varepsilon_2(-E_0 - D_1 a^{-2}) = \varepsilon_1 C_1 \end{cases}$$

解得

$$C_1 = \frac{-2\varepsilon_2}{\varepsilon_1+\varepsilon_2}E_0 \quad , \quad D_1 = \frac{\varepsilon_1-\varepsilon_2}{\varepsilon_1+\varepsilon_2}a^2 E_0$$

当 $n\neq 1$ 时，得 $C_n=D_n=0$，因此，得到圆柱体内和外的电位函数分别为

$$\phi_1 = -\frac{2\varepsilon_2}{\varepsilon_1+\varepsilon_2}E_0 r\cos\varphi \tag{4-46}$$

$$\phi_2 = -E_0 r\cos\varphi + \frac{\varepsilon_1-\varepsilon_2}{\varepsilon_1+\varepsilon_2}a^2 E_0\,\frac{1}{r}\cos\varphi \tag{4-47}$$

圆柱体内和外的电场强度矢量为

$$\begin{cases} \boldsymbol{E}_1 = \dfrac{2\varepsilon_2}{\varepsilon_1+\varepsilon_2}(E_0\cos\varphi\,\boldsymbol{e}_r - E_0\sin\varphi\,\boldsymbol{e}_\varphi) = \dfrac{2\varepsilon_2}{\varepsilon_1+\varepsilon_2}E_0\,\boldsymbol{e}_x \\ \boldsymbol{E}_2 = \left[1+\dfrac{\varepsilon_1-\varepsilon_2}{\varepsilon_1+\varepsilon_2}\left(\dfrac{a^2}{r^2}\right)\right]E_0\cos\varphi\,\boldsymbol{e}_r + \left[-1+\dfrac{\varepsilon_1-\varepsilon_2}{\varepsilon_1+\varepsilon_2}\left(\dfrac{a^2}{r^2}\right)\right]E_0\sin\varphi\,\boldsymbol{e}_\varphi \end{cases} \tag{4-48}$$

当 $\varepsilon_1>\varepsilon_2$，式(4-48)中的第一式表示圆柱体内的电场 $\boldsymbol{E}_1$ 是一个均匀电场，它的大小和外加均匀场 $\boldsymbol{E}_0$ 相比要小，这是由于介质圆柱被极化后表面出现束缚电荷，它们的电场在圆柱内与外电场方向相反之故。

4.5 球坐标系中的分离变量法

在求解空间或有球面边界的场问题时，采用球坐标较为方便。球坐标中电位函数的拉普拉斯方程为

$$\frac{1}{r^2}\frac{\partial}{\partial r}\left(r^2\frac{\partial \phi}{\partial r}\right)+\frac{1}{r^2\sin\theta}\frac{\partial}{\partial \theta}\left(\sin\theta\frac{\partial \phi}{\partial \theta}\right)+\frac{1}{r^2\sin^2\theta}\frac{\partial^2 \phi}{\partial \varphi^2}=0$$

仅讨论场问题与坐标 φ 无关时的情形，此时拉普拉斯方程为

$$\frac{1}{r^2}\frac{\partial}{\partial r}\left(r^2\frac{\partial \phi}{\partial r}\right)+\frac{1}{r^2\sin\theta}\frac{\partial}{\partial \theta}\left(\sin\theta\frac{\partial \phi}{\partial \theta}\right)=0 \tag{4-49}$$

令$\phi=f(r)g(\theta)$，代入上式并整理得

$$\frac{1}{f(r)}\frac{\partial}{\partial r}\left(r^2\frac{\partial f(r)}{\partial r}\right)+\frac{1}{g(\theta)\sin\theta}\frac{\partial}{\partial \theta}\left(\sin\theta\frac{\partial g(\theta)}{\partial \theta}\right)=0$$

为了使上式成立，方程左边的两项必须为大小相等、符号相反的任意常数。根据数理方程的知识，为使方程在区间 $0\leqslant\theta\leqslant\pi$ 上有界，必须使该常数为 $m(m+1)$，$m=0,1,2,\cdots$，于是得到关于 $f(r)$ 和 $g(\theta)$ 的常微分方程为

$$\frac{\mathrm{d}}{\mathrm{d}r}\left(r^2\frac{\mathrm{d}f(r)}{\mathrm{d}r}\right)-m(m+1)f(r)=0 \tag{4-50}$$

$$\frac{1}{\sin\theta}\frac{\mathrm{d}}{\mathrm{d}\theta}\left(\sin\theta\frac{\mathrm{d}g(\theta)}{\mathrm{d}\theta}\right)+m(m+1)g(\theta)=0 \tag{4-51}$$

若在式(4-51)中引入一个新的自变量 $x=\cos\theta$，则有

$$\frac{\mathrm{d}}{\mathrm{d}\theta}=\frac{\mathrm{d}}{\mathrm{d}x}\frac{\mathrm{d}x}{\mathrm{d}\theta}=-\sin\theta\frac{\mathrm{d}}{\mathrm{d}x}$$

于是式(4-51)可变为

$$\frac{\mathrm{d}}{\mathrm{d}x}\left[(1-x^2)\frac{\mathrm{d}g(x)}{\mathrm{d}x}\right]+m(m+1)g(x)=0 \tag{4-52}$$

上式称为勒让德方程。当 x 从 1 到 -1 变化时，勒让德方程有一个有界解

$$\mathrm{P}_m(x)=\frac{1}{2^m m!}\frac{\mathrm{d}^m}{\mathrm{d}x^m}(x^2-1)^m \tag{4-53}$$

$\mathrm{P}_m(x)$ 称为勒让德多项式。方程(4-50)是欧拉方程，其解为

$$f(r)=A_m r^m+B_m r^{-(m+1)}$$

于是我们得到方程(4-49)的通解为

$$\phi=\sum_{m=0}^{\infty}(A_m r^m+B_m r^{-(m+1)})\mathrm{P}_m(\cos\theta) \tag{4-54}$$

该式的系数由边界条件确定。勒让德多项式 $\mathrm{P}_m(x)$ 的前几项为

$$
\begin{cases}
P_0(x)=1 \\
P_1(x)=x=\cos\theta \\
P_2(x)=\frac{1}{2}(3x^2-1)=\frac{1}{2}(3\cos^2\theta-1) \\
P_3(x)=\frac{1}{2}(5x^3-3x)=\frac{1}{2}(5\cos^3\theta-3\cos\theta) \\
P_4(x)=\frac{1}{8}(35x^4-30x^2+3)=\frac{1}{8}(35\cos^4\theta-30\cos^2\theta+3) \\
P_5(x)=\frac{1}{8}(63x^5-70x^3+15x)=\frac{1}{8}(63\cos^5\theta-70\cos^3\theta+15\cos\theta)
\end{cases}
\tag{4-55}
$$

勒让德多项式具有正交性

$$\int_0^\pi P_m(\cos\theta)P_n(\cos\theta)\sin\theta d\theta=\int_{-1}^1 P_m(x)P_n(x)dx=0 \qquad (m\neq n) \tag{4-56a}$$

$$\int_0^\pi [P_m(\cos\theta)]^2\sin\theta d\theta=\int_{-1}^1 [P_m(x)]^2dx=\frac{2}{2m+1} \qquad (m=n) \tag{4-56b}$$

在解题时，还可能用到一些其他勒让德多项式的公式，可从相关的数学手册中查到。

【例 4-4】 在均匀外电场 $\boldsymbol{E}_0$ 中放置一半径为 a 的介质球，球的介电常数为 ε，球外为空气（介电常数为 ε_0），如图 4-4 所示。计算球内、外的电位函数。

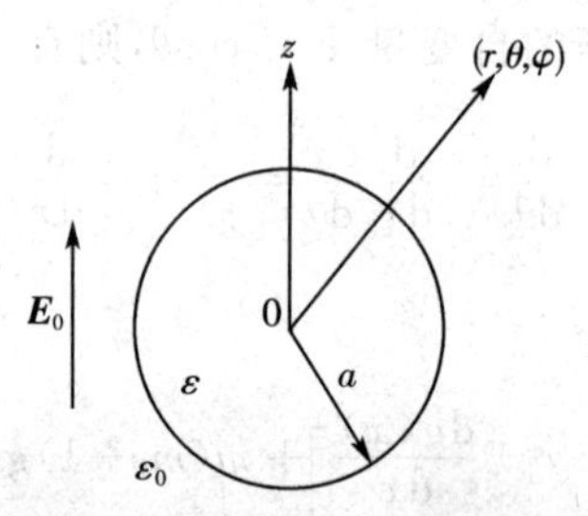

图 4-4 均匀电场中的介质球

【解】 取球坐标使极轴和外电场 $\boldsymbol{E}_0$ 方向一致，令球内区域的电位函数为 ϕ_1，球外区域为 ϕ_2。因为球内包含 $r=0$ 的点，该点电位函数应为有限值，设为零。边界条件为

$$\phi_1=0\,|_{r\to 0} \tag{4-57}$$

$$\phi_2=-E_0 r\cos\theta\,|_{r\to\infty} \tag{4-58}$$

$$\phi_1=\phi_2\,|_{r=a} \tag{4-59}$$

$$\varepsilon_0\frac{\partial\phi_2}{\partial r}=\varepsilon\frac{\partial\phi_1}{\partial r}\bigg|_{r=a} \tag{4-60}$$

将边界条件(4-57)代入式(4-54)得 $B_m=0$，所以

$$\phi_1 = \sum_{m=0}^{\infty} A_m r^m \mathrm{P}_m(\cos\theta) \tag{4-61}$$

将边界条件(4-58)代入式(4-54)得

$$\sum_{m=0}^{\infty}(A_m r^m + B_m r^{-(m+1)})\mathrm{P}_m(\cos\theta) = -E_0 r\cos\theta = -E_0 r\mathrm{P}_1(\cos\theta)$$

用 $\mathrm{P}_m(\cos\theta)\sin\theta$ 乘上式两边，对 θ 从 $0\to\pi$ 积分，根据勒让德多项式的正交性可知只有 $m=1$ 项的系数不为零，故得

$$\phi_2 = (A_1 r + B_1 r^{-2})\cos\theta$$

而且 $A_1 = -E_0$。

由边界条件(4-59)得到

$$\sum_{m=0}^{\infty} A_m a^m \mathrm{P}_m(\cos\theta) = (-E_0 a + B_1 a^{-2})\cos\theta$$

用同样的方法可得上式左边只有 $m=1$ 项的系数不为零，因此 ϕ_1 为

$$\phi_1 = A_2 r\cos\theta$$

再由边界条件(4-59)和(4-60)得

$$\begin{cases} A_2 a\cos\theta = (-E_0 a + B_1 a^{-2})\cos\theta \\ \varepsilon A_2\cos\theta = -\varepsilon_0 E_0\cos\theta - 2\varepsilon_0 B_1 a^{-3}\cos\theta \end{cases}$$

从上两式解得

$$B_1 = \frac{\varepsilon-\varepsilon_0}{\varepsilon+2\varepsilon_0}E_0 a^3 \quad , \quad A_2 = \frac{-3\varepsilon_0}{\varepsilon+2\varepsilon_0}E_0$$

球内区域的电位函数为

$$\phi_1 = -\frac{3\varepsilon_0}{\varepsilon+2\varepsilon_0}E_0 r\cos\theta \tag{4-62}$$

球外区域的电位函数为

$$\phi_2 = -E_0 r\cos\theta + \frac{\varepsilon-\varepsilon_0}{\varepsilon+2\varepsilon_0}a^3 E_0\,\frac{1}{r^2}\cos\theta \tag{4-63}$$

球内电场强度为

$$\boldsymbol{E}_1 = \frac{3\varepsilon_0}{\varepsilon+2\varepsilon_0}E_0\cos\theta\,\boldsymbol{e}_r - \frac{3\varepsilon_0}{\varepsilon+2\varepsilon_0}E_0\sin\theta\,\boldsymbol{e}_\theta = \frac{3\varepsilon_0}{\varepsilon+2\varepsilon_0}E_0\,\boldsymbol{e}_z \tag{4-64}$$

球内电场是均匀的，且比外加均匀场小。

【例 4-5】　如图 4-5 所示，导体球半径为 a，外包一层厚度为 a、$\varepsilon=2\varepsilon_0$ 的球面介质，将球放在均匀电场 $\boldsymbol{E}_0$ 中，求球内、介质层中及外层空间中的电位。

【解】　均匀外电场用电位描述为

$$\phi_0 = - E_0 r\cos\theta$$

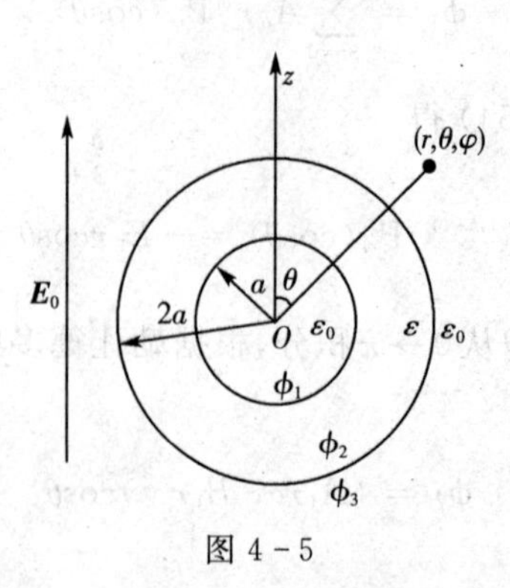

图 4-5

根据题意,可以把电位参考点$\phi = 0$取在导体球的表面。由于导体球是等电位体,因此导体球内电位$\phi_1 = 0$。导体球外的电位满足拉普拉斯方程,且与球坐标φ无关,根据式(4-54),它们可以分别写成如下形式:

$$\phi_2 = \sum_{m=0}^{\infty}(A_m r^m + B_m r^{-(m+1)})\mathrm{P}_m(\cos\theta) \tag{4-65}$$

$$\phi_3 = \sum_{m=0}^{\infty}(C_m r^m + D_m r^{-(m+1)})\mathrm{P}_m(\cos\theta) \tag{4-66}$$

当$r \to \infty$时,球外电位$\phi_3 = \phi_0$,即$\phi_3 = - E_0 r\cos\theta$,因此,式(4-66)中除$C_1 = - E_0$外,其他的$C_m = 0$,所以$\phi_3$简化为

$$\phi_3 = - E_0 r\cos\theta + \sum_{m=0}^{\infty} D_m r^{-(m+1)}\mathrm{P}_m(\cos\theta) \tag{4-67}$$

另外,ϕ_2、ϕ_3满足的边界条件为

$$\phi_2(a,\theta) = 0$$

$$\phi_2(2a,\theta) = \phi_3(2a,\theta)$$

$$2\varepsilon_0 \frac{\partial \phi_2}{\partial r}\bigg|_{r=2a} = \varepsilon_0 \frac{\partial \phi_3}{\partial r}\bigg|_{r=2a}$$

将电位ϕ_2的表达式(4-65)和电位ϕ_3的表达式(4-67)分别代入以上边界条件,得到

$$A_m a^m + B_m a^{-(m+1)} = 0 \qquad (m \neq 0)$$

$$A_1 2a + B_1 (2a)^{-2} = - 2aE_0 + D_1 (2a)^{-2} \qquad (m = 1)$$

$$2A_1 - 4B_1 (2a)^{-3} = - 2D_1 (2a)^{-3} - E_0 \qquad (m = 1)$$

$$A_m (2a)^m + B_m (2a)^{-(m+1)} = D_m (2a)^{-(m+1)} \qquad (m \neq 1)$$

$$2mA_m (2a)^{m-1} - 2(m+1)B_m (2a)^{-(m+2)} = - (m+1)D_m (2a)^{-(m+2)} \qquad (m \neq 1)$$

由以上方程解出

$$A_1 = -\frac{12}{17}E_0$$

$$B_1 = \frac{12}{17}E_0 a^3$$

$$D_1 = \frac{52}{17}E_0 a^3$$

$$A_m = B_m = D_m = 0 \qquad (m \neq 1)$$

将得到的常数代入电位的表达式，即得介质层中的电位为

$$\phi_2 = \frac{12}{17}E_0(-r + a^3 r^{-2})\cos\theta$$

介质外空间中的电位为

$$\phi_3 = E_0(-r + \frac{52}{17}a^3 r^{-2})\cos\theta$$

4.6　镜像法

镜像法的基本思想：在所求电场区域外部空间的某个适当位置上，设有一假想的镜像电荷存在，这一个假设电荷的引入不会改变所求电场区域的场方程，而且镜像电荷在所求区域产生的电场与导体面（或介质面）上的感应电荷（或极化电荷）所产生的电场等效。用镜像电荷代替导体面（或介质面）上的感应电荷（或极化电荷）后，首先所求电场区域内的场方程不变，其次给定的边界条件仍满足，由静电场的唯一性定理可知，用镜像电荷代替后所解得的电场必是唯一正确的解。

镜像法的实质：将静电场的边值问题转化为无界空间中计算电荷分布的电场问题。

在区域外的假想电荷（或电流）称为镜像电荷（或电流），大多是一些点电荷或线电荷（二维平面场情况），镜像法往往比分离变量法简单，容易写出所求问题的解，但它只能用于一些特殊的边界情况。

应用镜像法求解的关键在于如何确定镜像电荷。根据唯一性定理，镜像电荷的确定应遵循以下两条原则：

(1) 所有的镜像电荷必须位于所求的场域以外的空间中；

(2) 镜像电荷的个数、位置及电荷量的大小由满足场域边界上的边界条件来确定。

下面对典型的平面、球面和柱面镜像问题进行讨论。

4.6.1　静电场中的镜像法

1.平面边界的镜像法

【例4-6】　设在无限大导体平面（$z=0$）附近有一点电荷 q，与平面距离为 $z=h$，导体平面是等位面，假设其电位为零，如图4-6所示。求上半空间中的电场。

【解】　在 $z>0$ 的上半空间内，除点电荷 q 外，电位 ϕ 满足拉普拉斯方程 $\nabla^2\phi=0$；又由于导体接地，所以在 $z=0$ 处，$\phi=0$。假设导体平面不存在，而在 $z=0$ 平面与点电荷 q 对称地放置一个点电荷（$-q$），则 $z=0$ 平面仍为零电位面。另外，在 $z>0$ 的上半空间内，图4-6(a)和图4-6(b)具有相同的电荷分布。根据唯一性定理，图4-6(a)中上半空间的电位分布与图4-

6(b) 的上半空间电位分布相同。这样，便可用 q 和其镜像电荷$(-q)$ 构成的系统来代替原来的边值问题。上半空间内任意点 $P(x,y,z)$ 的电位为

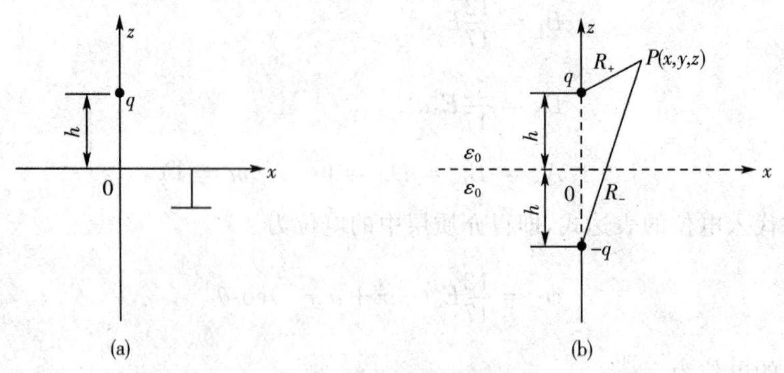

图 4-6　平面边界的镜像法

$$\begin{aligned}\phi &= \frac{q}{4\pi\varepsilon_0}\left(\frac{1}{R_+}-\frac{1}{R_-}\right) \\ &= \frac{q}{4\pi\varepsilon_0}\left\{\frac{1}{\sqrt{x^2+y^2+(z-h)^2}}-\frac{1}{\sqrt{x^2+y^2+(z+h)^2}}\right\}\end{aligned} \tag{4-68}$$

由式(4-68) 可求出导体平面上的感应电荷密度为

$$\rho_s = -\varepsilon_0\frac{\partial\phi}{\partial z}\bigg|_{z=0} = -\frac{qh}{2\pi\sqrt{(x^2+y^2+h^2)^3}} \tag{4-69}$$

导体平面上总的感应电荷为

$$q_{in} = \int\rho_s\mathrm{d}S = -\frac{qh}{2\pi}\int_0^\infty\int_0^{2\pi}\frac{r\mathrm{d}r\mathrm{d}\varphi}{\sqrt{(h^2+r^2)^3}} = \frac{qh}{\sqrt{h^2+r^2}}\bigg|_0^\infty = -q \tag{4-70}$$

可见导体平面上总的感应电荷恰好等于所设置的镜像电荷。

【例 4-7】　如图 4-7 所示，$z=0$ 为无限大接地的导电$(\sigma\to\infty)$ 平面(电壁)，在 $z=h$ 处有一无限长均匀带电的细直导线，导线与 y 轴平行且经过直角坐标$(0,0,h)$ 点，求上半空间$(z>0)$ 的电位函数。

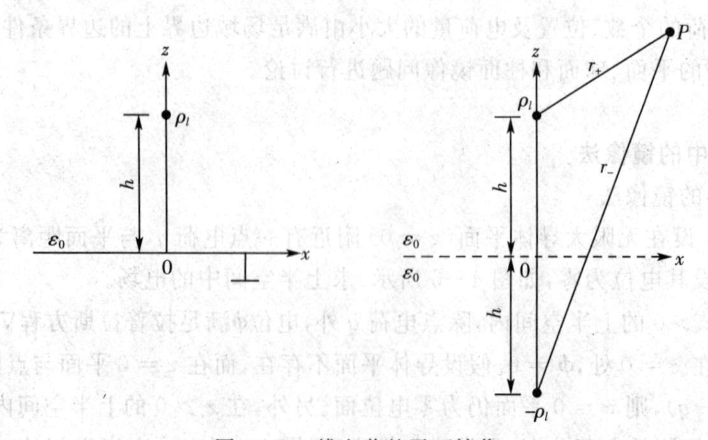

图 4-7　线电荷的平面镜像

【解】　电壁的作用可以等效为镜像位置 $z=-h$ 处的镜像线电荷(线电荷密度不变,但极性相反)。设细直导线的电荷密度为 ρ_l,则镜像线电荷密度为 $-\rho_l$。这时,带电体系在空间的电位为

$$\phi(r)=\phi(r_+)+\phi(r_-) \tag{4-71}$$

式中

$$\begin{aligned}\phi(r_+)&=\int_{r_+}^{r_p}\boldsymbol{E}\cdot\mathrm{d}\boldsymbol{l}\\&=\int_{r_+}^{r_p}\frac{\rho_l}{2\pi\varepsilon_0 r}\mathrm{d}r=\frac{\rho_l}{2\pi\varepsilon_0}\ln r\Big|_{r_+}^{r_p}\\&=\frac{\rho_l}{2\pi\varepsilon_0}\ln\frac{r_p}{r_+}\end{aligned}$$

式中,r_p 不能选为无穷远点。同样

$$\phi(r_-)=\int_{r_-}^{r_p}\boldsymbol{E}\cdot\mathrm{d}\boldsymbol{l}=\frac{-\rho_l}{2\pi\varepsilon_0}\ln\frac{r_p}{r_-}$$

$$\begin{aligned}\phi(r)&=\phi(r_+)+\phi(r_-)\\&=\frac{\rho_l}{2\pi\varepsilon_0}\ln\frac{r_p}{r_+}-\frac{\rho_l}{2\pi\varepsilon_0}\ln\frac{r_p}{r_-}\\&=\frac{\rho_l}{2\pi\varepsilon_0}\ln\frac{r_-}{r_+}\end{aligned}$$

式中

$$r_-=\sqrt{x^2+y^2+(z+h)^2}$$

$$r_+=\sqrt{x^2+y^2+(z-h)^2}$$

所以

$$\phi=\frac{\rho_l}{4\pi\varepsilon_0}\ln\frac{x^2+y^2+(z+h)^2}{x^2+y^2+(z-h)^2} \tag{4-72}$$

【例 4-8】　设介电常数分别为 ε_1 和 ε_2 的两种介质,各均匀充满半无限大空间,两者的分界面为平面,在介质 1 中有一点电荷 q,距分界面的距离为 d,如图4-8(a) 所示。试求整个空间中任一点的电位函数。

【解】　这里需要确定两个区域的电位函数$\phi_1(z>0)$ 和$\phi_2(z<0)$。采用镜像法时,镜像电荷必须位于待求场空间外,故在求ϕ_1 时,将介质 2 移去并充满与介质 1 相同的介质,在 $z=0$ 平面下与点电荷 q 对称的位置上放置镜像电荷 q_1(其大小待定),如图 4-8(b) 所示。而在求ϕ_2 时将上半空间同样充满介电常数为 ε_2 的介质,并在原电荷处加上一个待定的镜像电荷 q_2,如图 4-8(c) 所示。

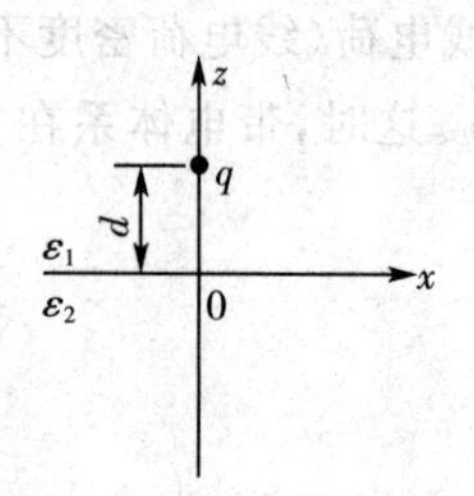

(a)位于介质分界面附近的点电荷

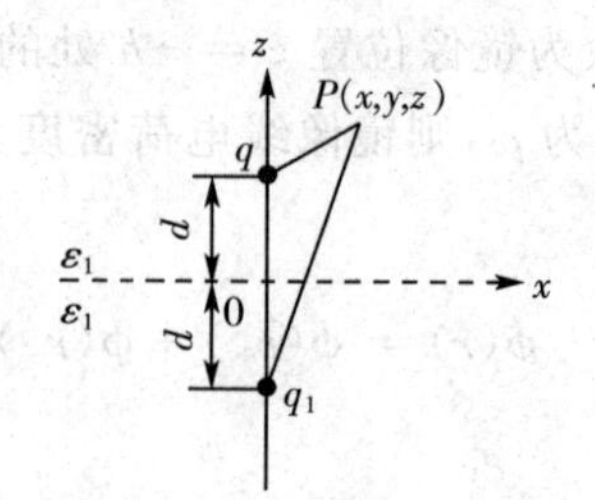

(b) 区域 1 的镜像电荷

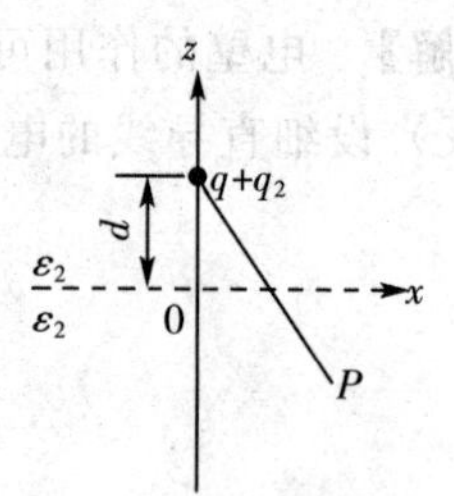

(c) 区域 2 的镜像电荷

图 4-8　镜像电荷

当 $z > 0$ 时

$$\phi_1 = \frac{1}{4\pi\varepsilon_1}\left[\frac{q}{\sqrt{x^2+y^2+(z-d)^2}} + \frac{q_1}{\sqrt{x^2+y^2+(z+d)^2}}\right] \tag{4-73a}$$

当 $z < 0$ 时

$$\phi_2 = \frac{q+q_2}{4\pi\varepsilon_2\sqrt{x^2+y^2+(z-d)^2}} \tag{4-73b}$$

在介质分界面 $z=0$ 处,电位函数满足边界条件

$$\phi_1\big|_{z=0} = \phi_2\big|_{z=0} \tag{4-74a}$$

$$\varepsilon_1\frac{\partial\phi_1}{\partial z}\bigg|_{z=0} = \varepsilon_2\frac{\partial\phi_2}{\partial z}\bigg|_{z=0} \tag{4-74b}$$

将式(4-73)代入式(4-74)可得

$$\begin{cases}\dfrac{1}{\varepsilon_1}(q+q_1) = \dfrac{1}{\varepsilon_2}(q+q_2)\\[2ex] q-q_1 = q+q_2\end{cases}$$

联立求解可得

$$\begin{cases}q_1 = \dfrac{\varepsilon_1-\varepsilon_2}{\varepsilon_1+\varepsilon_2}q\\[2ex] q_2 = \dfrac{\varepsilon_2-\varepsilon_1}{\varepsilon_2+\varepsilon_1}q\end{cases} \tag{4-75}$$

镜像电荷确定以后,可以直接写出空间的电位分布

$$\phi_1 = \frac{q}{4\pi\varepsilon_1}\left[\frac{1}{\sqrt{x^2+y^2+(z-d)^2}} + \frac{\varepsilon_1-\varepsilon_2}{\varepsilon_1+\varepsilon_2}\frac{1}{\sqrt{x^2+y^2+(z+d)^2}}\right]\quad (z\geqslant 0) \tag{4-76a}$$

$$\phi_2 = \frac{q}{2\pi(\varepsilon_1+\varepsilon_2)}\frac{1}{\sqrt{x^2+y^2+(z-d)^2}}\quad (z\leqslant 0) \tag{4-76b}$$

2. 角形区域的镜像法

图 4-9 所示为相交成直角的两个导体平面 AOB 附近的一个点电荷 q 的情形,也可以用镜

像法求解。

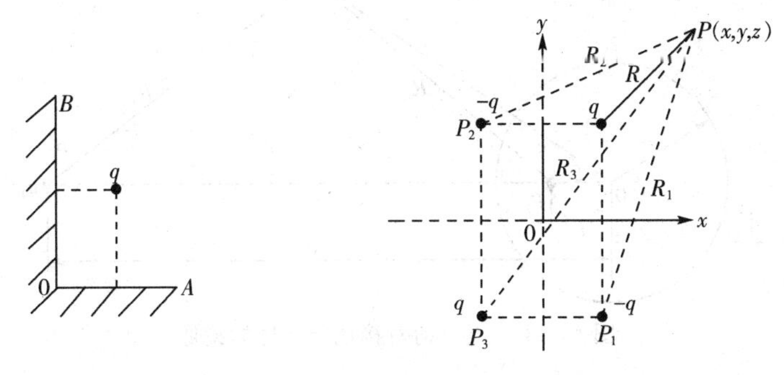

图 4-9　点电荷对角形区域的镜像

q 在 OA 面的镜像为在 P_1 点的 $-q$，又 q 在 OB 面的镜像为在 P_2 点的 $-q$，但这样并不能使 OA 和 OB 平面成为等位面。容易看出，若在 P_3 点处再设置一个点电荷 q，则一个原电荷 q 和三个镜像电荷 $(-q,q,-q)$ 共同的作用将使 OA 和 OB 面保持相等电位，能满足原来的边界条件，故所求区域内任一点的电位函数

$$\phi=\frac{q}{4\pi\varepsilon_0}\left[\frac{1}{R}-\frac{1}{R_1}-\frac{1}{R_2}+\frac{1}{R_3}\right] \tag{4-77}$$

实际上不仅相交成直角的两个导体平面间的场可用镜像法求解，所有相交成 $\alpha=\dfrac{180^\circ}{n}$ 的两块半无限大接地导体平面间的场($n=2,3,4,\cdots$)都可用镜像法来求解，其镜像电荷个数为 $2n-1$。例如，两块半无限大接地导体平面角域 $\alpha=\dfrac{\pi}{3}$ 内点电荷 q 的镜像电荷，如图 4-10 所示。

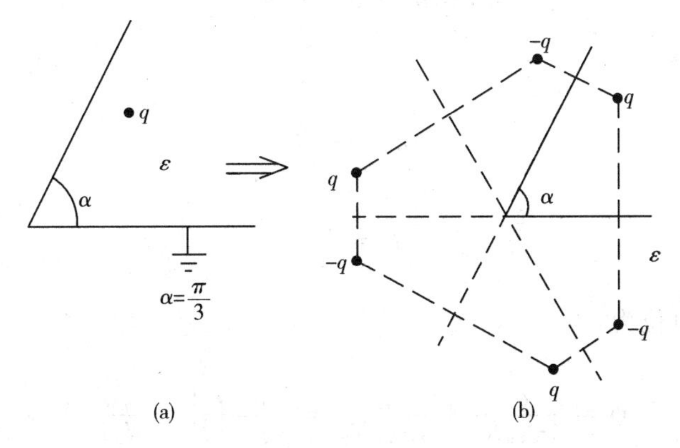

图 4-10　夹角 $\alpha=\dfrac{\pi}{3}$ 的两块半无限大接地导体平面的镜像

3. 球面边界的镜像法

当一个电荷位于导体球面附近时，导体球面上会出现感应电荷，球外任一点的电位由点电荷和感应电荷共同产生。这类问题仍用镜像电荷来代替分界面上的感应电荷对电位的贡献，出发点仍是在所求解区域内，电位函数满足方程和边界条件。

【例 4-9】　设一点电荷 q_1 与半径为 a 的接地导体球心相距 d_1，如图 4-11 所示。试推导球外的电位函数。

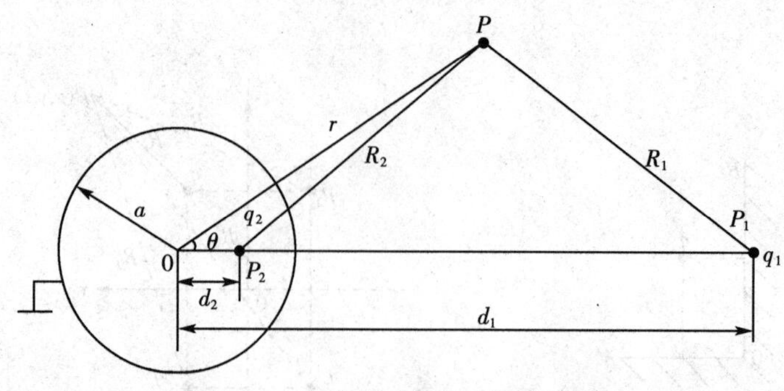

图 4-11 点电荷对接地导体球的镜像

【解】 因为接地后，球上只剩下同 q_1 异号的感应电荷。球面上感应电荷分布在面对 q_1 的一侧密度较大，所以，设想在 P_2 点有一个镜像电荷 q_2，P_2 点是在 OP_1 线上偏离球心的一点，设与球心距离为 d_2。

根据镜像法，将原导体球移去，q_1 及镜像电荷 q_2 在原球面上任一点处产生的电位应为零。即

$$\frac{1}{4\pi\varepsilon_0}\left(\frac{q_1}{R_1}+\frac{q_2}{R_2}\right)=0$$

在球面上取两个特殊点(通过 P_2 的直径的两端点)，上式转化为

$$\begin{cases}\dfrac{1}{4\pi\varepsilon_0}\left(\dfrac{q_1}{a+d_1}+\dfrac{q_2}{a+d_2}\right)=0\\[2ex]\dfrac{1}{4\pi\varepsilon_0}\left(\dfrac{q_1}{d_1-a}+\dfrac{q_2}{a-d_2}\right)=0\end{cases}$$

由以上两个方程解得

$$\begin{cases}q_2=-\dfrac{a}{d_1}q_1\\[2ex]d_2=\dfrac{a^2}{d_1}\end{cases}\tag{4-78}$$

球外任意点的电位为

$$\phi=\frac{q_1}{4\pi\varepsilon_0R_1}+\frac{q_2}{4\pi\varepsilon_0R_2}=\frac{q_1}{4\pi\varepsilon_0}\left(\frac{1}{R_1}-\frac{a}{d_1R_2}\right)$$

式中 $R_1=(r^2+d_1^2-2rd_1\cos\theta)^{1/2}$， $R_2=(r^2+d_2^2-2rd_2\cos\theta)^{1/2}$

这样可求得电场 $\boldsymbol{E}$ 的分量为

$$\begin{cases}E_r=-\dfrac{\partial\phi}{\partial r}=\dfrac{q_1}{4\pi\varepsilon_0}\left(\dfrac{r-d_1\cos\theta}{R_1^3}-\dfrac{a}{d_1}\dfrac{r-d_2\cos\theta}{R_2^3}\right)\\[2ex]E_\theta=-\dfrac{1}{r}\dfrac{\partial\phi}{\partial\theta}=\dfrac{q_1}{4\pi\varepsilon_0}\left(\dfrac{d_1\sin\theta}{R_1^3}-\dfrac{a}{d_1}\dfrac{d_2\sin\theta}{R_2^3}\right)\end{cases}$$

$r=a$ 时，球面上的感应电荷密度为

$$\rho_S=\varepsilon_0 E_r\big|_{r=a}=\frac{q_1}{4\pi\varepsilon_0}\left[\frac{a-d_1\cos\theta}{(a^2+d_1^2-2ad_1\cos\theta)^{3/2}}-\frac{a}{d_1}\frac{a-d_2\cos\theta}{(a^2+d_2^2-2ad_2\cos\theta)^{3/2}}\right]$$

$$=\frac{-q(d_1^2-a^2)}{4\pi a(a^2+d_1^2-2ad_1\cos\theta)^{3/2}} \tag{4-79}$$

球面上总感应电量为

$$q_{in}=-\frac{q_1(d_1^2-a^2)}{4\pi a}\int_0^{\pi}\frac{2\pi a^2\sin\theta\mathrm{d}\theta}{(a^2+d_1^2-2ad_1\cos\theta)^{3/2}}=-\frac{a}{d_1}q_1 \tag{4-80}$$

可见，导体上总的感应电荷量等于镜像电荷的电荷量。

在上述问题中，若导体球不接地，球面上除了分布有感应负电荷外，还分布有感应正电荷，且球面上的净电荷为零，此时导体球的电位不为零。为了保持球面上的净电荷为零且为等位面，还需在球上再加上一个镜像电荷 $q_3=-q_2$，且此 q_3 必须放在球心处，如图 4－12 所示。

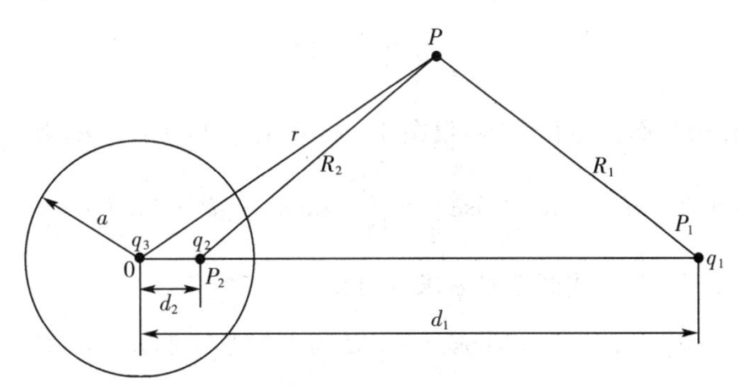

图 4－12　点电荷对不接地导体球的镜像

这种情况下球外任意点的电位为

$$\phi=\frac{q_1}{4\pi\varepsilon_0}\left(\frac{1}{R_1}-\frac{a}{d_1R_2}+\frac{a}{d_1r}\right) \tag{4-81}$$

此时球的电位等于 q_3 在球面上产生的电位

$$\phi=\frac{q_3}{4\pi\varepsilon_0 a}=\frac{q_1}{4\pi\varepsilon_0 d_1} \tag{4-82}$$

有趣的是，它等于球不存在时 q_1 在 O 点时产生的电位。如果导体构成一个球形空腔，空腔内 P_2 点有一个点电荷 q_2，距球心距离为 d_2，则它的镜像一定在空腔外 P_1 点的 q_1，且 $q_1=-\frac{d_1}{a}q_2$，$d_1=\frac{a^2}{d_2}$，和上面的球外问题相比，点电荷和镜像电荷相互置换了。

4. 柱面边界的镜像法

【例 4－10】　线电荷密度为 ρ_l 的无限长带电直线与半径为 a 的接地无限长导体圆柱的轴线平行，直线到圆柱轴线的距离为 d_1，如图 4－13 所示。求圆柱外空间的电位函数。

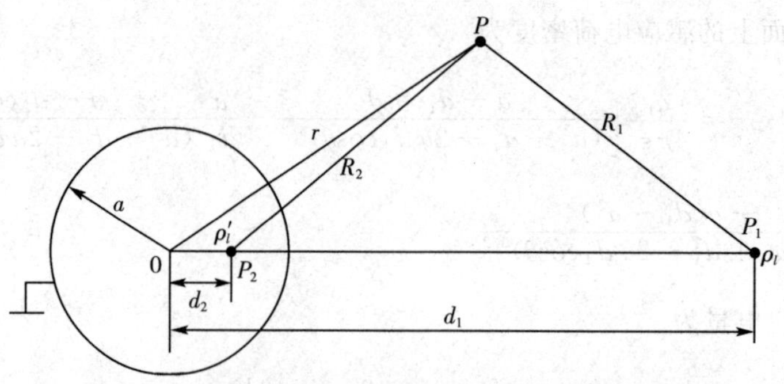

图 4-13　线电荷对接地导体圆柱的镜像

【解】 导体圆柱在线电荷的电场作用下，柱面上会出现感应电荷。柱外空间任一点的电位等于线电荷和感应电荷分别产生的电位的叠加。显然，柱面上感应电荷在离线电荷近的一侧多，离线电荷远的一侧少，且其分布具有对称性。假设在与圆柱轴线的距离为 d_2，且平行于轴线方向上放置一条镜像线电荷，密度为 ρ_l'，可由边界条件确定 d_2 和 ρ_l'。

圆柱外空间一点电位为

$$\phi = -\frac{\rho_l}{2\pi\varepsilon_0}\ln R_1 - \frac{\rho_l'}{2\pi\varepsilon_0}\ln R_2 + C$$

由于圆柱接地，圆柱面上电位为零，设图 4-13 中的 $\angle POP_2 = \varphi$，则

$$-\frac{\rho_l}{4\pi\varepsilon_0}\ln(a^2 + d_1^2 - 2a\,d_1\cos\varphi) - \frac{\rho_l'}{4\pi\varepsilon_0}\ln(a^2 + d_2^2 - 2a\,d_2\cos\varphi) + C = 0$$

上式对任意 φ 值均成立，在上式两端对 φ 求导可得

$$\rho_l d_1(a^2 + d_2^2 - 2a\,d_2\cos\varphi) + \rho_l' d_2(a^2 + d_1^2 - 2a\,d_1\cos\varphi) = 0$$

比较等式两端 $\cos\varphi$ 相应项的系数，可得

$$\rho_l d_1(a^2 + d_2^2) = -\rho_l' d_2(a^2 + d_1^2)$$

$$\rho_l = -\rho_l'$$

联解以上两式可得

$$\rho_l = -\rho_l' \qquad d_2 = \frac{a^2}{d_1}$$

$$\rho_l = -\rho_l' \qquad d_2 = d_1 \tag{4-83}$$

显然，后一组解不合理，应当舍去。圆柱外任一点的电位为

$$\phi = \frac{\rho_l}{2\pi\varepsilon_0}\ln\frac{R_2}{R_1} + C$$

由 $r = a, \phi = 0$，可求得 $C = \frac{\rho_l}{2\pi\varepsilon_0}\ln\frac{d_1}{a}$

圆柱面上的感应电荷密度为

$$\rho_S = -\varepsilon_0\frac{\partial\phi}{\partial r}\bigg|_{r=a} = \frac{-\rho_l(d_1^2 - a^2)}{2\pi a(a^2 + d_1^2 - 2a\,d_1\cos\varphi)}$$

圆柱面上单位长度的感应电荷为

$$\int_S \rho_S \mathrm{d}S = -\frac{\rho_l(d_1^2 - a^2)}{2\pi a}\int_0^{2\pi}\frac{a\,d\varphi}{a^2 + d_1^2 - 2a\,d_1\cos\varphi} = -\rho_l = \rho_l'$$

在上例中，若圆柱不接地，且原来不带电荷，则圆柱面上电位不再为零，此时还应在圆柱轴线上放置另一个镜像线电荷 $\rho_l'' = -\rho_l' = \rho_l$，以保持圆柱面上净电荷为零，且圆柱面为等位面。

4.6.2　静磁场中的镜像法

静磁场的边值问题也可用镜像法求解。

【例 4-11】　设分界面为平面的两个半无限大空间中，分别充满磁导率为 μ_1 和 μ_2 的两种均匀介质，在介质 1 中存在一平行于分界面的长直线电流 I，与分界面的距离为 d，试求空间的磁场。

【解】　采用直角坐标系，取分界面为 xoy 平面，电流沿 y 方向流动，如图 4-14(a) 所示。

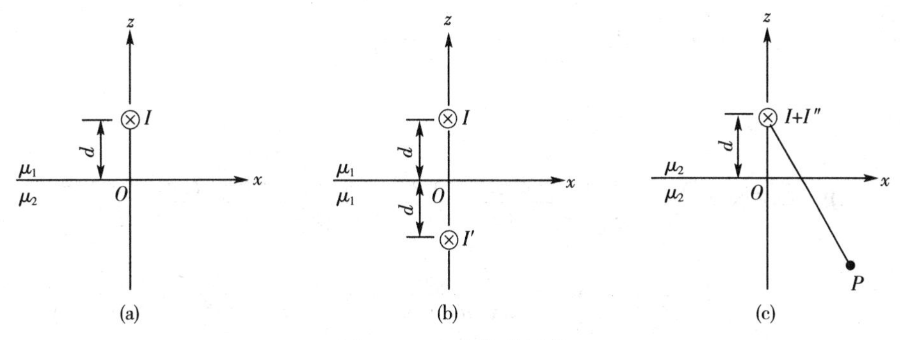

图 4-14　电流的镜像

求解上半空间($z > 0$) 的磁场时，以分界面为对称面，在原电流的对称位置上用一镜像电流 I' 代替分界面上的磁化电流，整个空间充满磁导率为 μ_1 的均匀介质，如图 4-14(b) 所示。因此，区域 1 内任一点 P 的矢量磁位为

$$A_1 = -\frac{\mu_1 I}{2\pi}\ln\sqrt{x^2 + (z-d)^2} - \frac{\mu_1 I'}{2\pi}\ln\sqrt{x^2 + (z+d)^2} \tag{4-84}$$

求解下半空间($z < 0$) 的磁场时，也可用镜像电流 I'' 来代替分界面上的磁化电流。根据镜像法，镜像电流只能在区域 1 内，如图 4-14(c) 所示。区域 2 内任一点 P 的矢量磁位为

$$A_2 = -\frac{\mu_2(I + I'')}{2\pi}\ln\sqrt{x^2 + (z-d)^2} \tag{4-85}$$

镜像电流 I' 和 I'' 可由边界条件确定，在分界面($z = 0$) 上

$$A_1\big|_{z=0} = A_2\big|_{z=0}$$

$$\frac{1}{\mu_1}\frac{\partial A_1}{\partial z}\bigg|_{z=0} = \frac{1}{\mu_2}\frac{\partial A_2}{\partial z}\bigg|_{z=0}$$

从而得到

$$\mu_1(I+I') = \mu_2(I+I'')$$

$$I'' = -I'$$

联立求解可得

$$I' = \frac{\mu_2 - \mu_1}{\mu_2 + \mu_1} I \tag{4-86a}$$

$$I'' = \frac{\mu_1 - \mu_2}{\mu_2 + \mu_1} I \tag{4-86b}$$

由上式可知，镜像电流 I' 和 I'' 的方向由 μ_1 和 μ_2 决定，若 $\mu_2 > \mu_1$，I' 与原电流 I 的方向一致，而 I'' 则相反；反之亦然。

将镜像电流代入式(4-84)与式(4-85)可得

$$A_1 = -\frac{\mu_1 I}{2\pi} \ln \sqrt{x^2 + (z-d)^2} - \frac{\mu_1 I}{2\pi} \frac{\mu_2 - \mu_1}{\mu_2 + \mu_1} \ln \sqrt{x^2 + (z+d)^2}$$

$$A_2 = -\frac{\mu_2 I}{2\pi} \frac{2\mu_1}{\mu_1 + \mu_2} \ln \sqrt{x^2 + (z-d)^2}$$

相应的磁场为

$$\boldsymbol{B}_1 = \nabla \times \boldsymbol{A}_1 = \frac{\mu_1 I}{2\pi} \left[\frac{(z-d)\boldsymbol{e}_x - x\boldsymbol{e}_z}{x^2 + (z-d)^2} + \frac{\mu_2 - \mu_1}{\mu_2 + \mu_1} \frac{(z+d)\boldsymbol{e}_x - x\boldsymbol{e}_z}{x^2 + (z+d)^2} \right] \tag{4-87a}$$

$$\boldsymbol{B}_2 = \nabla \times \boldsymbol{A}_2 = \frac{\mu_2 I}{2\pi} \frac{2\mu_1}{\mu_1 + \mu_2} \frac{(z-d)\boldsymbol{e}_x - x\boldsymbol{e}_z}{x^2 + (z-d)^2} \tag{4-87b}$$

4.7 有限差分法

前面讨论的分离变量法和镜像法都是求边值问题的解析方法(解析解也就是精确解)。但是在许多实际问题中往往由于边界条件过于复杂而无法求得解析解。这些情况下，一般借助于数值法求电磁场的数值解。目前已发展了许多有效的求解静态场及时变场的数值计算方法。利用电子计算机求解数值解，理论上可以达到任意要求的精度。

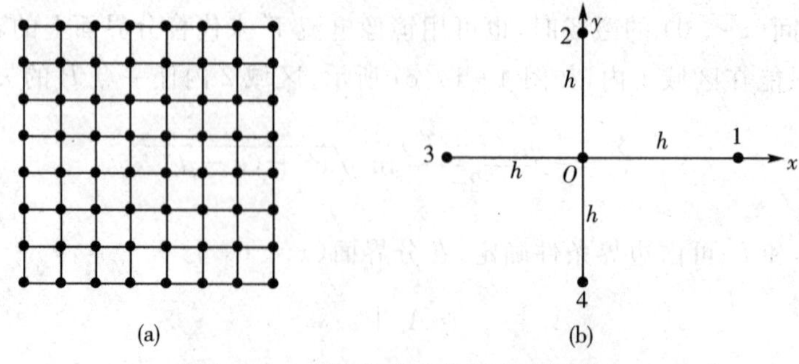

图 4-15 有限差分法的正方形网格点

有限差分法是一种较容易的数值解法。首先把求解的区域划分成网络，把求解区域内连续的场分布用求网格节点上的离散的数值解代替。当然，把网格分得充分细，才能达到足够的精度。网格划分有不同的方法。这一节只讨论正方形网格划分，如图 4-15(a) 所示。

1. 差分方程组

应用有限差分法计算静态场边值问题时，需要把微分方程用差分方程替代。如图 4-15(b) 所示，设 x 轴上邻近 0 点的一点的电位为ϕ_x，用泰勒公式展开时为

$$\phi_x = \phi_0 + \left(\frac{\partial \phi}{\partial x}\right)_0 (x-0) + \frac{1}{2!}\left(\frac{\partial^2 \phi}{\partial x^2}\right)_0 (x-0)^2 + \frac{1}{3!}\left(\frac{\partial^3 \phi}{\partial x^3}\right)_0 (x-0)^3 + \frac{1}{4!}\left(\frac{\partial^4 \phi}{\partial x^4}\right)_0 (x-0)^4 + \cdots$$

故 1 点的电位为

$$\phi_1 = \phi_0 + \left(\frac{\partial \phi}{\partial x}\right)_0 h + \frac{1}{2!}\left(\frac{\partial^2 \phi}{\partial x^2}\right)_0 h^2 + \frac{1}{3!}\left(\frac{\partial^3 \phi}{\partial x^3}\right)_0 h^3 + \cdots$$

3 点的电位为

$$\phi_3 = \phi_0 - \left(\frac{\partial \phi}{\partial x}\right)_0 h + \frac{1}{2!}\left(\frac{\partial^2 \phi}{\partial x^2}\right)_0 h^2 - \frac{1}{3!}\left(\frac{\partial^3 \phi}{\partial x^3}\right)_0 h^3 + \cdots$$

所以
$$\phi_1 + \phi_3 = 2\phi_0 + \left(\frac{\partial^2 \phi}{\partial x^2}\right)_0 h^2 + \cdots$$

当 h 很小时，4 阶以上的高次项可以忽略不计，得

$$h^2\left(\frac{\partial^2 \phi}{\partial x^2}\right)_0 = \phi_1 + \phi_3 - 2\phi_0$$

同样地，可得

$$h^2\left(\frac{\partial^2 \phi}{\partial y^2}\right)_0 = \phi_2 + \phi_4 - 2\phi_0$$

将上面两式相加，得

$$h^2\left(\frac{\partial^2 \phi}{\partial x^2} + \frac{\partial^2 \phi}{\partial y^2}\right) = \phi_1 + \phi_2 + \phi_3 + \phi_4 - 4\phi_0$$

在上式中代入

$$\frac{\partial^2 \phi}{\partial x^2} + \frac{\partial^2 \phi}{\partial y^2} = -\frac{\rho}{\varepsilon_0}$$

得

$$\begin{aligned} \phi_1 + \phi_2 + \phi_3 + \phi_4 - 4\phi_0 &= -Fh^2 \\ \phi_0 &= (\phi_1 + \phi_2 + \phi_3 + \phi_4 + Fh^2)/4 \end{aligned} \tag{4-88}$$

其中 $F = \frac{\rho}{\varepsilon_0}$。上式是二维泊松方程的有限差分形式。对于 $\rho = 0$，即 $F = 0$ 的区域，得到二维拉

普拉斯方程的有限差分形式

$$\phi_0 = (\phi_1 + \phi_2 + \phi_3 + \phi_4)/4 \tag{4-89}$$

上式表示在点($x_0\,y_0$)的电位ϕ等于围绕它的四个点的电位的平均值,这一关系对区域内的每一节点都成立。当用网格将区域划分后,对每一网格节点写出类似的式子,就得到方程数与未知电位的网格节点数相等的线性方程组。已知的边界条件在离散化后成为边界点上节点的已知电位值。

2.差分方程组的解

(1) 简单迭代法

这个方法是先对节点(x_i,y_i)选取初值$\phi_{ij}^{(0)}$,其中上标0表示0次近似值,下标i,j表示节点所在的位置,即第i行第j列的交点。即按

$$\phi_{i,j}^{(k+1)} = [\phi_{i-1,j}^{(k)} + \phi_{i,j-1}^{(k)} + \phi_{i+1,j}^{(k)} + \phi_{i,j+1}^{(k)}]/4 \tag{4-90}$$

进行反复迭代($k = 0,1,2,\cdots$)。迭代一直进行到对所有节点满足条件$|\phi_{i,j}^{(k+1)} - \phi_{i,j}^{(k)}| < W$为止,式中$W$是预定的最大允许误差。

在迭代过程中,网格节点一般按"自然顺序"排列,即先"从左到右"再"从下到上"的顺序排列,如图4-16所示。迭代也是按自然顺序进行。

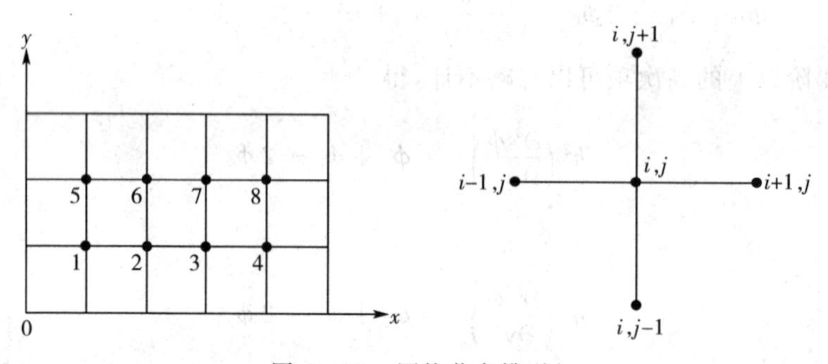

图4-16 网格节点排列

(2) 超松弛法

简单迭代法在解决问题时收敛速度比较慢,一般来说,实用价值不大。实际中常采用超松弛法,相比之下它有两点重大改进。

第一,计算每一个网格节点时,把刚计算得到的邻近点的电位新值代入,即在计算(i,j)点的电位时,把它左边的点($i-1$,j)和下面的点(i,$j-1$)的电位用刚算得的新值代入,即

$$\phi_{i,j}^{(k+1)} = [\phi_{i+1,j}^{(k)} + \phi_{i,j+1}^{(k)} + \phi_{i-1,j}^{(k+1)} + \phi_{i,j-1}^{(k+1)}]/4 \tag{4-91}$$

上式称为松弛法或赛德尔法。由于提前使用了新值,使得收敛速度加快。

第二,再把式(4-91)写成增量形式

$$\phi_{i,j}^{(k+1)} = \phi_{i,j}^{(k)} + [\phi_{i+1,j}^{(k)} + \phi_{i,j+1}^{(k)} + \phi_{i-1,j}^{(k+1)} + \phi_{i,j-1}^{(k+1)} - 4\,\phi_{i,j}^{(k)}]/4$$

这时每次的增量(即上式右边的第二项)就是要求方程局部达到平衡时应补充的量。为了加快收敛,引进一个松弛因子α,将上式改写为

$$\phi_{i,j}^{(k+1)}=\phi_{i,j}^{(k)}+\frac{\alpha}{4}[\phi_{i+1,j}^{(k)}+\phi_{i,j+1}^{(k)}+\phi_{i-1,j}^{(k+1)}+\phi_{i,j-1}^{(k+1)}-4\phi_{i,j}^{(k)}] \tag{4-92}$$

式中，α 为松弛因子，一般在1与2之间取值，即给予每点的增量使方程达到局部平衡时所需的值。这将加速解的收敛。当 $\alpha=\alpha_{opt}$（最佳值）时迭代过程收敛最快。在一般情况下，如何选择最佳收敛因子是一个复杂的问题。若正方形区域划分为正方形网格时，每边的节点数为 p，则最佳收敛因子为

$$\alpha_{opt}=\frac{2}{1+\sin\left(\frac{\pi}{p-1}\right)} \tag{4-93}$$

【例 4-12】 有一个无限长的金属槽，截面为正方形，两侧面及底板接地，上盖板与侧面绝缘，其上的电位为 $\phi=100\text{V}$，试用有限差分法计算槽内的电位。

【解】 如图4-17所示，将场域划分为16个网格，共有25个节点，其中16个边界节点的电位值是已知的，要计算的是9个内节点的电位值。

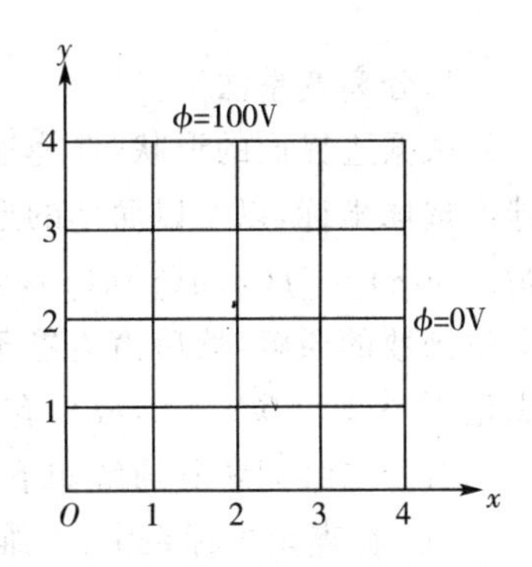

图 4-17　例 4-12 的网格划分

设内节点上电位的初始迭代值为

$$\begin{cases}\phi_{1,1}^{(0)}=\phi_{2,1}^{(0)}=\phi_{3,1}^{(0)}=25\\ \phi_{1,2}^{(0)}=\phi_{2,2}^{(0)}=\phi_{3,2}^{(0)}=50\\ \phi_{1,3}^{(0)}=\phi_{2,3}^{(0)}=\phi_{3,3}^{(0)}=75\end{cases} \tag{4-94}$$

代入式(4-90)，得到内节点上电位的一次迭代值为

$$\phi_{1,1}^{(1)}=18.75,\quad \phi_{2,1}^{(1)}=25,\quad \phi_{3,1}^{(1)}=18.75$$

$$\phi_{1,2}^{(1)}=37.5,\quad \phi_{2,2}^{(1)}=50,\quad \phi_{3,2}^{(1)}=37.5$$

$$\phi_{1,3}^{(1)}=56.25,\quad \phi_{2,3}^{(1)}=75,\quad \phi_{3,3}^{(1)}=56.25$$

将此次值再代入式(4-90)，得到内节点上电位的二次迭代值为

$$\phi_{1,1}^{(2)}=15.625,\quad \phi_{2,1}^{(2)}=21.875,\quad \phi_{3,1}^{(2)}=15.625$$

$$\phi_{1,2}^{(2)}=31.25,\quad \phi_{2,2}^{(2)}=43.75,\quad \phi_{3,2}^{(2)}=31.25$$

$$\phi_{1,3}^{(2)}=53.125,\quad \phi_{2,3}^{(2)}=62.625,\quad \phi_{3,3}^{(2)}=53.125$$

照此迭代下去，计算得到 $\phi_{i,j}^{(28)}$ 时，发现 $\max\limits_{i,j}\left|\phi_{i,j}^{(28)}-\phi_{i,j}^{(27)}\right|<10^{-3}$。此值作为内节点上电位的最终近似值，则有

$$\phi_{1,1}=7.144,\quad \phi_{2,1}=9.823,\quad \phi_{3,1}=7.144$$

$$\phi_{1,2}=18.751,\quad \phi_{2,2}=25.002,\quad \phi_{3,2}=18.751$$

$$\phi_{1,3}=42.857,\quad \phi_{2,3}=52.680,\quad \phi_{3,3}=42.875$$

再用超松弛迭代法求解本题。由式(4-93)得到最佳收敛因子为 $\alpha_{opt}=1.17$。仍取式

(4-94) 作为迭代初始值,代入式(4-92),可得内节点上电位的一次迭代值为

$$\phi_{1,1}^{(1)} = 17.69,\quad \phi_{2,1}^{(1)} = 22.86,\quad \phi_{3,1}^{(1)} = 17.06$$

$$\phi_{1,2}^{(1)} = 32.24,\quad \phi_{2,2}^{(1)} = 44.47,\quad \phi_{3,2}^{(1)} = 31.44$$

$$\phi_{1,3}^{(1)} = 48.16,\quad \phi_{2,3}^{(1)} = 65.53,\quad \phi_{3,3}^{(1)} = 44.86$$

照此迭代 10 次时,$\max\limits_{i,j}\left|\phi_{i,j}^{(10)} - \phi_{i,j}^{(9)}\right| < 10^{-3}$。

本 章 小 结

1. 分离变量法

根据边界面的形状,选择适当的坐标系(如平面边界,则选直角坐标;圆柱面选圆柱坐标;球面选球坐标,以便以简单的形式表达边界条件),将电位函数表示成三个一维函数的乘积,如 $\phi(x,y,z) = f(x)g(y)h(z)$,对拉普拉斯方程进行变量分离,将其变为三个常微分方程,得到电位函数的通解,然后由边界条件求出特解。三个常微分方程中的三个分离常数 k_x,k_y,k_z 必须满足 $k_x^2 + k_y^2 + k_z^2 = 0$,故只有两个是独立的分离参数。解的具体形式取决分离常数。

对于二维问题其通解如下:

(1) 在直角坐标系中,二维问题的通解为

当 $k_x^2 \geqslant 0$ 时

$$\phi(x,y) = (A_0 x + B_0)(C_0 y + D_0) + \sum_{n=1}^{\infty}[A_n \sin(k_{xn}x) + B_n \cos(k_{xn}x)][C\sinh(k_{xn}y) + D_n \cosh(k_{xn}y)]$$

或 $$\phi(x,y) = (A_0 x + B_0)(C_0 y + D_0) + \sum_{n=1}^{\infty}[A_n \sin(k_{xn}x) + B_n \cos(k_{xn}x)][C_n e^{k_{xn}y} + D_n e^{-k_{xn}y}]$$

当 $k_y^2 \geqslant 0$ 时

$$\phi(x,y) = (A_0 x + B_0)(C_0 y + D_0) + \sum_{n=1}^{\infty}[A_n \sinh(k_{yn}x) + B_n \cosh(k_{yn}x)][C_n \sin(k_{yn}y) + D_n \cos(k_{yn}y)]$$

或 $$\phi(x,y) = (A_0 x + B_0)(C_0 y + D_0) + \sum_{n=1}^{\infty}[A_n e^{k_{yn}x} + B_n e^{-k_{yn}x}][C_n \sin(k_{yn}y) + D_n \cos(k_{yn}y)]$$

(2) 在圆柱坐标系中,二维问题的通解为

$$\phi(r,\varphi) = (C_0 \ln r + D_0) + \sum_{n=1}^{\infty}[A_n \sin(n\varphi) + B_n \cos(n\varphi)](C_n r^n + D_n r^{-n})$$

(3) 在球坐标系中,若ϕ与 φ 无关,则通解为

$$\phi(r,\theta)=\sum_{m=0}^{\infty}(A_m r^m+B_m r^{-(m+1)})P_m(\cos\theta)$$

2. 镜像法

(1) 镜像法的基本原理和方法

镜像法的理论依据是唯一性定理。基本方法是：在所求电场区域的外部空间某适当的位置上，放置一个假想的镜像电荷等效地代替导体表面(介质分界面)上的感应电荷(或极化电荷)对场分布的影响，从而将所求的边值问题转换为求解无界空间的问题。

(2) 静磁场的边值问题也可采用镜像法这一间接方法求解。基本方法与电场的镜像法相类似。

几个典型的镜像问题：

(1) 平面镜像

① 点电荷对无限大接地平面的镜像：等量异号，位置对称。

② 点电荷对无限大介质平面的镜像：

$$q_1=\frac{\varepsilon_1-\varepsilon_2}{\varepsilon_1+\varepsilon_2}q \qquad (适用于\ \varepsilon_1)$$

$$q_2=\frac{\varepsilon_2-\varepsilon_1}{\varepsilon_2+\varepsilon_1}q \qquad (适用于\ \varepsilon_2)$$

(2) 球面镜像

点电荷对接地金属球面的镜像：

$$q_2=-\frac{a}{d_1}q_1,\qquad d_2=\frac{a^2}{d_1}$$

3. 有限差分法

有限差分法是一种数值计算方法。把求解区域用网格划分，同时把拉普拉斯方程变为网格节点的电位有限差分方程(代数方程)组。在已知边界点电位值下，用迭代法求得网格节点电位的近似数值。

习　题

4-1　如题 4-1 图所示，一长方形截面的导体槽，槽可以视为无限长，其上有一块与槽相绝缘的盖板，槽的电位为零，盖板的电位为 U_0，求槽内的电位函数。

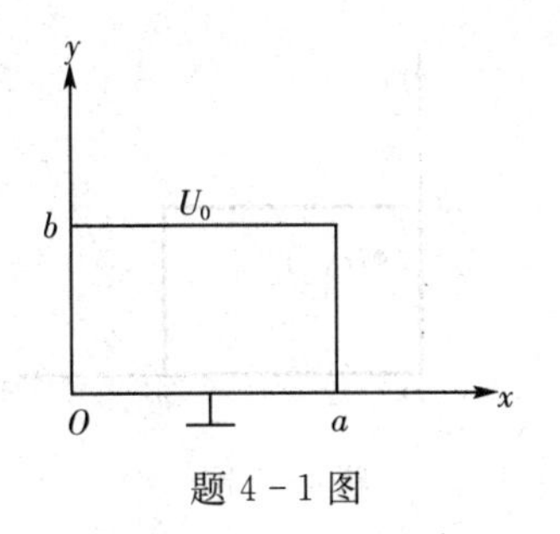

题 4-1 图

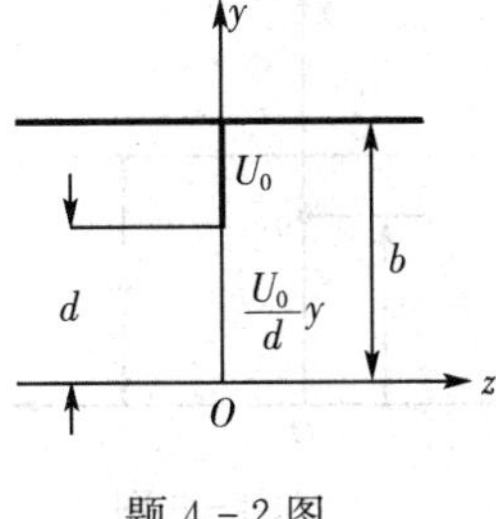

题 4-2 图

4-2　如题4-2图所示，两平行的无限大导体平面，距离为b，其间有一极薄由$y=d$到$y=b(-\infty<x<\infty)$。上板和薄片保持电位U_0，下板保持零电位，求板间电位的解。设在薄片平面上，从$y=0$到$y=d$，电位线性变化，$\phi=\dfrac{U_0}{d}y$。

提示：应用叠加原理求解。把场分解成两个场相叠加，一是薄片不存在，两平行板（加电压U_0）的场；一是薄片和两个电位为零的平板间的场。注意两个场叠加后满足题给的边界条件。

4-3　求在上题的解中，除开$\dfrac{U_0}{b}y$一项以外，其他所有项对电场总储能的贡献，按下式求出边缘电容$C_f=\dfrac{2W_e}{U_0^2}$。

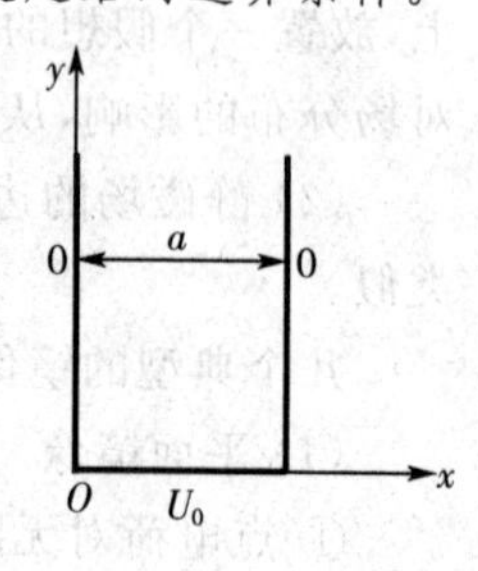

题4-4图

4-4　如题4-4图所示，导体槽底面保持电位U_0，其余两面电位为零，求槽内的电位的解。

4-5　一长、宽、高分别为a、b、c的长方体表面保持为零电位，体积内填充密度为

$$\rho=\sin\left(\frac{\pi x}{a}\right)\sin\left(\frac{\pi z}{c}\right)y(y-b)$$

的电荷。求体积内的ϕ。

提示：假设ϕ可以用三维傅里叶级数表示为

$$\phi=\sum_{n=1}^{\infty}\sum_{m=1}^{\infty}\sum_{s=1}^{\infty}A_{nms}\sin\left(\frac{n\pi x}{a}\right)\sin\left(\frac{m\pi y}{b}\right)\sin\left(\frac{s\pi z}{c}\right)$$

并将ρ展成相似的三维傅里叶级数，把ϕ和ρ的展开式代入泊松方程$\nabla^2\phi=-\dfrac{\rho}{\varepsilon_0}$决定系数$A_{nms}$。

4-6　一对无限大接地平行导体板。板间有一与z轴平行的线电荷q_1，其位置为$(0,d)$，求板间的电位函数。

提示：把$x=0$的平面当作分界面，分别求两个区域的解，然后在分界面上匹配边界条件。边界条件为：

$$x=0,\qquad \phi_1=\phi_2,$$

$$-\frac{\partial\phi_1}{\partial x}+\frac{\partial\phi_2}{\partial x}=\frac{q_1}{\varepsilon_0}\delta(y-d)$$

4-7　如题4-7图所示，矩形槽电位为零，槽中有一与槽平行的直线电荷$q_l=1\text{C/m}$。求槽内的电位函数。

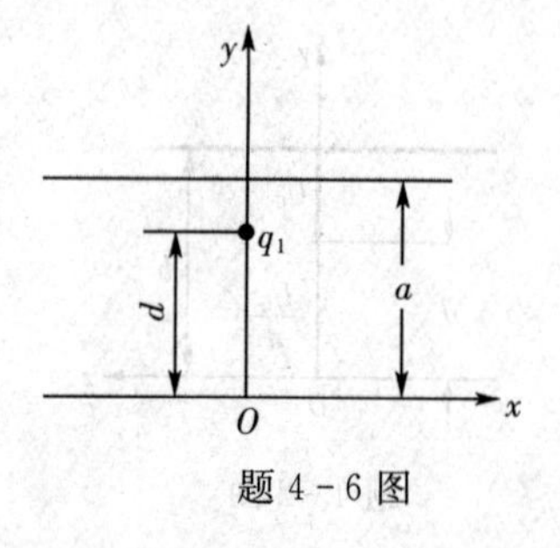

题4-6图

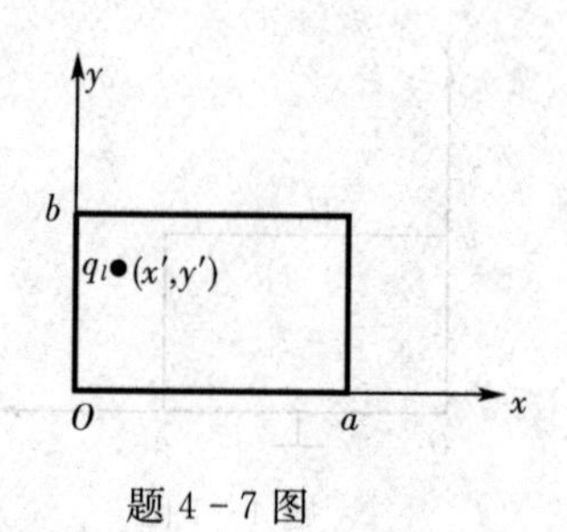

题4-7图

4-8　在均匀电场 $\boldsymbol{E}=E_0\boldsymbol{e}_x$ 中垂直于电场方向放置一导体圆柱，圆柱半径为 a。求圆柱外的电位函数和导体表面的感应电荷密度。

4-9　考虑一介电常数为 ε 的无限大的介质，在介质中沿 z 轴方向开一个半径为 a 的圆柱形空腔。沿 x 轴方向加一均匀电场，求空腔内和空腔外的电位。

4-10　如题 4-10 图所示，一个半径为 b，无限长的薄导体圆柱面被分割成四分之一圆柱面。第二象限和第四象限的四分之一圆柱面接地，第一象限和第三象限分别保持电位 U_0 和 $-U_0$。求圆柱面内部的电位分布。

4-11　如题 4-11 图所示，一无限长介质圆柱，在距离轴线 $r_0(r_0>a)$ 处，有一与圆柱平行的线电荷 q_1。计算空间各部分的电位。

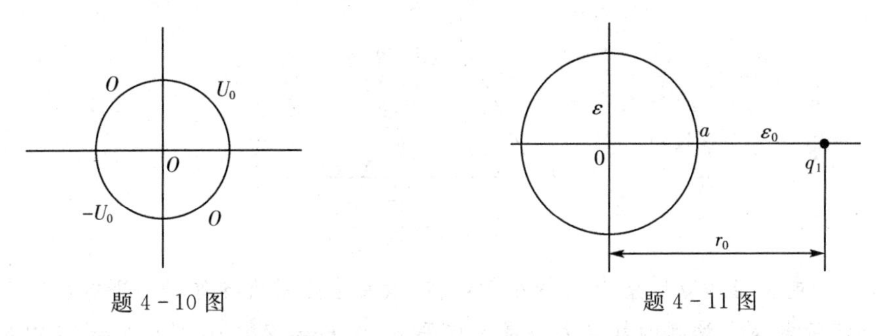

题 4-10 图　　　题 4-11 图

4-12　将上题中的介质圆柱改为导体圆柱，重新计算。

4-13　在均匀电场 $\boldsymbol{E}_0$ 中放入半径为 a 导体球，设(1) 导体充电至 U_0；(2) 导体上充电荷量 Q。试分别计算两种情况下球外的电位分布。

4-14　无限大介质中外加均匀电场 $E_z=E_0$，在介质中有一半径为 a 的球形空腔，求空腔中的 $\boldsymbol{E}$ 和空腔表面的极化电荷密度（介质的介电常数为 ε）。

4-15　空心导体球壳内、外半径分别为 r_1, r_2，球中心放置一偶极子 $\boldsymbol{p}$，球壳上的电量为 Q。试计算球内外的电位分布和球壳上的电荷分布。

4-16　欲在一半径为 a 的球上绕线圈使在球内产生均匀场，问线圈应如何绕（即求绕线密度）？

提示：计算表面电流密度 $\boldsymbol{J}_S=J_S\boldsymbol{e}_\varphi$。

4-17　一半径 R 的介质球带有均匀极化强度 $\boldsymbol{P}$。(1) 证明：球内的电场强度是均匀的，等于 $-\dfrac{P}{\varepsilon_0}$；(2) 证明：球外的电场与一个位于球心的偶极子 $\boldsymbol{P}V$ 产生的电场相同，$V=\dfrac{4}{3}\pi R^3$。

4-18　半径为 a 的接地导体球，离球心 $r_1(r_1>a)$ 处放置一点电荷 q。用分离变量法求电位分布。

4-19　一根密度为 q_l，长为 $2a$ 的线电荷沿 z 轴放置，中心在原点上。证明：对于 $r>a$ 的点，有

$$\phi=\frac{q_1}{2\pi\varepsilon_0}\left(\frac{a}{r}+\frac{a^3}{3r^3}\mathrm{P}_2(\cos\theta)+\frac{a^5}{5r^5}\mathrm{P}_4(\cos\theta)+\cdots\right)$$

提示：将线电荷分为线元 $q_l\mathrm{d}z$，按点电荷写出 $r>a$ 的 $\mathrm{d}\phi$ 的球坐标的展开式，再积分。

4-20　一半径 a 的细导线圆环，环与 xy 平面重合，中心在原点上。环上总电荷量为 Q。证明空间任意点电位为

$$\phi_1 = \frac{Q}{4\pi\varepsilon_0 a}\left[1 - \frac{1}{2}\left(\frac{r}{a}\right)^2 P_2(\cos\theta) + \frac{3}{8}\left(\frac{r}{a}\right)^4 P_4(\cos\theta) + \cdots\right] \quad (r \leqslant a)$$

$$\phi_2 = \frac{Q}{4\pi\varepsilon_0 a}\left[1 - \frac{1}{2}\left(\frac{a}{r}\right)^2 P_2(\cos\theta) + \frac{3}{8}\left(\frac{a}{r}\right)^4 P_4(\cos\theta) + \cdots\right] \quad (r \geqslant a)$$

4-21　一点电荷 q 与无限大导体平面距离为 d，如果把它移到无穷远处，需要做多少功？

4-22　一点电荷 q 放在如题 4-22 图所示的 60° 导体角内的 $x=1, y=1$ 点。求：(1) 所有镜像电荷的位置和大小；(2) $x=2, y=1$ 点的电位。

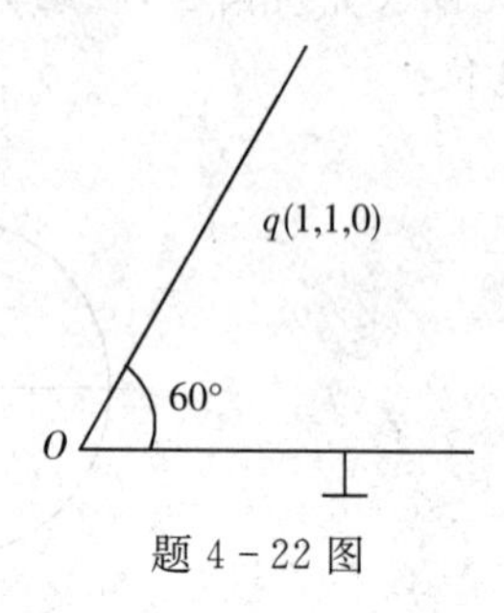

题 4-22 图

4-23　一电荷量为 q 质量为 m 的小带电体，放置在无限大导体平面下方，与平面距离 h。求 q 的值以使带电体上受到的静电力与重力相平衡（设 $m = 2\times10^{-3}\,\text{kg}, h = 0.02\,\text{m}$）。

4-24　(1) 证明：一个点电荷 q 和一个带有电荷量 Q 半径为 R 的导体球之间的力是

$$F = \frac{q}{4\pi\varepsilon_0}\left\{\frac{Q + \left(\frac{R}{D}\right)q}{D^2} - \frac{Rq}{D\left[D - \left(\frac{R^2}{D}\right)\right]^2}\right\}$$

式中 D 是 q 到球心的距离。

(2) 证明：当 q 与 Q 同号，且 $\frac{Q}{q} < \frac{RD^3}{(D^2 - R^2)^2} - \frac{R}{D}$ 成立时，F 表现为吸引力。

4-25　两点电荷 Q 和 $(-Q)$ 位于一个半径为 a 的导电球直径的延长线上，分别距球心 D 和 $(-D)$。(1) 证明：镜像电荷构成一偶极子，位于球心，偶极距为 $\frac{2a^3Q}{D^2}$；(2) 令 D 和 Q 分别趋于无穷，同时保持 $\frac{Q}{D^2}$ 不变，计算球外的电场。

4-26　一与地面平行架设的圆截面导线，半径为 a，悬挂高度为 h。证明：导线与地间的单位长度上的电容为

$$C_0 = \frac{2\pi\varepsilon_0}{\text{arcosh}\left(\frac{h}{a}\right)}$$

4-27　上题中设导线与地间电压为 U。证明：地对导线单位长度的作用力为

$$F_0 = \frac{\pi\varepsilon_0 U^2}{\left[\text{arcosh}\left(\frac{h}{a}\right)\right]^2 (h^2 - a^2)^{1/2}}$$

提示：利用虚位移法 $F_0 = \frac{\partial W}{\partial h} = \frac{\partial}{\partial h}\left(\frac{1}{2}C_0U^2\right)$。

4－28　如题4－28图所示，横截面为矩形的封闭区域由四块无限长导体平板构成，左边和右边的板接地，而顶板和底板分别保持恒定电位 V_1 和 V_2。

(1) 利用分离变量法求解封闭区域内的电位分布；

(2) 利用有限差分法求出A,B,C,D和E点的电位，并与分离变量法结果对比。

4－29　具有 U 形截面空腔的无限长理想导体，如题4－29图所示，求空间点A,B,C,D,E处的电位。

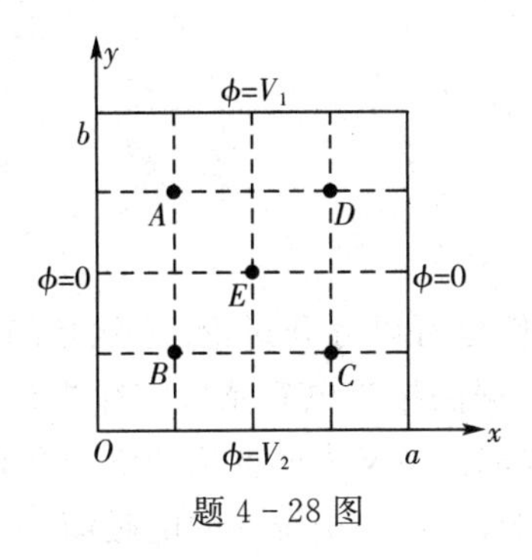

题4－28图

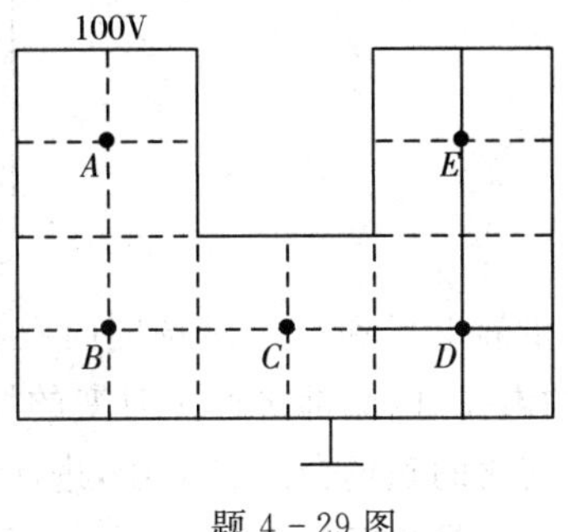

题4－29图

第5章 时变电磁场

静电场和恒定磁场分别由静止电荷和恒定电流产生，它们分别满足各自的方程，也就是说，静电场和恒定磁场是相互独立互不相关的。场强分布可由如下四个方程来描述

$$\begin{cases}\nabla \cdot \boldsymbol{E} = \dfrac{\rho}{\varepsilon_0} \\ \nabla \times \boldsymbol{E} = 0 \\ \nabla \cdot \boldsymbol{B} = 0 \\ \nabla \times \boldsymbol{B} = \mu_0 \boldsymbol{J}\end{cases} \tag{5-1}$$

即使对于静电场和恒定磁场同时存在的情况，我们也可以分开讨论。这就是静态场的情况。而时变的电荷、电流都将产生时变的场。麦克斯韦根据法拉第电磁感应定律提出的涡旋电场假说表明变化的磁场会激发电场，进而提出的位移电流假说又表明变化的电场会激发磁场；电场和磁场不再是相互独立的，它们相互激发、相互影响，形成一个统一的电磁场。

既然这种相互作用是由于场的时变而发生的，那么相互作用的程度就取决于时变的快慢。对于缓变场或准静态场，电（磁）场的源还主要是电荷（电流），场强的分布仍主要由基于库仑定律、毕奥－沙伐定律的方程组(5-1)所描述。对于变化越迅速的场，电场和磁场由相互感应而激发出的场越强，这种感应场将不可能完全由式(5-1)所描述。

上述的两个假说直接导致了著名的麦克斯韦方程组。它对宏观电磁场的运动规律作出了完整的概括，是从牛顿力学直接到爱因斯坦相对论的提出这段时期中物理学史上最重要的理论成果。以麦克斯韦方程组为核心的经典电磁理论已成为研究宏观电磁现象和现代工程电磁问题的基础。

本章在介绍法拉第电磁感应定律及位移电流假说之后，导出麦克斯韦方程组和它在电磁边界上的形式，再由麦克斯韦方程组的限定形式，导出坡印廷定理及波动方程；在引入动态位的概念之后，导出动态位所满足的达朗贝尔方程，并通过其解的物理意义，引入滞后位；在介绍时谐场的复数表示之后，介绍麦克斯韦方程组、坡印廷定理、波动方程及达朗贝尔方程的复数形式。最后，介绍电磁对偶性。

5.1 法拉第电磁感应定律

5.1.1 法拉第电磁感应定律

自从1820年奥斯特发现电流的磁效应之后，人们开始研究相反的问题，即磁场能否产生电流。1881年法拉第发现，当穿过导体回路的磁通量发生变化时，回路中就会出现感应电流，表明此时回路中存在电动势，这就是感应电动势。进一步的研究发现，感应电动势的大小和方向与磁通量的变化有密切关系，由此总结出了著名的法拉第电磁感应定律。

当通过导体回路所围面积的磁通量Φ发生变化时，回路中就会产生感应电动势ε_{in}，其大小

等于磁通量的时间变化率的负值，方向是要阻止回路中磁通量的改变，即

$$\mathcal{E}_{in}=-\frac{\mathrm{d}\Phi}{\mathrm{d}t} \tag{5-2}$$

式中负号即表示回路中感应电动势的作用总是要阻止回路中磁通量的变化。这里已规定感应电动势的正方向和磁力线的正方向之间存在右手螺旋关系。

设任意导体回路 l 围成的曲面为 S，其单位法向矢量为 $\boldsymbol{n}$，如图 5－1 所示。回路附近的磁感应强度为 $\boldsymbol{B}$，穿过回路的磁通 $\Phi=\int_S \boldsymbol{B}\cdot\mathrm{d}\boldsymbol{S}$。于是式（5－2）可以写成

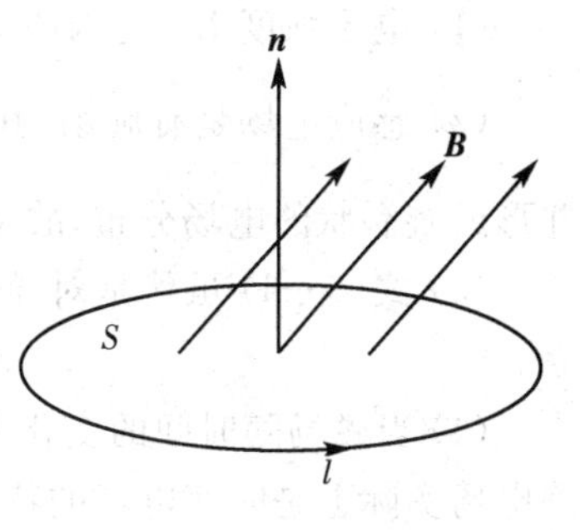

图 5－1　感应电动势的正方向

$$\mathcal{E}_{in}=-\frac{\mathrm{d}}{\mathrm{d}t}\int_S \boldsymbol{B}\cdot\mathrm{d}\boldsymbol{S} \tag{5-3}$$

5.1.2　法拉第电磁感应定律的积分与微分形式

从一般意义上讲，电流是电荷的定向运动形成的，而电荷的定向运动往往是电场力对其做功的结果。所以，当磁通量发生变化时导体回路中产生感应电流，这一定预示着空间中存在电场。这个电场不是电荷激发的，而是由于回路的磁通量发生变化而引起的，它不同于静电场。当一个单位正电荷在电场力的作用下绕回路 l 一周时，电场力所做的功为$\oint_l \boldsymbol{E}_{in}\cdot\mathrm{d}\boldsymbol{l}$，它等效于电源对电荷所做的功，即电源电动势。此时电源电动势就是感应电动势$\mathcal{E}_{in}$，有

$$\mathcal{E}_{in}=\oint_l \boldsymbol{E}_{in}\cdot\mathrm{d}\boldsymbol{l} \tag{5-4}$$

式（5－3）右边的$\frac{\mathrm{d}}{\mathrm{d}t}\int_S \boldsymbol{B}\cdot\mathrm{d}\boldsymbol{S}$表示穿过面积 S 的磁通量随时间的变化率，而磁通量变化的原因可以归结为两个：回路静止（既无移动又无形变），磁场本身变化；磁场不变，回路运动（包括位移和形变）。

1. 当回路静止时，磁通量的变化是因磁场随时间变化而引起的，时间导数$\frac{\mathrm{d}}{\mathrm{d}t}$可以换成时间偏导数$\frac{\partial}{\partial t}$，并且可以移到积分内，故有

$$\oint_l \boldsymbol{E}_{in}\cdot\mathrm{d}\boldsymbol{l}=-\int_S \frac{\partial \boldsymbol{B}}{\partial t}\cdot\mathrm{d}\boldsymbol{S} \tag{5-5}$$

这就是法拉第电磁感应定律的积分形式。

利用斯托克斯公式，并考虑到回路 l（或面积 S）的任意性，得

$$\nabla\times\boldsymbol{E}_{in}=-\frac{\partial \boldsymbol{B}}{\partial t} \tag{5-6}$$

这就是法拉第电磁感应定律的微分形式，是时变场的一个基本方程，同时也是麦克斯韦方程组中的一个方程。

对法拉第电磁感应定律的解释：

(1) 电场强度 $\boldsymbol{E}_{in}$ 是因磁场随时间变化而激发的，称为感应电场。

(2) 感应电场是有旋场，其漩涡源为 $-\dfrac{\partial \boldsymbol{B}}{\partial t}$，即磁场随时间变化的地方一定会激发起电场，并形成漩涡状的电场分布，故又称 $\boldsymbol{E}_{in}$ 为涡旋电场。

(3) 式(5-6) 虽然是对导体回路得到的，但是它对任意回路(不一定有导体存在) 同样成立。

(4) 当磁场随时间的变化率为零时，有 $\nabla\times\boldsymbol{E}_{in}=0$，这与静电场所得的形式完全相同，因此静电场实际上是时变电场的特殊情况。

如果空间中还存在静止电荷产生的库仑电场 $\boldsymbol{E}_c$，则总电场为 $\boldsymbol{E}=\boldsymbol{E}_{in}+\boldsymbol{E}_c$，这时

$$\oint_l \boldsymbol{E}\cdot \mathrm{d}\boldsymbol{l}=\oint_l(\boldsymbol{E}_{in}+\boldsymbol{E}_c)\cdot \mathrm{d}\boldsymbol{l}=-\int_S\frac{\partial \boldsymbol{B}}{\partial t}\cdot \mathrm{d}\boldsymbol{S} \tag{5-7}$$

$$\nabla\times\boldsymbol{E}=\nabla\times(\boldsymbol{E}_{in}+\boldsymbol{E}_c)=\nabla\times\boldsymbol{E}_{in}=-\frac{\partial \boldsymbol{B}}{\partial t} \tag{5-8}$$

2. 当导体回路 l 以速度 $\boldsymbol{v}$ 运动时，可以证明

$$\frac{\mathrm{d}}{\mathrm{d}t}\int_S \boldsymbol{B}\cdot \mathrm{d}\boldsymbol{S}=\int_S\frac{\partial \boldsymbol{B}}{\partial t}\cdot \mathrm{d}\boldsymbol{S}+\oint_l(\boldsymbol{B}\times\boldsymbol{v})\cdot \mathrm{d}\boldsymbol{l} \tag{5-9}$$

等式右边的两个积分分别对应着磁场变化和导体运动的贡献。当磁场不随时间变化时，有

$$\oint_l \boldsymbol{E}\cdot \mathrm{d}\boldsymbol{l}=-\frac{\mathrm{d}}{\mathrm{d}t}\int_S \boldsymbol{B}\cdot \mathrm{d}\boldsymbol{S}=\oint_l(\boldsymbol{v}\times\boldsymbol{B})\cdot \mathrm{d}\boldsymbol{l} \tag{5-10}$$

比较等式两边得 $\boldsymbol{E}=\dfrac{\boldsymbol{F}}{q}=\boldsymbol{v}\times\boldsymbol{B}$。当导体在磁场中运动时，其内部的电荷随之运动，导体中电荷受到的洛伦兹力为 $\boldsymbol{F}=q\boldsymbol{v}\times\boldsymbol{B}$。显然，导体中的感应电场实际上是导体中单位电荷所受的洛仑兹力，同时也可以说明，感应电场是由于电荷在磁场中运动而形成的。

5.2 位移电流

静态情况下电场的基本方程 $\nabla\times\boldsymbol{E}=0$，在非静态情况下变成了 $\nabla\times\boldsymbol{E}=-\dfrac{\partial \boldsymbol{B}}{\partial t}$，这不仅仅是方程形式上的变化，而是一个本质的变化，其中包含了重要的物理事实，这就是法拉第电磁感应定律所揭示的一个极为重要的电磁现象 —— 变化的磁场可以激发电场。那么静态情况下磁场的基本方程 —— 安培环路定律 $\nabla\times\boldsymbol{H}=\boldsymbol{J}$，在非静态时是否也有所变化呢？如果发生变化，又会产生什么物理现象呢？

在非静态情况下，电荷分布随时间变化，即有 $\dfrac{\partial\rho}{\partial t}\neq 0$，再由电荷守恒定律

$\nabla\cdot\boldsymbol{J}+\dfrac{\partial\rho}{\partial t}=0$，得 $\nabla\cdot\boldsymbol{J}\neq 0$。

假定非静态情况下，方程 $\nabla\times\boldsymbol{H}=\boldsymbol{J}$ 仍然成立，对此方程两边取散度，有 $\nabla\cdot(\nabla\times\boldsymbol{H})=\nabla\cdot\boldsymbol{J}$。利用恒等式 $\nabla\cdot(\nabla\times\boldsymbol{A})=0$，得 $\nabla\cdot\boldsymbol{J}=0$。

显然，这里得到了两个相互矛盾的结果。

前一个结果是由电荷守恒定律得到的，而电荷守恒定律是大量试验总结出的普遍规律，显然这个结果应该是正确的。而后一个结果是在假定静态场的安培环路定律在非静态时仍然成立的条件得出的，所以要解决矛盾必须对静态情况下所得到的安培环路定律作相应的修正。

对安培环路定律进行修正的思路为：(1) 在方程的右边加入一个附加项 $\boldsymbol{J}_d$，即有 $\nabla\times\boldsymbol{H}=\boldsymbol{J}+\boldsymbol{J}_d$，且 $\boldsymbol{J}_d$ 满足 $\nabla\cdot(\boldsymbol{J}+\boldsymbol{J}_d)=0$；(2) 加入的 $\boldsymbol{J}_d$ 应该具有合理的物理意义。

对高斯定理 $\nabla\cdot\boldsymbol{D}=\rho$ 的两边求时间的偏导数，得 $\frac{\partial}{\partial t}\nabla\cdot\boldsymbol{D}=\nabla\cdot\left(\frac{\partial\boldsymbol{D}}{\partial t}\right)=\frac{\partial\rho}{\partial t}$。如果令 $\boldsymbol{J}_d=\frac{\partial\boldsymbol{D}}{\partial t}$，可得

$$\nabla\times\boldsymbol{H}=\boldsymbol{J}+\frac{\partial\boldsymbol{D}}{\partial t} \tag{5-11}$$

显然，此时 $\nabla\cdot(\nabla\times\boldsymbol{H})=\nabla\cdot(\boldsymbol{J}+\boldsymbol{J}_d)=0$。式(5-11)就是时变场的安培环路定律的微分形式，是麦克斯韦方程组中的一个，其中的 $\boldsymbol{J}_d=\frac{\partial\boldsymbol{D}}{\partial t}$ 即为位移电流密度。这里已经解决了前面所述的矛盾，但是附加项位移电流密度 $\boldsymbol{J}_d$ 的物理意义如何？是否符合物理事实？下面将进一步讨论。

时变场的安培环路定律也具有积分形式，即

$$\oint_l\boldsymbol{H}\cdot\mathrm{d}\boldsymbol{l}=\int_S\boldsymbol{J}\cdot\mathrm{d}\boldsymbol{S}=I+I_d \tag{5-12}$$

式中，I 和 I_d 分别为穿过回路 l 所围区域的真实电流（传导电流和运流电流）和位移电流。

对安培环路定律和位移电流的诠释：

(1) 在时变电场情况下，磁场仍然是有旋场，但其漩涡源除了其实电流外，还有位移电流。

(2) 位移电流代表的是电场随时间的变化率。当空间中电场发生变化时，就会形成磁场的漩涡源，从而激发起漩涡状的磁场，即变化的电场会激发磁场。这就是位移电流的物理意义，同时也是前面分析所期望的。

(3) 位移电流是一种假想的电流。麦克斯韦用数学方法引入了位移电流，深刻地提示了电场和磁场之间的相互联系，并且由此建立了麦克斯韦方程组，从而奠定了电磁理论的基础。赫兹实验和近代无线电技术的广泛应用，完全证实了麦克斯韦方程组的正确性，同时也证实了位移电流的假想。

(4) 将 $\boldsymbol{D}=\varepsilon_0\boldsymbol{E}+\boldsymbol{P}$ 代入位移电流的定义式中，得 $\boldsymbol{J}_d=\varepsilon_0\frac{\partial\boldsymbol{E}}{\partial t}+\frac{\partial\boldsymbol{P}}{\partial t}$，式中第一项 $\varepsilon_0\frac{\partial\boldsymbol{E}}{\partial t}$ 为真空中的位移电流，仅表示电场随时间的变化，并不对应于任何带电质点的运动，而第二项 $\frac{\partial\boldsymbol{P}}{\partial t}$ 表示介质分子的电极化强度随时间变化引起的极化电流。

【例5-1】 海水的电导率为4S/m，相对介电常数为81，求当频率为1MHz时，位移电流与传导电流的比值。

【解】 设电场是正弦变化的，表示为

$$\boldsymbol{E}=E_m\cos\omega t\boldsymbol{e}_x$$

则位移电流密度为

$$\boldsymbol{J}_d = \frac{\partial \boldsymbol{D}}{\partial t} = -\omega\varepsilon_r\varepsilon_0 E_m \sin\omega t \boldsymbol{e}_x$$

其振幅值为

$$J_{dm} = \omega\varepsilon_r\varepsilon_0 E_m = 2\pi \times 10^6 \times 81 \times \frac{1}{4\pi \times 9 \times 10^9} E_m = 4.5 \times 10^{-3} E_m$$

传导电流密度的振幅值为

$$J_{cm} = \sigma E_m = 4E_m$$

故

$$\frac{J_{dm}}{J_{cm}} = 1.125 \times 10^{-3}$$

5.3 麦克斯韦方程组

麦克斯韦方程组是整个宏观电磁场理论的核心，有两种基本形式：积分形式和微分形式。积分形式包括如下四个方程

$$\oint_l \boldsymbol{H} \cdot \mathrm{d}\boldsymbol{l} = \int_S \boldsymbol{J} \cdot \mathrm{d}\boldsymbol{S} + \int_S \frac{\partial \boldsymbol{D}}{\partial t} \cdot \mathrm{d}\boldsymbol{S} \tag{5-13a}$$

$$\oint_l \boldsymbol{E} \cdot \mathrm{d}\boldsymbol{l} = -\int_S \frac{\partial \boldsymbol{B}}{\partial t} \cdot \mathrm{d}\boldsymbol{S} \tag{5-13b}$$

$$\oint_S \boldsymbol{B} \cdot \mathrm{d}\boldsymbol{S} = 0 \tag{5-13c}$$

$$\oint_S \boldsymbol{D} \cdot \mathrm{d}\boldsymbol{S} = q \tag{5-13d}$$

相应的微分形式为

$$\nabla \times \boldsymbol{H} = \boldsymbol{J} + \frac{\partial \boldsymbol{D}}{\partial t} \tag{5-14a}$$

$$\nabla \times \boldsymbol{E} = -\frac{\partial \boldsymbol{B}}{\partial t} \tag{5-14b}$$

$$\nabla \cdot \boldsymbol{B} = 0 \tag{5-14c}$$

$$\nabla \cdot \boldsymbol{D} = \rho \tag{5-14d}$$

式中 $\boldsymbol{J} = \boldsymbol{J}_f + \boldsymbol{J}_c$，$\boldsymbol{J}_f$ 为外部强加的电流源，$\boldsymbol{J}_c = \sigma\boldsymbol{E}$ 为传导电流。本书中若没有特别说明，将无外部强加的电流源 $\boldsymbol{J}_f$ 时的 $\boldsymbol{J}_c$ 记为 $\boldsymbol{J}$。

习惯上把上述四个方程称为麦克斯韦第一、二、三、四方程。

关于麦克斯韦方程组的讨论：

(1) 时变电场的激发源除了电荷以外，还有变化的磁场；而时变磁场的激发源除了传导电流以外，还有变化的电场。电场和磁场互为激发源，相互激发。

(2) 电场和磁场不再相互独立，而是相互关联，构成一个整体 —— 电磁场，电场和磁场分

别为电磁场的两个分量。

(3) 在离开辐射源(如天线) 的无源空间中，电荷密度 ρ 和电流密度 $\boldsymbol{J}$ 为零，电场和磁场仍然可以相互激发，从而在空间形成电磁振荡并传播，这就是电磁波。所以，麦克斯韦方程组实际上已经预言了电磁波的存在，而这个预言已被事实证明。

(4) 在无源空间中，两个旋度方程分别为 $\nabla\times\boldsymbol{E}=-\dfrac{\partial\boldsymbol{B}}{\partial t}$ 和 $\nabla\times\boldsymbol{H}=\dfrac{\partial\boldsymbol{D}}{\partial t}$。可以看到两个方程的右边相差一个负号，而正是这个负号使得电场和磁场构成一个相互激励又相互约束的关系，即当磁场减小时，电场的漩涡源为正，电场将增大；而当电场增大时，将使磁场增大，磁场增大反过来又使电场减小 …… 但是，如果没有这个负号的差别，电场和磁场之间就不会形成这种不断继续下去的激励关系。

(5) 麦克斯韦方程可以以不同的形式写出。用 $\boldsymbol{E},\boldsymbol{D},\boldsymbol{B},\boldsymbol{H}$ 四个场量写出的方程称为麦克斯韦方程的非限定形式。因为它没有限定 $\boldsymbol{D}$ 与 $\boldsymbol{E}$ 之间及 $\boldsymbol{H}$ 与 $\boldsymbol{B}$ 之间的关系，故适用于任何媒质。

对于线性和各向同性媒质，有

$$\boldsymbol{D}=\varepsilon\boldsymbol{E}=\varepsilon_r\varepsilon_0\boldsymbol{E} \tag{5-15}$$

$$\boldsymbol{B}=\mu\boldsymbol{H}=\mu_r\mu_0\boldsymbol{H} \tag{5-16}$$

$$\boldsymbol{J}=\sigma\boldsymbol{E} \tag{5-17}$$

这是媒质的本构关系。利用本构关系，麦克斯韦方程组可用 $\boldsymbol{E}$ 和 $\boldsymbol{H}$ 两个场量写出

$$\nabla\times\boldsymbol{H}=\boldsymbol{J}+\frac{\partial\boldsymbol{D}}{\partial t}=\sigma\boldsymbol{E}+\varepsilon\frac{\partial\boldsymbol{E}}{\partial t} \tag{5-18a}$$

$$\nabla\times\boldsymbol{E}=-\mu\frac{\partial\boldsymbol{H}}{\partial t} \tag{5-18b}$$

$$\nabla\cdot\mu\boldsymbol{H}=0 \tag{5-18c}$$

$$\nabla\cdot\varepsilon\boldsymbol{E}=\rho \tag{5-18d}$$

称为麦克斯韦方程的限定形式。

麦克斯韦方程组是宏观电磁现象的总规律，静电场与恒定磁场的基本方程是麦克斯韦方程的特例。

【例 5-2】　同轴线内导体直径为 $2a=2\text{mm}$，外导体直径为 $2b=8\text{mm}$，内充均匀介质 $\mu_r=1,\varepsilon_r=2.25,\sigma=0$。已知内外导体之间的电场强度为 $\boldsymbol{E}=\dfrac{100}{r}\cos(10^8t-\beta z)\boldsymbol{e}_r\,\text{V/m}$，试利用麦克斯韦方程求出：(1)$\beta$；(2)$\boldsymbol{H}$；(3) 在 $0\leqslant z\leqslant 1\text{m}$ 的一段同轴线内总的位移电流。

【解】　因为介质 $\sigma=0$，故内外导体间为无源区。由两个旋度方程，不仅可求出未知场量 $\boldsymbol{H}$，还可以求出未知参数 β。

(1) 由式(5-18b) 得

$$\nabla\times\boldsymbol{E}=\frac{1}{r}\begin{vmatrix}\boldsymbol{e}_r & r\boldsymbol{e}_\varphi & \boldsymbol{e}_z\\ \dfrac{\partial}{\partial r} & \dfrac{\partial}{\partial\varphi} & \dfrac{\partial}{\partial z}\\ E_r & 0 & 0\end{vmatrix}=\frac{\partial E_r}{\partial z}\boldsymbol{e}_\varphi=\frac{100\beta}{r}\sin(10^8t-\beta z)\boldsymbol{e}_\varphi=-\frac{\partial\boldsymbol{B}}{\partial t}$$

$$\boldsymbol{B}=\int\frac{\partial \boldsymbol{B}}{\partial t}\mathrm{d}t=\frac{10^{-6}\beta}{r}\cos(10^{8}t-\beta z)\boldsymbol{e}_{\varphi}$$

$$\boldsymbol{H}=\frac{\boldsymbol{B}}{\mu}=\frac{2.5\beta}{\pi r}\cos(10^{8}t-\beta z)\boldsymbol{e}_{\varphi} \tag{5-19}$$

又由式(5-18a)得

$$\nabla\times\boldsymbol{H}=\frac{1}{r}\begin{vmatrix}\boldsymbol{e}_r & r\boldsymbol{e}_{\varphi} & \boldsymbol{e}_z\\ \dfrac{\partial}{\partial r} & \dfrac{\partial}{\partial \varphi} & \dfrac{\partial}{\partial z}\\ 0 & rH_{\varphi} & 0\end{vmatrix}=-\frac{\partial H_{\varphi}}{\partial z}\boldsymbol{e}_r=\frac{2.5\beta^2}{\pi r}\sin(10^{8}t-\beta z)\boldsymbol{e}_r=\varepsilon\frac{\partial \boldsymbol{E}}{\partial t} \tag{5-20}$$

$$\boldsymbol{E}=\int\frac{\partial \boldsymbol{E}}{\partial t}\mathrm{d}t=\frac{2.5\beta^2\times 360\pi}{2.25\pi r}\cos(10^{8}t-\beta z)\boldsymbol{e}_r \tag{5-21}$$

上式的 $\boldsymbol{E}$ 应和题给的 $\boldsymbol{E}$ 相等，即

$$\frac{2.5\beta^2\times 360}{2.25r}\cos(10^{8}t-\beta z)=\frac{100}{r}\cos(10^{8}t-\beta z)$$

故 $\beta=\sqrt{\dfrac{2.25\times 100}{2.5\times 360}}=0.50(\mathrm{rad/m})$

(2) 把 β 代入式(5-19)，得到

$$\boldsymbol{H}=\frac{2.5\beta}{\pi r}\cos(10^{8}t-\beta z)\boldsymbol{e}_{\varphi}=\frac{0.398}{r}\cos(10^{8}t-0.5z)\boldsymbol{e}_{\varphi}\quad(\mathrm{A/m}) \tag{5-22}$$

(3)$\sigma=0$ 时，电容器内外导体之间不存在漏电流，但存在着电场的变化——位移电流。由式(5-20)得

$$\boldsymbol{J}_d=\frac{\partial \boldsymbol{D}}{\partial t}=\nabla\times\boldsymbol{H}=-\frac{2.5\beta^2}{\pi r}\sin(10^{8}t-\beta z)\boldsymbol{e}_r=-\frac{0.199}{r}\sin(10^{8}t-0.5z)\boldsymbol{e}_r$$

1m 长的一段同轴线上的总位移电流为

$$I_d=\int_0^1\mathrm{d}z\int_0^{2\pi}\boldsymbol{J}_d\cdot\boldsymbol{e}_r r\,\mathrm{d}\varphi=-2\pi\frac{0.199}{0.5}\cos(10^{8}t-0.5z)\Big|_0^1$$

$$=-2.5[\cos(10^{8}t-0.5)-\cos 10^{8}t]\quad(\mathrm{A})$$

5.4 时变电磁场的边界条件

在时变电磁场中，分析两种不同媒质分界面上的边界条件，与静态场一样，必须应用麦克斯韦方程的积分形式。

5.4.1 $\boldsymbol{H}$ 的切向分量边界条件

图 5-2 表示两种媒质的分界面，1 区媒质的参数为 ε_1、μ_1、σ_1；2 区媒质的参数为 ε_2、μ_2、σ_2。

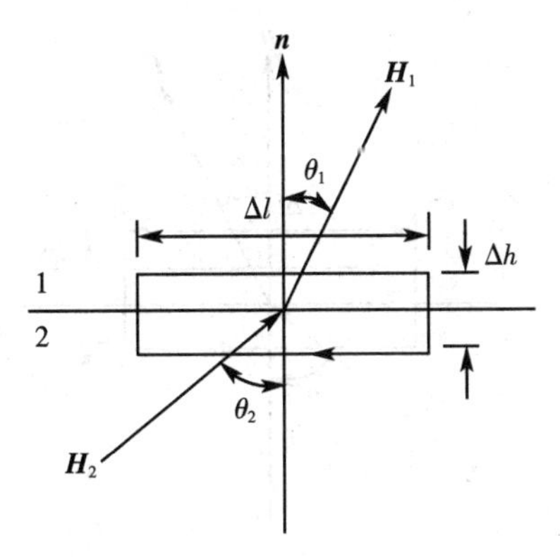

图 5 - 2　**H** 的边界条件

设分界面上的面电流密度 $\boldsymbol{J}_S$ 的方向垂直于纸面向内，则磁场矢量在纸上。在分界面上取一个无限靠近分界面的无穷小闭合路径，即长为无穷小量 Δl，宽为高阶无穷小量 Δh。把积分形式的麦克斯韦方程(5 - 13a) 应用于此闭合路径，得

$$(H_1\sin\theta_1 - H_2\sin\theta_2)\Delta l = \lim_{\Delta h\to 0}\left(\int_S \boldsymbol{J}\cdot \mathrm{d}\boldsymbol{S} + \int_S \frac{\partial \boldsymbol{D}}{\partial t}\cdot \mathrm{d}\boldsymbol{S}\right)$$

即

$$H_{1t} - H_{2t} \approx \lim_{\Delta h\to 0}\left|\frac{\Delta I}{\Delta l \Delta h}\right|\Delta h + \lim_{\Delta h\to 0}\left|\frac{\partial \boldsymbol{D}}{\partial t}\right|\Delta h$$

式中 $\left|\frac{\partial \boldsymbol{D}}{\partial t}\right|$ 是有限量。当 $\Delta h \to 0$ 时，$\lim\limits_{\Delta h\to 0}\left|\frac{\partial \boldsymbol{D}}{\partial t}\right|\Delta h \approx 0$，于是得

$$H_{1t} - H_{2t} = J_S \tag{5 - 23}$$

用矢量形式表示为

$$\boldsymbol{n}\times(\boldsymbol{H}_1 - \boldsymbol{H}_2) = \boldsymbol{J}_S \tag{5 - 24}$$

式中 $\boldsymbol{n}$ 为从媒质 2 指向媒质 1 的分界面法线方向的单位矢量。

若分界面上不存在传导面电流，即 $\boldsymbol{J}_S = 0$，则有

$$H_{1t} - H_{2t} = 0 \tag{5 - 25}$$

$$\boldsymbol{n}\times(\boldsymbol{H}_1 - \boldsymbol{H}_2) = 0 \tag{5 - 26}$$

可见，在两种媒质分界面上存在传导面电流时，**H** 的切向分量是不连续的，其不连续量就等于分界面上的面电流密度。若分界面上没有面电流，则 **H** 的切向分量是连续的。

5.4.2　E 的切向分量边界条件

把积分形式的麦克斯韦方程(5 - 13b) 应用于图 5 - 3 所示的闭合路径，得

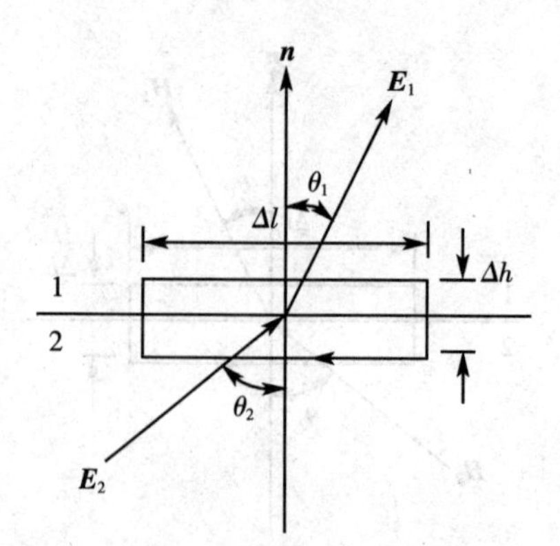

图 5-3 **E** 的边界条件

$$E_{1t}-E_{2t}\approx-\lim_{\Delta h\to 0}\left|\frac{\partial \boldsymbol{B}}{\partial t}\right|\Delta h$$

式中的 $\left|\frac{\partial \boldsymbol{B}}{\partial t}\right|$ 是有限量。当 $\Delta h\to 0$ 时，$\lim\limits_{\Delta h\to 0}\left|\frac{\partial \boldsymbol{B}}{\partial t}\right|\Delta h\approx 0$，于是得

$$E_{1t}-E_{2t}=0 \tag{5-27}$$

用矢量形式表示为

$$\boldsymbol{n}\times(\boldsymbol{E}_1-\boldsymbol{E}_2)=0 \tag{5-28}$$

可见，在分界面上 **E** 的切向分量总是连续的。

5.4.3 B 的法向分量边界条件

与恒定磁场相同，时变电磁场中 **B** 的边界条件为

$$B_{1n}-B_{2n}=0 \tag{5-29}$$

也可表示为矢量形式

$$\boldsymbol{n}\cdot(\boldsymbol{B}_1-\boldsymbol{B}_2)=0 \tag{5-30}$$

这说明在分界面上 **B** 的法向分量总是连续的。

5.4.4 D 的法向分量边界条件

与静电场相同，时变电磁场中 **D** 的边界条件为

$$D_{1n}-D_{2n}=\rho_s \tag{5-31}$$

也可表示为矢量形式

$$\boldsymbol{n}\cdot(\boldsymbol{D}_1-\boldsymbol{D}_2)=\rho_s \tag{5-32}$$

这说明在分界面上 **D** 的法向分量是不连续的，不连续量等于分界面上的自由电荷密度。

若分界面上不存在自由电荷，则

$$D_{1n}-D_{2n}=0 \tag{5-33}$$

或
$$\boldsymbol{n}\cdot(\boldsymbol{D}_1-\boldsymbol{D}_2)=0 \tag{5-34}$$

这说明，若分界面上没有自由面电荷，则 $\boldsymbol{D}$ 的法向分量是连续的。

在研究电磁场问题时，常用到以下两种重要的特殊情况。

(1) 两种无损耗媒质的分界面

此时两种媒质的电导率为零，在分界面上一般不存在自由电荷和面电流，即 $\rho_s=0$、$\boldsymbol{J}_S=0$，则边界条件为

$$\boldsymbol{n}\times(\boldsymbol{H}_1-\boldsymbol{H}_2)=0 \quad 或 \quad H_{1t}=H_{2t} \tag{5-35}$$

$$\boldsymbol{n}\times(\boldsymbol{E}_1-\boldsymbol{E}_2)=0 \quad 或 \quad E_{1t}=E_{2t} \tag{5-36}$$

$$\boldsymbol{n}\cdot(\boldsymbol{B}_1-\boldsymbol{B}_2)=0 \quad 或 \quad B_{1n}=B_{2n} \tag{5-37}$$

$$\boldsymbol{n}\cdot(\boldsymbol{D}_1-\boldsymbol{D}_2)=0 \quad 或 \quad D_{1n}=D_{2n} \tag{5-38}$$

(2) 理想介质和理想导体的分界面

理想导体是指其电导率为无穷大的导体，理想导体中电场强度和磁感应强度均为零。理想介质是指其电导率为零的媒质。

设 1 区为理想介质($\sigma_1=0$)，2 区为理想导体($\sigma_2=\infty$)，如图 5-4 所示。

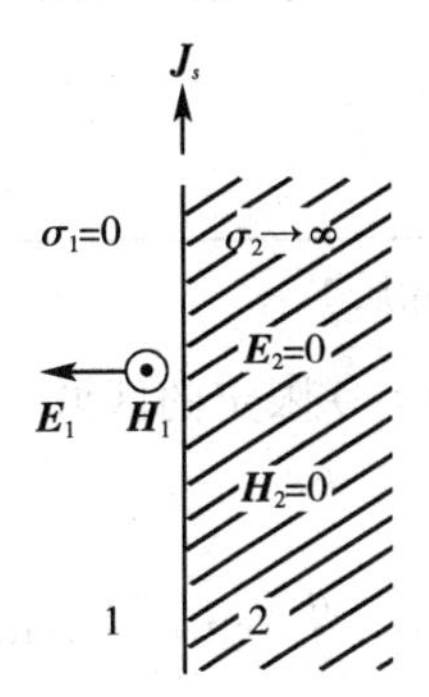

图 5-4　理想导体与理想介质的分界面

则得 $\boldsymbol{E}_2=0$、$\boldsymbol{B}_2=0$、$\boldsymbol{H}_2=0$。此时的边界条件为

$$\boldsymbol{n}\times\boldsymbol{H}_1=\boldsymbol{J}_S \quad 或 \quad H_{1t}=J_S \tag{5-39}$$

$$\boldsymbol{n}\times\boldsymbol{E}_1=0 \quad 或 \quad E_{1t}=E_{2t}=0 \tag{5-40}$$

$$\boldsymbol{n}\cdot\boldsymbol{B}_1=0 \quad 或 \quad B_{1n}=B_{2n}=0 \tag{5-41}$$

$$\boldsymbol{n}\cdot\boldsymbol{D}_1=\rho_s \quad 或 \quad D_{1n}=\rho_s \tag{5-42}$$

显然，在理想导体表面上，电场始终垂直于导体表面，而磁场平行于导体表面。理想导体实际上是不存在的，但它却是一个非常有用的概念。因为在实际问题中常遇到金属导体边界的情形。电磁波投射到金属表面时几乎是产生全反射，进入金属的功率仅是入射波功率的很小部分。如果忽略此微小的功率，则金属表面可以用理想导体表面代替，使边界条件变得简单($\boldsymbol{E}_t$ 变为零)，从而简化边值问题的分析。

为便于参考，表 5-1 列出了电磁场的基本方程和相应的边界条件。

表 5-1 基本方程和边界条件

	基本方程	边界条件
积分形式	$\oint_l \boldsymbol{H}\cdot d\boldsymbol{l}=\int_S\left(\boldsymbol{J}+\frac{\partial \boldsymbol{D}}{\partial t}\right)\cdot d\boldsymbol{S}$	1. $\boldsymbol{n}\times(\boldsymbol{H}_1-\boldsymbol{H}_2)=\boldsymbol{J}_S$ 2. $\boldsymbol{n}\times(\boldsymbol{H}_1-\boldsymbol{H}_2)=0$
微分形式	$\nabla\times\boldsymbol{H}=\boldsymbol{J}+\frac{\partial \boldsymbol{D}}{\partial t}$	3. $\boldsymbol{n}\times\boldsymbol{H}_1=\boldsymbol{J}_S$
积分形式	$\oint_l \boldsymbol{E}\cdot d\boldsymbol{l}=-\int_S\frac{\partial \boldsymbol{B}}{\partial t}\cdot d\boldsymbol{S}$	1. $\boldsymbol{n}\times(\boldsymbol{E}_1-\boldsymbol{E}_2)=0$ 2. $\boldsymbol{n}\times(\boldsymbol{E}_1-\boldsymbol{E}_2)=0$
微分形式	$\nabla\times\boldsymbol{E}=-\frac{\partial \boldsymbol{B}}{\partial t}$	3. $\boldsymbol{n}\times\boldsymbol{E}_1=0$
积分形式	$\oint_S \boldsymbol{B}\cdot d\boldsymbol{S}=0$	1. $\boldsymbol{n}\cdot(\boldsymbol{B}_1-\boldsymbol{B}_2)=0$ 2. $\boldsymbol{n}\cdot(\boldsymbol{B}_1-\boldsymbol{B}_2)=0$
微分形式	$\nabla\cdot\boldsymbol{B}=0$	3. $\boldsymbol{n}\cdot\boldsymbol{B}_1=0$
积分形式	$\oint_S \boldsymbol{D}\cdot d\boldsymbol{S}=q$	1. $\boldsymbol{n}\cdot(\boldsymbol{D}_1-\boldsymbol{D}_2)=\rho_s$ 2. $\boldsymbol{n}\cdot(\boldsymbol{D}_1-\boldsymbol{D}_2)=0$
微分形式	$\nabla\cdot\boldsymbol{D}=\rho$	3. $\boldsymbol{n}\cdot\boldsymbol{D}_1=\rho_s$
情况 1：一般边界条件 情况 2：两种媒质中没有一种是理想导体 情况 3：媒质 2 是理想导体		

注：分界面的法向单位矢量 $\boldsymbol{n}$ 由分界面指向媒质 1。

【例 5-3】 在由理想导电壁($\sigma=\infty$)限定的区域 $0\leqslant x\leqslant a$ 内存在一个以下各式表示的电磁场

$$E_y=-H_0\omega\mu\left(\frac{a}{\pi}\right)\sin\left(\frac{\pi x}{a}\right)\sin(kz-\omega t)$$

$$H_x=H_0k\left(\frac{a}{\pi}\right)\sin\left(\frac{\pi x}{a}\right)\sin(kz-\omega t)$$

$$H_z=H_0\cos\left(\frac{\pi x}{a}\right)\cos(kz-\omega t)$$

这个电磁场满足的边界条件如何？导电壁上电流密度的值如何？

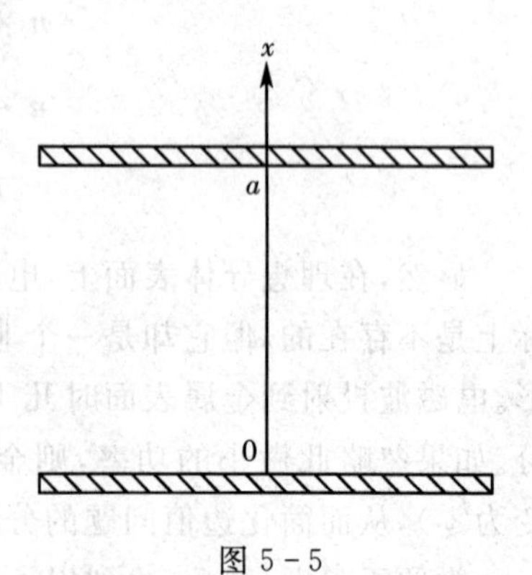

图 5-5

【解】 如图 5-5 所示，应用理想导体的边界条件可以得出

在 $x=0$ 处，$E_y=0, H_x=0, H_z=H_0\cos(kz-\omega t)$

在 $x=a$ 处，$E_y=0, H_x=0, H_z=-H_0\cos(kz-\omega t)$

上述结果表明，在理想导体的表面，不存在电场的切向分量 E_y 和磁场的法向分量 H_x。

另外，在 $x=0$ 的表面上，电流密度为

$$\boldsymbol{J}_S=\boldsymbol{n}\times\boldsymbol{H}\Big|_{x=0}=\boldsymbol{e}_x\times(H_x\boldsymbol{e}_x+H_z\boldsymbol{e}_z)\Big|_{x=0}$$

$$=\boldsymbol{e}_x\times H_z\boldsymbol{e}_z\Big|_{x=0}=-H_0\cos(kz-\omega t)\boldsymbol{e}_y$$

在 $x=a$ 的表面上，电流密度为

$$\boldsymbol{J}_S=\boldsymbol{n}\times\boldsymbol{H}\Big|_{x=a}=-\boldsymbol{e}_x\times(H_x\boldsymbol{e}_x+H_z\boldsymbol{e}_z)\Big|_{x=a}$$

$$=-\boldsymbol{e}_x\times H_z\boldsymbol{e}_z\Big|_{x=a}=-H_0\cos(kz-\omega t)\boldsymbol{e}_y$$

【例 5-4】　在两导体平板（$z=0$ 和 $z=d$）之间的空气中传播的电磁波，已知其电场强度为

$$\boldsymbol{E}=E_0\sin\left(\frac{\pi}{d}z\right)\cos(\omega t-k_x x)\boldsymbol{e}_y$$

式中的 k_x 为常数。试求：(1) 磁场强度 $\boldsymbol{H}$；(2) 两导体表面上的面电流密度 $\boldsymbol{J}_S$。

【解】　(1) 取如图 5-6 所示的坐标，由 $\nabla\times\boldsymbol{E}=-\mu_0\dfrac{\partial\boldsymbol{H}}{\partial t}$，即

$$\nabla\times\boldsymbol{E}=\begin{vmatrix}\boldsymbol{e}_x & \boldsymbol{e}_y & \boldsymbol{e}_z\\ \dfrac{\partial}{\partial x} & \dfrac{\partial}{\partial y} & \dfrac{\partial}{\partial z}\\ 0 & E & 0\end{vmatrix}=-\mu_0\frac{\partial\boldsymbol{H}}{\partial t}$$

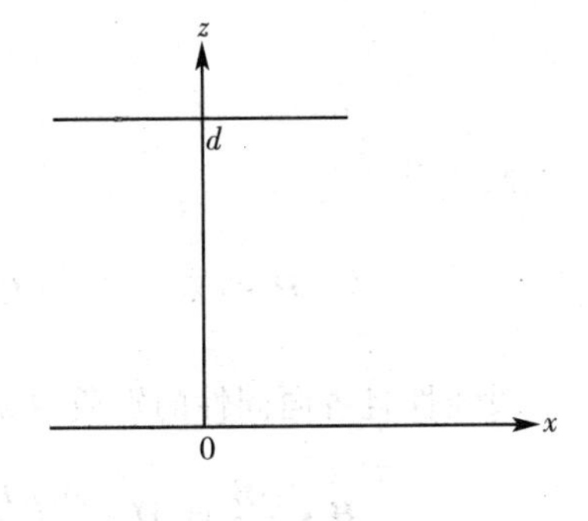

图 5-6　两导体平板截面图

得

$$-\frac{\partial E}{\partial z}\boldsymbol{e}_x+\frac{\partial E}{\partial x}\boldsymbol{e}_z=-\mu_0\frac{\partial\boldsymbol{H}}{\partial t}$$

故

$$\boldsymbol{H}=-\frac{1}{\mu_0}E_0\left[-\int\frac{\pi}{d}\cos\left(\frac{\pi}{d}z\right)\cos(\omega t-k_x x)\mathrm{d}t\,\boldsymbol{e}_x+\int k_x\sin\left(\frac{\pi}{d}z\right)\sin(\omega t-k_x x)\mathrm{d}t\,\boldsymbol{e}_z\right]$$

$$=\frac{\pi}{\omega\mu_0 d}E_0\cos\left(\frac{\pi}{d}z\right)\sin(\omega t-k_x x)\boldsymbol{e}_x+\frac{k_x}{\omega\mu_0}E_0\sin\left(\frac{\pi}{d}z\right)\cos(\omega t-k_x x)\boldsymbol{e}_z$$

(2) 导体表面电流存在于两导体相向的一面，在 $z=0$ 表面上，法线单位矢量 $\boldsymbol{n}=\boldsymbol{e}_z$，故

$$\boldsymbol{J}_S=\boldsymbol{n}\times\boldsymbol{H}$$

$$=\boldsymbol{e}_z\times\boldsymbol{H}\Big|_{z=0}$$

$$=\frac{\pi}{\omega\mu_0 d}E_0\sin(\omega t-k_x x)\boldsymbol{e}_y$$

在 $z=d$ 表面上，法线单位矢量 $\boldsymbol{n}=-\boldsymbol{e}_z$，故

$$\begin{aligned}\boldsymbol{J}_S&=\boldsymbol{n}\times\boldsymbol{H}\\&=-\boldsymbol{e}_z\times\boldsymbol{H}\Big|_{z=d}\\&=\frac{\pi}{\omega\mu_0 d}E_0\sin(\omega t-k_x x)\boldsymbol{e}_y\end{aligned}$$

5.5 坡印廷定理和坡印廷矢量

时变电磁场中的一个重要现象就是电磁能量的流动。因为电场能量密度随电场强度变化；磁场能量密度随磁场强度变化。空间各点能量密度的改变引起能量流动。我们定义单位时间内穿过与能量流动方向垂直的单位表面的能量为能流矢量，其意义是电磁场中某点的功率密度，方向为该点能量流动的方向。

电磁能量 —— 如其他能量一样服从能量守恒原理。下面将从麦克斯韦方程出发，导出表征时变场中电磁能量守恒关系 —— 坡印廷定理，并着重讨论电磁能流矢量 —— 坡印廷矢量。

重新写麦克斯韦方程(5-14a)、(5-14b)

$$\nabla\times\boldsymbol{H}=\boldsymbol{J}+\frac{\partial\boldsymbol{D}}{\partial t}$$

$$\nabla\times\boldsymbol{E}=-\frac{\partial\boldsymbol{B}}{\partial t}$$

由上两式得

$$\boldsymbol{H}\cdot(\nabla\times\boldsymbol{E})-\boldsymbol{E}\cdot(\nabla\times\boldsymbol{H})=-\boldsymbol{H}\cdot\frac{\partial\boldsymbol{B}}{\partial t}-\boldsymbol{E}\cdot\boldsymbol{J}-\boldsymbol{E}\cdot\frac{\partial\boldsymbol{D}}{\partial t}$$

设线性且各向同性的媒质内无外加源，媒质的参数 ε、μ、σ 均不随时间变化，则上式中

$$\boldsymbol{H}\cdot\frac{\partial\boldsymbol{B}}{\partial t}=\boldsymbol{H}\cdot\frac{\partial(\mu\boldsymbol{H})}{\partial t}=\frac{1}{2}\frac{\partial}{\partial t}(\mu\boldsymbol{H}\cdot\boldsymbol{H})=\frac{\partial}{\partial t}\left(\frac{1}{2}\mu H^2\right)=\frac{\partial w_m}{\partial t}$$

$$\boldsymbol{E}\cdot\frac{\partial\boldsymbol{D}}{\partial t}=\boldsymbol{E}\cdot\frac{\partial(\varepsilon\boldsymbol{E})}{\partial t}=\frac{1}{2}\frac{\partial}{\partial t}(\varepsilon\boldsymbol{E}\cdot\boldsymbol{E})=\frac{\partial}{\partial t}\left(\frac{1}{2}\varepsilon E^2\right)=\frac{\partial w_e}{\partial t}$$

$$\boldsymbol{E}\cdot\boldsymbol{J}=\sigma E^2$$

式中，w_m，w_e 分别是磁场与电场的能量密度，σE^2 是单位体积内的焦耳热损耗。

于是得

$$\boldsymbol{H}\cdot(\nabla\times\boldsymbol{E})-\boldsymbol{E}\cdot(\nabla\times\boldsymbol{H})=-\frac{\partial}{\partial t}(w_e+w_m)-\sigma E^2 \tag{5-43}$$

利用矢量恒等式

$$\nabla\cdot(\boldsymbol{E}\times\boldsymbol{H})=\boldsymbol{H}\cdot(\nabla\times\boldsymbol{E})-\boldsymbol{E}\cdot(\nabla\times\boldsymbol{H})$$

式(5-43)变为

$$\nabla \cdot (\boldsymbol{E} \times \boldsymbol{H}) = -\frac{\partial}{\partial t}(w_e + w_m) - \sigma E^2 \tag{5-44}$$

对上式取体积分

$$\int_V \nabla \cdot (\boldsymbol{E} \times \boldsymbol{H}) \mathrm{d}V = -\int_V \frac{\partial}{\partial t}(w_e + w_m) \mathrm{d}V - \int_V \sigma E^2 \mathrm{d}V$$

将散度定理用于上式左边使体积分变为面积分，同时改变等式两边的符号，得到坡印廷定理或能流定理

$$\begin{aligned} -\oint_S (\boldsymbol{E} \times \boldsymbol{H}) \cdot \mathrm{d}\boldsymbol{S} &= \frac{\mathrm{d}}{\mathrm{d}t}\int_V (w_e + w_m) \mathrm{d}V + \int_V \sigma E^2 \mathrm{d}V \\ &= \frac{\mathrm{d}}{\mathrm{d}t}(W_e + W_m) + P_V \end{aligned} \tag{5-45}$$

式中，$W_e = \int_V w_e \mathrm{d}V$，$W_m = \int_V w_m \mathrm{d}V$。

式(5-45)右边第一项是体积 V 内电场能量和磁场能量每秒钟的增加量，而第二项是体积 V 内变为焦耳热的功率。由于闭合面 S 之内没有能量来源，根据能量守恒原理，这些能量的来源只能来自闭合面 S 之外，因而式(5-45)左边必是自外界流入 S 的功率的净流量。这就是能流定理的含义。根据这个物理含义，式(5-45)左边的被积函数 $\boldsymbol{E} \times \boldsymbol{H}$ 应具有单位面积上流过的功率的量纲——单位为瓦/米^2($\mathrm{W/m^2}$)，把它定义为能流矢量(实为功率流密度矢量)，也称为坡印廷矢量，并用 $\boldsymbol{S}$ 表示

$$\boldsymbol{S} = \boldsymbol{E} \times \boldsymbol{H} \tag{5-46}$$

需特别说明的是：坡印廷矢量 $\boldsymbol{S}$ 与面积元 $\mathrm{d}\boldsymbol{S}$ 中的 $\boldsymbol{S}$ 是两个不同的物理量，应加以区别。

坡印廷矢量是时变电磁场中一个重要的物理量。从式(5-45)可看出，只要知道空间任一点的 $\boldsymbol{E}$ 和 $\boldsymbol{H}$，就知道该点电磁能量流的大小和方向。

如果 $\sigma = 0$，式(5-44)和式(5-45)就可分别写为

$$\nabla \cdot \boldsymbol{S} = -\frac{\partial w}{\partial t} \qquad (w = w_e + w_m) \tag{5-47}$$

$$\oint_S \boldsymbol{S} \cdot \mathrm{d}\boldsymbol{S} = -\frac{\mathrm{d}W}{\mathrm{d}t} \qquad \left[W = \int_V (w_e + w_m) \mathrm{d}V\right] \tag{5-48}$$

从上两式可以知道，能流密度同能量密度的关系类似于电流密度同电荷密度的关系。由于 $\boldsymbol{J} = \rho \boldsymbol{v}$，推测应有 $\boldsymbol{S} = w\boldsymbol{v}$。现证明如下：

设电磁场以速度 $\boldsymbol{v}$ 传播，于是能量也以速度 $\boldsymbol{v}$ 流动。在空间任一点取一个同 $\boldsymbol{v}$ 垂直的面元 ΔS 为底、长为 $v\Delta t$ 的柱体，如图 5-7 所示。

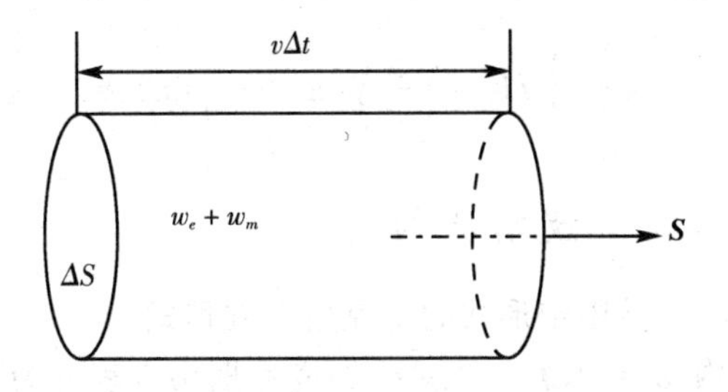

图 5-7　能流密度与能量密度的关系

显然，Δt 时间内小柱体内的能量 ΔW 都将流过 ΔS。由于 Δt 极微小，柱体中的能量密度 w_m，w_e

近似是常数,故单位时间内穿过单位面积的电磁能为

$$S=\frac{\Delta W}{\Delta t\,\Delta S}=\frac{(w_e+w_m)v\,\Delta t\,\Delta S}{\Delta t\,\Delta S}=(w_e+w_m)v$$

$$\boldsymbol{S}=(w_e+w_m)\boldsymbol{v} \tag{5-49}$$

式(5-46)中的场量都是瞬时值。除了恒定场的情形,$\boldsymbol{S}$ 的大小与方向都是随时间变化的。为了能够对能流的大小有一个更明确的判断,往往更需要知道它的时间平均值。此外,瞬时的坡印廷定理也不便表达由介质的色散所导致的功率损耗,它只有用复数形式即在频域分析。

【例 5-5】 如图 5-8 所示,理想的导电壁限定的区域 $0\leqslant x\leqslant a$ 中存在一个如下的电场

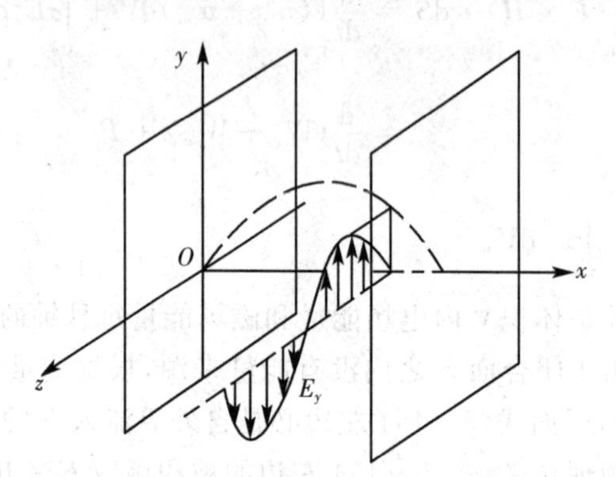

图 5-8 无限大导体平行板之间的电磁场

$$E_y=H_0\omega\mu\,\frac{a}{\pi}\sin\left(\frac{\pi}{a}x\right)\sin(kz-\omega t)$$

求这个区域中坡印廷矢量的瞬时值。

【解】 由 $\nabla\times\boldsymbol{E}=-\mu\dfrac{\partial\boldsymbol{H}}{\partial t}$ 得

$$-\frac{\partial E_y}{\partial z}\boldsymbol{e}_x+\frac{\partial E_y}{\partial x}\boldsymbol{e}_z=-\mu\frac{\partial\boldsymbol{H}}{\partial t}$$

得 $\boldsymbol{H}=-\dfrac{H_0ka}{\pi}\sin\left(\dfrac{\pi}{a}x\right)\sin(kz-\omega t)\boldsymbol{e}_x-H_0\cos\left(\dfrac{\pi}{a}x\right)\cos(kz-\omega t)\boldsymbol{e}_z$

$=H_x\boldsymbol{e}_x+H_z\boldsymbol{e}_z$

故 $\boldsymbol{S}=\boldsymbol{E}\times\boldsymbol{H}=E_y\boldsymbol{e}_y\times(H_x\boldsymbol{e}_x+H_z\boldsymbol{e}_z)$

$$=-\frac{1}{4}H_0^2\omega\mu\left(\frac{a}{\pi}\right)\sin\left(\frac{2\pi x}{a}\right)\sin2(kz-\omega t)\boldsymbol{e}_x+H_0^2\omega\mu k\left(\frac{a}{\pi}\right)^2\sin^2\left(\frac{\pi x}{a}\right)\sin^2(kz-\omega t)\boldsymbol{e}_z$$

5.6 波动方程

从限定形式的麦克斯韦方程式(5-18)可导出波动方程。在均匀无损耗媒质的无源区域内,$\sigma=0$、$\boldsymbol{J}=0$、$\rho=0$,麦克斯韦方程变为

$$\nabla\times\boldsymbol{H}=\varepsilon\frac{\partial\boldsymbol{E}}{\partial t} \tag{5-50a}$$

$$\nabla\times\boldsymbol{E}=-\mu\frac{\partial\boldsymbol{H}}{\partial t}\tag{5-50b}$$

$$\nabla\cdot\boldsymbol{H}=0\tag{5-50c}$$

$$\nabla\cdot\boldsymbol{E}=0\tag{5-50d}$$

为了用解析法求解，还需把 $\boldsymbol{E}$ 与 $\boldsymbol{H}$ 分离到两个方程中。为此，对式(5-50b) 两边取旋度得

$$\nabla\times\nabla\times\boldsymbol{E}=-\mu\frac{\partial}{\partial t}(\nabla\times\boldsymbol{H})$$

应用矢量恒等式(Ⅰ-20)，并将式(5-50a) 和式(5-50d) 代入，得

$$-\nabla^2\boldsymbol{E}=-\mu\frac{\partial}{\partial t}\left(\varepsilon\frac{\partial\boldsymbol{E}}{\partial t}\right)$$

$$\nabla^2\boldsymbol{E}-\mu\varepsilon\frac{\partial^2\boldsymbol{E}}{\partial t^2}=0\tag{5-51}$$

此即 $\boldsymbol{E}$ 的波动方程。式中的∇^2为矢量拉普拉斯算符。

用同样的方法可导出 $\boldsymbol{H}$ 的波动方程

$$\nabla^2\boldsymbol{H}-\mu\varepsilon\frac{\partial^2\boldsymbol{H}}{\partial t^2}=0\tag{5-52}$$

无源区域中的 $\boldsymbol{E}$ 或 $\boldsymbol{H}$ 可以通过求解式(5-51) 或式(5-52) 的波动方程得到。

在直角坐标系中，波动方程可以分解为三个标量方程，每个方程中只含一个未知函数。例如，式(5-51) 可以分解为

$$\frac{\partial^2E_x}{\partial x^2}+\frac{\partial^2E_x}{\partial y^2}+\frac{\partial^2E_x}{\partial z^2}-\mu\varepsilon\frac{\partial^2E_x}{\partial t^2}=0\ \text{或}\ \nabla^2E_x-\mu\varepsilon\frac{\partial^2E_x}{\partial t^2}=0\tag{5-53a}$$

$$\frac{\partial^2E_y}{\partial x^2}+\frac{\partial^2E_y}{\partial y^2}+\frac{\partial^2E_y}{\partial z^2}-\mu\varepsilon\frac{\partial^2E_y}{\partial t^2}=0\ \text{或}\ \nabla^2E_y-\mu\varepsilon\frac{\partial^2E_y}{\partial t^2}=0\tag{5-53b}$$

$$\frac{\partial^2E_z}{\partial x^2}+\frac{\partial^2E_z}{\partial y^2}+\frac{\partial^2E_z}{\partial z^2}-\mu\varepsilon\frac{\partial^2E_z}{\partial t^2}=0\ \text{或}\ \nabla^2E_z-\mu\varepsilon\frac{\partial^2E_z}{\partial t^2}=0\tag{5-53c}$$

而其他坐标系中分解得到的三个标量方程都具有复杂的形式。

波动方程的解是在空间中一个沿特定方向传播的电磁波。研究电磁波的传播问题都可归结为在给定边界条件和初始条件下求波动方程的解。当然，除最简单的情形外，求解波动方程往往是很复杂的。

5.7　动态位与滞后位

尽管上一节中 $\boldsymbol{E}$ 和 $\boldsymbol{H}$ 被分离到了各自的波动方程中，但每个矢量有三个分量，故直接求解矢量的波动方程仍是很复杂的。借助于辅助的位函数可以减少未知函数的数目，简化求解。如果把静态场的各种位函数统称为静态位，则时变场的各种标量位、矢量位可称为动态位。由于电场和磁场的不可分割，动态位是成对的。本节引出动态标量位和矢量位后，导出关于它们的非齐次波动方程 —— 达朗贝尔方程，由其解引入滞后位的概念。

5.7.1 动态位

因为 $\boldsymbol{B}=\boldsymbol{B}(r,t)$ 的散度恒为零($\nabla\cdot\boldsymbol{B}=0$)，可以令

$$\boldsymbol{B}=\nabla\times\boldsymbol{A} \tag{5-54}$$

代入式(5-14b)，得

$$\nabla\times\boldsymbol{E}=-\frac{\partial}{\partial t}(\nabla\times\boldsymbol{A})$$

$$\nabla\times\left(\boldsymbol{E}+\frac{\partial\boldsymbol{A}}{\partial t}\right)=0 \tag{5-55}$$

式中，括号部分 $\boldsymbol{E}+\frac{\partial\boldsymbol{A}}{\partial t}$ 可以看成一个矢量。又由于无旋的矢量可以用一个标量函数的梯度表示，令

$$\boldsymbol{E}+\frac{\partial\boldsymbol{A}}{\partial t}=-\nabla\phi \tag{5-56}$$

则

$$\boldsymbol{E}=-\nabla\phi-\frac{\partial\boldsymbol{A}}{\partial t} \tag{5-57}$$

式中，$\boldsymbol{A}$ 称为动态矢量位，或简称为矢量位，单位是韦[伯]/米(Wb/m)。ϕ称为动态标量位，或简称标量位，单位是伏(V)。$\boldsymbol{A}$ 和ϕ就是时变电磁场的一个动态位对。

5.7.2 达朗贝尔方程

引入$\boldsymbol{A}$,ϕ后，电磁场除了能用$\boldsymbol{E}$和$\boldsymbol{B}$ 描述，同时也可用矢量位$\boldsymbol{A}$和标量位ϕ描述。这两种描述是等价的。但$\boldsymbol{E}$,$\boldsymbol{B}$,$\boldsymbol{A}$,ϕ之间并不存在唯一的对应关系，同样的$\boldsymbol{E}$,$\boldsymbol{B}$对应着多个$\boldsymbol{A}$,ϕ。也就是说，$\boldsymbol{A}$,ϕ是不唯一的，均具有任意性，但由于存在规范不变性，并不影响电磁场的唯一性。而且，利用规范函数的任意性可以灵活地规定 $\boldsymbol{A}$ 和ϕ之间的关系，以简化辅助位 $\boldsymbol{A}$ 及ϕ的方程。为了唯一地确定 $\boldsymbol{A}$ 及ϕ，需要规定 $\boldsymbol{A}$ 的散度。

将式(5-54) 和式(5-57) 代入式(5-14d) 和式(5-14a)，得

$$\nabla\cdot\boldsymbol{E}=\nabla\cdot\left(-\nabla\phi-\frac{\partial\boldsymbol{A}}{\partial t}\right)=\frac{\rho}{\varepsilon}$$

$$\nabla^2\phi+\frac{\partial}{\partial t}(\nabla\cdot\boldsymbol{A})=-\frac{\rho}{\varepsilon} \tag{5-58}$$

及

$$\nabla\times\boldsymbol{H}=\frac{1}{\mu}\nabla\times\nabla\times\boldsymbol{A}=\boldsymbol{J}+\varepsilon\frac{\partial\boldsymbol{E}}{\partial t}$$

$$=\boldsymbol{J}+\varepsilon\frac{\partial}{\partial t}\left(-\nabla\phi-\frac{\partial\boldsymbol{A}}{\partial t}\right)$$

利用矢量恒等式(I-20)，得

$$\nabla(\nabla\cdot\boldsymbol{A})-\nabla^2\boldsymbol{A}=\mu\boldsymbol{J}-\mu\varepsilon\nabla\left(\frac{\partial\phi}{\partial t}\right)-\mu\varepsilon\frac{\partial^2\boldsymbol{A}}{\partial t^2}$$

即

$$\nabla^2\boldsymbol{A}-\mu\varepsilon\frac{\partial^2\boldsymbol{A}}{\partial t^2}=-\mu\boldsymbol{J}+\nabla\left(\nabla\cdot\boldsymbol{A}+\mu\varepsilon\frac{\partial\phi}{\partial t}\right)\tag{5-59}$$

根据亥姆霍兹定理，要唯一地确定矢量位 **A**，除规定它的旋度外，还必须规定它的散度。令

$$\nabla\cdot\boldsymbol{A}=-\mu\varepsilon\frac{\partial\phi}{\partial t}\tag{5-60}$$

代入式(5-59)和式(5-58)，得

$$\nabla^2\boldsymbol{A}-\mu\varepsilon\frac{\partial^2\boldsymbol{A}}{\partial t^2}=-\mu\boldsymbol{J}\tag{5-61}$$

和

$$\nabla^2\phi-\mu\varepsilon\frac{\partial^2\phi}{\partial t^2}=-\frac{\rho}{\varepsilon}\tag{5-62}$$

式(5-60)称为洛伦兹条件，采用洛伦兹条件使 **A** 和ϕ分离在两个方程里。式(5-61)和式(5-62)称为达朗贝尔方程，它是关于动态位 **A** 和ϕ的非齐次波动方程。此方程显示 **A** 的源是 $\boldsymbol{J}$，而ϕ的源是ρ，这对求解方程是有利的。当然，在时变场中 $\boldsymbol{J}$ 和ρ是相互联系的。洛伦兹条件是人为地规定 **A** 的散度值，如果不采取洛伦兹条件而采取另外的$\nabla\cdot\boldsymbol{A}$值，得到的 **A** 和$\phi$的方程将不同于式(5-61)和式(5-62)，会得到另一组 **A** 和ϕ的解。但最后由 **A** 和ϕ求出的 **B** 和 **E** 是不变的。

5.7.3　达朗贝尔方程的解

式(5-61)和式(5-62)两个非齐次波动方程，实际上是四个相似的标量方程的集合，故只需求解一个标量方程。在这里我们不去严格求解，而是采用类比方法求方程(5-62)的解，并把重点放在理解所得解的物理意义上。

设标量位ϕ是由足够小的体积 $\mathrm{d}V'$ 内的电荷元 $\mathrm{d}q=\rho\mathrm{d}V'$ 产生的，因此在 $\mathrm{d}V'$ 之外不存在电荷，式(5-62)变为齐次波动方程

$$\nabla^2\phi-\mu\varepsilon\frac{\partial^2\phi}{\partial t^2}=0\tag{5-63}$$

可把 $\mathrm{d}q$ 视为点电荷，利用点电荷周围空间的场具有球对称性的特点，标量位ϕ在球坐标系中仅与 r 有关，即$\phi=\phi(r,t)$，则式(5-63)可简化为

$$\frac{1}{r^2}\frac{\partial}{\partial r}\left(r^2\frac{\partial\phi}{\partial r}\right)-\mu\varepsilon\frac{\partial^2\phi}{\partial t^2}=0\tag{5-64}$$

引入一个新的函数 $U(r,t)$，使$\phi(r,t)=\dfrac{1}{r}U(r,t)$，则式(5-64)变为

$$\frac{\partial^2 U}{\partial r^2}-\frac{1}{v^2}\frac{\partial^2 U}{\partial t^2}=0 \tag{5-65}$$

式中 $v=\dfrac{1}{\sqrt{\mu\varepsilon}}$,式(5-65)是一维波动方程。用直接代入法可证明任何以$\left(t-\dfrac{r}{v}\right)$为宗量的二次可微分函数都是式(5-65)的解,即

$$U(r,t)=f\left(t-\frac{r}{v}\right) \tag{5-66}$$

此式表示一个以速度 v 沿 $+r$ 方向行进的波。故标量位函数为

$$\phi(r,t)=\frac{1}{r}f\left(t-\frac{r}{v}\right) \tag{5-67}$$

为了求函数 $f\left(t-\dfrac{r}{v}\right)$的特定形式,将式(5-67)与同样位于坐标原点的静止电荷元 $\rho\mathrm{d}V'$ 产生的标量电位

$$\mathrm{d}\phi(r)=\frac{\rho\mathrm{d}V'}{4\pi\varepsilon r} \tag{5-68}$$

类比,可看出时变场的标量位应取为

$$\mathrm{d}\phi(r,t)=\frac{\rho\left(t-\dfrac{r}{v}\right)\mathrm{d}V'}{4\pi\varepsilon r} \tag{5-69}$$

对位于 $\boldsymbol{r}'$ 处的电荷元 $\mathrm{d}q=\rho(\boldsymbol{r}',t)\mathrm{d}V'$,应将上式右端的 r 换成 $|\boldsymbol{r}-\boldsymbol{r}'|$,即

$$\mathrm{d}\phi(\boldsymbol{r},t)=\frac{\rho\left(\boldsymbol{r}',t-\dfrac{1}{v}|\boldsymbol{r}-\boldsymbol{r}'|\right)\mathrm{d}V'}{4\pi\varepsilon|\boldsymbol{r}-\boldsymbol{r}'|}=\frac{\rho\left(\boldsymbol{r}',t-\dfrac{R}{v}\right)\mathrm{d}V'}{4\pi\varepsilon R} \tag{5-70}$$

式中 $R=|\boldsymbol{r}-\boldsymbol{r}'|$。

因此,由体积 V' 内分布的电荷产生的标量位为

$$\phi(\boldsymbol{r},t)=\frac{1}{4\pi\varepsilon}\int_V\frac{\rho\left(\boldsymbol{r}',t-\dfrac{R}{v}\right)}{R}\mathrm{d}V' \tag{5-71}$$

式中的$\dfrac{R}{v}=\dfrac{|\boldsymbol{r}-\boldsymbol{r}'|}{v}$代表响应函数(在此即是与电荷相距为 $R=|\boldsymbol{r}-\boldsymbol{r}'|$ 的位函数)与源(在此即是位于 $\boldsymbol{r}'$ 的时变电荷)之间的时延。即离开源为 $R=|\boldsymbol{r}-\boldsymbol{r}'|$ 处,在时刻 t 的标量位由稍早时刻 $t-\dfrac{|\boldsymbol{r}-\boldsymbol{r}'|}{v}$ 的电荷密度所决定。也就是说,观察点的位场变化滞后于源的变化,滞后的时间$\dfrac{R}{v}$正好是源以速度 $v=\dfrac{1}{\sqrt{\mu\varepsilon}}$ 传播距离 R 所需的时间。故式(5-71)表示的标量位 $\phi(\boldsymbol{r},t)$ 称为标量滞后位。

对于矢量位 $\boldsymbol{A}(\boldsymbol{r},t)$,可将其分解为三个分量,即 $\boldsymbol{A}(\boldsymbol{r},t)=A_x(\boldsymbol{r},t)\boldsymbol{e}_x+A_y(\boldsymbol{r},t)\boldsymbol{e}_y+A_z(\boldsymbol{r},t)\boldsymbol{e}_z$,$\boldsymbol{J}(\boldsymbol{r},t)=J_x(\boldsymbol{r},t)\boldsymbol{e}_x+J_y(\boldsymbol{r},t)\boldsymbol{e}_y+J_z(\boldsymbol{r},t)\boldsymbol{e}_z$,这时 $\boldsymbol{A}(\boldsymbol{r},t)$ 的矢量运算可化为标量运算,故可仿

照上述过程求出矢量滞后位的表达式

$$\boldsymbol{A}(\boldsymbol{r},t)=\frac{\mu}{4\pi}\int_V \frac{\boldsymbol{J}\left(\boldsymbol{r}',t-\dfrac{|\boldsymbol{r}-\boldsymbol{r}'|}{v}\right)}{|\boldsymbol{r}-\boldsymbol{r}'|}\mathrm{d}V'=\frac{\mu}{4\pi}\int_V \frac{\boldsymbol{J}\left(\boldsymbol{r}',t-\dfrac{R}{v}\right)}{R}\mathrm{d}V' \tag{5-72}$$

求出ϕ和$\boldsymbol{A}$之后，就可由式(5-57)和式(5-54)求出电场和磁场。事实上，由于ϕ和$\boldsymbol{A}$之间关系已由洛伦兹条件$\nabla\cdot\boldsymbol{A}=-\mu\varepsilon\dfrac{\partial\phi}{\partial t}$给出，所以不必把$\phi$和$\boldsymbol{A}$都解出来，通常只需求出$\boldsymbol{A}$就可求得电场强度$\boldsymbol{E}$和磁场强度$\boldsymbol{H}$。

应该指出，考虑“滞后”并非总是必需的。“滞后”究竟是重要的还是可以忽略的，取决于时间延迟$\dfrac{R}{v}=\dfrac{|\boldsymbol{r}-\boldsymbol{r}'|}{v}$的长短，这就要涉及电磁现象本身的特性以及所需求的时间分辨率。如果延迟时间$\dfrac{R}{v}=\dfrac{|\boldsymbol{r}-\boldsymbol{r}'|}{v}$足够短，则在所讨论的区域内就可忽略“滞后”。对于研究电磁辐射问题，滞后位是十分重要的。

5.8　时谐电磁场

如果场源（电荷或电流）以一定的角频率ω随时间作正弦变化，则它所激发的电磁场也以相同的角频率随时间作正弦变化，这种以一定频率作正弦变化的场，称为正弦场或时谐场。例如，广播、电视和通信的载波，都是正弦电磁波。一般情况下，即使电磁场不是正弦场，也可以通过傅里叶变换展成正弦场来研究。所以，研究正弦场具有普遍的意义。

正弦场的变量可以用复数的形式来表示，这样将使正弦场问题得以简化。在正弦场情况下，电磁场所满足的麦克斯韦方程、波动方程、达朗贝尔方程等，形式上都会有所变化。用复数的形式来表示正弦场，是处理正弦场问题的重要方法。虽然采用复数形式表示的场量使得大多数正弦场问题简单化，但是有时仍需要用实数的形式（称为瞬时表示法）来表示场量，所以经常会遇到两种表示法的互换。另外，对于能量密度、能流密度等含有场量的平方关系的物理量，只能用瞬时的形式来表示。在遇到上述正弦场表示法的问题时，初学者往往容易混淆和出错。下面就来讨论这些问题。

5.8.1　正弦场的复数表示

电磁场随时间作正弦变化时，在直角坐标系中，电场强度的三个分量可以余弦形式表示为

$$E_x(\boldsymbol{r},t)=E_{xm}(\boldsymbol{r})\cos[\omega t+\psi_x(\boldsymbol{r})] \tag{5-73a}$$

$$E_y(\boldsymbol{r},t)=E_{ym}(\boldsymbol{r})\cos[\omega t+\psi_y(\boldsymbol{r})] \tag{5-73b}$$

$$E_z(\boldsymbol{r},t)=E_{zm}(\boldsymbol{r})\cos[\omega t+\psi_z(\boldsymbol{r})] \tag{5-73c}$$

将上述单一频率的时谐场表示为复数形式，需用欧拉公式

$$e^{\mathrm{j}\psi}=\cos\psi+\mathrm{j}\sin\psi \tag{5-74}$$

1. 复数振幅

电场的三个分量用复数的实部表示为

$$E_x(\boldsymbol{r},t) = \mathrm{Re}[E_{xm}(\boldsymbol{r})e^{\mathrm{j}(\omega t+\psi_x(\boldsymbol{r}))}] = \mathrm{Re}[\dot{E}_{xm}(\boldsymbol{r})e^{\mathrm{j}\omega t}] \tag{5-75a}$$

$$E_y(\boldsymbol{r},t) = \mathrm{Re}[E_{ym}(\boldsymbol{r})e^{\mathrm{j}(\omega t+\psi_y(\boldsymbol{r}))}] = \mathrm{Re}[\dot{E}_{ym}(\boldsymbol{r})e^{\mathrm{j}\omega t}] \tag{5-75b}$$

$$E_z(\boldsymbol{r},t) = \mathrm{Re}[E_{zm}(\boldsymbol{r})e^{\mathrm{j}(\omega t+\psi_z(\boldsymbol{r}))}] = \mathrm{Re}[\dot{E}_{zm}(\boldsymbol{r})e^{\mathrm{j}\omega t}] \tag{5-75c}$$

式中

$$\dot{E}_{xm}(\boldsymbol{r}) = E_{xm}(\boldsymbol{r})e^{\mathrm{j}\psi_x(\boldsymbol{r})} \tag{5-76a}$$

$$\dot{E}_{ym}(\boldsymbol{r}) = E_{ym}(\boldsymbol{r})e^{\mathrm{j}\psi_y(\boldsymbol{r})} \tag{5-76b}$$

$$\dot{E}_{zm}(\boldsymbol{r}) = E_{zm}(\boldsymbol{r})e^{\mathrm{j}\psi_z(\boldsymbol{r})} \tag{5-76c}$$

称为复数振幅。

显然，对时谐变化的任何标量，例如电荷分布，也应有

$$\dot{\rho}_m(\boldsymbol{r}) = \rho_m(\boldsymbol{r})e^{\mathrm{j}\psi(\boldsymbol{r})} \tag{5-76d}$$

2. 复矢量

$$\begin{aligned}\boldsymbol{E}(\boldsymbol{r},t) &= E_x(\boldsymbol{r},t)\boldsymbol{e}_x + E_y(\boldsymbol{r},t)\boldsymbol{e}_y + E_z(\boldsymbol{r},t)\boldsymbol{e}_z \\ &= \mathrm{Re}\{[\dot{E}_{xm}(\boldsymbol{r})\boldsymbol{e}_x + \dot{E}_{ym}(\boldsymbol{r})\boldsymbol{e}_y + \dot{E}_{zm}(\boldsymbol{r})\boldsymbol{e}_z]e^{\mathrm{j}\omega t}\} \\ &= \mathrm{Re}[\dot{\boldsymbol{E}}_m(\boldsymbol{r})e^{\mathrm{j}\omega t}]\end{aligned} \tag{5-77}$$

式中 $\dot{\boldsymbol{E}}_m(\boldsymbol{r}) = \dot{E}_{xm}(\boldsymbol{r})\boldsymbol{e}_x + \dot{E}_{ym}(\boldsymbol{r})\boldsymbol{e}_y + \dot{E}_{zm}(\boldsymbol{r})\boldsymbol{e}_z$ 称为电场强度复矢量。

同理可得 $\boldsymbol{H},\boldsymbol{D},\boldsymbol{B},\boldsymbol{J}$ 的复数表示

$$\boldsymbol{H}(\boldsymbol{r},t) = \mathrm{Re}[\dot{\boldsymbol{H}}_m(\boldsymbol{r})e^{\mathrm{j}\omega t}] \tag{5-78}$$

$$\boldsymbol{D}(\boldsymbol{r},t) = \mathrm{Re}[\dot{\boldsymbol{D}}_m(\boldsymbol{r})e^{\mathrm{j}\omega t}] \tag{5-79}$$

$$\boldsymbol{B}(\boldsymbol{r},t) = \mathrm{Re}[\dot{\boldsymbol{B}}_m(\boldsymbol{r})e^{\mathrm{j}\omega t}] \tag{5-80}$$

$$\boldsymbol{J}(\boldsymbol{r},t) = \mathrm{Re}[\dot{\boldsymbol{J}}_m(\boldsymbol{r})e^{\mathrm{j}\omega t}] \tag{5-81}$$

顾名思义，复矢量是每个“分量”都是复数的“矢量”。它不能像实矢量一样用三维空间中的箭矢表示，也不能像每个复数振幅用复平面上的一个复数来表示，而是两者的特点兼而有之。因此，它只是一记号。复矢量之间应首先按矢量的规则运算，然后还要按照复数的规则运算。

3. 场量对时间微积分的复数表示

$$\frac{\partial \boldsymbol{E}(\boldsymbol{r},t)}{\partial t} = \frac{\partial}{\partial t}\mathrm{Re}[\dot{\boldsymbol{E}}_m(\boldsymbol{r})e^{\mathrm{j}\omega t}] = \mathrm{Re}\left\{\frac{\partial}{\partial t}[\dot{\boldsymbol{E}}_m(\boldsymbol{r})e^{\mathrm{j}\omega t}]\right\} = \mathrm{Re}[\mathrm{j}\omega\dot{\boldsymbol{E}}_m(\boldsymbol{r})e^{\mathrm{j}\omega t}] \tag{5-82}$$

$$\frac{\partial^2 \boldsymbol{E}(\boldsymbol{r},t)}{\partial t^2} = \frac{\partial}{\partial t}\mathrm{Re}\left\{\frac{\partial}{\partial t}[\dot{\boldsymbol{E}}_m(\boldsymbol{r})e^{\mathrm{j}\omega t}]\right\} = \mathrm{Re}[-\omega^2\dot{\boldsymbol{E}}_m(\boldsymbol{r})e^{\mathrm{j}\omega t}] \tag{5-83}$$

$$\int \boldsymbol{E}(\boldsymbol{r},t)\mathrm{d}t = \int \mathrm{Re}[\dot{\boldsymbol{E}}_m(\boldsymbol{r})e^{\mathrm{j}\omega t}]\mathrm{d}t = \mathrm{Re}\left[\frac{1}{\mathrm{j}\omega}\dot{\boldsymbol{E}}_m(\boldsymbol{r})e^{\mathrm{j}\omega t}\right] \tag{5-84}$$

场量为标量时的运算同此，如

$$\frac{\partial \rho(\boldsymbol{r},t)}{\partial t} = \mathrm{Re}[\mathrm{j}\omega\dot{\rho}_m(\boldsymbol{r})e^{\mathrm{j}\omega t}] \tag{5-85}$$

4. 场量对空间求导的复数表示

$$\nabla \cdot \boldsymbol{E}(\boldsymbol{r},t) = \nabla \cdot [\mathrm{Re}(\dot{\boldsymbol{E}}_m(\boldsymbol{r})e^{j\omega t})] = \mathrm{Re}[\nabla \cdot \dot{\boldsymbol{E}}_m(\boldsymbol{r})e^{j\omega t}] \tag{5-86}$$

$$\nabla \times \boldsymbol{E}(\boldsymbol{r},t) = \nabla \times [\mathrm{Re}(\dot{\boldsymbol{E}}_m(\boldsymbol{r})e^{j\omega t})] = \mathrm{Re}[\nabla \times \dot{\boldsymbol{E}}_m(\boldsymbol{r})e^{j\omega t}] \tag{5-87}$$

式中的"∇"是对空间坐标的微分运算，而"Re"是取实部的符号，故两者的运算顺序可调换。

5.8.2　麦克斯韦方程组的复数形式

现在把时谐场的上述复数表示法代入麦克斯韦方程组。以式(5-14a)为例，它可写为

$$\mathrm{Re}\{\nabla \times [\dot{\boldsymbol{H}}_m(\boldsymbol{r})e^{j\omega t}]\} = \mathrm{Re}\{[\dot{\boldsymbol{J}}_m(\boldsymbol{r}) + j\omega \dot{\boldsymbol{D}}_m(\boldsymbol{r})]e^{j\omega t}\}$$

一般来说，仅实部相等并不意味着复数相等；但上式须在任意时刻都成立，于是就只有等式两边的复数相等。约掉时间因子 $e^{j\omega t}$，得

$$\nabla \times \dot{\boldsymbol{H}}_m(\boldsymbol{r}) = \dot{\boldsymbol{J}}_m(\boldsymbol{r}) + j\omega \dot{\boldsymbol{D}}_m(\boldsymbol{r}) \tag{5-88}$$

为了方便，约定不写出时间因子 $e^{j\omega t}$，去掉下标 m 与宗量$(\boldsymbol{r})$且不再加点，即得麦克斯韦方程的复数形式

$$\nabla \times \boldsymbol{H} = \boldsymbol{J} + j\omega \boldsymbol{D} \tag{5-89a}$$

同理可得

$$\nabla \times \boldsymbol{E} = -j\omega \boldsymbol{B} \tag{5-89b}$$

$$\nabla \cdot \boldsymbol{B} = 0 \tag{5-89c}$$

$$\nabla \cdot \boldsymbol{D} = \rho \tag{5-89d}$$

由于麦克斯韦方程组的复数形式没有时间因子，所以方程变量也就减少了一个。把麦克斯韦方程组由四维问题简化为三维问题，时域问题变为频率域问题。

【例5-6】　把下列场矢量的瞬时值改为复数，复数改为瞬时值。

(1) $\boldsymbol{H} = H_0 k\left(\dfrac{a}{\pi}\right)\sin\left(\dfrac{\pi x}{a}\right)\sin(kz - \omega t)\boldsymbol{e}_x + H_0\cos\left(\dfrac{\pi x}{a}\right)\cos(kz - \omega t)\boldsymbol{e}_z$

(2) $I_d = -2.5[\cos(10^8 t - 0.5) - \cos 10^8 t]$

(3) $E_{xm} = E_0\sin(k_x x)\sin(k_y y)e^{-jk_z z}$

(4) $E_{xm} = -2jE_0\cos\theta\sin(\beta z\cos\theta)e^{-j\beta x\sin\theta}$

【解】　(1) 因为 $\cos(kz - \omega t) = \cos(\omega t - kz)$

$$\sin(kz - \omega t) = \cos(kz - \omega t - \pi/2) = \cos(\omega t - kz + \pi/2)$$

故 $\boldsymbol{H}_m = H_0 k\left(\dfrac{a}{\pi}\right)\sin\left(\dfrac{\pi x}{a}\right)e^{-jkz + j\frac{\pi}{2}}\boldsymbol{e}_x + H_0\cos\left(\dfrac{\pi x}{a}\right)e^{-jkz}\boldsymbol{e}_z$

$$= jH_0 k\left(\frac{a}{\pi}\right)\sin\left(\frac{\pi x}{a}\right)e^{-jkz}\boldsymbol{e}_x + H_0\cos\left(\frac{\pi x}{a}\right)e^{-jkz}\boldsymbol{e}_z = H_{xm}\boldsymbol{e}_x + H_{zm}\boldsymbol{e}_z$$

(2) $I_{dm} = -2.5(e^{-j0.5} - e^{j0}) = -2.5(e^{-j0.5} - 1)$

(3) $E_x(x,y,z,t) = \mathrm{Re}[E_0 \sin(k_x x)\sin(k_y y)e^{-jk_z z}e^{j\omega t}]$

$= E_0 \sin(k_x x)\sin(k_y y)\cos(\omega t - k_z z)$

(4) $E_{xm}(x,z) = 2E_0 \cos\theta \sin(\beta z\cos\theta)e^{-j(\beta x\sin\theta + \pi/2)}$

$E_x(x,z,t) = 2E_0\cos\theta\sin(\beta z\cos\theta)\sin(\omega t - \beta x\sin\theta)$

5.8.3 复介电常数　复磁导率

1. 复介电常数与复磁导率

无源区的麦克斯韦旋度方程可变为波动方程来求解，而由有源区的麦克斯韦方程无法导出波动方程，因而需要引入复介电常数来解决。

$$\nabla \times \boldsymbol{H} = \sigma \boldsymbol{E} + j\omega\varepsilon \boldsymbol{E} = (\sigma + j\omega\varepsilon)\boldsymbol{E} \tag{5-90}$$

为了让上式中的复数 $\sigma + j\omega\varepsilon$ 凑成一个单项，现定义复介电常数 $\tilde{\varepsilon}$ 和相对复介电常数 $\tilde{\varepsilon}_r$ 分别为

$$\tilde{\varepsilon} \equiv \varepsilon - j\frac{\sigma}{\omega} \tag{5-91}$$

$$\tilde{\varepsilon}_r \equiv \varepsilon_r - j\frac{\sigma}{\omega\varepsilon_0} \tag{5-92}$$

由上可见，媒质导电是复介电常数虚部的一个来源，而 $\sigma \neq 0$ 即 $\tilde{\varepsilon}$ 的虚部的存在则意味着电能的损耗。对于时谐场，损耗功率的周期平均值为 $\mathrm{Re}\left[\frac{1}{2}\boldsymbol{E}\cdot\boldsymbol{J}^*\right] = \frac{1}{2}\sigma E^2 (\boldsymbol{J} = \sigma\boldsymbol{E})$。电能转换为焦耳热的过程是不可逆转的。

复介电常数虚部的另一个来源是介质的色散。

迄今为止，我们所讨论的媒质的 μ，ε 和 σ 都是实数。由 $\varepsilon = \varepsilon_0(1+\chi_e)$，$\boldsymbol{P} = \chi_e\varepsilon_0\boldsymbol{E}$ 可见，ε 为实数意味着分子的极化与外加电场的变化“同步”。但对于迅变场，高频下的电介质分析表明 ε 是一个复数，即

$$\varepsilon = \varepsilon' - j\varepsilon'' \tag{5-93}$$

在物理上这意味着分子极化强度 $\boldsymbol{P}$ 的变化滞后于外加电场 $\boldsymbol{E}$ 的变化。这是由介质内部的微观结构形成的阻尼所造成的。而且，频率越高，介质的极化越滞后，意味着 ε 随 ω 变化，这称为 ε 的色散，这种介质则称为色散介质。凡是一个物理系统对输入物理量的不同频率成分有不同的响应，往往就称为“色散”，这是借用光学术语。

介质的色散通常总是伴随着不可逆过程即伴随着能量的损耗。除了伴随着传导电流 $\boldsymbol{J}$ 发生的损耗外，对于色散介质，即使 $\sigma = 0$，仅有位移电流 $\boldsymbol{J}_d$，也会发生不可逆过程。在电场变化的一个周期中，色散所造成的焦耳损耗的平均功率密度为

$$P_{av} = \mathrm{Re}\left[\frac{1}{2}\boldsymbol{E}\cdot\boldsymbol{J}_d^*\right] = \mathrm{Re}\left[-\frac{1}{2}j\omega\varepsilon^*\boldsymbol{E}^*\cdot\boldsymbol{E}\right]$$

$$= \mathrm{Re}\left[-\frac{1}{2}j\omega(\varepsilon' + j\varepsilon'')E^2\right] = \mathrm{Re}\left[\frac{1}{2}\omega\varepsilon'' E^2 - \frac{1}{2}j\omega\varepsilon' E^2\right]$$

$$= \frac{1}{2}\omega\varepsilon'' E^2 \quad (\mathrm{J/m^3}) \tag{5-94}$$

它称为介质损耗。如果介质极化时无阻尼，则上式 $\varepsilon''=0$，$P_{av}=0$，于是，介质将如同纯电容，在电场变化的一个周期中，半个周期吸收（储存）电能，另半个周期又释放电能，能量的变化过程是可逆的，并未被损耗掉。实际情况中，阻尼总是存在的，低频时介质损耗可以忽略，高频时往往不能忽略。

与电介质相似，磁介质在高频下也表现出色散特性及磁能损耗，因而磁导率也是复数，即

$$\mu = \mu' - \mathrm{j}\mu'' \tag{5-95}$$

从式(5-93)可以看出，介质损耗与 ε'' 成正比。通常采用如下定义的损耗角正切来表征介质损耗的程度

$$\tan\delta_e = \frac{\varepsilon''}{\varepsilon'} \tag{5-96}$$

同样，对磁介质也有

$$\tan\delta_m = \frac{\mu''}{\mu'} \tag{5-97}$$

良好介质的损耗角正切在 $10^{-3}\sim 10^{-4}$ 以下。由于介质极化的滞后角度很小，故 ε''、μ'' 总是正数。

2. 有耗媒质中麦克斯韦方程的复数形式

一般情况下，媒质的导电和色散现象可能同时存在。如果我们定义如下的等效复介电常数

$$\tilde{\varepsilon} = \varepsilon' - \mathrm{j}\left(\varepsilon'' + \frac{\sigma}{\omega}\right) \tag{5-98}$$

则可使有耗媒质或有源区中的麦克斯韦方程(5-89a)变为无耗媒质或无源区的方程形式，只需将 ε 代之以 $\tilde{\varepsilon}$，并得到无源导电媒质中的麦克斯韦方程组为

$$\nabla\times\boldsymbol{H} = \mathrm{j}\omega\tilde{\varepsilon}\boldsymbol{E} \tag{5-99a}$$

$$\nabla\times\boldsymbol{E} = -\mathrm{j}\omega\mu\boldsymbol{H} \tag{5-99b}$$

$$\nabla\cdot\boldsymbol{H} = 0 \tag{5-99c}$$

$$\nabla\cdot\boldsymbol{E} = 0 \tag{5-99d}$$

式(5-99b)中的 μ 为实数。

理想的介质也称完纯介质，是指 $\sigma=\varepsilon''=\mu''=0$ 的各向同性、线性介质，因而完纯介质中不存在任何不可逆过程，故也称为无耗媒质。当然，这只是一种假设，实际上介质大都有色散现象。等效复介电常数的引入，使得包括导体（导电媒质）、色散介质在内的各种有耗媒质都被视为一种等效的完纯介质，使得这些复杂媒质中的问题都变成了简单媒质的同一数学问题。这就是有耗媒质中的场必须采用复数形式才能用解析方法求解的原因。

【例 5-7】　海水的 $\sigma=4\mathrm{S/m}$，$\varepsilon_r=81$，$\varepsilon''=0$，求海水在 $f=1\mathrm{kHz}$ 和 $f=1\mathrm{GHz}$ 时的复介电常数。

【解】 $f=1\text{kHz}$ 时，

$$\tilde{\varepsilon}=\varepsilon'-\mathrm{j}\frac{\sigma}{\omega}=81\times 8.854\times 10^{-12}-\mathrm{j}\frac{4}{2\pi\times 10^{3}}$$

$$=7.16\times 10^{-10}-\mathrm{j}6.37\times 10^{-4}\approx -\mathrm{j}6.37\times 10^{-4}\,(\mathrm{F/m})$$

$f=1\text{GHz}$ 时，

$$\tilde{\varepsilon}=\varepsilon'-\mathrm{j}\frac{\sigma}{\omega}=81\times 8.854\times 10^{-12}-\mathrm{j}\frac{4}{2\pi\times 10^{9}}$$

$$=7.16\times 10^{-10}-\mathrm{j}6.37\times 10^{-10}\,(\mathrm{F/m})$$

【例 5-8】 在 $\varepsilon_r=2.5$，$\tan\delta_e=0.001$ 的非完纯电介质中存在着频率为 1GHz，振幅为 $E_m=50\text{V/m}$ 的电场，求每立方米的该电介质中消耗的平均功率 P。

【解】 $\varepsilon''=\varepsilon'\tan\delta_e=\varepsilon_r\varepsilon_0\tan\delta_e=\dfrac{2.5\times 0.001}{36\pi\times 10^{9}}$

$$P=\frac{1}{2}\omega\varepsilon'' E^2=\frac{2\pi\times 10^{9}\times 2.5\times 0.001\times 50^{2}}{2\times 36\pi\times 10^{9}}=0.174\quad(\mathrm{W/m^3})$$

5.8.4 波动方程的复数形式 亥姆霍兹方程

对于时谐场，将复数形式的场量代入式(5-51)与式(5-52)可直接得出波动方程的复数形式，也称亥姆霍兹方程

$$\nabla^2\boldsymbol{E}+k^2\boldsymbol{E}=0 \tag{5-100}$$

$$\nabla^2\boldsymbol{H}+k^2\boldsymbol{H}=0 \tag{5-101}$$

式中

$$k^2=\omega^2\mu\varepsilon \tag{5-102}$$

若空间为有耗媒质，只需将 ε 换成复数形式。

5.8.5 达朗贝尔方程的复数形式

由于场量随时间按正弦规律变化，动态矢量位 $\boldsymbol{A}$ 与标量位 ϕ 也应该如此，也可以写成复数形式

$$\phi(\boldsymbol{r},t)=\mathrm{Re}[\dot{\phi}_m(\boldsymbol{r})e^{\mathrm{j}\omega t}] \tag{5-103}$$

$$\boldsymbol{A}(\boldsymbol{r},t)=\mathrm{Re}[\dot{\boldsymbol{A}}_m(\boldsymbol{r})e^{\mathrm{j}\omega t}] \tag{5-104}$$

式中 $\dot{\phi}_m(\boldsymbol{r})=\phi_m(\boldsymbol{r})e^{\mathrm{j}\psi_\phi(\boldsymbol{r})}$，$\dot{A}_{xm}(\boldsymbol{r})=A_{xm}(\boldsymbol{r})e^{\mathrm{j}\psi_{Ax}(\boldsymbol{r})}$，$\dot{A}_{ym}=A_{ym}(\boldsymbol{r})e^{\mathrm{j}\psi_{Ay}(\boldsymbol{r})}$，$\dot{A}_{zm}=A_{zm}(\boldsymbol{r})e^{\mathrm{j}\psi_{Az}(\boldsymbol{r})}$，

$\dot{\boldsymbol{A}}_m=\dot{A}_{xm}\boldsymbol{e}_x+\dot{A}_{ym}\boldsymbol{e}_y+\dot{A}_{zm}\boldsymbol{e}_z$，$\dot{\phi}_m$、$\dot{\boldsymbol{A}}_m$ 去掉下标 m 与宗量 $(\boldsymbol{r})$ 并不打点，则

$$\boldsymbol{B}=\nabla\times\boldsymbol{A}\qquad \boldsymbol{E}=-\nabla\phi-\mathrm{j}\omega\boldsymbol{A} \tag{5-105}$$

将复数形式的动态位代入达朗贝尔方程(5－61)与(5－62)，得

$$\nabla^2\phi + k^2\phi = -\frac{\rho}{\varepsilon} \tag{5-106a}$$

$$\nabla^2\boldsymbol{A} + k^2\boldsymbol{A} = -\mu\boldsymbol{J} \tag{5-106b}$$

这就是达朗贝尔方程的复数形式，实际上是非奇次的亥姆霍兹方程。

另外，式(5－60)表示的洛仑兹条件也可以写成复数形式，即

$$\nabla\cdot\boldsymbol{A} + \mathrm{j}\omega\mu\varepsilon\phi = 0 \tag{5-107}$$

类似地，可以得滞后位的复数形式分别为

$$\phi = \frac{1}{4\pi\varepsilon}\int_V \frac{\rho e^{\mathrm{j}\omega(t-R/v)}}{R}\mathrm{d}V'$$

$$\boldsymbol{A} = \frac{\mu}{4\pi}\int_V \frac{\boldsymbol{J}e^{\mathrm{j}\omega(t-R/v)}}{R}\mathrm{d}V'$$

略去 $e^{\mathrm{j}\omega t}$，并以 $k = w/v$ 代入，可得

$$\phi = \frac{1}{4\pi\varepsilon}\int_V \frac{\rho e^{-\mathrm{j}kR}}{R}\mathrm{d}V' \tag{5-108a}$$

$$\boldsymbol{A} = \frac{\mu}{4\pi}\int_V \frac{\boldsymbol{J}e^{-\mathrm{j}kR}}{R}\mathrm{d}V' \tag{5-108b}$$

5.8.6　坡印廷定理的复数形式

在正弦电磁场的情况下，坡印廷定理可以用复数表示。由恒等式

$$\nabla\cdot(\boldsymbol{E}\times\boldsymbol{H}^*) = \boldsymbol{H}^*\cdot(\nabla\times\boldsymbol{E}) - \boldsymbol{E}\cdot(\nabla\times\boldsymbol{H}^*)$$

和麦克斯韦方程组(5－89a)、(5－89b)，并进行适当的整理，得

$$-\nabla\cdot\left(\frac{1}{2}\boldsymbol{E}\times\boldsymbol{H}^*\right) = -\mathrm{j}2\omega\left(\frac{1}{4}\boldsymbol{E}\cdot\boldsymbol{D}^* - \frac{1}{4}\boldsymbol{B}\cdot\boldsymbol{H}^*\right) + \frac{1}{2}\boldsymbol{J}^*\cdot\boldsymbol{E}$$

将上式在体积 V 内积分，并利用散度定理，得

$$-\oint_S\left(\frac{1}{2}\boldsymbol{E}\times\boldsymbol{H}^*\right)\cdot\mathrm{d}\boldsymbol{S} = -\mathrm{j}2\omega\int_V\left(\frac{1}{4}\boldsymbol{E}\cdot\boldsymbol{D}^* - \frac{1}{4}\boldsymbol{B}\cdot\boldsymbol{H}^*\right)\mathrm{d}V + \int_V \frac{1}{2}\boldsymbol{J}^*\cdot\boldsymbol{E}\mathrm{d}V$$

这就是坡印廷定理的复数形式。

通常介质的介电常数和磁导率是实数，但对于色散介质或有耗介质，介电常数和磁导率为复数，由式(5－94)和式(5－95)，利用介质的本构关系，得

$$-\oint_S\left(\frac{1}{2}\boldsymbol{E}\times\boldsymbol{H}^*\right)\cdot\mathrm{d}\boldsymbol{S} = \int_V\omega\left[\left(\varepsilon''\frac{1}{2}\boldsymbol{E}\cdot\boldsymbol{E}^* + \mu''\frac{1}{2}\boldsymbol{H}\cdot\boldsymbol{H}^*\right)\right]\mathrm{d}V + \int_V \frac{1}{2}\sigma\boldsymbol{E}^*\cdot\boldsymbol{E}\mathrm{d}V$$

$$-\mathrm{j}2\omega\int_V\left(\varepsilon'\frac{1}{4}\boldsymbol{E}\cdot\boldsymbol{E}^* - \mu'\frac{1}{4}\boldsymbol{H}\cdot\boldsymbol{H}^*\right)\mathrm{d}V$$

$$= \int_V (p_{eav} + p_{mav} + p_{Jav}) \mathrm{d}V - \mathrm{j}2\omega \int_V (w_{eav} - w_{mav}) \mathrm{d}V$$

$$= P - \mathrm{j}Q \tag{5-109}$$

上式表明体积 V 中消耗的有功功率(式中右边的实部)是由媒质的导电和色散造成的,它们分别是与传导电流相伴随的平均焦耳损耗 $p_{Jav} = \frac{1}{2}\sigma \boldsymbol{E} \cdot \boldsymbol{E}^*$,介电损耗 $p_{eav} = \frac{1}{2}\omega\varepsilon'' \boldsymbol{E} \cdot \boldsymbol{E}^*$ 和磁损耗 $p_{mav} = \frac{1}{2}\omega\mu'' \boldsymbol{H} \cdot \boldsymbol{H}^*$,而

$$w_{eav} = \frac{1}{4}\varepsilon' \boldsymbol{E} \cdot \boldsymbol{E}^* = \frac{1}{2}\mathrm{Re}\left(\frac{1}{2}\boldsymbol{E} \cdot \boldsymbol{D}^*\right)$$

$$w_{eav} = \frac{1}{4}\mu' \boldsymbol{H} \cdot \boldsymbol{H}^* = \frac{1}{2}\mathrm{Re}\left(\frac{1}{2}\boldsymbol{H} \cdot \boldsymbol{B}^*\right)$$

显然,这是单位体积内储存的电场能量和磁场能量的时间平均值。由此可见,式(5-109)右端的第一项 P 和第二项 Q 分别对应体积 V 内的有功功率和无功功率。那么,等式左端的面积分必然是流入闭合曲面 S 的复功率,包括有功功率和无功功率两部分。有功功率是其实部,即功率的时间平均值。所以,穿过单位面积的复功率,即坡印廷矢量的复数形式为

$$\boldsymbol{S}_C = \frac{1}{2}\boldsymbol{E} \times \boldsymbol{H}^* \tag{5-110}$$

5.8.7 坡印廷矢量的平均值

式(5-46)给出的是坡印廷矢量瞬时值,表示瞬时功率流密度矢量。在正弦电磁场中,计算平均功率流密度矢量更有意义。

正弦电磁场的一般表示为

$$\boldsymbol{E} = E_{xm}(\boldsymbol{r})\cos[\omega t + \psi_{xE}(\boldsymbol{r})]\boldsymbol{e}_x + E_{ym}(\boldsymbol{r})\cos[\omega t + \psi_{yE}(\boldsymbol{r})]\boldsymbol{e}_y + E_{zm}(\boldsymbol{r})\cos[\omega t + \psi_{zE}(\boldsymbol{r})]\boldsymbol{e}_z$$

$$\boldsymbol{H} = H_{xm}(\boldsymbol{r})\cos[\omega t + \psi_{xH}(\boldsymbol{r})]\boldsymbol{e}_x + H_{ym}(\boldsymbol{r})\cos[\omega t + \psi_{yH}(\boldsymbol{r})]\boldsymbol{e}_y + H_{zm}(\boldsymbol{r})\cos[\omega t + \psi_{zH}(\boldsymbol{r})]\boldsymbol{e}_z$$

求一个周期内坡印廷矢量 $\boldsymbol{S} = \boldsymbol{E} \times \boldsymbol{H}$ 的 x 分量的平均值

$$S_{xav} = \frac{1}{T}\int_0^T S_x \mathrm{d}t = \frac{1}{T}\int_0^T \{E_{ym}(\boldsymbol{r})H_{zm}(\boldsymbol{r})\cos[\omega t + \psi_{yE}(\boldsymbol{r})]\cos[\omega t + \psi_{zH}(\boldsymbol{r})]$$

$$- E_{zm}(\boldsymbol{r})H_{ym}(\boldsymbol{r})\cos[\omega t + \psi_{zE}(\boldsymbol{r})]\cos[\omega t + \psi_{yH}(\boldsymbol{r})]\}\mathrm{d}t$$

$$= \frac{1}{2}\{E_{ym}(\boldsymbol{r})H_{zm}(\boldsymbol{r})\cos[\psi_{yE}(\boldsymbol{r}) - \psi_{zH}(\boldsymbol{r})] - E_{zm}(\boldsymbol{r})H_{ym}(\boldsymbol{r})\cos[\psi_{zE}(\boldsymbol{r}) - \psi_{yH}(\boldsymbol{r})]\}$$

$$= \frac{1}{2}\mathrm{Re}[\dot{E}_y\dot{H}_z^* - \dot{E}_z\dot{H}_y^*]$$

它表示 x 方向的平均功率流密度。式中

$$\dot{E}_y = E_{ym}(\boldsymbol{r})e^{\mathrm{j}\psi_{yE}(\boldsymbol{r})}, \dot{E}_z = E_{zm}(\boldsymbol{r})e^{\mathrm{j}\psi_{zE}(\boldsymbol{r})}$$

$$\dot{H}_y^* = H_{ym}(\boldsymbol{r})e^{-j\psi_{yH}(\boldsymbol{r})} \text{ 是 } \dot{H}_y = H_{ym}(\boldsymbol{r})e^{j\psi_{yH}(\boldsymbol{r})} \text{ 的共轭值}$$

$$\dot{H}_z^* = H_{zm}(\boldsymbol{r})e^{-j\psi_{zH}(\boldsymbol{r})} \text{ 是 } \dot{H}_z = H_{zm}(\boldsymbol{r})e^{j\psi_{zH}(\boldsymbol{r})} \text{ 的共轭值}$$

同样可导出

$$S_{yav} = \frac{1}{2}\mathrm{Re}[\dot{E}_z\dot{H}_x^* - \dot{E}_x\dot{H}_z^*]$$

$$S_{zav} = \frac{1}{2}\mathrm{Re}[\dot{E}_x\dot{H}_y^* - \dot{E}_y\dot{H}_x^*]$$

则得坡印廷矢量的平均值

$$\begin{aligned}\boldsymbol{S}_{av} &= S_{xav}\boldsymbol{e}_x + S_{yav}\boldsymbol{e}_y + S_{zav}\boldsymbol{e}_z \\ &= \frac{1}{2}\mathrm{Re}[(\dot{E}_y\dot{H}_z^* - \dot{E}_z\dot{H}_y^*)\boldsymbol{e}_x + (\dot{E}_z\dot{H}_x^* - \dot{E}_x\dot{H}_z^*)\boldsymbol{e}_y + (\dot{E}_x\dot{H}_y^* - \dot{E}_y\dot{H}_x^*)\boldsymbol{e}_z] \\ &= \frac{1}{2}\mathrm{Re}[\dot{\boldsymbol{E}} \times \dot{\boldsymbol{H}}^*] \qquad (5-111)\end{aligned}$$

称为平均坡印廷矢量，为简便计，去掉“·”，上式可表示为

$$\boldsymbol{S}_{av} = \frac{1}{2}\mathrm{Re}[\boldsymbol{E} \times \boldsymbol{H}^*] \qquad (5-112)$$

式(5－112) 正好是式(5－110) 的实部。

【例 5－9】　条件完全同【例 5－5】，求区域中坡印廷矢量平均值。

【解】　由于 $\sin(kz - \omega t) = \cos(\frac{\pi}{2} + \omega t - kz)$，所以 E_y 的复数振幅为

$$E_{ym} = \mathrm{j}H_0\omega\mu\,\frac{a}{\pi}\sin\left(\frac{\pi}{a}x\right)e^{-\mathrm{j}kz}$$

同理，H_x 的复数振幅为

$$H_{xm} = -\mathrm{j}\,\frac{H_0ka}{\pi}\sin\left(\frac{\pi}{a}x\right)e^{-\mathrm{j}kz}$$

由于能量不可能沿 x 轴方向传播，而 $\boldsymbol{e}_x = \boldsymbol{e}_y \times \boldsymbol{e}_z$，故无须考虑 H_z 分量，只需考虑 H_x 分量，于是有

$$\begin{aligned}\boldsymbol{S}_{av} &= \mathrm{Re}[\frac{1}{2}\boldsymbol{E} \times \boldsymbol{H}^*] = \mathrm{Re}[\frac{1}{2}E_{ym}\boldsymbol{e}_y \times H_{xm}^*\boldsymbol{e}_x] \\ &= -\mathrm{Re}[\frac{1}{2}\mathrm{j}^2H_0^2\omega\mu k\left(\frac{a}{\pi}\right)^2\sin^2\left(\frac{\pi x}{a}\right)\boldsymbol{e}_z] \\ &= \frac{1}{2}H_0^2\omega\mu k\left(\frac{a}{\pi}\right)^2\sin^2\left(\frac{\pi x}{a}\right)\boldsymbol{e}_z\end{aligned}$$

我们免于考虑 H_z 分量也可这样解释：$E_y \propto \sin(kz - \omega t)$，而 $H_z \propto \cos(kz - \omega t)$，即 $E_{ym} \propto \mathrm{j}e^{-\mathrm{j}kz}$ 而 $H_{zm} \propto e^{-\mathrm{j}kz}$，二者相位差 $\pi/2$，因此 $E_{ym}H_{zm}^*$ 必为虚数，即为无功功率。

5.9 电磁对偶性

我们在研究电磁场的过程中会发现，电与磁经常是成对出现的，电场与磁场的分析方法也有相当的一致性。例如，在静电场中，为了简化电场的计算而引入标量电位，在恒定磁场中，也仿照静电场，可以在无源区引入标量磁位，并将静电场标量电位的解的形式直接套过来，因为它们均满足拉普拉斯方程，因此解的形式也必完全相同。这样做的理论依据是二重性原理，所谓二重性原理就是：如果描述两种不同物理现象的方程具有相同的数学形式，它们的解答也必取相同的数学形式。

在求解电磁场问题时，如果能将电场与磁场的方程完全对应起来，即电场和磁场所满足的方程在形式上完全一样，则在相同的条件下，解的数学形式也必然相同。这时若电场或磁场的解式已知，则很方便地得到另一场量的解式。

如果我们用磁偶极子的磁荷模型来代替安培模型，即将磁偶极子视为一对相距很近的极性相反的磁荷（迄今为止我们还不能肯定在自然界中有孤立的磁荷），而将磁荷的运动定义为磁流。这样电荷与磁荷相对应，电流与磁流相对应，因而磁场各物理量就和电场各物理量一一对应起来了，麦克斯韦方程组和许多场量方程式就都以对称的形式出现，即

$$\nabla\times\boldsymbol{H}=\frac{\partial\boldsymbol{D}}{\partial t}+\boldsymbol{J}_e \tag{5-113}$$

$$\nabla\times\boldsymbol{E}=-\frac{\partial\boldsymbol{B}}{\partial t}-\boldsymbol{J}_m \tag{5-114}$$

$$\nabla\cdot\boldsymbol{B}=\rho_m \tag{5-115}$$

$$\nabla\cdot\boldsymbol{D}=\rho_e \tag{5-116}$$

式中下标 m 表示磁量，e 表示电量。$\boldsymbol{J}_m$ 是磁流密度，它的量纲是伏特每平方米（$\mathrm{V/m^2}$）；ρ_m 是磁荷密度，它的量纲是韦伯每立方米（$\mathrm{Wb/m^3}$）。

式(5-113)表示产生磁场的旋度源是电流和位移电流（变化的电场），式(5-114)表示产生电场的旋度源是磁流和位移磁流（变化的磁场），式(5-115)表示产生磁场的散度源是磁荷，式(5-116)表示产生电场的散度源是电荷。式(5-113)等号右边用正号，而式(5-114)的等号右边用负号，表示前者的电流与磁场之间有右手螺旋关系，而后者的磁流与电场之间有左手螺旋关系。

假使我们将电场 $\boldsymbol{E}$（或磁场 $\boldsymbol{H}$）写成是由电源产生的电场 $\boldsymbol{E}_e$（或磁场 $\boldsymbol{H}_e$）与由磁源产生的电场 $\boldsymbol{E}_m$（或磁场 $\boldsymbol{H}_m$）两者之和，即

$$\begin{cases}\boldsymbol{E}=\boldsymbol{E}_e+\boldsymbol{E}_m & \boldsymbol{D}=\boldsymbol{D}_e+\boldsymbol{D}_m\\ \boldsymbol{H}=\boldsymbol{H}_e+\boldsymbol{H}_m & \boldsymbol{B}=\boldsymbol{B}_e+\boldsymbol{B}_m\end{cases} \tag{5-117}$$

则有

$$\begin{cases}\nabla\times\boldsymbol{E}_e=-\dfrac{\partial\boldsymbol{B}_e}{\partial t}\ , & \nabla\cdot\boldsymbol{B}_e=0\\ \nabla\times\boldsymbol{H}_e=\dfrac{\partial\boldsymbol{D}_e}{\partial t}+\boldsymbol{J}_e\ , & \nabla\cdot\boldsymbol{D}_e=\rho_e\end{cases} \tag{5-118}$$

$$\begin{cases}\nabla\times\boldsymbol{E}_m=-\dfrac{\partial\boldsymbol{B}_m}{\partial t}-\boldsymbol{J}_m\quad,\quad\nabla\cdot\boldsymbol{B}_m=\rho_m\\[2ex]\nabla\times\boldsymbol{H}_m=\dfrac{\partial\boldsymbol{D}_m}{\partial t}\quad,\quad\nabla\cdot\boldsymbol{D}_m=0\end{cases}\tag{5-119}$$

从这些式子可以看到电场和磁场的对偶性(或称二重性)。

与此相仿,对应矢量磁位 $\boldsymbol{A}$,有矢量电位 $\boldsymbol{F}$;对应标量电位 ϕ,有标量磁位 ϕ_m。即对应于

$$\begin{cases}\boldsymbol{H}_e=\dfrac{1}{\mu}\nabla\times\boldsymbol{A}\\[2ex]\boldsymbol{E}_e=-\nabla\phi-\dfrac{\partial\boldsymbol{A}}{\partial t}\\[2ex]\boldsymbol{A}=\dfrac{\mu}{4\pi}\displaystyle\int_V\frac{\boldsymbol{J}_e\left(\boldsymbol{r}',t-\dfrac{|\boldsymbol{r}-\boldsymbol{r}'|}{v}\right)}{|\boldsymbol{r}-\boldsymbol{r}'|}\mathrm{d}V'\\[2ex]\phi=\dfrac{1}{4\pi\varepsilon}\displaystyle\int_V\frac{\rho_e\left(\boldsymbol{r}',t-\dfrac{|\boldsymbol{r}-\boldsymbol{r}'|}{v}\right)}{|\boldsymbol{r}-\boldsymbol{r}'|}\mathrm{d}V'\end{cases}\tag{5-120}$$

有

$$\begin{cases}\boldsymbol{E}_m=-\dfrac{1}{\varepsilon}\nabla\times\boldsymbol{F}\\[2ex]\boldsymbol{H}_m=-\nabla\phi_m-\dfrac{\partial\boldsymbol{F}}{\partial t}\\[2ex]\boldsymbol{F}=\dfrac{\varepsilon}{4\pi}\displaystyle\int_V\frac{\boldsymbol{J}_m\left(\boldsymbol{r}',t-\dfrac{|\boldsymbol{r}-\boldsymbol{r}'|}{v}\right)}{|\boldsymbol{r}-\boldsymbol{r}'|}\mathrm{d}V'\\[2ex]\phi_m=\dfrac{1}{4\pi\mu}\displaystyle\int_V\frac{\rho_m\left(\boldsymbol{r}',t-\dfrac{|\boldsymbol{r}-\boldsymbol{r}'|}{v}\right)}{|\boldsymbol{r}-\boldsymbol{r}'|}\mathrm{d}V'\end{cases}\tag{5-121}$$

当电源量和磁源量同时存在时,总场量应为它们分别产生的场量和

$$\boldsymbol{E}=-\nabla\phi-\frac{\partial\boldsymbol{A}}{\partial t}-\frac{1}{\varepsilon}\nabla\times\boldsymbol{F}\tag{5-122}$$

$$\boldsymbol{H}=-\nabla\phi_m-\frac{\partial\boldsymbol{F}}{\partial t}+\frac{1}{\mu}\nabla\times\boldsymbol{A}\tag{5-123}$$

式(5-113)与式(5-114)写成积分形式为

$$\oint_l\boldsymbol{H}\cdot\mathrm{d}\boldsymbol{l}=\frac{\partial\Phi_e}{\partial t}+I\tag{5-124}$$

$$\oint_l\boldsymbol{E}\cdot\mathrm{d}\boldsymbol{l}=-\frac{\partial\Phi_m}{\partial t}-I_m\tag{5-125}$$

式中 Φ_e 代表电通量，它的量纲是库(C)；Φ_m 代表磁通量，它的量纲是韦伯(Wb)；I_m 是磁流，它的量纲是伏(V)。

此外，相应于电磁场的边界条件可写为

$$\begin{cases} \boldsymbol{n}\times(\boldsymbol{H}_1-\boldsymbol{H}_2)=\boldsymbol{J}_{eS} \\ \boldsymbol{n}\times(\boldsymbol{E}_1-\boldsymbol{E}_2)=-\boldsymbol{J}_{mS} \\ \boldsymbol{n}\cdot(\boldsymbol{B}_1-\boldsymbol{B}_2)=\rho_{mS} \\ \boldsymbol{n}\cdot(\boldsymbol{D}_1-\boldsymbol{D}_2)=\rho_{eS} \end{cases} \tag{5-126}$$

根据以上电源量和磁源量之间的对偶关系，我们不难找出它们之间的互换原则：即怎样由一电源量的公式求出它的磁源量的对偶公式，或相反。

互换的规则是将原式中的 $\boldsymbol{E}$、$\boldsymbol{H}$、$\boldsymbol{A}$、ε、μ、ρ_e、η 用 $\boldsymbol{H}$、$-\boldsymbol{E}$、$\boldsymbol{F}$、μ、ε、ρ_m、$\dfrac{1}{\eta}$ 来代替，具体对应关系如表 5-2 所示。

表 5-2　电磁场的对偶量表

电荷、电流及其电磁场	磁荷、磁流及其电磁场
电荷量 q	磁荷量 q_m
电流强度 I	磁流强度 I_m
电偶极矩 $\boldsymbol{p}$	磁偶极矩 $\boldsymbol{p}_m$
电流元 $I\mathrm{d}\boldsymbol{l}$	磁流元 $I_m\mathrm{d}\boldsymbol{l}$
电荷密度 ρ	磁荷密度 ρ_m
电流密度 $\boldsymbol{J}$	磁流密度 $\boldsymbol{J}_m$
矢量磁位 $\boldsymbol{A}$	矢量电位 $\boldsymbol{F}$
介电常数 ε	磁导率 μ
磁导率 μ	介电常数 ε
波阻抗 η	波导纳 $1/\eta$
波导纳 $1/\eta$	波阻抗 η
电场强度 $\boldsymbol{E}$	磁场强度 $\boldsymbol{H}$
磁场强度 $\boldsymbol{H}$	负电场强度 $-\boldsymbol{E}$
电位移 $\boldsymbol{D}$	磁感应强度 $\boldsymbol{B}$
磁感应强度 $\boldsymbol{B}$	负电位移 $-\boldsymbol{D}$

5.10　似稳电磁场

5.10.1　似稳场的概念

麦克斯韦方程组概括了所有宏观电磁现象的规律，因此，各种电磁现象都可用特定条件下的麦克斯韦方程来描述。例如静电场和静磁场的条件是 $\dfrac{\partial \boldsymbol{E}}{\partial t}=0$，$\dfrac{\partial \boldsymbol{B}}{\partial t}=0$，$\boldsymbol{J}=0$，麦克斯韦方程组简化为

静电场：$\nabla\times\boldsymbol{E}=0$，　　$\nabla\cdot\boldsymbol{D}=\rho$

静磁场：$\nabla \times \boldsymbol{H} = 0$，　　$\nabla \cdot \boldsymbol{B} = \rho_m$

再如恒定电流的电场和磁场的条件是$\dfrac{\partial \boldsymbol{E}}{\partial t} = 0$，$\dfrac{\partial \boldsymbol{B}}{\partial t} = 0$，$\boldsymbol{J} \neq 0$，于是麦克斯韦方程组简化为

恒定电场：$\nabla \times \boldsymbol{E} = 0$，　　$\nabla \cdot \boldsymbol{J} = 0$

恒定磁场：$\nabla \times \boldsymbol{H} = \boldsymbol{J}$，　　$\nabla \cdot \boldsymbol{B} = 0$

然而，在许多实际情况下还常常碰到这样一种电磁场，为了求解其满足的麦克斯韦方程而引入的动态矢量位和标量位满足泊松方程或拉普拉斯方程，因此，这种场的规律是介于稳态场和时变场规律之间的一种场。我们在高、低频电子线路中所学的一些定理就属于这种场的规律。我们称这种场为似稳场。

产生似稳场主要有三种情况：(1) 缓变场；(2) 导电媒质中波的传播；(3) 场源的近区。

前两种情况的场随时间变化但变化很慢，或者由于媒质的关系，位移电流总是小于传导电流。即

$$\left|\frac{\partial \boldsymbol{D}}{\partial t}\right| \ll |\boldsymbol{J}|。\tag{5-127}$$

这时，与传导电流相比，位移电流可以忽略。于是这种场满足的麦克斯韦方程微分形式是：

$$\begin{cases} \nabla \times \boldsymbol{H} = \boldsymbol{J} = \sigma \boldsymbol{E} \\ \nabla \times \boldsymbol{E} = -\dfrac{\partial \boldsymbol{B}}{\partial t} = -\mu \dfrac{\partial \boldsymbol{H}}{\partial t} \\ \nabla \cdot \boldsymbol{B} = 0 \\ \nabla \cdot \boldsymbol{D} = 0 \end{cases} \tag{5-128}$$

式中取$\nabla \cdot \boldsymbol{D} = 0$是因为如果对第一方程两边取散度

$$\nabla \cdot \nabla \times \boldsymbol{H} = \sigma \nabla \cdot \boldsymbol{E} = \frac{\sigma}{\varepsilon} \nabla \cdot \boldsymbol{D}$$

因$\nabla \cdot \nabla \times \boldsymbol{H} = 0$，必然有$\nabla \cdot \boldsymbol{D} = 0$。这说明在这种场中不可能有自由体电荷分布。此时的场满足似稳场的条件。

第 3 种情况是电磁场的变化既不缓慢，媒质中的位移电流与传导电流相比又不能忽略，但由于在场源的近区，电磁场的分布仍遵循似稳场的规律，近区不向外辐射能量。下面我们分别来进行讨论。

5.10.2　缓变电磁场

缓变电磁场就是随时间变化很慢，或频率很低的电磁场。低频电路理论就是缓变电磁场理论的范畴。这是因为，将式(5-128)的第一方程两边取散度可得

$$\nabla \cdot \boldsymbol{J} = 0 \tag{5-129}$$

它的积分形式是

$$\oint_S \boldsymbol{J} \cdot \mathrm{d}\boldsymbol{s} = 0 \tag{5-130}$$

其中 s 是在缓变电磁场中任意的闭合曲面。这说明穿出任意闭合曲面的总传导电流是零，即传导电流是连续的。图5-9中，i_1，i_2，i_3 是由三条导线流出节点的电流。在包围节点的任意闭合面上求电流密度 $\boldsymbol{J}$ 的积分，则

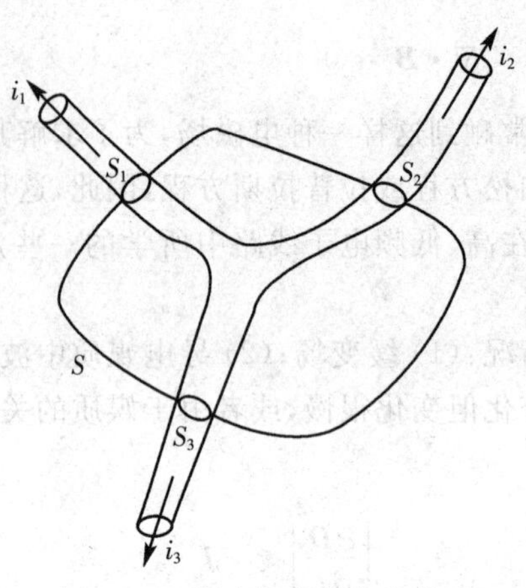

图5-9 缓变场中的电流关系

$$\oint_S \boldsymbol{J} \cdot \mathrm{d}\boldsymbol{s} = \int_{s_1} \boldsymbol{J}_1 \cdot \mathrm{d}\boldsymbol{s} + \int_{s_2} \boldsymbol{J}_2 \cdot \mathrm{d}\boldsymbol{s} + \int_{s_3} \boldsymbol{J}_3 \cdot \mathrm{d}\boldsymbol{s} = 0$$

或

$$i_1 + i_2 + i_3 = 0$$

这就是电路理论中基尔霍夫电流定律：由电路中任一节点流出的总电流等于零，$\sum i = 0$。

从式(5-128)第三方程可知，如果引入矢量位 $\boldsymbol{A}$，使

$$\boldsymbol{B} = \nabla \times \boldsymbol{A}$$

并代入第二方程可得

$$\nabla \times \left(\boldsymbol{E} + \frac{\partial \boldsymbol{A}}{\partial t}\right) = 0 \tag{5-131}$$

因此

$$\boldsymbol{E} + \frac{\partial \boldsymbol{A}}{\partial t} = -\nabla \phi \tag{5-132}$$

式中ϕ是标量位。为了唯一地确定 $\boldsymbol{A}$ 还必须规定它的散度，在这里可令 $\nabla \cdot \boldsymbol{A} = 0$。将式(5-131)、式(5-132)以及 $\nabla \cdot \boldsymbol{A} = 0$ 代入式(5-128)的第一和第四方程，可得

$$\begin{cases} \nabla^2 \boldsymbol{A} = -\mu \boldsymbol{J} \\ \nabla^2 \phi = 0 \end{cases} \tag{5-133}$$

$\boldsymbol{A}$ 和ϕ分别满足泊松方程和拉普拉斯方程，这说明缓变电磁场遵循静态场的规律，这也就是“似稳”的含义。

现在考虑缓变场中一个由电阻、电感和电容串联的电路，如图5-10所示。由于缓变场中传

导电流是连续的，所以电路中任一时刻 t 的电流 $i(t)$ 处处相等。电路中任一点的传导电流密度是

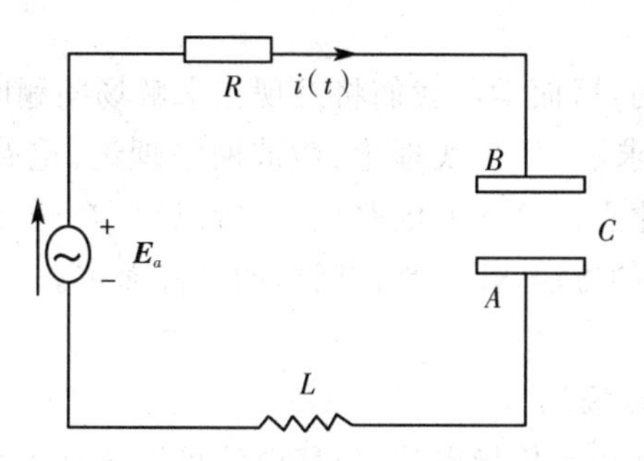

图 5-10　缓变场中电压关系示意图

$$\boldsymbol{J} = \sigma(\boldsymbol{E} + \boldsymbol{E}_a) \tag{5-134}$$

式中 $\boldsymbol{E}$ 是缓变电场，$\boldsymbol{E}_a$ 只存在于电源内部，是电源内的非静电力与电荷的比值。考虑到式(5-132)，则有

$$\boldsymbol{E}_a = \frac{\partial \boldsymbol{A}}{\partial t} + \nabla \phi + \frac{\boldsymbol{J}}{\sigma} \tag{5-135}$$

若沿着电路导线由 A 到 B 作线积分

$$\int_A^B \boldsymbol{E}_a \cdot \mathrm{d}\boldsymbol{l} = \int_A^B \frac{\partial \boldsymbol{A}}{\partial t} \cdot \mathrm{d}\boldsymbol{l} + \int_A^B \nabla \phi \cdot \mathrm{d}\boldsymbol{l} + \int_A^B \frac{\boldsymbol{J}}{\sigma} \cdot \mathrm{d}\boldsymbol{l} \tag{5-136}$$

由于 $\boldsymbol{E}_a$ 只存在于电源中，等式左端一项是电源的电动势。

右端第一项，由于电容器极板间距离很小近似于闭环积分，而 $\boldsymbol{A}$ 的闭环积分是磁链，故该项应等于 $L\dfrac{\mathrm{d}i}{\mathrm{d}t}$。

右端第二项是标量位梯度的线积分，积分数值与路径无关，可在电容器内部积分。这一项等于极板间的瞬时电压 u。因

$$u = \frac{q}{C} = \frac{1}{C}\int i\mathrm{d}t$$

所以此项等于$\dfrac{1}{C}\displaystyle\int i(t)\mathrm{d}t$。

右边第三项的被积函数可写为$\dfrac{Js}{\sigma s} = \dfrac{i}{\sigma s}$，$s$ 是电流穿过的横截面积。沿线的电流 i 处处相等，所以线积分应等于包括电源内阻 R_i，导线电阻 r 和电阻器的电阻 R 在内的总电阻与 i 的乘积，即 $i \cdot (R_i + r + R)$。

综上所述，式(5-136)可以写为

$$\varepsilon = L\frac{\mathrm{d}i}{\mathrm{d}t} + \frac{1}{C}\int i\mathrm{d}t + (R_i + r + R)i$$

这就是低频串联电路中的基尔霍夫电压定律。由此可见，缓变电磁场的方程式(5-128)实际上等效于低频电路的基尔霍夫电流、电压定律。

也就是说，电路理论不过是在特殊条件下的麦克斯韦电磁理论。再一次说明了麦克斯韦方程的普遍意义。除此之外，像电路理论中的等效原理、互易定理都可以用场的方法给出严格的证明。

场和路是有很多联系的，后面学习我们将发现在求解场问题时，为了方便常常将其简化为路(不限于似稳场)的问题求解，如长线理论、微波网络理论。电路理论为了拓展其应用范围，有人开始用电磁场理论来建立一套新的电路理论。所以说，在研究电磁场与电路问题时，究竟采用场的方法，还是采用路的方法，要看具体问题的条件而定。

5.10.3　导电媒质中的电磁场

导电媒质内位移电流远小于传导电流，位移电流可以忽略不计。电磁场所满足的方程仍是式(5-128)。

若将式(5-128)第一方程的两边取旋度，并运用矢量恒等式(I-20)将左边展开，得

$$\nabla\times\nabla\times\boldsymbol{H}=\nabla(\nabla\cdot\boldsymbol{H})-\nabla^2\boldsymbol{H}=\sigma\nabla\times\boldsymbol{E}$$

再利用式(5-128)中的第二、第三方程，得

$$\nabla^2\boldsymbol{H}=\sigma\mu\frac{\partial\boldsymbol{H}}{\partial t}\tag{5-137}$$

同理，由式(5-128)消去$\boldsymbol{H}$，可得

$$\nabla^2\boldsymbol{E}=\sigma\mu\frac{\partial\boldsymbol{E}}{\partial t}\tag{5-138}$$

这就是导电媒质内任一点电场、磁场满足的微分方程。

作为一个例子，试求图5-11中处于直角坐标系$z>0$的半无穷大空间的导电媒质中的谐变电磁场。假设电场强度只有x分量，并在xoy平面上处处相等，在$z=0$的平面上$E_x=E_0$。

式(5-138)的复数形式是

$$\nabla^2\boldsymbol{E}=\mathrm{j}\omega\sigma\mu\boldsymbol{E}$$

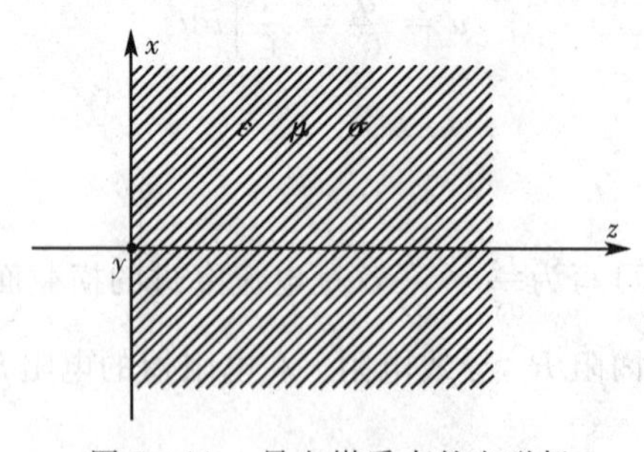

图5-11　导电媒质中的电磁场

根据假设条件知电场只有x分量，而且只是z的函数，上式简化为

$$\frac{\partial^2E_x}{\partial z^2}=\mathrm{j}\omega\sigma\mu E_x\tag{5-139}$$

这是一个二阶常微分方程。令

$$\gamma^2 = \mathrm{j}\omega\sigma\mu \tag{5-140}$$

则该方程的通解是

$$E_x = C_1 e^{-\gamma z} + C_2 e^{\gamma z} \tag{5-141}$$

应取 $C_2 = 0$,否则在 $z = \infty$ 处电场强度是无限大,这是不可能的。这样,考虑到 $z = 0$ 时 $E_x = E_0$,则

$$E_x = E_0 e^{-\gamma z} \tag{5-142}$$

式中

$$\begin{aligned} \gamma &= \sqrt{\mathrm{j}\omega\sigma\mu} = \sqrt{\frac{\omega\mu\sigma}{2}} + \mathrm{j}\sqrt{\frac{\omega\mu\sigma}{2}} = \alpha + \mathrm{j}\beta \\ \alpha &= \beta = \sqrt{\frac{\omega\mu\sigma}{2}} \end{aligned} \tag{5-143}$$

这样,导体中的电场强度是

$$E_x = E_0 e^{-\alpha z} \boldsymbol{e}^{-\mathrm{j}\beta z} \tag{5-144}$$

瞬时值可表示为

$$E_x = E_0 e^{-\alpha z} \cos(\omega t - \beta z) \tag{5-145}$$

可见,电场强度的振幅沿导电媒质的纵深按指数衰减。由于 $\boldsymbol{J} = \sigma\boldsymbol{E}$,导电媒质内的传导电流也沿纵深按指数衰减,这就是趋肤效应。从式(5-143)可知,频率越高,导电性能越好的媒质,衰减越快,趋肤效应越显著。

磁场强度的解可由式(5-128)的第二方程求得,即

$$\boldsymbol{H} = \frac{1}{-\mathrm{j}\omega\mu}\nabla\times\boldsymbol{E} = \frac{\mathrm{j}}{\omega\mu}\nabla\times(E_x\boldsymbol{e}_x) = \frac{-\mathrm{j}\gamma}{\omega\mu}E_0 e^{-\gamma z}\boldsymbol{e}_y \tag{5-146}$$

磁场强度只有 y 分量,它的复振幅只比电场强度的复振幅多一个复常数因子。所以磁场强度的振幅也是沿导电媒质纵深按指数衰减。

另外,不难发现,式(5-137)、式(5-138)是热传导方程。因此电磁波在导电媒质中的传播,非常像我们将手贴在一冷的物体表面,热量从手传导到物体,并引起温度变化的过程。

5.10.4 场源近区的电磁场

在电磁场的变化既不缓慢,媒质中的位移电流与传导电流相比又不能忽略的一般条件下,电磁场所满足的麦克斯韦方程有下列普遍形式

$$\nabla\times\boldsymbol{H} = \boldsymbol{J} + \mathrm{j}\omega\varepsilon\boldsymbol{E}$$

$$\nabla\times\boldsymbol{E} = -\mathrm{j}\omega\mu\boldsymbol{H}$$

$$\nabla\cdot\boldsymbol{H} = 0$$

$$\nabla\cdot\boldsymbol{E} = \frac{\rho}{\varepsilon}$$

达朗贝尔方程的解 —— 滞后位是

$$\boldsymbol{A}=\frac{\mu}{4\pi}\int_V \frac{\boldsymbol{J}e^{-\mathrm{j}kr}}{r}\mathrm{d}V' \qquad \phi=\frac{1}{4\pi\varepsilon}\int_V \frac{\rho e^{-\mathrm{j}kr}}{r}\mathrm{d}V'$$

式中 $k=\omega/v$。

$kr\ll 1$ 的区域称为近区，这时 $e^{-\mathrm{j}kr}\approx 1$，滞后位近似为

$$\boldsymbol{A}=\frac{\mu}{4\pi}\int_V \frac{\boldsymbol{J}}{r}\mathrm{d}V' \qquad \phi=\frac{1}{4\pi\varepsilon}\int_V \frac{\rho}{r}\mathrm{d}V'$$

这是泊松方程的解。所以，在近区电磁场满足泊松方程。尽管电磁场随时间的变化不慢，位移电流也不能忽略，在靠近场源的近区，电磁场的分布仍遵循稳态场的规律。

现在的问题是 $r\ll\frac{1}{k}$ 的区域有多大？由于 $k=\frac{\omega}{v}=\frac{2\pi f}{v}=\frac{2\pi}{\lambda}$，$v$ 是电磁扰动的传播速度，λ 是电磁扰动的波长，因此有

$$r\ll\frac{\lambda}{2\pi}\approx\frac{\lambda}{6} \tag{5-147}$$

这说明只有在以场源为中心，以远小于 $\lambda/6$ 的距离为半径的空间区域内，时变场的分布才与稳态场的分布相似。由于自由空间中 $v=c=3\times10^8$ 米/秒，频率为 50Hz 的电磁扰动所对应波长是 6000 公里，$f=1\mathrm{MHz}$ 所对应的波长是 300 米，所以 $r\ll\frac{\lambda}{6}$ 的空间随频率的变高而变小。

例如，有一根同轴电缆传送谐变的电磁功率，假如从电源到负载的距离满足近区条件，那么该同轴线内的电磁场就可作为稳态场处理。

如图 5-12 所示，假如同轴线的内外导体是用理想导体做成，在加上电源之后，忽略其边缘效应，同轴线中的电、磁场强度是

$$\boldsymbol{E}=\frac{\rho_l}{2\pi\varepsilon r}\boldsymbol{e}_r \tag{5-148}$$

$$\boldsymbol{H}=\frac{I}{2\pi r}\boldsymbol{e}_\varphi \tag{5-149}$$

式中 ρ_l 是单位长度导体表面分布的谐变电荷密度的复振幅，I 是沿导体流过的纵向谐变电流的复振幅。

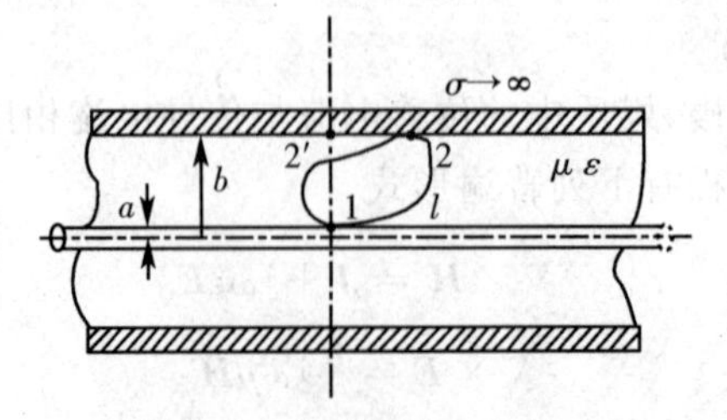

图 5-12 同轴线在似稳场中

应当强调指出，在上述问题中，电压的概念只在同轴线横截面上的两点之间有意义。这是因为，在时变电磁场中

$$\boldsymbol{E}=-\nabla\phi-\frac{\partial\boldsymbol{A}}{\partial t}$$

在图5-12中，如果不是在横截面上而是在纵剖面上取闭合曲线l，并沿这一曲线取$\boldsymbol{E}$的线积分，则

$$\begin{aligned}\oint_l\boldsymbol{E}\cdot\mathrm{d}\boldsymbol{l}&=-\oint_l\nabla\phi\cdot\mathrm{d}\boldsymbol{l}-\oint_l\frac{\partial\boldsymbol{A}}{\partial t}\cdot\mathrm{d}\boldsymbol{l}\\&=-\frac{\partial}{\partial t}\oint_l\boldsymbol{A}\cdot\mathrm{d}\boldsymbol{l}\\&=-\frac{\partial}{\partial t}\int_s\nabla\times\boldsymbol{A}\cdot\mathrm{d}\boldsymbol{s}\\&=-\frac{\partial}{\partial t}\int_s\boldsymbol{B}\cdot\mathrm{d}\boldsymbol{s}\neq 0\end{aligned}$$

只有在横截面的闭合路径上才有$\oint_l\boldsymbol{E}\cdot\mathrm{d}\boldsymbol{l}=0$，因为在这种闭合路径所假定的面积上没有磁通，更没有磁通的变化，内外导体之间的电压才有确定的数值。这时

$$U=\int_a^b\boldsymbol{E}\cdot\mathrm{d}\boldsymbol{r}=\int_a^b\frac{\rho_l}{2\pi\varepsilon r}\mathrm{d}r=\frac{\rho_l}{2\pi\varepsilon}\ln\frac{b}{a}$$

把它代入式(5-148)可得

$$\boldsymbol{E}=\frac{U}{r\ln\frac{b}{a}}\boldsymbol{e}_r$$

内外导体之间的坡印廷矢量的复数形式是

$$\boldsymbol{S}_c=\frac{1}{2}\boldsymbol{E}\times\boldsymbol{H}^*=\frac{UI^*}{4\pi r^2\ln\frac{b}{a}}\boldsymbol{e}_z$$

同轴线传输的总功率应是坡印廷矢量在内外导体之间的横截面上的面积分，即

$$P_{av}=\int_s\mathrm{Re}(\boldsymbol{S}_c)\cdot\mathrm{d}\boldsymbol{s}=\mathrm{Re}\left[\int_s\frac{UI^*}{4\pi r^2\ln\frac{b}{a}}\mathrm{d}s\right]$$

由于$\mathrm{d}s=2\pi r\mathrm{d}r$，所以

$$P_{av}=\mathrm{Re}\left[\frac{UI^*}{2\ln\frac{b}{a}}\int_a^b\frac{\mathrm{d}r}{r}\right]=\mathrm{Re}\left[\frac{1}{2}UI^*\right]$$

可见，用似稳场的理论计算同轴线传输功率与用电路理论计算的结果一致。通过上面的分析我们可以看出，电功率（能量）是靠场来传输的，场的主要成分不是在导体中，而是在周围的介质中，同轴线传输的能量是在内导体和外导体之间，而导线内部是不传输能量的，它只起导行的作用。

本章小结

1. 法拉第电磁感应定律表征的是变化的磁场产生电场的规律。对于磁场中的任意闭合回路有$\oint_l \boldsymbol{E} \cdot \mathrm{d}\boldsymbol{l} = -\int_S \frac{\partial \boldsymbol{B}}{\partial t} \cdot \mathrm{d}\boldsymbol{S}$,其微分形式为$\nabla \times \boldsymbol{E} = -\frac{\partial \boldsymbol{B}}{\partial t}$。

2. 麦克斯韦提出位移电流的假说,对安培环路定律作了修正,它表征变化的电场产生磁场:$\oint_l \boldsymbol{H} \cdot \mathrm{d}\boldsymbol{l} = \int_S (\boldsymbol{J} + \frac{\partial \boldsymbol{D}}{\partial t}) \cdot \mathrm{d}\boldsymbol{S}$,微分形式为$\nabla \times \boldsymbol{H} = \boldsymbol{J} + \frac{\partial \boldsymbol{D}}{\partial t}$

3. 麦克斯韦方程是经典电磁理论的基本定律。麦克斯韦方程组如下

积分形式

$$\begin{cases} \oint_l \boldsymbol{H} \cdot \mathrm{d}\boldsymbol{l} = \int_S \left(\boldsymbol{J} + \frac{\partial \boldsymbol{D}}{\partial t}\right) \cdot \mathrm{d}\boldsymbol{S} \\ \oint_l \boldsymbol{E} \cdot \mathrm{d}\boldsymbol{l} = -\int_S \frac{\partial \boldsymbol{B}}{\partial t} \cdot \mathrm{d}\boldsymbol{S} \\ \oint_S \boldsymbol{B} \cdot \mathrm{d}\boldsymbol{S} = 0 \\ \oint_S \boldsymbol{D} \cdot \mathrm{d}\boldsymbol{S} = q \end{cases}$$

微分形式

$$\begin{cases} \nabla \times \boldsymbol{H} = \boldsymbol{J} + \frac{\partial \boldsymbol{D}}{\partial t} \\ \nabla \times \boldsymbol{E} = -\frac{\partial \boldsymbol{B}}{\partial t} \\ \nabla \cdot \boldsymbol{B} = 0 \\ \nabla \cdot \boldsymbol{D} = \rho \end{cases}$$

本构关系为

$$\boldsymbol{D} = \varepsilon \boldsymbol{E} = \varepsilon_r \varepsilon_0 \boldsymbol{E}$$

$$\boldsymbol{B} = \mu \boldsymbol{H} = \mu_r \mu_0 \boldsymbol{H}$$

$$\boldsymbol{J} = \sigma \boldsymbol{E}$$

只有代入本构关系,麦克斯韦方程才可以求解。

4. 麦克斯韦方程的复数形式表达式为

$$\nabla \times \boldsymbol{H} = \boldsymbol{J} + \mathrm{j}\omega \boldsymbol{D}$$

$$\nabla \times \boldsymbol{E} = -\mathrm{j}\omega \boldsymbol{B}$$

$$\nabla \cdot \boldsymbol{B} = 0$$

$$\nabla \cdot \boldsymbol{D} = \rho$$

5. 有耗媒质麦克斯韦方程组的复数形式

复介电常数：$\varepsilon=\varepsilon'-\mathrm{j}\varepsilon''$

复磁导率：$\mu=\mu'-\mathrm{j}\mu''$

等效复介电常数：$\tilde{\varepsilon}=\varepsilon'-\mathrm{j}(\varepsilon''+\frac{\sigma}{\omega})$

麦克斯韦方程组的复数形式

$$\nabla\times\boldsymbol{H}=\boldsymbol{J}+\mathrm{j}\omega\tilde{\varepsilon}\boldsymbol{E}$$

$$\nabla\times\boldsymbol{E}=-\mathrm{j}\omega\mu\boldsymbol{H}$$

$$\nabla\cdot(\mu\boldsymbol{H})=0$$

$$\nabla\cdot(\tilde{\varepsilon}\boldsymbol{E})=\rho$$

6. 分界面上的边界条件

法向分量的边界条件

$$\boldsymbol{n}\cdot(\boldsymbol{D}_1-\boldsymbol{D}_2)=\rho_s \text{ 或 } \boldsymbol{n}\cdot(\boldsymbol{D}_1-\boldsymbol{D}_2)=0$$

$$\boldsymbol{n}\cdot(\boldsymbol{B}_1-\boldsymbol{B}_2)=0$$

切向分量的边界条件

$$\boldsymbol{n}\times(\boldsymbol{E}_1-\boldsymbol{E}_2)=0 \text{ 和 } \boldsymbol{n}\times(\boldsymbol{H}_1-\boldsymbol{H}_2)=\boldsymbol{J}_S$$

若分界面上 $\boldsymbol{J}_S=0$，则 $\boldsymbol{n}\times(\boldsymbol{H}_1-\boldsymbol{H}_2)=0$

对于理想导体 $\sigma=\infty$ 表面，边界条件为 $\boldsymbol{n}\times\boldsymbol{E}_1=0$ 和 $\boldsymbol{n}\times\boldsymbol{H}_1=\boldsymbol{J}_S$

7. 坡印廷定理是电磁场中的能量守恒关系：单位时间内体积中能量的增加量与体积内变为焦耳热的功率之和等于从表面进入体积的功率

$$-\oint_S(\boldsymbol{E}\times\boldsymbol{H})\cdot\mathrm{d}\boldsymbol{S}=\frac{\mathrm{d}}{\mathrm{d}t}\int_V\left(\frac{1}{2}\mu H^2+\frac{1}{2}\varepsilon E^2\right)\mathrm{d}V+\int_V\sigma E^2\mathrm{d}V$$

能流矢量表示沿能流方向的单位表面的功率的矢量

$$\boldsymbol{S}=\boldsymbol{E}\times\boldsymbol{H}\text{（瞬时值）}$$

平均坡印廷矢量是坡印廷矢量在一个周期内的平均值，代表平均功率流密度

$$\boldsymbol{S}_{av}=\frac{1}{T}\int_0^T\boldsymbol{S}\mathrm{d}t=\frac{1}{2}\mathrm{Re}[\boldsymbol{E}\times\boldsymbol{H}^*]$$

8. 在无源区域内，$\boldsymbol{E}$、$\boldsymbol{H}$ 波动方程为

$$\nabla^2\boldsymbol{E}-\mu\varepsilon\frac{\partial^2\boldsymbol{E}}{\partial t^2}=0$$

$$\nabla^2 \boldsymbol{H} - \mu\varepsilon \frac{\partial^2 \boldsymbol{H}}{\partial t^2} = 0$$

波动方程的复数形式为

$$\nabla^2 \boldsymbol{E} + k^2 \boldsymbol{E} = 0$$

$$\nabla^2 \boldsymbol{H} + k^2 \boldsymbol{H} = 0$$

式中 $k^2 = \omega^2 \mu\varepsilon$

9. 动态位 $\boldsymbol{A}$ 与 ϕ 满足的达朗贝尔方程与解

$$\nabla^2 \boldsymbol{A} - \mu\varepsilon \frac{\partial^2 \boldsymbol{A}}{\partial t^2} = -\mu \boldsymbol{J}$$

其解

$$\boldsymbol{A}(\boldsymbol{r},t) = \frac{\mu}{4\pi}\int_V \frac{\boldsymbol{J}\left(\boldsymbol{r}',t - \frac{|\boldsymbol{r}-\boldsymbol{r}'|}{v}\right)}{|\boldsymbol{r}-\boldsymbol{r}'|}\mathrm{d}V'$$

$$\nabla^2 \phi - \mu\varepsilon \frac{\partial^2 \phi}{\partial t^2} = -\frac{\rho}{\varepsilon}$$

其解

$$\phi(\boldsymbol{r},t) = \frac{1}{4\pi\varepsilon}\int_V \frac{\rho\left(\boldsymbol{r}',t - \frac{|\boldsymbol{r}-\boldsymbol{r}'|}{v}\right)}{|\boldsymbol{r}-\boldsymbol{r}'|}\mathrm{d}V'$$

达朗贝尔方程的复数形式为

$$\nabla^2 \phi + k^2 \phi = -\frac{\rho}{\varepsilon}$$

$$\nabla^2 \boldsymbol{A} + k^2 \boldsymbol{A} = -\mu \boldsymbol{J}$$

10. 引入磁荷和磁流之后，电荷与磁荷相对应，电流与磁流相对应，磁场各物理量就和电场各物理量一一对应起来了。利用互换规则，可由一场量的方程写出另一场量的方程，麦克斯韦方程组和许多场量方程式都以对称的形式出现。

11. 产生似稳场主要有三种情况：缓变场、导电媒质中波的传播、场源的近区。

12. 电路理论是在一定条件下由电磁场理论简化得到，这些条件主要是：电路的尺寸远小于电磁波的波长；位移电流只限于电容器极板之间；磁场只限于电感线圈内等。在这些条件下，即似稳场的条件下，由电磁场方程可以导出电路的基尔霍夫电流定律和电压定律。

13. 从对同轴传输线的分析表明，场理论具有更为普遍的适用性，而路理论则可认为是场理论在特定条件下的一种近似处理方法，能量传输是从内外导体之间的介质中通过的，而不是在导线内部。

习　　题

5-1　如题5-1图所示，有一导体滑片在两根平行的轨道上滑动，整个装置位于正弦时变磁场 $\boldsymbol{B}=(5\cos\omega t\boldsymbol{e}_z)\text{mT}$ 中。滑片的位置由 $x=[0.35(1-\cos\omega t)]\text{m}$ 确定，轨道终端接有电阻 $R=0.2\Omega$，试求 I。

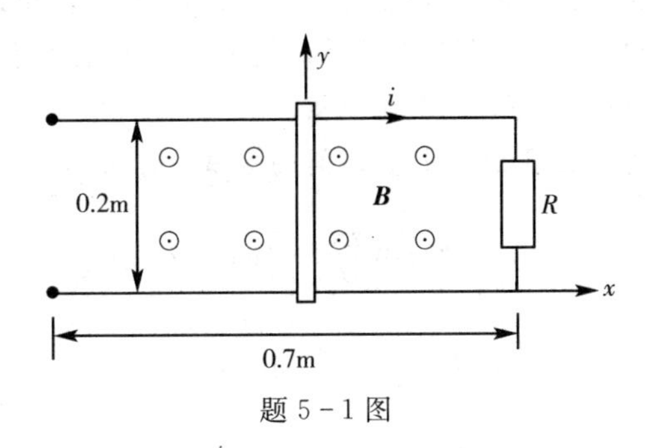

题 5-1 图

5-2　一根半径为 a 的长圆柱形介质棒放入均匀磁场 $\boldsymbol{B}_0=B_0\boldsymbol{e}_z$ 中与 z 轴平行。设棒以角速度 ω 绕轴作等速旋转，求介质内的极化强度、体积内和表面上单位长度的极化电荷。

5-3　平行双线传输线与一矩形回路共面。如题 5-2 图所示。设 $a=0.2\text{m}, b=c=d=0.1\text{m}, i=1.0\cos(2\pi\times10^7 t)\text{A}$，求回路中的感应电动势。

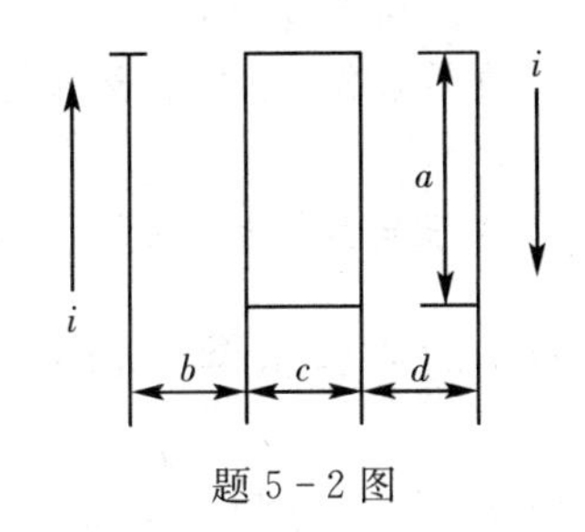

题 5-2 图

5-4　有一个环形线圈，导线的长度为 l，分别通以直流电源供应电压 V_0 和时变电源供应电压 $V(t)$，讨论这两种情况下导体内的电场强度 $\boldsymbol{E}$。

5-5　用矢量磁位写出法拉第电磁感应定律。

5-6　一圆柱形电容器，内导体半径和外导体半径分别为 a 和 b，长为 l。设外加电压 $V_0\sin\omega t$，试计算电容器极板间的总位移电流，证明它等于电容器的电流。

5-7　由麦克斯韦方程组出发，导出点电荷的电场强度公式和泊松方程。

5-8　试将麦克斯韦方程组写成八个标量方程：

(1) 在直角坐标系中；(2) 在圆柱坐标系中；(3) 在球坐标系中。

5-9　证明在无源区($\rho=0, \boldsymbol{J}=0$) 中，麦克斯韦方程对于下列变换

$$\boldsymbol{E}'=\text{C}\left[\boldsymbol{E}\cos\alpha+\frac{1}{\sqrt{\mu\varepsilon}}\boldsymbol{B}\sin\alpha\right]$$

$$\boldsymbol{B}'=\text{C}\left[-\sqrt{\mu\varepsilon}\boldsymbol{E}\sin\alpha+\boldsymbol{B}\cos\alpha\right]$$

的不变性。即，如果 $\boldsymbol{E}$、$\boldsymbol{B}$ 是麦克斯韦方程组的解，则 $\boldsymbol{E}'$、$\boldsymbol{B}'$ 也是解。上式中 C 为无量纲的常数，α 是任意角度。特别地，$\alpha=\pi/2$ 时，证明麦克斯韦方程中的 $\boldsymbol{E}$ 与 $\boldsymbol{B}$ 可以互换。

5-10　已知在空气中 $\boldsymbol{E}=0.1\sin(10\pi x)\cos(6\pi\times10^9t-\beta z)\boldsymbol{e}_y$，求 $\boldsymbol{H}$ 和 β。

提示：将 $\boldsymbol{E}$ 代入直角坐标中的波动方程，可求得 β。

5-11　已知在自由空间中球面波的电场为 $\boldsymbol{E}=\dfrac{E_0}{r}\sin\theta\cos(\omega t-kr)\boldsymbol{e}_\theta$，求 $\boldsymbol{H}$ 和 k。

5-12　试写出在线性、无耗、各向同性的非均匀媒质中用 $\boldsymbol{E}$ 和 $\boldsymbol{B}$ 表示的麦克斯韦方程。

5-13　写出在空气和 $\mu=\infty$ 的理想磁介质之间分界面上的边界条件。

5-14　给出推导 $\boldsymbol{n}\times\boldsymbol{H}_1=\boldsymbol{J}_S$ 的详细步骤。

5-15　两个无限大的平面理想导电壁之间的区域 $0\leqslant z\leqslant d$ 存在着如下的电磁场

$$E_y=E_0\sin\frac{\pi z}{d}\cos(\omega t-k_x x)$$

$$H_x=\frac{\pi E_0}{\omega\mu_0 d}\cos\frac{\pi z}{d}\sin(\omega t-k_x x)$$

$$H_z=\frac{k_x E_0}{\omega\mu_0}\sin\frac{\pi z}{d}\cos(\omega t-k_x x)$$

式中，$\omega^2\mu_0\varepsilon_0=k_x^2+\left(\dfrac{\pi}{d}\right)^2$，$d$、$k_x$、$\omega$、$E_0$ 均为常数。

(1) 验证该电磁波满足无源区的麦克斯韦方程；

(2) 验证它满足理想导体表面的边界条件，并求出表面电荷与感应面电流；

(3) 求空间的位移电流分布。

5-16　在由理想导电壁($\sigma=\infty$)限定的区域 $0\leqslant x\leqslant a$ 内存在一个如下的电磁场

$$E_y=-H_0\mu\omega\left(\frac{a}{\pi}\right)\sin(\frac{\pi x}{a})\sin(kz-\omega t)$$

$$H_x=H_0 k\left(\frac{a}{\pi}\right)\sin\left(\frac{\pi x}{a}\right)\sin(kz-\omega t)$$

$$H_z=H_0\cos\left(\frac{\pi x}{a}\right)\cos(kz-\omega t)$$

这个电磁场满足的边界条件如何？导电壁上的电流密度值如何？

5-17　海水的 $\sigma=4\text{S/m}$，在 $f=1\text{GHz}$ 时 $\varepsilon_r=81$。如果把海水视为一等效的电介质，写出 $\boldsymbol{H}$ 的微分方程。对于良导体，例如铜，$\varepsilon_r=1$，$\sigma=5.7\times10^7\text{S/m}$，比较在 $f=1\text{GHz}$ 时的位移电流和传导电流的幅度。可以看出，即使在微波频率下良导体中的位移电流也是可以忽略的。写出 $\boldsymbol{H}$ 的微分方程。

5-18　计算题 5-16 中的能流矢量和平均能流矢量。

5-19　写出存在电荷 ρ 和电流密度 $\boldsymbol{J}$ 的无耗媒质中的 $\boldsymbol{E}$ 和 $\boldsymbol{H}$ 的波动方程。

5-20　在应用电磁位时，如果不采用洛伦兹条件，而采用所谓的库仑规范，令 $\nabla\cdot\boldsymbol{A}=0$，写出 $\boldsymbol{A}$ 和 ϕ 所满足的微分方程。

5-21　设电场强度和磁场强度分别为 $\boldsymbol{E}=\boldsymbol{E}_0\cos(\omega t+\psi_e)$ 和 $\boldsymbol{H}=\boldsymbol{H}_0\cos(\omega t+\psi_m)$，证明

其坡印廷矢量的平均值为

$$\boldsymbol{S}_{av} = \frac{1}{2}\boldsymbol{E}_0 \times \boldsymbol{H}_0 \cos(\psi_e - \psi_m)$$

5-22 证明在无源空间($\rho = 0, \boldsymbol{J} = 0$)中,可以引入一矢量位$\boldsymbol{A}_m$,定义为$\boldsymbol{D} = -\nabla \times \boldsymbol{A}_m$,$\boldsymbol{H} = -\nabla \phi_m - \dfrac{\partial \boldsymbol{A}_m}{\partial t}$,推导$\boldsymbol{A}_m$和$\phi_m$的微分方程。

5-23 证明$E_y = E_0 e^{m(z-ct)}$(m为实数,c为空气中的光速)是波动方程的解。

5-24 导出各向同性均匀媒质(无运流电流存在)中的$\boldsymbol{E}$和$\boldsymbol{H}$满足的非齐次波动方程:

$$\nabla^2 \boldsymbol{H} - \mu\varepsilon \frac{\partial^2 \boldsymbol{H}}{\partial t^2} = -\nabla \times \boldsymbol{J}_C$$

$$\nabla^2 \boldsymbol{E} - \mu\varepsilon \frac{\partial^2 \boldsymbol{E}}{\partial t^2} = \mu \frac{\partial \boldsymbol{J}_C}{\partial t} + \frac{1}{\varepsilon} \nabla \rho$$

5-25 利用上题结论,分别写出无源区域及恒定场的波动方程。

5-26 已知正弦电磁场的电场瞬时值

$$\boldsymbol{E} = \boldsymbol{E}_1(z,t) + \boldsymbol{E}_2(z,t)$$

式中,

$$\boldsymbol{E}_1(z,t) = 0.03\sin(10^8 \pi t - kz)\boldsymbol{e}_x$$

$$\boldsymbol{E}_2(z,t) = 0.04\cos(10^8 \pi t - kz - \frac{\pi}{3})\boldsymbol{e}_x$$

试求:(1) 电场的复矢量;

(2) 磁场的复矢量和瞬时值。

5-27 已知一电磁场的复数形式为

$$\boldsymbol{E} = \mathrm{j}E_0 \sin(kz)\boldsymbol{e}_x$$

$$\boldsymbol{H} = \sqrt{\frac{\varepsilon_0}{\mu_0}} E_0 \cos(kz)\boldsymbol{e}_y$$

式中,$k = \dfrac{2\pi}{\lambda} = \dfrac{\omega}{c}$,$c$是真空中的光速,$\lambda$是波长。求:

(1)$z = 0, \dfrac{\lambda}{8}, \dfrac{\lambda}{4}$各点处的坡印廷矢量的瞬时值;

(2) 上述各点处的平均坡印廷矢量。

5-28 已知自由空间的电磁场为

$$\boldsymbol{E} = 1000\cos(\omega t - \beta z)\boldsymbol{e}_x \mathrm{V/m}$$

$$\boldsymbol{H} = 2.65\cos(\omega t - \beta z)\boldsymbol{e}_y \mathrm{A/m}$$

式中,$\beta = \omega\sqrt{\mu_0 \varepsilon_0} = 0.42\mathrm{rad/m}$。求:

(1) 坡印廷矢量的瞬时值;

(2) 平均坡印廷矢量;

(3) 任意时刻流入图示的六面体(长为 1m，横截面积为 0.25m^2) 中的净功率。

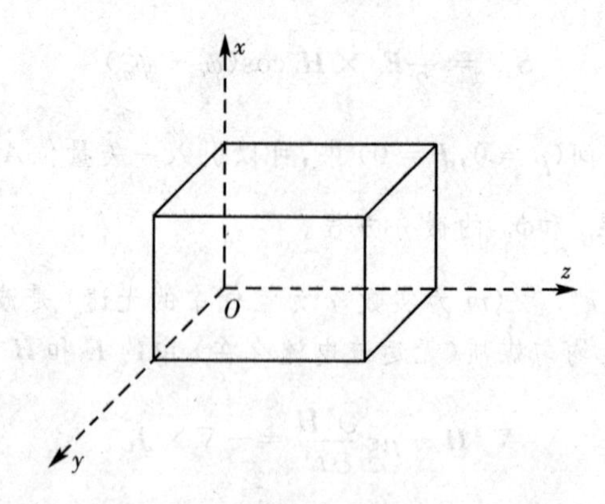

5-29 证明在无源的自由空间中，电磁场作如下变换

$$\boldsymbol{E}(r,t) \rightarrow \sqrt{\frac{\mu_0}{\varepsilon_0}}\boldsymbol{H}(r,t)$$

$$\boldsymbol{H}(r,t) \rightarrow -\sqrt{\frac{\varepsilon_0}{\mu_0}}\boldsymbol{E}(r,t)$$

后，也满足麦克斯韦方程组。

5-30 有下列方程

$$\nabla^2 \boldsymbol{H} - \mu\varepsilon \frac{\partial^2 \boldsymbol{H}}{\partial t^2} = 0$$

$$\nabla \cdot \boldsymbol{J} = -\frac{\partial \rho}{\partial t}$$

式中 $\boldsymbol{H}, \boldsymbol{J}, \rho$ 都是有一定物理意义的量，且随时间作简谐变化，试写出相应的复矢量方程。

第 6 章　平面电磁波

第 5 章的麦克斯韦理论表明，变化的电场激发变化的磁场，变化的磁场激发变化的电场，这种相互激发、在空间传播变化的电磁场称为电磁波。我们所知道的无线电波、电视信号、雷达波束、激光、X 射线和 γ 射线等等都是电磁波。

电磁波可以按等相位面的形状分为平面波、柱面波和球面波。等相位面是指空间振动相位相同的点所组成的面，等相位面是平面的电磁波称为平面波，均匀平面波是指等相位面上场强处处相等的平面波。平面波是一种最简单、最基本的电磁波，它具有电磁波的普遍性质和规律，实际存在的电磁波均可以分解成许多平面波，因此，平面波是研究电磁波的基础，有着十分重要的理论价值。

严格地说，理想的平面电磁波是不存在的，因为只有无限大的波源才能激励出这样的波。但是，如果场点离波源足够远，那么空间曲面的很小一部分就十分接近平面，在这一小范围内，波的传播特性近似为平面波的传播特性。例如，距离发射天线相当远的接收天线附近的电磁波，由于天线辐射的球面波的等相位球面非常大，其局部可近似为平面，因此可以近似地看成均匀平面波。

本章将介绍平面波在无限大的无耗媒质和有耗媒质中的传播特性；介绍平面电磁波极化的概念；分析平面电磁波的反射和折射；最后介绍均匀平面波在各向异性媒质中的传播。

学习这一章应重视不同媒质对平面波传播的影响。实际空间中充满了各种不同电磁特性的媒质，电磁波在不同媒质中传播表现出不同的特性，人们正是通过这些不同的特性获取介质或目标性质。平面波传播是无线通信、遥感、目标定位和环境监测的基础。

6.1　理想介质中的均匀平面波

理想介质是指电导率 $\sigma=0$，ε、μ 为实常数的媒质，$\sigma\to\infty$ 的媒质称为理想导体，σ 介于 0 与 ∞ 之间的媒质称为有导电媒质。本节介绍最简单的情况，即介绍无源、均匀（媒质参数与位置无关）、线性（媒质参数与场强大小无关）、各向同性（媒质参数与场强方向无关）的无限大理想介质中的时谐平面波。

6.1.1　波动方程的解

在无源（$\rho=0$，$\boldsymbol{J}=0$）的理想介质中，由第 5 章我们知道，时谐电磁场满足复数形式的波动方程

$$\nabla^2\boldsymbol{E}+k^2\boldsymbol{E}=0 \tag{6-1}$$

其中

$$k=\omega\sqrt{\mu\varepsilon} \tag{6-2}$$

下面我们研究该方程的一种最简单的解，即均匀平面波解。假设场量仅与坐标变量 z 有关，与 x、y 无关，即 $\dfrac{\partial\boldsymbol{E}}{\partial x}=\dfrac{\partial\boldsymbol{E}}{\partial y}=0$，式(6-1) 简化为

$$\frac{\mathrm{d}^2\boldsymbol{E}}{\mathrm{d}z^2}+k^2\boldsymbol{E}=0 \tag{6-3}$$

其解为

$$\boldsymbol{E}=\boldsymbol{E}_0e^{-\mathrm{j}kz}+\boldsymbol{E}'_0e^{\mathrm{j}kz} \tag{6-4}$$

其中 $\boldsymbol{E}_0$、$\boldsymbol{E}'_0$ 是复常矢。为简单起见，考察电场的一个分量 E_x，对应的瞬时值为

$$E_x(z,t)=E_{xm}\cos(\omega t-kz+\varphi_x)+E'_{xm}\cos(\omega t+kz+\varphi_x')$$

观察第一项，其相位是 $\theta=\omega t-kz+\varphi_x$，若 t 增大时 z 也随之增大，就可保持 θ 为常数，场量值相同，换句话说，同一个场值随时间的增加向 z 增大的方向推移，因此，上式第一项表示向正 z 方向传播的波。同理，第二项表示向负 z 方向传播的波。用复数形式表示，则式中含 $e^{-\mathrm{j}kz}$ 因子的解，表示向正 z 方向传播的波，而含 $e^{\mathrm{j}kz}$ 因子的解表示向负 z 方向传播的波。在无界的无穷大空间，反射波不存在(第 6.4 节考虑有边界的情况，则存在入射波与反射波)，这里我们只考虑向正 z 方向传播的行波(是指没有反射波只往一个方向传播的波)，因此可取 $\boldsymbol{E}'_0=0$，于是

$$\boldsymbol{E}=\boldsymbol{E}_0e^{-\mathrm{j}kz} \tag{6-5}$$

将上式代入麦克斯韦方程 $\nabla\cdot\boldsymbol{E}=0$，可得

$$\nabla\cdot(\boldsymbol{E}_0e^{-\mathrm{j}kz})=\boldsymbol{E}_0\cdot\nabla e^{-\mathrm{j}kz}=-\mathrm{j}k\boldsymbol{E}\cdot\boldsymbol{e}_z=0 \tag{6-6}$$

上式表明电场矢量垂直于 $\boldsymbol{e}_z$，即 $E_z=0$，电场只存在横向分量

$$\boldsymbol{E}=(E_{xm}e^{\mathrm{j}\varphi_x}\boldsymbol{e}_x+E_{ym}e^{\mathrm{j}\varphi_y}\boldsymbol{e}_y)e^{-\mathrm{j}kz}=E_x\boldsymbol{e}_x+E_y\boldsymbol{e}_y \tag{6-7}$$

其中 $E_x=E_{xm}e^{\mathrm{j}\varphi_x}e^{-\mathrm{j}kz}$、$E_y=E_{ym}e^{\mathrm{j}\varphi_y}e^{-\mathrm{j}kz}$ 是电场强度各分量的复振幅。磁场强度可以由麦克斯韦方程 $\nabla\times\boldsymbol{E}=-\mathrm{j}\omega\mu\boldsymbol{H}$ 求得

$$\boldsymbol{H}=\frac{\nabla\times\boldsymbol{E}}{-\mathrm{j}\omega\mu}=\frac{\nabla\times(\boldsymbol{E}_0e^{-\mathrm{j}kz})}{-\mathrm{j}\omega\mu}=\frac{\nabla e^{-\mathrm{j}kz}\times\boldsymbol{E}_0}{-\mathrm{j}\omega\mu}=\frac{-\mathrm{j}ke^{-\mathrm{j}kz}\boldsymbol{e}_z\times\boldsymbol{E}_0}{-\mathrm{j}\omega\mu}=\sqrt{\frac{\varepsilon}{\mu}}\boldsymbol{e}_z\times\boldsymbol{E}$$

即

$$\boldsymbol{H}=\frac{1}{\eta}\boldsymbol{e}_z\times\boldsymbol{E}=\frac{1}{\eta}(-E_y\boldsymbol{e}_x+E_x\boldsymbol{e}_y) \tag{6-8}$$

式中 $\eta=\sqrt{\mu/\varepsilon}$，具有阻抗的量纲，单位为欧姆(Ω)，它的值与媒质的参数有关，因此被称为媒质的本质阻抗，或波阻抗。在自由空间($\mu_r=1$、$\varepsilon_r=1$、$\sigma=0$ 的无限大空间)，$\eta_0=\sqrt{\mu_0/\varepsilon_0}=120\pi=377(\Omega)$。由式(6-8) 波阻抗 η 决定了电场与磁场之间的关系

$$\eta=\frac{E_x}{H_y}=-\frac{E_y}{H_x}=\sqrt{\frac{\mu}{\varepsilon}}=120\pi\sqrt{\frac{\mu_r}{\varepsilon_r}} \tag{6-9}$$

式(6-8) 和式(6-6) 说明均匀平面波的电场、磁场和传播方向 $\boldsymbol{e}_z$ 三者彼此正交，符合右手螺旋关系。既然电场强度和磁场强度之间有式(6-8) 的简单关系，所以讨论均匀平面波问题时，只需讨论其电场(或磁场) 即可。

6.1.2　均匀平面波的传播特性

基于上一小节的分析，在理想介质中传播的均匀平面波有以下传播特性：

(1) 电场强度 $\boldsymbol{E}$、磁场强度 $\boldsymbol{H}$、传播方向 $\boldsymbol{e}_z$ 三者相互垂直，成右手螺旋关系，传播方向上无电磁场分量，称为横电磁波，记为 TEM 波。

(2) $\boldsymbol{E}$、$\boldsymbol{H}$ 处处同相，两者复振幅之比为媒质的波阻抗 η，是实数，见式(6-9)。

(3) 为简单起见，我们考察电场的一个分量 E_x，由式(6-7)可写出其瞬时值表达式

$$E_x(z,t) = E_{xm}\cos(\omega t - kz + \varphi_x) \tag{6-10}$$

ωt 称为时间相位，kz 称为空间相位，φ_x 是 $z=0$ 处在 $t=0$ 时刻的初始相位。空间相位相同的点所组成的曲面称为等相位面、波前或波阵面。这里，$z=$ 常数的平面就是等相位面，因此这种波称为平面波。又因为场量与 x、y 无关，在 $z=$ 常数的等相位面上，各点场强相等，这种等相位面上场强处处相等的平面波称为均匀平面波。

图 6-1 是式(6-10)所表达的均匀平面波在空间的传播情况。

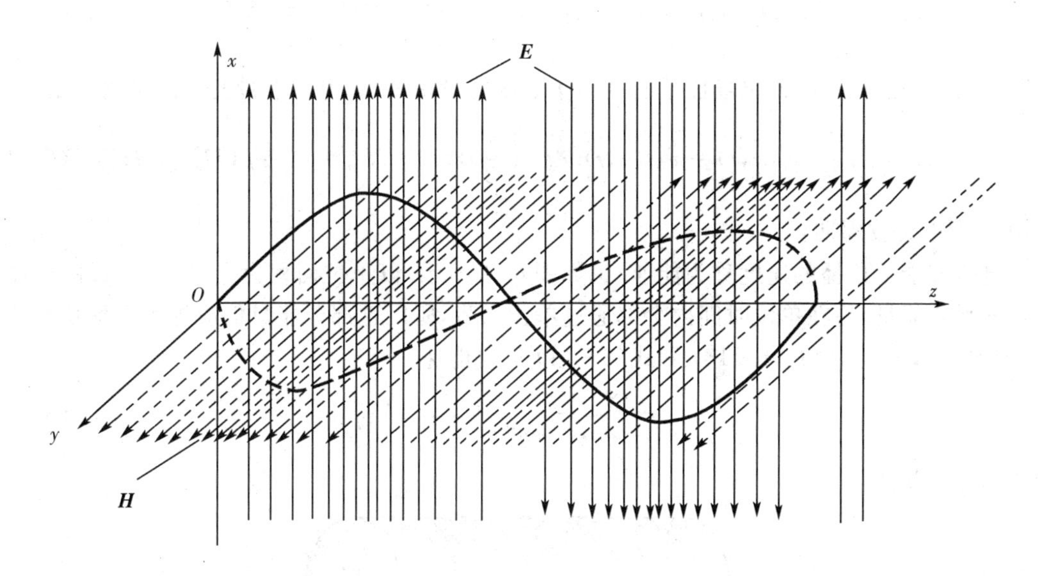

图 6-1　理想介质中均匀平面波的传播

等相位面传播的速度称为相速。等相位面方程为 $\omega t - kz + \varphi_x = \text{const}$，由此可得 $\omega \mathrm{d}t - k\mathrm{d}z = 0$，故相速为

$$v_p = \frac{\mathrm{d}z}{\mathrm{d}t} = \frac{\omega}{k} = \frac{1}{\sqrt{\mu\varepsilon}} \tag{6-11}$$

在真空中电磁波的相速

$$v_p = \frac{1}{\sqrt{\mu_0\varepsilon_0}} = \frac{1}{\sqrt{4\pi\times10^{-7}\times\frac{1}{36\pi}\times10^{-9}}} = 3\times10^8\,(\mathrm{m/s})$$

可见，电磁波在真空中的相速等于真空中的光速。由式(6-11)可得

$$k=\frac{\omega}{v_p}=\frac{2\pi f}{v_p}=\frac{2\pi}{\lambda} \tag{6-12}$$

式中$\lambda=v_p/f$为电磁波的波长。k称为波数，因为空间相位kz变化2π相当于一个全波，k表示单位长度内具有的全波数。k也称为相位常数，因为k表示单位长度内的相位变化。

(4) 均匀平面波传输的平均功率流密度矢量可由式(6-7)和式(6-8)得到

$$\boldsymbol{S}_{av}=\frac{1}{2}\mathrm{Re}(\boldsymbol{E}\times\boldsymbol{H}^*)=\frac{1}{2\eta}\mathrm{Re}[\boldsymbol{E}\times(\boldsymbol{e}_z\times\boldsymbol{E}^*)]=\frac{1}{2\eta}\mathrm{Re}[(\boldsymbol{E}\cdot\boldsymbol{E}^*)\boldsymbol{e}_z-(\boldsymbol{E}\cdot\boldsymbol{e}_z)\boldsymbol{E}^*]$$

$$=\frac{1}{2\eta}|\boldsymbol{E}|^2\boldsymbol{e}_z=\frac{1}{2\eta}(|E_x|^2+|E_y|^2)\boldsymbol{e}_z \tag{6-13}$$

(5) 电磁场中电场能量密度、磁场能量密度的瞬时值是

$$w_e(z,t)=\frac{1}{2}\varepsilon[E_x^2(z,t)+E_y^2(z,t)]$$

$$w_m(z,t)=\frac{1}{2}\mu[H_x^2(z,t)+H_y^2(z,t)]=\frac{1}{2}\mu\frac{[E_x^2(z,t)+E_y^2(z,t)]}{\mu/\varepsilon}=w_e(z,t)$$

说明空间任一点任一时刻电场能量密度等于磁场能量密度。总电磁能量密度的平均值是

$$w_{av}=\frac{1}{T}\int_0^T[w_e(z,t)+w_m(z,t)]\mathrm{d}t=\frac{1}{2}\varepsilon(E_{xm}^2+E_{ym}^2)=\frac{1}{2}\mu(H_{xm}^2+H_{ym}^2) \tag{6-14}$$

式中T为电磁波周期。

电磁波能量传播的速度称为能速v_e。如图6-2所示，以单位面积为底、长度为v_e的柱体中储存的平均能量，将在单位时间内全部通过单位面积，所以这部分能量值应等于平均功率流密度，即$S_{av}=v_e w_{av}$，由式(6-13)和式(6-14)可得能速

$$v_e=\frac{S_{av}}{w_{av}}=\frac{1}{\varepsilon\eta}=\frac{1}{\sqrt{\mu\varepsilon}}=v_p \tag{6-15}$$

即能速等于相速。

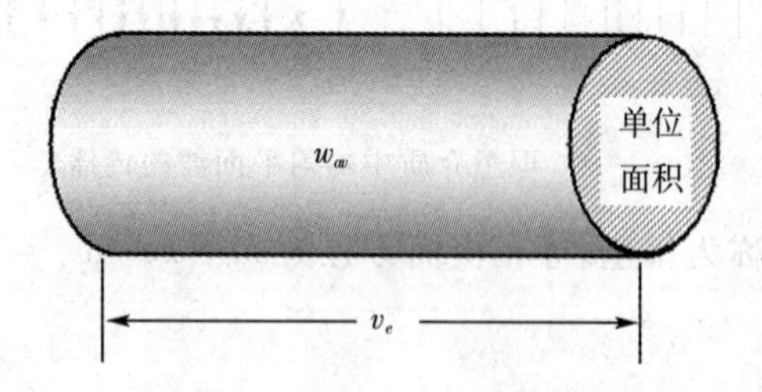

图6-2 平面波的能量速度

(6) 理想介质中与真空中的波数、波长、相速、波阻抗的关系如下

$$k=\omega\sqrt{\mu\varepsilon}=k_0\sqrt{\mu_r\varepsilon_r} \tag{6-16a}$$

$$\lambda=\frac{2\pi}{k}=\frac{\lambda_0}{\sqrt{\mu_r\varepsilon_r}} \tag{6-16b}$$

$$v_p=\frac{1}{\sqrt{\mu\varepsilon}}=\frac{c}{\sqrt{\mu_r\varepsilon_r}} \tag{6-16c}$$

$$\eta = \sqrt{\frac{\mu}{\varepsilon}} = \eta_0 \sqrt{\frac{\mu_r}{\varepsilon_r}} \tag{6-16d}$$

6.1.3 电磁波谱

电磁波频率范围极其宽阔，按频率和波长的顺序排列起来构成电磁波谱（又称频谱），如图6-3所示。通常的交流电力传输线上的电磁波的频率为50Hz，无线电波（简称电波）的波长为$10^{-3} \sim 10^{6}$m，微波的波长为0.1mm～1m，我们的视觉能够感觉接收到的电磁波是可见光，波长范围在$4\times10^{-7} \sim 7\times10^{-7}$m之间。电磁波是一项巨大的资源，在一百多年的时间里，人们已对各个无线电波频段进行了成功的开发，典型应用如图6-3所示，但电磁波谱中的许多频段还利用得极不充分，有待我们进一步开发。

频率	频段名称	典型应用	波长
3Hz			10^5km
	极低频(ELF)	地球勘探，脑电波	
30Hz			10^4km
	特低频(SLF)	电力传输，水下通信	
300Hz			10^3km
	超低频(ULF)	电话，音频	
3kHz			10^2km
	甚低频(VLF)	导航，定位和海水通信	
30kHz			10km
	低频(LF)	导航，无线电信标	
300kHz			1km
	中频(MF)	中波广播(535-1605kHz)，海上无线电，海岸警戒通信	
3MHz			100m
	高频(HF)	国际短波广播，电话，电报，传真，海岸和航空通信，业余无线电	
30MHz			10m
	甚高频(VHF)	调频广播(88-108MHz)，出租车移动通信电视(2-4频道，76-88MHz；7-13频道，174-216MHz)	
300MHz			1m
	超高频(UHF)	电视(14-83频道，470-890MHz)，微波炉2.45GHz，全球定位系统，移动通信	
3GHz			10cm
	特高频(SHF)	雷达，卫星通信，移动通信(800MHz-3GHz)	
30GHz			1cm
	极高频(EHF)	卫星间通信，雷达，遥感	
300GHz			1mm
	亚毫米波	射电天文，气象学研究	
3THz			0.1mm
30THz	红外线	加热，夜视，光通信	10μm
300THz			1μm
	可见光	视觉显示，天文学研究，光通信	
3PHz			0.1μm
	紫外线	杀菌	
30PHz			10nm
		医学诊断	
300PHz			1nm
3EHz	X射线	癌症治疗，天体物理研究	0.1nm
30EHz			10pm
300EHz	γ射线		1pm

无线电波（3kHz～3THz）；微波（300MHz～3THz）

图6-3 电磁波谱

6.2 损耗媒质中的均匀平面波

电磁波在媒质中传播时要受到媒质的影响。这一节，我们研究平面波在均匀、线性、各向同性、无源的无限大有损耗媒质($\sigma \neq 0$)中的传播特性。

6.2.1 损耗媒质中的平面波场解

在无源的有损耗媒质中，时谐电磁场满足的麦克斯韦方程组是

$$\nabla \times \boldsymbol{H} = \sigma \boldsymbol{E} + \mathrm{j}\omega\varepsilon \boldsymbol{E} = \mathrm{j}\omega\tilde{\varepsilon}\boldsymbol{E} \tag{6-17a}$$

$$\nabla \times \boldsymbol{E} = -\mathrm{j}\omega\mu \boldsymbol{H} \tag{6-17b}$$

$$\nabla \cdot \boldsymbol{H} = 0 \tag{6-17c}$$

$$\nabla \cdot \boldsymbol{E} = 0 \tag{6-17d}$$

式中 $\tilde{\varepsilon}$ 即第 5 章引入的复介电常数

$$\tilde{\varepsilon} = \varepsilon - \mathrm{j}\frac{\sigma}{\omega} = \varepsilon\left(1 - \mathrm{j}\frac{\sigma}{\omega\varepsilon}\right) \tag{6-17e}$$

式(6-17d)利用了损耗媒质内部的自由电荷密度趋于零这一规律，下面对此进行说明。若假设损耗媒质内部存在自由电荷密度 ρ，由欧姆定律和高斯定理，可得如下关系

$$\nabla \cdot \boldsymbol{J} = \sigma \nabla \cdot \boldsymbol{E} = \frac{\sigma}{\varepsilon}\rho \tag{6-18}$$

将电荷守恒定律代入上式，可得

$$\frac{\partial \rho}{\partial t} = -\frac{\sigma}{\varepsilon}\rho \tag{6-19a}$$

解之得

$$\rho(t) = \rho_0 e^{-(\sigma/\varepsilon)t} = \rho_0 e^{-t/\tau} \tag{6-19b}$$

其中 ρ_0 为 $t = 0$ 时刻的初始电荷密度。上式说明，损耗媒质中的自由电荷密度随时间按指数规律衰减，与电磁波的形式和变化规律无关，只与媒质的电磁特性参数(σ,ε)有关。由于初始时媒质内部电荷密度一般为零，因此损耗媒质中不存在自由电荷。即使初始电荷密度不为零，随时间的增加也将被衰减，例如铜 $\tau = 1.52 \times 10^{-19}$ 秒($\sigma = 5.8 \times 10^7 \mathrm{S/m}$)，石墨 $\tau = 3.68 \times 10^{-10}$ 秒($\sigma = 0.12\mathrm{S/m}$，$\varepsilon_r = 5$)，$\tau$ 表示电荷密度减小到初始值的 $1/e$ 所经过的时间，称为弛豫时间，可见媒质内部自由电荷将迅速趋于零。

方程组(6-17)与理想介质中的麦克斯韦方程组相比较，仅有 ε 与 $\tilde{\varepsilon}$ 的区别，因此我们只要将 $\tilde{\varepsilon}$ 取代上一节方程中的 ε，即可得有损耗媒质中的平面波的解

$$\boldsymbol{E} = (E_{xm}e^{\mathrm{j}\varphi_x}\boldsymbol{e}_x + E_{ym}e^{\mathrm{j}\varphi_y}\boldsymbol{e}_y)e^{-\gamma z} \tag{6-20a}$$

$$\boldsymbol{H} = \frac{1}{\eta}\boldsymbol{e}_z \times \boldsymbol{E} \tag{6-20b}$$

其中

$$\gamma = \mathrm{j}\omega\sqrt{\mu\tilde{\varepsilon}} \tag{6-20c}$$

$$\eta = \sqrt{\frac{\mu}{\tilde{\varepsilon}}} \tag{6-20d}$$

γ 称为传播常数，γ 和 η 都是复数。式(6-20)说明，在损耗媒质中传播的平面波，电场、磁场和传播方向三者相互垂直，成右手螺旋关系，仍是 TEM 波。

6.2.2　传播常数和波阻抗的意义

有损耗媒质中电磁波的传播常数 γ 和波阻抗 η 都是复数。设 $\gamma=\alpha+\mathrm{j}\beta$，由式(6-20c)得

$$(\alpha+\mathrm{j}\beta)^2=\alpha^2-\beta^2+2\mathrm{j}\alpha\beta=-\omega^2\mu\varepsilon(1-\mathrm{j}\sigma/\omega\varepsilon)$$

上式两边虚、实部分别相等，可得

$$\alpha=\sqrt{\frac{\omega^2\mu\varepsilon}{2}}\sqrt{\sqrt{1+\left(\frac{\sigma}{\omega\varepsilon}\right)^2}-1} \tag{6-21a}$$

$$\beta=\sqrt{\frac{\omega^2\mu\varepsilon}{2}}\sqrt{\sqrt{1+\left(\frac{\sigma}{\omega\varepsilon}\right)^2}+1} \tag{6-21b}$$

为讨论方便起见，假设电场只有 x 方向分量，因而电磁波的解为

$$E_x=E_{xm}e^{\mathrm{j}\varphi_x}e^{-\gamma z}=E_{xm}e^{-\alpha z}e^{-\mathrm{j}\beta z+\mathrm{j}\varphi_x} \tag{6-22a}$$

$$H_y=\frac{E_{xm}e^{\mathrm{j}\varphi_x}e^{-\gamma z}}{\eta}=\frac{E_{xm}e^{-\alpha z}e^{-\mathrm{j}(\beta z+\psi)+\mathrm{j}\varphi_x}}{|\eta|} \tag{6-22b}$$

$$\eta=|\eta|e^{\mathrm{j}\psi} \tag{6-22c}$$

式中 ψ 为波阻抗的幅角。电磁波的瞬时值为

$$E_x(z,t)=E_{xm}e^{-\alpha z}\cos(\omega t-\beta z+\varphi_x) \tag{6-23a}$$

$$H_y(z,t)=\frac{E_{xm}e^{-\alpha z}}{|\eta|}\cos(\omega t-\beta z-\psi+\varphi_x) \tag{6-23b}$$

上式说明：

(1) 在损耗媒质中，沿平面波的传播方向，平面波的振幅按指数衰减，故 α 称为衰减常数。工程上常用分贝(dB)或奈培(Np)来计算衰减量，其定义为

$$\alpha z=20\lg\frac{E_{xm}}{|E_x|}(\mathrm{dB}) \tag{6-24a}$$

$$\alpha z=\ln\frac{E_{xm}}{|E_x|}(\mathrm{Np}) \tag{6-24b}$$

当 $E_{xm}/|E_x|=e=2.7183$ 时，衰减量为 1Np，或 $20\lg 2.7183=8.686\mathrm{dB}$，故 $1\mathrm{Np}=8.686\mathrm{dB}$。衰减常数的单位是奈培/米(Np/m)或分贝/米(dB/m)。

波的振幅不断衰减的物理原因是电导率 σ 引起的焦耳热损耗，有一部分电磁能量转换成了热能。

(2) 由式(6－23) 还可得出，电磁波传播的相速是

$$v_p = \omega/\beta \tag{6-25}$$

β 称为相位常数，即单位长度上的相移量。与理想介质中的波数 k 具有相同的意义。由于 β 是频率的复杂函数，故不同的频率，波的相速也不同，这样，携带信号的电磁波其不同的频率分量将以不同的相速传播，经过一段距离的传播，它们的相位关系将发生变化，从而导致信号失真，这一现象称为色散，这是理想介质中所没有的现象。

(3) 波阻抗 $\eta = |\eta| e^{j\psi}$ 的振幅和幅角可导出如下

$$|\eta| = \sqrt{\frac{\mu}{\varepsilon}}\left[1+\left(\frac{\sigma}{\omega\varepsilon}\right)^2\right]^{-1/4} \tag{6-26a}$$

$$\psi = \frac{1}{2}\arctan\left(\frac{\sigma}{\omega\varepsilon}\right) \tag{6-26b}$$

一般把 $\arctan\left(\frac{\sigma}{\omega\varepsilon}\right)$ 称为媒质的损耗角。

波阻抗的幅角表示磁场强度的相位比电场强度滞后 ψ，σ 愈大则滞后愈大。电磁波在有损耗媒质中的传播情况如图 6－4 所示。

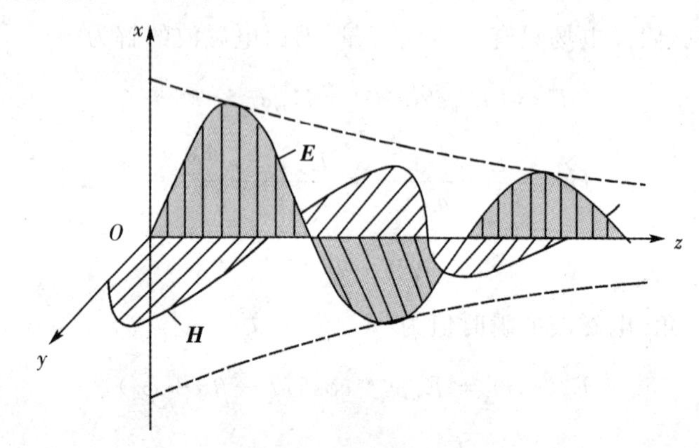

图 6－4　有损耗媒质中平面波的传播

(4) 损耗媒质中平均功率流密度矢量为

$$\boldsymbol{S}_{av} = \frac{1}{2}\mathrm{Re}(\boldsymbol{E}\times\boldsymbol{H}^*) = \frac{1}{2|\eta|}E_{xm}^2 e^{-2\alpha z}\cos\psi\boldsymbol{e}_z \tag{6-27}$$

随着波的传播，由于媒质的损耗，电磁波的功率流密度逐渐减小。

由衰减常数 α 的表达式可知：频率增大时，电磁波随距离的衰减变快，使波的传播距离变近；在相同的频率下，电导率越大，电磁波的衰减也越快，传播距离变近。含水物质对微波具有较强的吸收作用，我们最熟知的一个应用是家庭中利用微波炉来烹制食物，微波加热已广泛用于皮革、纸张、木材、粮食、食品和茶叶等的加热干燥，用于血浆和冷藏器官的解冻等等。加热频率的选择，考虑到若频率过高，则穿透深度小，不能对深部位加热，若频率过低，则物质吸收小，也不能有效地加热，同时为了防止对雷达和通信等产生干扰，我国和世界大多数国家规定的工

业、科学与医疗专用频率为:915MHz、2450MHz、5800MHz 和 22125MHz。目前我国主要用915MHz 和 2450MHz。

(5) 储存在损耗媒质中的电磁波的电场能量密度和磁场能量密度的平均值分别是

$$(w_{av})_e = \frac{1}{4}\varepsilon E_{xm}^2 e^{-2\alpha z} \tag{6-28a}$$

$$(w_{av})_m = \frac{\mu E_{xm}^2}{4|\eta|^2} e^{-2\alpha z} = \frac{1}{4}\varepsilon E_{xm}^2 e^{-2\alpha z}\sqrt{1+\left(\frac{\sigma}{\omega\varepsilon}\right)^2} \tag{6-28b}$$

由此可见,损耗媒质中磁场能量密度大于电场能量密度。这正是由于 $\sigma \neq 0$ 所引起的传导电流所致,因为它激发了附加的磁场。

(6) 能量的传播速度即能速是

$$v_e = \frac{S_{av}}{(w_{av})_e + (w_{av})_m} = \frac{2}{\sqrt{\mu\varepsilon}}\left[1+\left(\frac{\sigma}{\omega\varepsilon}\right)^2\right]^{1/4}\left\{\left[1+\left(\frac{\sigma}{\omega\varepsilon}\right)^2\right]^{1/2}+1\right\}^{-1}\cos\psi$$

由式(6-26)

$$\cos\psi = \cos\left[\frac{1}{2}\arctan\left(\frac{\sigma}{\omega\varepsilon}\right)\right] = \frac{1}{\sqrt{2}}\left[1+\left(\frac{\sigma}{\omega\varepsilon}\right)^2\right]^{-1/4}\left\{\left[1+\left(\frac{\sigma}{\omega\varepsilon}\right)^2\right]^{1/2}+1\right\}^{1/2}$$

因此

$$v_e = \left(\frac{2}{\mu\varepsilon}\right)^{1/2}\left\{\left[1+\left(\frac{\sigma}{\omega\varepsilon}\right)^2\right]^{1/2}+1\right\}^{-1/2} = \frac{\omega}{\beta} = v_p \tag{6-29}$$

能量传播的速度等于相速。

(7) 对于低损耗媒质,例如聚乙烯、聚四氟乙烯、聚苯乙烯、有机玻璃和石英等,在高频和超高频以上均有 $\frac{\sigma}{\omega\varepsilon} < 10^{-2}$,因此,衰减常数、相位常数、波阻抗可近似为

$$\alpha \approx \sqrt{\frac{\omega^2\mu\varepsilon}{2}}\sqrt{\sqrt{1+\frac{1}{2}\left(\frac{\sigma}{\omega\varepsilon}\right)^2}-1} \approx \frac{\sigma}{2}\sqrt{\frac{\mu}{\varepsilon}} \tag{6-30a}$$

$$\beta \approx \sqrt{\frac{\omega^2\mu\varepsilon}{2}}\sqrt{\sqrt{1+\frac{1}{2}\left(\frac{\sigma}{\omega\varepsilon}\right)^2}+1} \approx \sqrt{\omega^2\mu\varepsilon}\left[1+\frac{1}{8}\left(\frac{\sigma}{\omega\varepsilon}\right)^2\right] \approx \omega\sqrt{\mu\varepsilon} \tag{6-30b}$$

$$\eta \approx \sqrt{\frac{\mu}{\varepsilon}} \tag{6-30c}$$

由此可见,在低损耗媒质中,平面波的传播特性,除了有损耗引起的微弱衰减之外,和理想介质的相同。

6.2.3 良导电媒质中的平面波

良导电媒质(又称良导体)是指 σ 很大的媒质,如铜($\sigma = 5.8\times10^7$ S/m)、银($\sigma = 6.17\times10^7$ S/m)等金属,在整个无线电频率范围内满足 $\frac{\sigma}{\omega\varepsilon} > 100$。电磁波在良导电媒质中传播时能量将集中在表面一薄层内。

1. 传播常数和波阻抗的近似表达式

因为在良导电媒质中，$\frac{\sigma}{\omega\varepsilon} > 100$，式(6-21)和式(6-20d)可近似为

$$\alpha \approx \sqrt{\frac{\omega^2 \mu\varepsilon}{2}} \sqrt{\frac{\sigma}{\omega\varepsilon} - 1} \approx \sqrt{\frac{\omega\mu\sigma}{2}} \tag{6-31a}$$

$$\beta \approx \sqrt{\frac{\omega^2 \mu\varepsilon}{2}} \sqrt{\frac{\sigma}{\omega\varepsilon} + 1} \approx \sqrt{\frac{\omega\mu\sigma}{2}} \tag{6-31b}$$

$$\eta = \sqrt{\frac{\mu}{\varepsilon\left(1 - \mathrm{j}\,\frac{\sigma}{\omega\varepsilon}\right)}} \approx \sqrt{\frac{\mathrm{j}\omega\mu}{\sigma}} = \sqrt{\frac{\omega\mu}{2\sigma}}(1+\mathrm{j}) \tag{6-31c}$$

2. 波在良导电媒质中的传播特性

良导电媒质中电磁波的相速是

$$v_p = \frac{\omega}{\beta} = \sqrt{\frac{2\omega}{\mu\sigma}} \tag{6-32}$$

v_p 与$\sqrt{\omega}$ 成正比，说明良导电媒质是色散媒质，且σ越大，v_p 越慢。例如频率为 10^6 Hz的电磁波，在铜中传播的相速 $v_p = 415\text{m/s}$，与声音在空气中的传播速度同一数量级。通常把电磁波在自由空间的相速与在媒质中的相速之比定义为折射率 n

$$n = \frac{c}{v_p} = \sqrt{\frac{\mu_r \sigma}{2\omega\varepsilon_0}} \tag{6-33}$$

说明良导体的折射率很大，所以我们总是讨论垂直进入导体的情况。

由于良导体的电导率σ一般都在 10^7 数量级，随着频率的升高，α将很大，所以在良导体中高频电磁波只存在于导体表面，这个现象称为趋肤效应。为衡量趋肤程度，我们定义穿透深度δ：电磁波场强的振幅衰减到表面值的 $1/e$(即 36.8%) 所经过的距离。按定义可得

$$\delta = \frac{1}{\alpha} = \sqrt{\frac{2}{\omega\mu\sigma}} \tag{6-34}$$

下面举例说明穿透深度的数量级。

【例 6-1】 当电磁波的频率分别为 50Hz、464kHz、10GHz 时，试计算电磁波在铜导体中的穿透深度。

【解】 利用式(6-34)，当电磁波频率为交流电频率即 $f_1 = 50\text{Hz}$ 时

$$\delta_1 = \left(\frac{2}{2\pi \times 50 \times 4\pi \times 10^{-7} \times 5.8 \times 10^7}\right)^{1/2} = 9.34(\text{mm})$$

当电磁波频率为中频即 $f_2 = 464\text{kHz}$ 时

$$\delta_2 = \left(\frac{2}{2\pi \times 464 \times 10^3 \times 4\pi \times 10^{-7} \times 5.8 \times 10^7}\right)^{1/2} = 97(\mu\text{m})$$

当电磁波频率处于微波波段即 $f_3 = 10^{10}\,\text{Hz}$ 时

$$\delta_3 = \left(\frac{2}{2\pi \times 10^{10} \times 4\pi \times 10^{-7} \times 5.8 \times 10^7}\right)^{1/2} = 0.66(\mu\text{m})$$

这些数据说明：一般厚度的金属外壳在无线电频段有很好的屏蔽作用，如中频变压器的铝罩、晶体管的金属外壳等都很好地起屏蔽作用，但对低频无工程意义。低频时可采用铁磁性导体（如铁 $\sigma = 10^7\text{S/m}, \mu_r = 10^4, \varepsilon_r = 1$）进行屏蔽。

趋肤效应在工程上有重要应用，例如用于表面热处理：用高频强电流通过一块金属，由于趋肤效应，它的表面首先被加热，迅速达到淬火的温度，而内部温度较低，这时立即淬火使之冷却，表面就会变得很硬，而内部仍保持原有的韧性。

【例 6-2】　当电磁波的频率分别为 50Hz、10^5 Hz 时，试计算电磁波在海水中的穿透深度。已知海水的 $\sigma = 4\text{S/m}, \varepsilon_r = 81, \mu_r = 1$。

【解】　频率为 10^5 Hz 时

$$\frac{\sigma}{\omega\varepsilon} = \frac{4}{2\pi \times 10^5 \times 81 \times 8.854 \times 10^{-12}} = 8.88 \times 10^3 > 10^2$$

显然频率愈低愈能满足上述表达式，于是

$$\delta_1 = \left(\frac{2}{2\pi \times 50 \times 4\pi \times 10^{-7} \times 4}\right)^{1/2} = 35.6(\text{m})$$

$$\delta_2 = \left(\frac{2}{2\pi \times 10^5 \times 4\pi \times 10^{-7} \times 4}\right)^{1/2} = 0.796(\text{m})$$

数据结果说明：由于海水中电磁能量的损耗和趋肤效应，海底通信必须使用很低频率的无线电波，或者将收发天线上浮至海水表面附近。

良导电媒质中的波阻抗的近似值已由式(6-31c)给出，电阻和电抗数值相等，幅角为 45°，说明良导电媒质中电场相位超前磁场 45°。波阻抗的模值是 $|\eta| = \sqrt{\omega\mu/\sigma}$，因此良导电媒质的波阻抗很小，说明电场强度远小于磁场强度。波阻抗在低频时更小，例如铜在 $f = 50\text{Hz}$ 时 $|\eta| = 2.6 \times 10^{-6}\Omega$，当 $f = 3\text{GHz}$ 时 $|\eta|$ 也只有 0.02Ω，理想导体的波阻抗则等于零，所以我们常说良导电媒质对电磁波有短路作用。电磁波在良导电媒质表面上大部分被反射掉，少部分进入表面薄层转化为焦耳热而损耗掉。

3. 良导电媒质的表面阻抗

由于趋肤效应，电流集中于导体表面，导体内部的电流则随深度增加而迅速减小，在数个穿透深度后，电流近似地等于零。在高频，导体的实际载流面积减少了，不同于恒定电流均匀分布于导体截面的情况，因而导线的高频电阻比低频或直流电阻大得多。

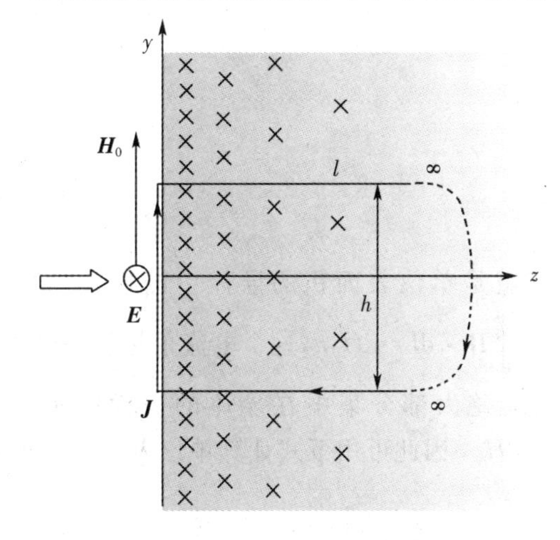

图 6-5　导体平面的表面阻抗

下面计算导体平面的阻抗。如图 6-5 所示，在导体内

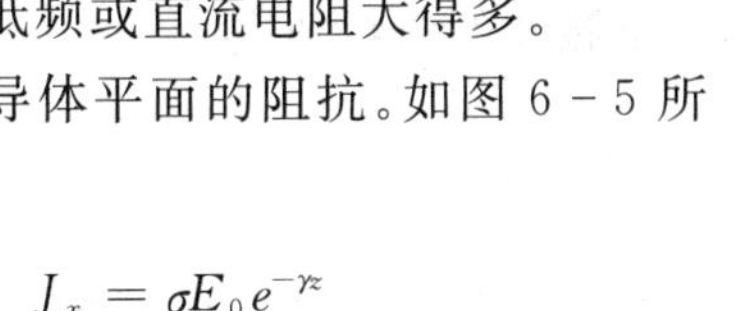

$$J_x = \sigma E_0 e^{-\gamma z}$$

设导体在 z 方向的厚度远大于穿透深度，因而可认为厚度是无限大。则在宽为 h（如图 6－5，指磁场方向的宽度）、z 方向无限深的截面流过的总电流是

$$I_x = \int_s J_x \mathrm{d}s = \int_0^\infty h\sigma E_0 e^{-\gamma z}\mathrm{d}z = \frac{h\sigma E_0}{\gamma}$$

电流实际上只在表面流动，我们定义：单位长度表面电压复振幅（即 x 方向的电场强度）与上述总电流的比值为导体的表面阻抗

$$Z_h = \frac{E_0}{I_x} = \frac{\gamma}{h\sigma} = \frac{1}{h\sigma}\left(\frac{\omega\mu\sigma}{2}\right)^{\frac{1}{2}}(1+\mathrm{j}) \tag{6-35}$$

单位宽度、单位长度的表面阻抗称为导体的表面阻抗率

$$Z_s = \sqrt{\frac{\omega\mu}{2\sigma}}(1+\mathrm{j}) = \eta \tag{6-36}$$

它的实数部分称为表面电阻率 R_s，虚数部分称为表面电抗率 X_s，其计算表达式为

$$R_s = X_s = \sqrt{\frac{\omega\mu}{2\sigma}} = \frac{1}{\sigma\delta} \tag{6-37}$$

显然，频率越高，表面电阻率 R_s 越大，这进一步说明高频率能量不能在导体内部传输。计算有限面积的表面阻抗，应等于 Z_s 乘以沿电场方向的长度、除以沿磁场方向的宽度。

从导体中电磁波的能量损耗也可以看出表面电阻率的意义。在图 6－5 所示的导体中，往 z 方向传输的电磁波为

$$H_y = H_0 e^{-\gamma z}$$

$$E_x = \eta H_0 e^{-\gamma z}$$

其中 H_0 是电磁波在导体表面上的磁场强度。通过单位面积传输进入导体的平均功率是

$$\begin{aligned}\boldsymbol{S}_{av} &= \frac{1}{2}\mathrm{Re}(\boldsymbol{E}\times\boldsymbol{H}^*)\Big|_{z=0} \\ &= \frac{1}{2}|H_0|^2\mathrm{Re}(\eta)\boldsymbol{e}_z \\ &= \frac{1}{2}|H_0|^2 R_s\boldsymbol{e}_z \quad (\mathrm{W/m^2})\end{aligned} \tag{6-38}$$

上式就是单位表面积的导体中的损耗功率。沿图 6－5 所示的路径 l 积分，可得全电流 $I_x = \oint_l \boldsymbol{H}\cdot\mathrm{d}\boldsymbol{l} = H_0 h$，这个电流也是传导电流，因为导体中位移电流远小于传导电流。由于这个电流绝大部分集中在导体的表面附近，所以称之为表面电流，其表面电流密度就是 $J_s = H_0$，因此可用下式计算单位表面积的导体中电磁波的损耗功率

$$S_{av} = \frac{1}{2}|J_s|^2 R_s = \frac{1}{2}|J_s|^2\frac{1}{\sigma\delta} \tag{6-39}$$

上式可设想为面电流 J_s 均匀地集中在导体表面 δ 厚度内，对应的导体直流电阻所吸收的功率，

等于电磁波垂直传入导体所耗散的热损耗功率。

下面再以圆导线为例，计算表面电阻。在频率很高时 δ 很小，通常远小于导线半径 a，因此可把导线看成具有厚度是无限大、宽度是导线截面周长的平面导体，导线单位长度的表面电阻是

$$R_h = \frac{R_s}{2\pi a} = \frac{1}{2\pi a\sigma\delta} \tag{6-40a}$$

说明在高频下导线的电阻会显著地随频率增加。而单位长度的导线的直流电阻是

$$R_0 = \frac{1}{\pi a^2 \sigma} \tag{6-40b}$$

对比以上两式，如上所述，可以设想频率很高时，电流均匀地集中在导体表面 δ 厚度内，导线的实际载流面积为 $2\pi a\delta$。

由以上两式可得，表面电阻与直流电阻的比值为

$$\frac{R_h}{R_0} = \frac{a}{2\delta}$$

说明同一根导线高频时的电阻比直流电阻大得多。如何减少导体的高频电阻呢？可以采用多股漆包线或辫线，即用相互绝缘的细导线编织成束，来代替同样总截面积的实心导线。在无线电技术中通常用它绕制高 Q 值电感。

6.2.4　电磁波的色散与波速

1. 色散现象

在有损耗媒质中，衰减常数和相位常数都是频率的函数，因而相速也是频率的函数。电磁波传播的相速随频率而变化的现象称为色散。色散的名称来源于光学，当一束太阳光入射至三棱镜上时，则在三棱镜的另一边就可看到散开的七色光，其原因是不同频率的光在同一媒质中具有不同的折射率，亦即具有不同的相速。

色散会使已调制的无线电信号波形发生畸变。一个调制波可认为是由许多不同频率的时谐波合成的波群，不同频率的时谐波相速不同，衰减也不同，传播一段距离后，必然会有新的相位和振幅关系，合成波将可能发生失真。而且，已调波中这些不同频率的时谐波在媒质中各有各的相速，造成无法用相速进行总体描述，因此，有必要研究作为整体的波群在空间的传播速度。

2. 波速的一般概念

电磁波的传播速度或波速是一个统称，通常有相速、能速、群速和信号速度之分，其大小和相互关系依赖于媒质特性与导波系统的结构。只有在非色散媒质中，均匀平面波的能速、群速与相速相等，可以笼统地称之为波速 v，若媒质为真空，则波速等于光速 c。

(1) 相速

相速定义为单一频率的平面波(单色波)的等相位面的传播速度，计算公式是 $v_p = \omega/\beta$。相速的概念只适用于一个 t 从 $-\infty$ 延伸到 $+\infty$ 的单色波，而这样的波是不可能实现的，实际的波总是从某个时刻开始产生，这就成了一种被阶跃函数调制的已调波。

相速仅仅确定相位关系，相速可以超过光速，例如在等离子体中常有 $v_p > c$ 的情形，这不违反相对论，因为未调制载波不能传递信息，相速也不代表能量的速度。

(2) 群速

载信息的信号总是包含许多不同频率的分量，现在讨论一个简单情况。假设信号由两个振幅相同、角频率分别为 $\omega_0+\Delta\omega(\Delta\omega\ll\omega_0)$ 和 $\omega_0-\Delta\omega$ 的时谐波组成。由于角频率不同，两个波的相位常数也不同，分别为 $\beta_0+\Delta\beta$ 和 $\beta_0-\Delta\beta$，则合成波为

$$
\begin{aligned}
E(z,t) &= E_0\cos[(\omega_0+\Delta\omega)t-(\beta_0+\Delta\beta)z]+E_0\cos[(\omega_0-\Delta\omega)t-(\beta_0-\Delta\beta)z] \\
&= 2E_0\cos(\Delta\omega t-\Delta\beta z)\cos(\omega_0 t-\beta_0 z)
\end{aligned}
$$

合成波的振幅随时间按余弦变化，这个按余弦变化的调制波称为包络或波群。该包络移动的相速度定义为群速 v_g。由调制波的相位 $\Delta\omega t-\Delta\beta z=$ 常数，可得

$$v_g=\frac{\mathrm{d}z}{\mathrm{d}t}=\frac{\Delta\omega}{\Delta\beta}$$

当 $\Delta\omega\to 0$ 时，可得群速

$$v_g=\frac{\mathrm{d}\omega}{\mathrm{d}\beta} \tag{6-41}$$

由于群速是波的包络的传播速度，所以只有当包络的形状不随波的传播而变化(即不失真)时，群速才有意义。包络不失真的条件是：在频带内衰减常数为恒定值，不随频率变化；相位常数与频率呈线性函数关系，即包络传播速度一致。若信号频谱很宽不能满足上述条件，则信号包络在传播过程中将发生畸变。

虽然理论上只要 $\beta(\omega)$ 在任一频率 ω 有导数 $\mathrm{d}\beta/\mathrm{d}\omega$，就可以由式(6-41)计算一个 v_g，但是只有满足包络不失真条件时，严格的群速概念才成立。如果不满足不失真条件，在传播过程中包络的形状必然改变，因而在传播了一定时间以后，无法确定波形所走的距离，v_g 也就不能再表示包络的传播速度。

进一步分析表明，在包络不失真群速有确定意义时，电磁波的能量传播速度等于群速。

(3) 群速与相速的关系

群速与相速的关系可推导如下

$$v_g=\frac{\mathrm{d}\omega}{\mathrm{d}\beta}=\frac{\mathrm{d}(\beta v_p)}{\mathrm{d}\beta}=v_p+\beta\frac{\mathrm{d}v_p}{\mathrm{d}\beta}=v_p+\beta\frac{\mathrm{d}v_p}{\mathrm{d}\omega}\frac{\mathrm{d}\omega}{\mathrm{d}\beta}$$

故

$$v_g=\frac{v_p}{1-\beta\dfrac{\mathrm{d}v_p}{\mathrm{d}\omega}}=\frac{v_p}{1-\dfrac{\omega}{v_p}\dfrac{\mathrm{d}v_p}{\mathrm{d}\omega}} \tag{6-42}$$

可见，

当 $\mathrm{d}v_p/\mathrm{d}\omega=0$，即无色散时，群速等于相速。

当 $\mathrm{d}v_p/\mathrm{d}\omega<0$ 时，频率越高相速越小，则有群速小于相速，称为正常色散。

当 $\mathrm{d}v_p/\mathrm{d}\omega>0$ 时，频率越高相速越大，则有群速大于相速，称为反常色散。

6.3 均匀平面波的极化

假设均匀平面波沿 z 方向传播，其电场矢量位于 xy 平面，一般情况下，电场有沿 x 方向及 y 方向的两个分量，可表示为

$$\boldsymbol{E} = E_{xm} e^{j\varphi_x - jkz} \boldsymbol{e}_x + E_{ym} e^{j\varphi_y - jkz} \boldsymbol{e}_y \tag{6-43}$$

其瞬时值为

$$E_x(z,t) = E_{xm}\cos(\omega t - kz + \varphi_x) \tag{6-44a}$$

$$E_y(z,t) = E_{ym}\cos(\omega t - kz + \varphi_y) \tag{6-44b}$$

这两个分量叠加(矢量和)的结果随 φ_x、φ_y、E_{xm}、E_{ym} 的不同而不同。

两个同频率同传播方向的互相正交的电场强度(或磁场强度)，在空间任一点合成矢量的大小和方向随时间变化的方式，称为电磁波的极化，在物理学中称之为偏振。极化通常用合成矢量的端点随时间变化的轨迹来描述，可分为直线极化、圆极化和椭圆极化三种。

6.3.1　均匀平面波的三种极化形式

1. 直线极化

令 $\Delta = \varphi_x - \varphi_y$，当 $\Delta = 0$ 或 $\Delta = \pi$ 时，$\boldsymbol{E}(z,t)$ 方向与 x 轴的夹角 θ 为

$$\tan\theta = \frac{E_y(z,t)}{E_x(z,t)} = \pm\frac{E_{ym}}{E_{xm}} \tag{6-45}$$

"+"对应于 $\Delta = 0$，"−"对应于 $\Delta = \pi$。θ 与时间无关，即 $\boldsymbol{E}$ 的振动方向不变，轨迹是一条直线，故称之为直线极化或线极化，如图6-6所示。

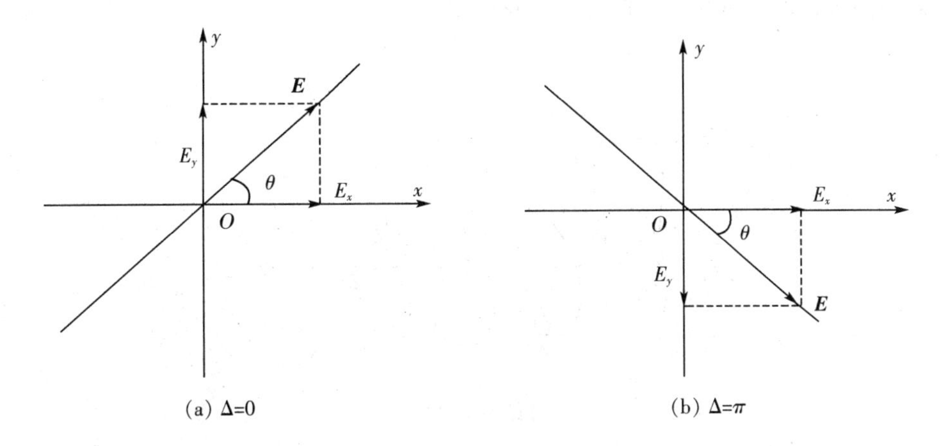

图6-6　线极化波电场的振动轨迹

2. 圆极化

当 $\Delta = \pm\frac{\pi}{2}$ 而且 $E_{xm} = E_{ym} = E_0$ 时，$\boldsymbol{E}(z,t)$ 的振幅为

$$|\boldsymbol{E}(z,t)| = \sqrt{E_x^2(z,t) + E_y^2(z,t)} = E_0 \tag{6-46a}$$

上式表明 $\boldsymbol{E}(z,t)$ 的大小不随时间变化。$\boldsymbol{E}(z,t)$ 的方向与 x 轴的夹角 θ 为

$$\theta = \arctan\frac{E_y(z,t)}{E_x(z,t)}$$

$$= \arctan \frac{\cos\left(\omega t - kz + \varphi_x \mp \frac{\pi}{2}\right)}{\cos(\omega t - kz + \varphi_x)}$$

$$= \pm (\omega t - kz + \varphi_x) \tag{6-46b}$$

这表明，对于给定 z 值的某点，随时间的增加，$\boldsymbol{E}(z,t)$ 的方向以角频率 ω 作等速旋转，其矢量端点轨迹为圆，故称为圆极化。当 $\Delta = \pi/2$ 时，$\theta = \omega t - kz + \varphi_x$，$\boldsymbol{E}(z,t)$ 的旋向与波的传播方向 $\boldsymbol{e}_z$ 成右手螺旋关系，称为右旋圆极化波；当 $\Delta = -\pi/2$ 时，$\theta = -(\omega t - kz + \varphi_x)$，$\boldsymbol{E}(z,t)$ 的旋向与波的传播方向 $\boldsymbol{e}_z$ 成左手螺旋关系，称为左旋圆极化波，如图 6-7 所示。

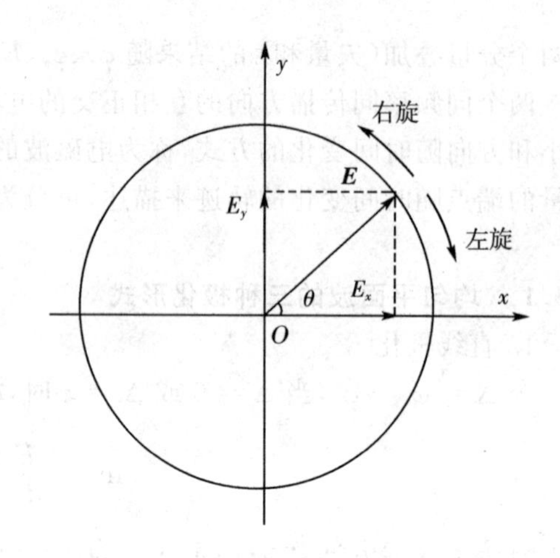

图 6-7　圆极化波电场的振动轨迹

前面考虑的是 z 固定，场强的大小和方向随时间的变化情况，称为时间极化。如果时间固定，场强的大小和方向随位置的变化情况称为空间极化。图 6-8(a) 表示固定某一时刻，右旋圆极化波的电场矢量随距离 z 的变化情况，z 愈大圆极化的起始角度愈负，图 6-8(b) 是某一时刻左旋圆极化波的电场矢量随 z 的变化情况。

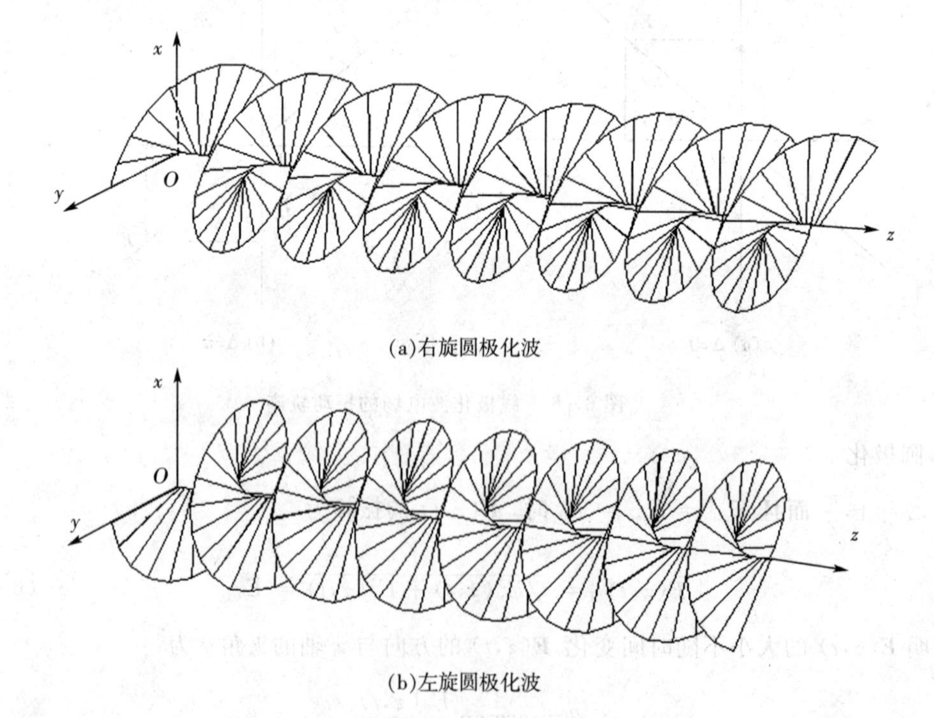

图 6-8　圆极化波的空间极化

3. 椭圆极化

最一般的情况是电场两个分量的振幅和相位为任意值。从式(6-44)中消去 $\omega t-kz$，可以得到电场变化的轨迹方程，把式(6-44)展开

$$\frac{E_x}{E_{xm}}=\cos(\omega t-kz)\cos\varphi_x-\sin(\omega t-kz)\sin\varphi_x$$

$$\frac{E_y}{E_{ym}}=\cos(\omega t-kz)\cos\varphi_y-\sin(\omega t-kz)\sin\varphi_y$$

把上两式分别乘 $\sin\varphi_y$ 和 $\sin\varphi_x$ 并相减，得

$$\frac{E_x}{E_{xm}}\sin\varphi_y-\frac{E_y}{E_{ym}}\sin\varphi_x=-\cos(\omega t-kz)\sin(\varphi_x-\varphi_y)$$

同理可得

$$\frac{E_x}{E_{xm}}\cos\varphi_y-\frac{E_y}{E_{ym}}\cos\varphi_x=-\sin(\omega t-kz)\sin(\varphi_x-\varphi_y)$$

把以上两式两边平方后相加，得

$$\left(\frac{E_x}{E_{xm}}\right)^2-2\left(\frac{E_x}{E_{xm}}\right)\left(\frac{E_y}{E_{ym}}\right)\cos(\varphi_x-\varphi_y)+\left(\frac{E_y}{E_{ym}}\right)^2=\sin^2(\varphi_x-\varphi_y) \tag{6-47}$$

这是一个椭圆方程，合成电场的矢量端点在一椭圆上旋转，如图6-9所示，称之为椭圆极化。当 $\Delta>0$ 时，旋向与波的传播方向 $\boldsymbol{e}_z$ 成右手螺旋关系，称为右旋椭圆极化波，反之，当 $\Delta<0$ 时，称为左旋椭圆极化波。

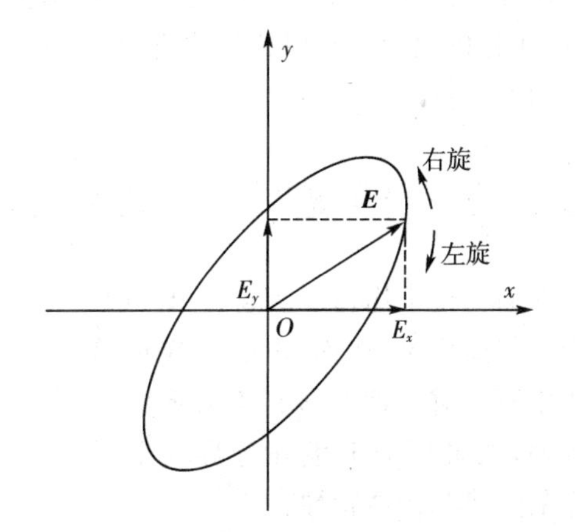

图6-9　椭圆极化波电场的振动轨迹

6.3.2　均匀平面波的合成分解及应用

根据前面对线极化波的讨论，式(6-44)的 $E_x(z,t)$ 和 $E_y(z,t)$ 可以看成两个线极化的电磁波。这两个正交的线极化波可以合成其他形式的极化波，如椭圆极化和圆极化。反之亦然，任意一个椭圆极化或圆极化波都可以分解为两个线极化波。

容易证明，一个线极化的电磁波，可以分解成两个幅度相等、旋转方向相反的圆极化波。两个旋向相反的圆极化波可以合成一个椭圆极化波，反之，一个椭圆极化波可分解为两个旋向相反的圆极化波。

电磁波的极化特性，在工程上获得非常广泛的实际应用。

无线电技术中，利用天线发射和接收电磁波的极化特性，实现无线电信号的最佳发射和接收。电场垂直于地面的线极化波沿地球表面传播时，其损耗小于电场平行于地面传播时的损耗，所以调幅电台发射的电磁波的电场强度矢量是与地面垂直的线极化波，收听者想得到最佳

的收音效果,应将收音机的天线调整到与电场平行的位置,即与大地垂直。

在移动通信或微波通信中使用的极化分集接收技术,就是利用了极化方向相互正交的两个线极化的电平衰落统计特性的不相关性进行合成,以减少信号的衰落深度。

在军事上为了干扰和侦察对方的通信或雷达目标,需要应用圆极化天线,因为使用一副圆极化天线可以接收任意取向的线极化波。

如果通信的一方或双方处于方向、位置不定的状态,例如在剧烈摆动或旋转的运载体(如飞行器等)上,为了提高通信的可靠性,收发天线之一应采用圆极化天线。在人造卫星和弹道导弹的空间遥测系统中,信号穿过电离层传播后,因法拉第旋转效应(见第6.6.2节)产生极化畸变,这也要求地面上安装圆极化天线作发射或接收天线。

在电视中为了克服杂乱反射所产生的重影,也可采用圆极化天线,因为当圆极化波入射到一个平面上或球面上时,其反射波旋向相反,天线只能接收旋向相同的直射波,抑制了反射波传来的重影信号。当然,这需对整个电视天线系统作改造,目前应用的仍是水平线极化天线(电视信号为空间直接波传播,不是地面波传播,不同于上述水平极化波在地球表面传播损耗大的情况),电视接收天线应调整到与地面平行的位置。而由国际通信卫星转发的卫星电视信号是圆极化的。在雷达中,可利用圆极化波来消除云雨的干扰,因为水滴近似呈球形,对圆极化波的反射是反旋的,不会被雷达天线所接收;而雷达目标(如飞机、舰船等)一般是非简单对称体,其反射波是椭圆极化波,必有同旋向的圆极化成分,因而能收到。在气象雷达中可利用雨滴的散射极化的不同响应来识别目标。

此外,有些微波器件的功能就是利用电磁波的极化特性获得的,例如铁氧体环行器和隔离器等。在分析化学中利用某些物质对于传播其中的电磁波具有改变极化方向的特性来实现物质结构的分析。

6.4 均匀平面波对平面边界的垂直入射

前面讨论了均匀平面波在单一媒质中的传播规律。然而,电磁波在传播过程中不可避免地会碰到不同形状的分界面,为此需研究波在分界面上所遵循的规律和传播特性。

为分析简便,假设分界面为无限大的平面,如图6-10所示,在分界面上取一点作坐标原点,取z轴与分界面垂直,并由媒质Ⅰ指向媒质Ⅱ。我们把在第一种媒质中投射到分界面的波称为入射波,把透过分界面在第二种媒质中传播的波称为透射波,把从分界面上返回到第一种媒质中传播的波称为反射波。

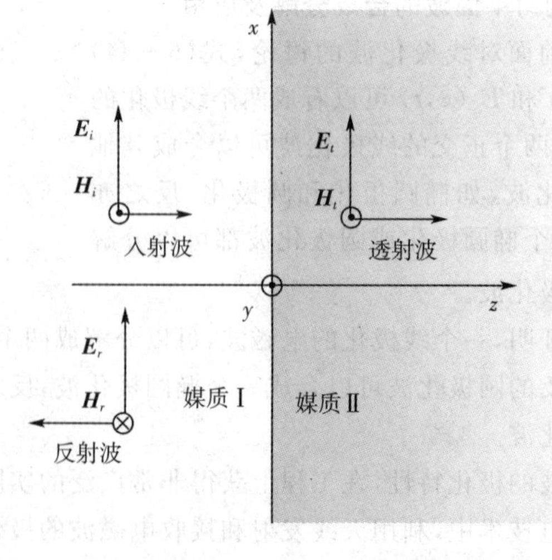

图6-10 均匀平面波的垂直入射

6.4.1　对理想导体的垂直入射

设图 6-10 中媒质 Ⅰ 是理想介质($\sigma_1=0$)，媒质 Ⅱ 是理想导体($\sigma_2\to\infty$)，均匀平面波由媒质 Ⅰ 沿 z 轴方向向媒质 Ⅱ 垂直入射，由于电磁波不能穿入理想导体，全部电磁能量都将被边界反射回来。为简便起见，下面讨论线极化波，取电场强度的方向为 x 轴的正方向，则入射波的一般表达式为

$$\boldsymbol{E}_i=E_{i0}e^{-jk_1z}\boldsymbol{e}_x \tag{6-48a}$$

$$\boldsymbol{H}_i=\frac{1}{\eta_1}\boldsymbol{e}_z\times\boldsymbol{E}_i=\frac{E_{i0}}{\eta_1}e^{-jk_1z}\boldsymbol{e}_y \tag{6-48b}$$

式中 $k_1=\omega\sqrt{\mu_1\varepsilon_1}$、$\eta_1=\sqrt{\mu_1/\varepsilon_1}$，$E_{i0}$ 为分界面上入射电场的复振幅。在理想导体表面应满足电场切向分量为零的边界条件，因此反射波的电场也将是 x 方向线极化的，其电磁场表达式为

$$\boldsymbol{E}_r=E_{r0}e^{jk_1z}\boldsymbol{e}_x \tag{6-49a}$$

$$\boldsymbol{H}_r=\frac{1}{\eta_1}(-\boldsymbol{e}_z)\times\boldsymbol{E}_r=-\frac{E_{r0}}{\eta_1}e^{jk_1z}\boldsymbol{e}_y \tag{6-49b}$$

其中 E_{r0} 为 $z=0$ 处的反射波的电场复振幅。注意上式中反射波向负 z 方向传播，反射波磁场矢量指向负 y 方向。利用理想导体表面的边界条件，在 $z=0$ 处由式(6-48)和式(6-49)可得

$$E_{i0}+E_{r0}=0\ \text{即}\ E_{r0}=-E_{i0} \tag{6-50}$$

故在 $z<0$ 的媒质 Ⅰ 中合成波为

$$E_x=E_{i0}(e^{-jk_1z}-e^{jk_1z})=-2jE_{i0}\sin(k_1z) \tag{6-51a}$$

$$H_y=\frac{2E_{i0}}{\eta_1}\cos(k_1z) \tag{6-51b}$$

瞬时值为

$$E_x(z,t)=2\mid E_{i0}\mid\sin(k_1z)\cos(\omega t-\frac{\pi}{2}+\varphi_1) \tag{6-52a}$$

$$H_y(z,t)=2\frac{\mid E_{i0}\mid}{\eta_1}\cos(k_1z)\cos(\omega t+\varphi_1) \tag{6-52b}$$

式中 φ_1 是 E_{i0} 的初相角，电磁波的振幅是

$$\mid E_x\mid=\mid 2E_{i0}\sin(k_1z)\mid \tag{6-53a}$$

$$\mid H_y\mid=\left|\frac{2E_{i0}}{\eta_1}\cos(k_1z)\right| \tag{6-53b}$$

由上式可知，在 $k_1z=-n\pi(n=0,1,2,\cdots)$ 即 $z=-n\lambda_1/2$ 处，电场的振幅等于零，而且这些零点的位置都不随时间变化，称为电场的波节点。

而在 $k_1z=-(n\pi+\pi/2)$ 即 $z=-(n\lambda_1/2+\lambda_1/4)$ 处，电场的振幅最大，这些最大值的位置也不随时间变化，称为电场的波腹点。

由式(6-53)画出电磁波的振幅分布如图6-11所示，理想导体表面为电场波节点，电场波腹点和波节点每隔$\lambda_1/4$交替出现，两个相邻波节点之间的距离为$\lambda_1/2$。磁场强度的波节点对应于电场的波腹点，而磁场强度的波腹点对应于电场的波节点。我们把波节点和波腹点的位置都固定不变的电磁波，称为驻波。从物理上看，驻波是振幅相等的两个反向波(入射波和反射波)相互叠加的结果。在电场波腹点，两个电场同相叠加，故呈现最大振幅$2|E_{i0}|$，而在电场波节点，两个电场反相叠加，故相消为零。

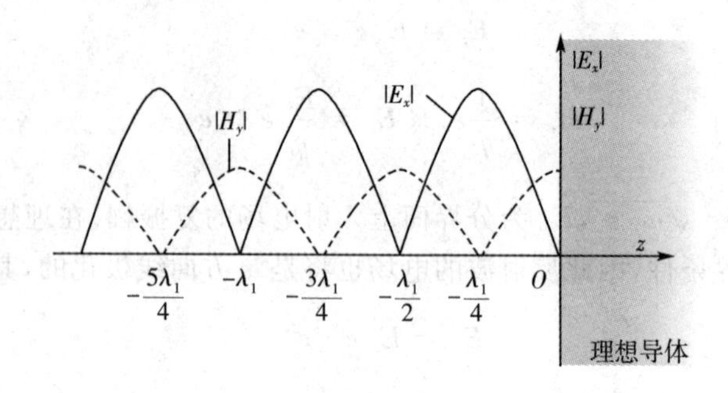

图6-11 驻波的振幅分布示意图

媒质Ⅰ中的平均功率流密度矢量为

$$\boldsymbol{S}_{av} = \frac{1}{2}\mathrm{Re}(\boldsymbol{E}\times\boldsymbol{H}^*) = \frac{1}{2}\mathrm{Re}\left[-\mathrm{j}\frac{4|E_{i0}|^2}{\eta_1}\sin(k_1 z)\cos(k_1 z)\boldsymbol{e}_z\right] = 0 \qquad (6-54)$$

可见，驻波不传输能量，只存在电场能和磁场能的相互转换。

由于媒质Ⅱ中无电磁场，在理想导体表面两侧的磁场切向分量不连续，因而分界面上存在面电流，根据边界条件得理想导体表面的面电流密度为

$$\boldsymbol{J}_s = \boldsymbol{n}\times\boldsymbol{H}|_{z=0} = \frac{2E_{i0}}{\eta_1}\boldsymbol{e}_x = 2H_{i0}\boldsymbol{e}_x \qquad (6-55)$$

是入射场H_{i0}的2倍。

如果入射的平面波是圆极化的，以右旋圆极化为例，入射波的电场是

$$\boldsymbol{E}_i = E_m e^{-\mathrm{j}k_1 z}(\boldsymbol{e}_x - \mathrm{j}\boldsymbol{e}_y) \qquad (6-56a)$$

对理想导体垂直入射，由边界条件可得反射波电场为

$$\boldsymbol{E}_r = -E_m e^{\mathrm{j}k_1 z}(\boldsymbol{e}_x - \mathrm{j}\boldsymbol{e}_y) \qquad (6-56b)$$

反射波传播方向是负z方向，所以相对于反射波的传播方向，反射波变成了左旋圆极化波。合成电场为

$$\boldsymbol{E} = \boldsymbol{E}_i + \boldsymbol{E}_r = -2E_m\sin(k_1 z)(\mathrm{j}\boldsymbol{e}_x + \boldsymbol{e}_y) \qquad (6-56c)$$

显然入射波是圆极化波，其合成电场也是驻波。

6.4.2 对理想介质的垂直入射

参考图6-10，设媒质Ⅰ和媒质Ⅱ都是理想介质，即$\sigma_1 = \sigma_2 = 0$，介电常数和磁导率分别

是(ε_1、μ_1)和(ε_2、μ_2)。当 x 方向极化的平面波由媒质 Ⅰ 向媒质 Ⅱ 垂直入射时，在边界处既有向 z 方向传播的透射波，又有向负 z 方向传播的反射波。由于电场的切向分量在边界面两侧是连续的，反射波和透射波的电场也只有 x 方向的分量。入射波和反射波的电磁场强度的表达式与式(6－48) 和式(6－49) 相同，媒质 Ⅱ 中的透射波为

$$\boldsymbol{E}_t = E_{t0} e^{-jk_2 z} \boldsymbol{e}_x \tag{6-57a}$$

$$\boldsymbol{H}_t = \frac{E_{t0}}{\eta_2} e^{-jk_2 z} \boldsymbol{e}_y \tag{6-57b}$$

式中 E_{t0} 为 $z = 0$ 处透射波的复振幅。在分界面上，电场、磁场的切向分量连续，于是有

$$E_{i0} + E_{r0} = E_{t0}$$

$$\frac{E_{i0}}{\eta_1} - \frac{E_{r0}}{\eta_1} = \frac{E_{t0}}{\eta_2}$$

解得

$$\frac{E_{r0}}{E_{i0}} = \frac{\eta_2 - \eta_1}{\eta_2 + \eta_1} \tag{6-58a}$$

$$\frac{E_{t0}}{E_{i0}} = \frac{2\eta_2}{\eta_2 + \eta_1} \tag{6-58b}$$

我们定义反射波电场复振幅与入射波电场复振幅的比值为反射系数，用 R 表示；透射波电场复振幅与入射波电场复振幅的比值为透射系数，用 T 表示。由式(6－58) 得

$$R = \frac{E_{r0}}{E_{i0}} = \frac{\eta_2 - \eta_1}{\eta_2 + \eta_1} \tag{6-59a}$$

$$T = \frac{E_{t0}}{E_{i0}} = \frac{2\eta_2}{\eta_2 + \eta_1} \tag{6-59b}$$

$$1 + R = T \tag{6-59c}$$

于是媒质 Ⅰ 中合成电场和合成磁场分别为

$$\boldsymbol{E}_1 = E_{i0}(e^{-jk_1 z} + Re^{jk_1 z}) \boldsymbol{e}_x \tag{6-60a}$$

$$\boldsymbol{H}_1 = \frac{E_{i0}}{\eta_1}(e^{-jk_1 z} - Re^{jk_1 z}) \boldsymbol{e}_y \tag{6-60b}$$

在媒质 Ⅱ 中有

$$\boldsymbol{E}_t = E_{i0} T e^{-jk_2 z} \boldsymbol{e}_x \tag{6-60c}$$

$$\boldsymbol{H}_t = \frac{E_{i0}}{\eta_2} T e^{-jk_2 z} \boldsymbol{e}_y \tag{6-60d}$$

下面首先讨论电磁波振幅分布，由式(6－60a) 和式(6－60b) 可得

$$|\boldsymbol{E}_1| = |E_{i0}| \, |1 + Re^{2jk_1 z}| = |E_{i0}| \sqrt{1 + |R|^2 + 2|R|\cos(2k_1 z + \varphi_r)} \tag{6-61a}$$

$$|\boldsymbol{H}_1| = \frac{|E_{i0}|}{\eta_1}\sqrt{1+|R|^2 - 2|R|\cos(2k_1 z + \varphi_r)} \tag{6-61b}$$

其中 $R=|R|e^{j\varphi_r}$，若 $\eta_2>\eta_1$ 则 $\varphi_r=0$，若 $\eta_2<\eta_1$ 则 $\varphi_r=\pi$。电磁波振幅分布如图 6-12 所示，图中假设 $\eta_2<\eta_1$，在 $2k_1 z=-2n\pi$ 即 $z=-\frac{n\lambda_1}{2}(n=0,1,2,\cdots)$ 处，电场振幅达到最小值，为电场波节点，而磁场的振幅达到最大值，有

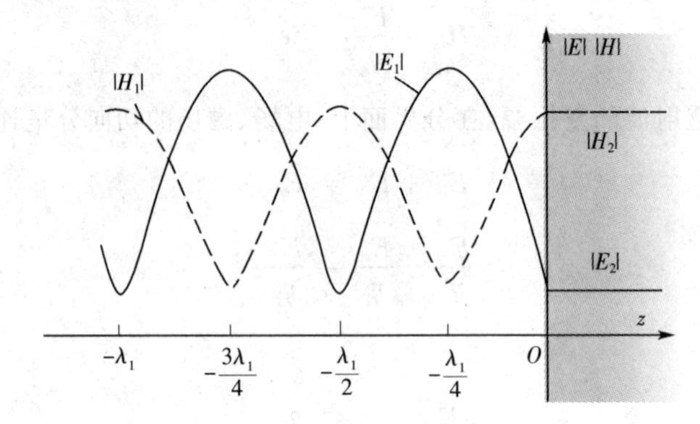

图 6-12　行驻波的振幅分布示意图

$$|\boldsymbol{E}_1|_{\min} = |E_{i0}|(1-|R|) \tag{6-62a}$$

$$|\boldsymbol{H}_1|_{\max} = \frac{|E_{i0}|}{\eta_1}(1+|R|) \tag{6-62b}$$

而在 $2k_1 z=-2n\pi-\pi$ 即 $z=-\frac{n\lambda_1}{2}-\frac{\lambda_1}{4}$ 处，电场振幅最大，为电场波腹点，磁场振幅最小，有

$$|\boldsymbol{E}_1|_{\max} = |E_{i0}|(1+|R|) \tag{6-62c}$$

$$|\boldsymbol{H}_1|_{\min} = \frac{|E_{i0}|}{\eta_1}(1-|R|) \tag{6-62d}$$

在电场波腹点处，反射波和入射波的电场同相，因而合成场为最大。而在电场波节点处，反射波和入射波的电场反相，从而形成最小值。这些值的位置都不随时间而变化，具有驻波特性。但反射波的振幅比入射波的振幅小，反射波只与入射波的一部分形成驻波，因而电场振幅最小值不为零而最大值也不到 $2|E_{i0}|$，这时既有驻波成分，又有行波成分，故称之为行驻波，如下式所示

$$\begin{aligned} E_{x1} &= E_{i0}(e^{-jk_1 z} + Re^{jk_1 z}) \\ &= E_{i0}(1-R)e^{-jk_1 z} + E_{i0}R(e^{-jk_1 z} + e^{jk_1 z}) \\ &= E_{i0}(1-R)e^{-jk_1 z} + 2E_{i0}R\cos(k_1 z) \end{aligned} \tag{6-63}$$

式中第一项是向 z 方向传播的行波，第二项是驻波。为了反映行驻波状态的驻波成分大小，定义电场振幅的最大值与最小值之比为驻波比，用 ρ 表示

$$\rho = \frac{E_{\max}}{E_{\min}} = \frac{1+|R|}{1-|R|} \tag{6-64a}$$

也可以用驻波比表示反射系数

$$|R| = \frac{\rho-1}{\rho+1} \tag{6-64b}$$

下面讨论功率的传输。利用式(6-60a)和式(6-60b)，在媒质 Ⅰ 中，向 z 方向传输的功率密度为

$$\boldsymbol{S}_{av1} = \frac{1}{2}\mathrm{Re}(\boldsymbol{E}_1 \times \boldsymbol{H}_1^*) = \frac{|E_{i0}|^2}{2\eta_1}(1-|R|^2)\boldsymbol{e}_z \tag{6-65a}$$

它等于入射波传输的功率减去反射波向相反方向传输的功率。在媒质 Ⅱ 中，向 z 方向透射的功率密度是

$$\boldsymbol{S}_{av2} = \frac{1}{2}\mathrm{Re}(\boldsymbol{E}_t \times \boldsymbol{H}_t^*) = \frac{|E_{i0}|^2}{2\eta_2}T^2\boldsymbol{e}_z \tag{6-65b}$$

将反射系数和透射系数的计算公式代入以上两式，可以得出，媒质 Ⅰ 中向 z 方向传输的功率等于媒质 Ⅱ 中向 z 方向透射的功率，符合能量守恒定律。

前面学过波阻抗的概念，是针对电磁波向一个方向传播的情况。现在媒质 Ⅰ 中有双向传播的波同时存在，我们定义电场复振幅与磁场复振幅之比为等效波阻抗

$$\eta_{ef} = \frac{E_{x1}}{H_{y1}} = \eta_1\frac{e^{-jk_1z}+Re^{jk_1z}}{e^{-jk_1z}-Re^{jk_1z}} = \eta_1\frac{\eta_2-j\eta_1\tan(k_1z)}{\eta_1-j\eta_2\tan(k_1z)} \quad (z<0) \tag{6-66}$$

等效波阻抗是一个复数，说明电场和磁场相位一般不相同。等效波阻抗用于计算多层媒质的垂直入射问题将带来很大方便。

如果媒质 Ⅰ 和媒质 Ⅱ 是有损耗媒质，可用复介电常数 $\tilde{\varepsilon}$ 代替实数介电常数 ε，上述分析方法仍然适用。例如电磁波由空气垂直入射于良导体表面，将式(6-31c)中的 η 代入式(6-59a)可得反射系数

$$R = \frac{\sqrt{\dfrac{\omega\mu_r\varepsilon_0}{2\sigma}}(1+j)-1}{\sqrt{\dfrac{\omega\mu_r\varepsilon_0}{2\sigma}}(1+j)+1}$$

由该反射系数可求出透射进入良导体的功率密度 S_{av2}

$$\begin{aligned}\boldsymbol{S}_{av2} &= (1-|R|^2)\boldsymbol{S}_{in} \\ &= \frac{4\sqrt{\dfrac{\omega\mu_r\varepsilon_0}{2\sigma}}}{\left(1+\sqrt{\dfrac{\omega\mu_r\varepsilon_0}{2\sigma}}\right)^2+\dfrac{\omega\mu_r\varepsilon_0}{2\sigma}}\boldsymbol{S}_{in} \\ &\approx 4\sqrt{\frac{\omega\mu_r\varepsilon_0}{2\sigma}}\boldsymbol{S}_{in}\end{aligned} \tag{6-67}$$

式中 $\boldsymbol{S}_{in}$ 为入射波的功率流密度矢量。透射进入导体的功率被导体所损耗，由上式可见，频率越高，透射进入导体而损耗的功率越大，该功率由于趋肤效应将集中在导体表面；电导率 σ 越大，透射进入导体的损耗功率越小，大部分功率被反射掉，进入导体的功率也集中在导体表面，σ 越大穿透深度越小。

6.4.3 对多层介质的垂直入射

这一小节将讨论均匀平面波对三种不同媒质的垂直入射，如图 6-13 所示，第一个分界面位于 $z=-d$ 处，第二个分界面位于 $z=0$ 处。为讨论方便，设媒质中电场只有 x 分量，磁场只有 y 分量，媒质 Ⅰ 中的电磁波为

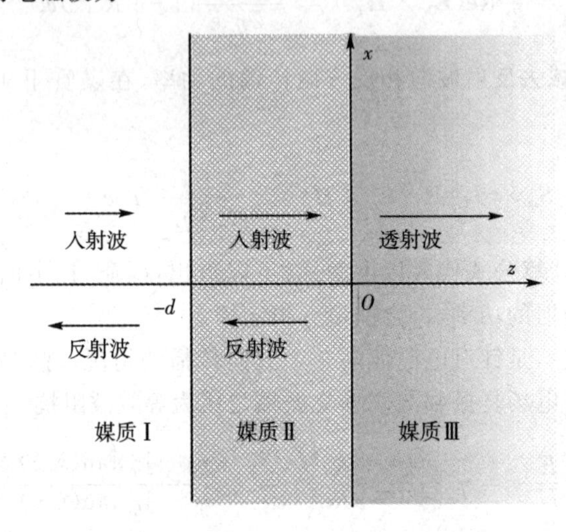

图 6-13 平面波对多层介质的垂直入射

$$E_{x1}=E_{i1}e^{-jk_1(z+d)}+E_{r1}e^{jk_1(z+d)} \tag{6-68a}$$

$$H_{y1}=\frac{1}{\eta_1}[E_{i1}e^{-jk_1(z+d)}-E_{r1}e^{jk_1(z+d)}] \tag{6-68b}$$

媒质 Ⅱ 中的电磁波为

$$E_{x2}=E_{i2}e^{-jk_2z}+E_{r2}e^{jk_2z} \tag{6-68c}$$

$$H_{y2}=\frac{1}{\eta_2}(E_{i2}e^{-jk_2z}-E_{r2}e^{jk_2z}) \tag{6-68d}$$

媒质 Ⅲ 中的电磁波为

$$E_{x3}=E_{i3}e^{-jk_3z} \tag{6-68e}$$

$$H_{y3}=\frac{1}{\eta_3}E_{i3}e^{-jk_3z} \tag{6-68f}$$

式中 E_{i1} 是 $z=-d$ 处入射波电场复振幅，假设是已知的。由两个分界面上电场、磁场切向分量连续的四个边界条件，可解出四个未知量 E_{r1}、E_{i2}、E_{r2}、E_{i3}。下面主要求解 E_{r1}，在 $z=0$ 的分界面上，电场、磁场的切向分量连续，于是有

$$E_{i2}+E_{r2}=E_{i3} \tag{6-69a}$$

$$\frac{E_{i2}-E_{r2}}{\eta_2}=\frac{E_{i3}}{\eta_3} \tag{6-69b}$$

可得第二个分界面上的反射系数

$$R_2=\frac{E_{r2}}{E_{i2}}=\frac{\eta_3-\eta_2}{\eta_3+\eta_2} \tag{6-70}$$

在 $z=-d$ 分界面上,利用边界条件可得

$$E_{i1}+E_{r1}=E_{i2}(e^{jk_2d}+R_2e^{-jk_2d}) \tag{6-71a}$$

$$\frac{E_{i1}-E_{r1}}{\eta_1}=\frac{E_{i2}(e^{jk_2d}-R_2e^{-jk_2d})}{\eta_2} \tag{6-71b}$$

将上两式相除,即为第一分界面上总的电场强度与总的磁场强度之比,称之为等效波阻抗

$$\eta_{ef}=\eta_1\frac{E_{i1}+E_{r1}}{E_{i1}-E_{r1}}=\eta_2\frac{(e^{jk_2d}+R_2e^{-jk_2d})}{(e^{jk_2d}-R_2e^{-jk_2d})} \tag{6-72}$$

将 R_2 的计算公式(6-70)代入上式,可得

$$\eta_{ef}=\eta_2\frac{\eta_3+j\eta_2\tan k_2d}{\eta_2+j\eta_3\tan k_2d} \tag{6-73}$$

再由式(6-72)左端可得

$$R_1=\frac{E_{r1}}{E_{i1}}=\frac{\eta_{ef}-\eta_1}{\eta_{ef}+\eta_1} \tag{6-74}$$

将上式与式(6-59a)比较可知,对于媒质Ⅰ的入射波来说,媒质Ⅱ和后续媒质的影响相当于一个波阻抗为 η_{ef} 的媒质。

下面介绍几种重要应用。

1. 半波长夹层

如果媒质Ⅰ和媒质Ⅲ相同,即 $\eta_1=\eta_3$,媒质Ⅱ厚度 d 为半波长,即

$$d=\frac{\lambda_2}{2}=\frac{\lambda_0}{2\sqrt{\varepsilon_{r2}}} \tag{6-75}$$

式中 λ_2 是媒质Ⅱ中的波长,λ_0 是自由空间的波长,此时 $\tan(k_2d)=0$,由式(6-73)可得 $\eta_{ef}=\eta_3=\eta_1$,再由式(6-74)可得 $R_1=0$,即当电磁波从媒质Ⅰ入射到第一分界面时不产生反射。

将 $k_2d=\pi$ 代入式(6-71a),则有 $E_{i1}=E_{i2}(-1-R_2)$,再由式(6-69a)得 $E_{i2}(1+R_2)=E_{i3}$,因此 $E_{i3}=-E_{i1}$,这说明电磁波能完全通过半波长介质层而无损耗。雷达天线罩的设计用的就是这个原理。

2. 四分之一波长的敷层

在两种不同介质之间加一个 $d=\frac{\lambda_2}{4}=\frac{\lambda_0}{4\sqrt{\varepsilon_{r2}}}$ 的敷层,同时选择敷层的波阻抗为 $\eta_2=\sqrt{\eta_1\eta_3}$。

由式(6-73)可得 $\eta_{ef}=\eta_2^2/\eta_3$，因此第一分界面上的反射系数

$$R_1=\frac{\eta_{ef}-\eta_1}{\eta_{ef}+\eta_1}=\frac{\eta_2^2-\eta_1\eta_3}{\eta_2^2+\eta_1\eta_3}=0$$

由此可知，电磁波在媒质 Ⅰ 表面上不产生反射波。照相机镜头上就是用这种敷层来消除反射的。

3. 消除良导体表面的反射

良导体表面几乎全反射电磁波。消除电磁波在良导体表面上的反射，有很大的实用价值，如隐形飞机等，这里介绍一种消除反射的方法。在良导体表面覆盖一层厚度为四分之一波长的介质膜，膜上再敷一很薄的有耗媒质层，如图 6-14 所示。由于良导体的波阻抗 $\eta_4=0$、导体表面介质膜厚 $\lambda_3/4$，因此分界面 B 上的等效波阻抗为 $\eta_{efB}=\eta_3^2/\eta_4\to\infty$。

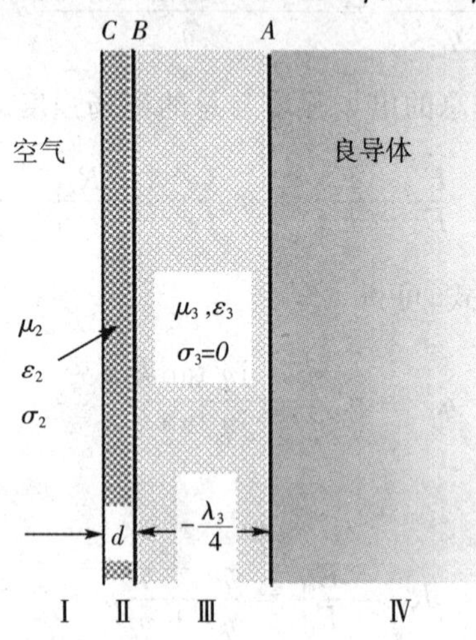

图 6-14 消除良导体表面的反射

仿照式(6-73)，分界面 C 上等效波阻抗为

$$\eta_{efC}=\eta_2\frac{\eta_{efB}+\eta_2\,\mathrm{th}(\gamma_2 d)}{\eta_2+\eta_{efB}\,\mathrm{th}(\gamma_2 d)}\approx\eta_2\frac{1}{\mathrm{th}(\gamma_2 d)}$$

式中，γ_2 是有耗媒质中的传播常数，$\mathrm{th}(\gamma_2 d)$ 是双曲正切函数。要消除反射必须使 $\eta_{efC}=\eta_0$，由于有耗媒质是一层很薄的敷层，即 $|\gamma_2 d|<<1$，所以

$$\eta_{efC}\approx\eta_2\frac{1}{\gamma_2 d}=\eta_0$$

式中，$\gamma_2=\sqrt{\mathrm{j}\omega\mu_2\sigma_2}$，$\eta_2=\sqrt{\mathrm{j}\omega\mu_2/\sigma_2}$，代入上式可得

$$d=\frac{1}{\sigma_2\eta_0}$$

因此，只要介质厚度为 $\lambda_3/4$、损耗媒质厚度为 $d=1/(\sigma_2\eta_0)$，即可消除反射。可以从物理概念上理解消除反射波的原理，由于良导体对电磁波的全反射，则在离它的表面 $\lambda_3/4$ 地方是电场的波腹点，在电场波腹的位置上放一有损耗的媒质层，显然使电磁波能量大大消耗，于是反射波将趋于零。

由于介质层厚度只对某一个频率才是四分之一波长，因此这种消除反射的方法是窄频带的。为了具有宽带消除反射的特性，工程上常在导体表面上安装锥形过渡泡沫吸收材料，微波

暗室的墙壁就是这样设计的。

6.5　均匀平面波对平面边界的斜入射

6.5.1　沿任意方向传播的平面电磁波

沿 z 方向传播的均匀平面波可表示为

$$\boldsymbol{E} = \boldsymbol{E}_0 e^{-\mathrm{j}kz} \tag{6-76a}$$

$$\boldsymbol{H} = \frac{1}{\eta}\boldsymbol{e}_z \times \boldsymbol{E} \tag{6-76b}$$

因为 kz = 常数就是 z = 常数，所以等相位面是垂直于 z 轴的平面，如图 6-15(a) 所示，等相位面上任一点的矢径为 $\boldsymbol{r} = x\boldsymbol{e}_x + y\boldsymbol{e}_y + z\boldsymbol{e}_z$，则等相位面也可表示成 $\boldsymbol{r}\cdot\boldsymbol{e}_z$ = 常数。因此沿 z 方向传播的电场可表示成

$$\boldsymbol{E} = \boldsymbol{E}_0 e^{-\mathrm{j}k\boldsymbol{e}_z\cdot\boldsymbol{r}} \tag{6-77}$$

如果平面波沿任意方向 $\boldsymbol{e}_n$ 传播，如图 6-15(b)，等相位面是 $\boldsymbol{r}\cdot\boldsymbol{e}_n$ = 常数的平面，与 $\boldsymbol{e}_n$ 垂直。仿照上式，可写出电磁波的表达式

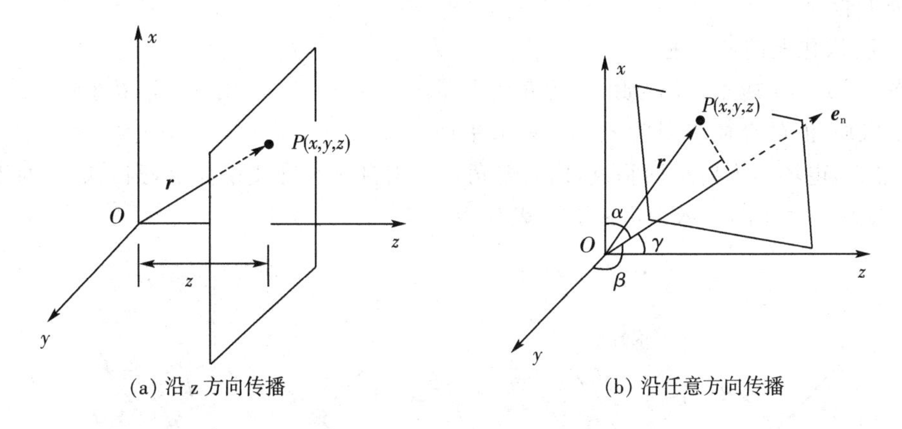

(a) 沿 z 方向传播　　(b) 沿任意方向传播

图 6-15　平面波的等相位面

$$\boldsymbol{E} = \boldsymbol{E}_0 e^{-\mathrm{j}k\boldsymbol{e}_n\cdot\boldsymbol{r}} = \boldsymbol{E}_0 e^{-\mathrm{j}\boldsymbol{k}\cdot\boldsymbol{r}} \tag{6-78a}$$

$$\boldsymbol{H} = \frac{1}{\eta}\boldsymbol{e}_n \times \boldsymbol{E} \tag{6-78b}$$

其中

$$\boldsymbol{e}_n = \cos\alpha\boldsymbol{e}_x + \cos\beta\boldsymbol{e}_y + \cos\gamma\boldsymbol{e}_z \tag{6-78c}$$

$$\boldsymbol{k} = k\boldsymbol{e}_n \tag{6-78d}$$

$$\boldsymbol{E}_0 \cdot \boldsymbol{e}_n = 0 \tag{6-78e}$$

式中 $\cos\alpha$、$\cos\beta$、$\cos\gamma$ 是传播方向单位矢量 $\boldsymbol{e}_n$ 的方向余弦，$\boldsymbol{k}$ 称为传播矢量，或波矢量，其方向

和模值分别表示电磁波的传播方向和传播常数。

由式(6-78a),沿任意方向 $\boldsymbol{e}_n$ 传播的平面波可表示为

$$\boldsymbol{E} = \boldsymbol{E}_0 e^{-jkx\cos\alpha} e^{-jky\cos\beta} e^{-jkz\cos\gamma}$$

如果取沿 z 方向的传播常数为 $k\cos\gamma$,则

$$v_z = \frac{\omega}{k\cos\gamma} = \frac{v}{\cos\gamma} \geqslant v \tag{6-79}$$

v_z 称为 z 方向的视在相速。v_z 只表示波的等相位面沿 z 轴移动的速度,并不表示能量的传播速度,如图 6-16 所示,P' 点的能量是由后面的 A 点按光速传播而来的,并不是由 P 点传来的。

6.5.2　平面波对理想介质的斜入射

当电磁波以任意角度入射到平面边界上时,称之为斜入射。我们把由入射波传播方向与分界面法线方向组成的平面称为入射平面。若入射波电场矢量垂直于入射平面,称为垂直极化波;若电场矢量平行于入射平面,称为平行极化波。任意极化的平面波都可以分解为垂直极化波和平行极化波的合成。

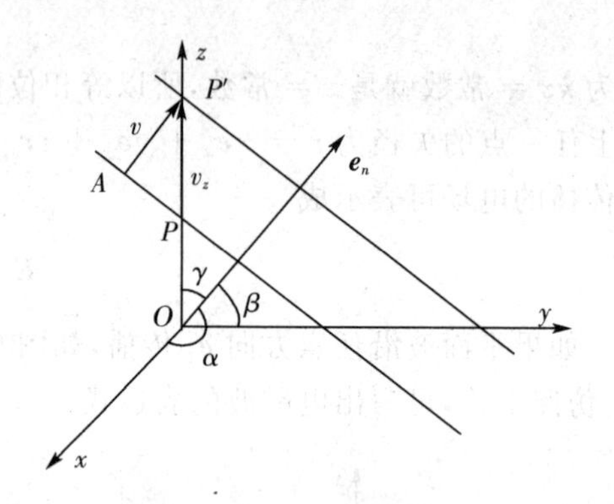

图 6-16　视在相速

1. 垂直极化波的斜入射

如图 6-17(a) 所示,设媒质 Ⅰ 的介质参量为 ε_1、μ_1,媒质 Ⅱ 的介质参量为 ε_2、μ_2。入射平面位于 xz 平面,电场与入射平面垂直,以入射角 θ_i 入射到理想介质平面上,则入射波的传播方向为 $\boldsymbol{e}_i = \sin\theta_i \boldsymbol{e}_x + \cos\theta_i \boldsymbol{e}_z$,入射电磁波可表示为

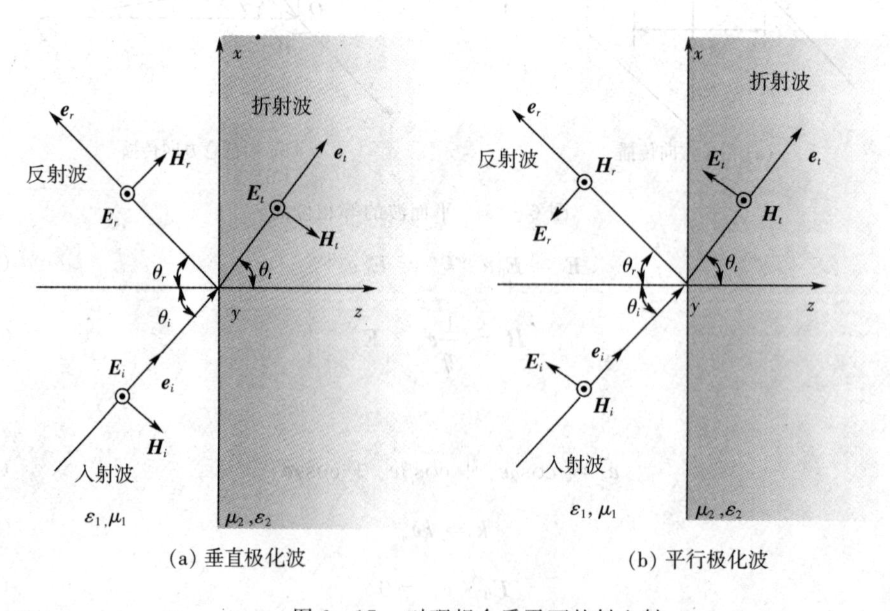

图 6-17　对理想介质平面的斜入射

$$\boldsymbol{E}_i = E_{i0} e^{-jk_1 \boldsymbol{e}_i \cdot \boldsymbol{r}} \boldsymbol{e}_y = E_{i0} e^{-jk_1 (x\sin\theta_i + z\cos\theta_i)} \boldsymbol{e}_y \tag{6-80a}$$

$$\boldsymbol{H}_i = \frac{1}{\eta_1} \boldsymbol{e}_i \times \boldsymbol{E}_i \tag{6-80b}$$

反射波和折射波的电场和入射波一样只有 y 分量，这是由入射波和边界条件决定的，垂直极化的入射波只能产生垂直极化的反射波和折射波。反射波可表示为

$$\boldsymbol{E}_r = E_{r0} e^{-jk_1 \boldsymbol{e}_r \cdot \boldsymbol{r}} \boldsymbol{e}_y \tag{6-80c}$$

$$\boldsymbol{H}_r = \frac{1}{\eta_1} \boldsymbol{e}_r \times \boldsymbol{E}_r \tag{6-80d}$$

其中 $\boldsymbol{e}_r$ 表示反射波的传播方向。媒质 Ⅱ 中的折射波可表示为

$$\boldsymbol{E}_t = E_{t0} e^{-jk_2 \boldsymbol{e}_t \cdot \boldsymbol{r}} \boldsymbol{e}_y \tag{6-80e}$$

$$\boldsymbol{H}_t = \frac{1}{\eta_2} \boldsymbol{e}_t \times \boldsymbol{E}_t \tag{6-80f}$$

其中 $\boldsymbol{e}_t$ 表示折射波传播方向。

在 $z = 0$ 的分界面上，电场的切向分量连续，于是有

$$E_{i0} e^{-jk_1 \boldsymbol{e}_i \cdot \boldsymbol{r}_0} + E_{r0} e^{-jk_1 \boldsymbol{e}_r \cdot \boldsymbol{r}_0} = E_{t0} e^{-jk_2 \boldsymbol{e}_t \cdot \boldsymbol{r}_0} \tag{6-81}$$

其中 $\boldsymbol{r}_0 = x\boldsymbol{e}_x + y\boldsymbol{e}_y$。上式对分界面上任意的 x、y 都成立，即电场在 $z = 0$ 处空间变化必须相同，上式中的各指数必须相等，因而有

$$E_{i0} + E_{r0} = E_{t0} \tag{6-82a}$$

$$k_1 \boldsymbol{e}_i \cdot \boldsymbol{r}_0 = k_1 \boldsymbol{e}_r \cdot \boldsymbol{r}_0 = k_2 \boldsymbol{e}_t \cdot \boldsymbol{r}_0 \tag{6-82b}$$

式(6-82b) 称为界面相位匹配条件。由式(6-82b) 前一个等式可得

$$x\sin\theta_i = x\cos\alpha_r + y\cos\beta_r$$

其中 $\cos\alpha_r$、$\cos\beta_r$ 是 $\boldsymbol{e}_r$ 的方向余弦。由于上式在分界面上任意点都成立，于是有

$$\cos\beta_r = 0，即\ \beta_r = \pi/2 \tag{6-83a}$$

$$\sin\theta_i = \cos\alpha_r = \sin\theta_r，即\ \theta_i = \theta_r \tag{6-83b}$$

上式说明反射波也在入射平面内，反射角 θ_r 等于入射角 θ_i，此即反射定律。

由式(6-82b) 后一个等式可得

$$k_1 x\sin\theta_i = k_2 (x\cos\alpha_t + y\cos\beta_t)$$

同理有 $\cos\beta_t = 0$，即 $\beta_t = \pi/2$，说明折射波也在入射平面内。同时还有

$$k_1 \sin\theta_i = k_2 \cos\alpha_t = k_2 \sin\theta_t$$

即

$$\frac{\sin\theta_i}{v_1} = \frac{\sin\theta_t}{v_2} \tag{6-84}$$

上式称为斯耐尔(Snell)折射定律。由电磁波边界条件推导出的反射定律、折射定律与光学中的相同，这再一次说明光波也是电磁波。

由分界面上磁场切向分量连续的边界条件得

$$-\frac{E_{i0}\cos\theta_i}{\eta_1}+\frac{E_{r0}\cos\theta_i}{\eta_1}=-\frac{E_{t0}\cos\theta_t}{\eta_2}$$

由上式和式(6-82a)，可解得反射系数和折射系数

$$R_{\perp}=\frac{E_{r0}}{E_{i0}}=\frac{\eta_2\cos\theta_i-\eta_1\cos\theta_t}{\eta_2\cos\theta_i+\eta_1\cos\theta_t} \tag{6-85a}$$

$$T_{\perp}=\frac{E_{t0}}{E_{i0}}=\frac{2\eta_2\cos\theta_i}{\eta_2\cos\theta_i+\eta_1\cos\theta_t} \tag{6-85b}$$

以上两式称为垂直极化波的菲涅耳(A. J. Fresnel)公式。两系数之间的关系如下

$$1+R_{\perp}=T_{\perp} \tag{6-85c}$$

2. 平行极化波的斜入射

如图6-17(b)所示，入射波的电场与入射面平行，仿照垂直极化波的分析方法，利用边界条件可以得出相同的反射定律和折射定律。平行极化波的菲涅耳公式是

$$R_{/\!/}=\frac{\eta_1\cos\theta_i-\eta_2\cos\theta_t}{\eta_1\cos\theta_i+\eta_2\cos\theta_t} \tag{6-86a}$$

$$T_{/\!/}=\frac{2\eta_2\cos\theta_i}{\eta_1\cos\theta_i+\eta_2\cos\theta_t} \tag{6-86b}$$

$$1+R_{/\!/}=\frac{\eta_1}{\eta_2}T_{/\!/} \tag{6-86c}$$

对于非铁磁性媒质，$\mu_1=\mu_2$，利用折射定律，反射系数、折射系数又可写成

$$R_{/\!/}=\frac{n^2\cos\theta_i-\sqrt{n^2-\sin^2\theta_i}}{n^2\cos\theta_i+\sqrt{n^2-\sin^2\theta_i}} \tag{6-87a}$$

$$T_{/\!/}=\frac{2n\cos\theta_i}{n^2\cos\theta_i+\sqrt{n^2-\sin^2\theta_i}} \tag{6-87b}$$

式中，$n=\sqrt{\varepsilon_2/\varepsilon_1}$ 称为相对折射率。

图6-18画出了 $n=3$ 时，反射系数的模值随入射角的变化曲线，由图可见，平行极化波的反射系数在某一入射角变为零，即发生全折射现象，无反射。发生全折射时的入射角称为布儒斯特角，记为 θ_B。由式(6-87a)分子为零可得

$$\theta_B=\arctan n=\arctan(\sqrt{\varepsilon_2/\varepsilon_1}) \tag{6-88}$$

对于垂直极化波，若 $\mu_1=\mu_2$，由式(6-85a)可得反射系数

$$R_{\perp}=\frac{\cos\theta_i-\sqrt{n^2-\sin^2\theta_i}}{\cos\theta_i+\sqrt{n^2-\sin^2\theta_i}} \tag{6-89}$$

可见，除非 $n=1$ 即 $\varepsilon_2=\varepsilon_1$，否则反射系数 $R_\perp$ 不为零。因此，只有平行极化波斜入射时才发生全折射现象（针对 $\mu_1=\mu_2$ 而言）。

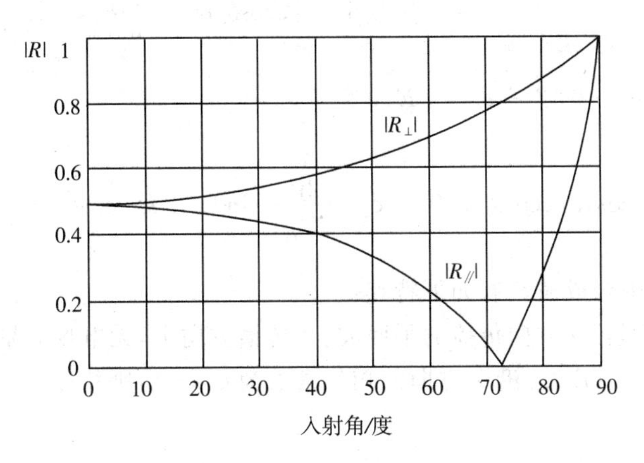

图 6-18　反射系数模值随入射角的变化

当一个任意极化的波以 θ_B 入射时，反射波中将只存在垂直极化成分，这就是极化滤除效应。

6.5.3　平面波对理想导体的斜入射

1. 垂直极化波的斜入射

如图 6-19(a) 所示，入射平面位于 xz 平面，电场与入射平面垂直，以入射角 θ_i 入射到理想导体平面上，与理想介质分界面斜入射的区别只是在理想导体中电场等于零。由边界条件 $E_{i0}+E_{r0}=0$，得

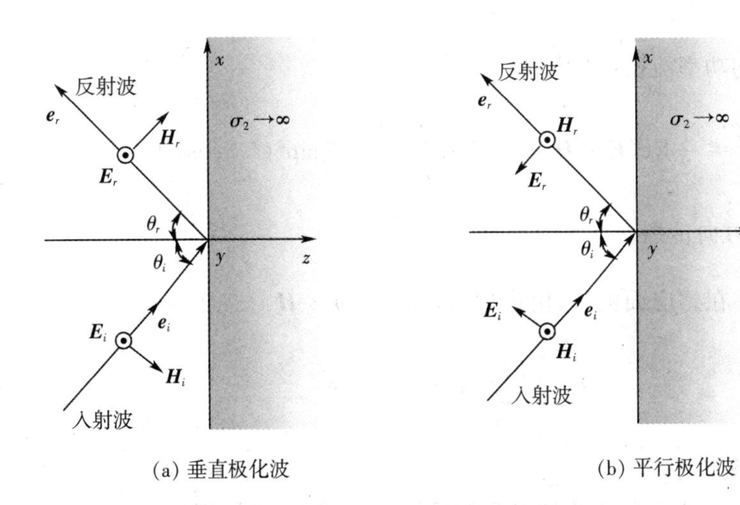

图 6-19　对理想导体平面的斜入射

$$R_\perp=-1,\quad T_\perp=0 \tag{6-90}$$

左半空间合成电磁波为

$$\boldsymbol{E} = (E_{i0}e^{-jk_1\boldsymbol{e}_i\cdot\boldsymbol{r}} - E_{i0}e^{-jk_1\boldsymbol{e}_r\cdot\boldsymbol{r}})\boldsymbol{e}_y$$

$$= -2jE_{i0}\sin(k_1 z\cos\theta_i)e^{-jk_1 x\sin\theta_i}\boldsymbol{e}_y \tag{6-91a}$$

$$\boldsymbol{H} = \frac{1}{\eta_1}(\boldsymbol{e}_i \times \boldsymbol{e}_y E_{i0}e^{-jk_1\boldsymbol{e}_i\cdot\boldsymbol{r}} - \boldsymbol{e}_r \times \boldsymbol{e}_y E_{i0}e^{-jk_1\boldsymbol{e}_r\cdot\boldsymbol{r}})$$

$$= -\frac{2E_{i0}}{\eta_1}\cos\theta_i\cos(k_1 z\cos\theta_i)e^{-jk_1 x\sin\theta_i}\boldsymbol{e}_x - \frac{2jE_{i0}}{\eta_1}\sin\theta_i\sin(k_1 z\cos\theta_i)e^{-jk_1 x\sin\theta_i}\boldsymbol{e}_z \tag{6-91b}$$

上式说明在媒质 Ⅰ 中合成波具有如下特点：

(1) 合成电磁波是沿 x 方向传播的平面波。在传播方向上，无电场分量但存在磁场分量，这种波称为横电波，记为 TE 波。沿 x 方向的相位常数为 $k_1\sin\theta_i$，则相速

$$v_p = \frac{\omega}{k_1\sin\theta_i} = \frac{v_1}{\sin\theta_i} \geqslant v_1 \tag{6-92}$$

v_p 大于媒质 Ⅰ 中的光速 v_1，其实 v_p 是沿 x 方向观察时的"视在相速"，可以大于光速，但这个速度不是能量传播的速度，下面我们将看到，能速仍小于光速。由于其相速大于光速，我们称这种波为快波。

(2) 合成波在 z 方向是一驻波。合成波电磁场分量是 z 的函数，是非均匀平面波。

(3) 当 $\sin(k_1 z\cos\theta_i) = 0$ 时，$E_y = 0$。因此，在 $z = -\dfrac{n\lambda_1}{2\cos\theta_i}$ 处插入一导体板，将不会改变原来的场分布。这就是构成平行板波导的原理。如果垂直于 y 轴再放置两块理想导体平板，由于电场 E_y 与该表面垂直，因此也满足边界条件，这样，4 块理想导体平板形成矩形波导，传播 TE 波。

(4) 合成波的平均功率流密度矢量为

$$\boldsymbol{S}_{av} = \frac{1}{2}\mathrm{Re}(\boldsymbol{E}\times\boldsymbol{H}^*) = \frac{2|E_{i0}|^2}{\eta_1}\sin\theta_i\sin^2(k_1 z\cos\theta_i)\boldsymbol{e}_x \tag{6-93}$$

合成的能量只沿着 x 方向传播。

(5) 导体表面上存在感应面电流。由边界条件 $\boldsymbol{J}_s = \boldsymbol{n}\times\boldsymbol{H}|_{z=0}$ 可得

$$\boldsymbol{J}_s = \frac{2E_{i0}}{\eta_1}\cos\theta_i e^{-jk_1 x\sin\theta_i}\boldsymbol{e}_y \tag{6-94}$$

2. 平行极化波的斜入射

如图 6-19(b) 所示，当平行极化波对理想导体表面斜入射时，因为理想导体的电导率 $\sigma_2 \to \infty$，故 $\eta_2 = 0$，代入式(6-86) 可得

$$R_{/\!/} = 1 \tag{6-95}$$

$$T_{/\!/} = 0 \tag{6-96}$$

重复上面的分析步骤，可得出左半空间合成电场和合成磁场的表达式

$$E_x = -2\mathrm{j}E_{i0}\cos\theta_i\sin(k_1 z\cos\theta_i)e^{-\mathrm{j}k_1 x\sin\theta_i} \tag{6-97a}$$

$$E_z = -2E_{i0}\sin\theta_i\cos(k_1 z\cos\theta_i)e^{-\mathrm{j}k_1 x\sin\theta_i} \tag{6-97b}$$

$$H_y = \frac{2E_{i0}}{\eta_1}\cos(k_1 z\cos\theta_i)e^{-\mathrm{j}k_1 x\sin\theta_i} \tag{6-97c}$$

说明合成波仍然是沿 x 方向传播的快波，在 z 方向是驻波。不过在传播方向上没有磁场分量，却有电场分量，称之为横磁波，记为 TM 波。

6.5.4　全反射

1. 全反射现象

对于非铁磁性媒质，若 $\varepsilon_1 > \varepsilon_2$，即入射波从光密媒质入射到光疏媒质，由折射定律可以看出折射角大于入射角，随着入射角 θ_i 的增大，折射角 θ_t 将先于 θ_i 达到 90°，对应于 $\theta_t = 90°$ 的入射角称为临界角，记为 θ_c，由折射定律，临界角为

$$\sin\theta_c = \sqrt{\frac{\varepsilon_2}{\varepsilon_1}} = n \tag{6-98}$$

当 $\theta_i \geqslant \theta_c$ 时，$\sin\theta_i \geqslant n$，由式(6-89)和式(6-87a)可得垂直极化波和平行极化波的反射系数是复数，模都是 1，说明发生了全反射现象。那么 $\theta_i \geqslant \theta_c$ 时，媒质 Ⅱ 中还有电磁波吗？

2. 表面波概念

下面以垂直极化波为例，分析折射波的场分布特点。当 $\theta_i < \theta_c$ 时，折射波为

$$\boldsymbol{E}_t = E_{t0}e^{-\mathrm{j}k_2\boldsymbol{e}_t\cdot\boldsymbol{r}}\boldsymbol{e}_y = E_{t0}e^{-\mathrm{j}k_2(x\sin\theta_t + z\cos\theta_t)}\boldsymbol{e}_y \tag{6-99a}$$

$$\boldsymbol{H}_t = \frac{1}{\eta_2}\boldsymbol{e}_t \times \boldsymbol{E}_t \tag{6-99b}$$

$$\boldsymbol{e}_t = \sin\theta_t\boldsymbol{e}_x + \cos\theta_t\boldsymbol{e}_z \tag{6-99c}$$

当 $\theta_i > \theta_c$ 时，θ_t 无实数解。若 θ_t 取复数值，折射定律仍成立。令

$$\sin\theta_t = \frac{1}{n}\sin\theta_i = M \tag{6-100a}$$

式中 $M > 1$。应用复数角的三角公式，则

$$\cos\theta_t = -\mathrm{j}\sqrt{M^2 - 1} \tag{6-100b}$$

上式中取负值，是为了防止当 $z \to \infty$ 时，场强振幅趋于无穷大(见下式)。因此在全反射条件下，折射波可表示为

$$\boldsymbol{E}_t = E_{t0}e^{-k_2\sqrt{M^2-1}z}e^{-\mathrm{j}k_2 Mx}\boldsymbol{e}_y \tag{6-101a}$$

$$\boldsymbol{H}_t = \frac{E_{t0}}{\eta_2}e^{-k_2\sqrt{M^2-1}z}e^{-\mathrm{j}k_2 Mx}(\mathrm{j}\sqrt{M^2-1}\boldsymbol{e}_x + M\boldsymbol{e}_z) \tag{6-101b}$$

由上式可得出以下结论：

(1) 发生全反射时，仍有折射波存在，折射波的传播方向是 x 方向，相速为

$$v_p = \frac{\omega}{k_2 M} = \frac{v_2}{M} < v_2 \tag{6-102}$$

即小于无界媒质 Ⅱ 中平面波的相速，称之为慢波。

(2) 慢波的振幅沿 z 方向指数衰减，这种波称为表面波。

(3) 能量只沿着界面 x 方向传播，沿 z 方向无能量传播。折射波沿 z 方向的衰减与欧姆损耗引起的衰减不同，并没有能量损耗掉，媒质 Ⅱ 中的这种波称为凋落波。

(4) 这种表面波是 TE 波。

还可以导出媒质 Ⅰ 中的合成波也是沿界面 x 方向传播的，沿 z 方向呈驻波分布。结合折射波只沿界面方向传播、能量只集中于界面附近的特点，说明介质分界面也可引导电磁波传播。

对平行极化波也有类似的特点。

全反射理论在工程中有重要应用。如图 6-20(a) 所示，空气中有一介质板，在介质板内，当平面电磁波以 $\theta_i > \theta_c$ 入射到与空气交界的顶面和底面上时，必然会发生全反射。电磁波被约束在介质板内，不断反射前进，能量沿介质板传输。介质板外的场量沿垂直于板面的方向作指数规律衰减，没有辐射。介质板可引导电磁波的传播，称之为介质波导。将极低损耗介质做成细线状结构，用以引导光波的介质波导也称作光纤。为了减小光纤外的表面波对光纤传播性能的影响，实用的光纤通常都做成多层结构。光纤的一种简单结构如图 6-20(b) 所示，其中心部分用介电常数 ε_1 较大的介质制成，称为核，核外部是介电常数 ε_2 较小的介质涂层，以便满足产生全反射的条件，最外层涂上吸收材料形成无反射条件。

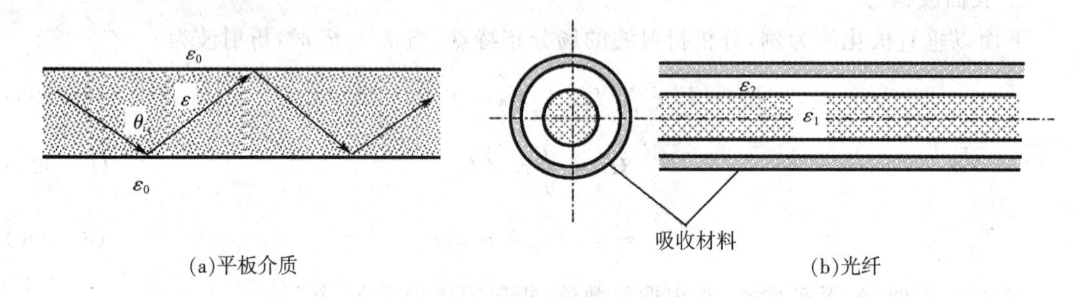

(a)平板介质　　(b)光纤

图 6-20　全反射原理的应用

6.5.5* 负折射率材料

负折射率材料是指介电常数 ε 和磁导率 μ 同时为负值的人工合成电磁材料。

在自然界中，绝大部分材料的介电常数和磁导率均大于零。但在某些特殊情况下，材料的 ε 和 μ 可能为负值。例如当频率小于等离子体临界频率 ω_p(将在 6.6.1 节中介绍) 时，等离子体的等效介电常数为负值；而在铁磁性材料中，当频率在铁磁共振频率附近时磁导率为负数。然而，在天然材料中，我们还未观察到 ε 和 μ 同时为负值的情形。

负折射率材料的概念最初是由苏联科学家 V. G. Veselago 于 1964 年提出的，他对电磁波在这种媒质中的传播问题做了理论研究，发现了一些奇异的电磁现象。例如折射光和入射光在法线的同一侧，而不是像正常材料中那样在法线的两侧，这一现象称为逆折射效应。电磁波的传播方向和功率流密度矢量的方向相反，$\boldsymbol{E}$、$\boldsymbol{H}$、$\boldsymbol{k}$ 之间满足左手法则，因此将这种 ε 和 μ 同时为负值的材料称为“左手材料”。由于媒质的折射率 $n = \sqrt{\mu_r \varepsilon_r}$，而开根号可以得到正负两个解。

当 ε 和 μ 同时为负时，不同于一般材料，折射率取为负值，故称之为负折射率材料。除此之外，负折射率材料的奇异电磁行为还表现为逆 Doppler 效应、负辐射压力等。

负折射率材料在其概念提出后的几十年间因无法检验而成为一种假说，直到21世纪头一年，美国加州大学的科学家们构造了一种由一定尺寸的分裂环谐振器和金属带条构成的空间阵列，其等效 ε 和 μ 在微波波段可以同时为负数，并在实验上证实了这种材料具有逆折射效应。此后，这类人工材料一直成为物理学和电磁学界的研究热点，目前世界各国的学者和研究机构正在对此课题作深入的研究。

负折射率材料具有很大的应用潜力，可以实现平板聚焦、天线波束汇聚、完美透镜、超薄谐振腔、后向波天线等功能，在微波和光学领域有广泛的应用价值，在军事上和日常生活中都可以发挥作用。

6.6* 各向异性媒质中的均匀平面波

电磁特性与外加的电磁场方向有关的媒质，称为各向异性媒质。本节主要介绍磁化等离子体和饱和磁化铁氧体这两种各向异性媒质中的均匀平面波的传播。

6.6.1 等离子体的基本特性

等离子体是由电子、负离子、正离子以及部分未电离的中性分子组成的混合体，其正、负电荷总量相等，整体上呈电中性，所以称为等离子体。

地球上空约 60km ～ 2000km 处的电离层，就是等离子体，它是由太阳辐射的紫外线和宇宙射线电离高空稀薄空气中的氮、氧分子而形成的，这是自然界中大规模的等离子体。当进行无线电短波通信、卫星通信以及射电天文等方面的工作时，必须研究电离层的反射与传播特性。在氢弹爆炸之后的大气空间和高速飞行器通过大气层时周围的高温区域内，都有部分空气电离，形成局部的等离子体。在电焊、日光灯、高压汞弧灯以及某些微波电子管中也有局部的等离子体，其他如流星遗迹、火箭喷出的尾气等都是等离子体的例子。

等离子体中的电子在某种程度上类似于金属导体中的自由电子，只是电子密度远远小于金属导体中自由电子密度，通常认为它的磁导率等于 μ_0。为了突出等离子体的主要电磁特性，避免繁琐的数学推导，作如下假设：等离子体均匀充满整个空间，其电子密度较小，电子的自由程较长，可忽略各粒子间的碰撞；离子的质量远大于电子的质量，在外加瞬变电磁场的作用下，可近似地认为正离子不动，只考虑电子的运动。

当然，从局部看，在很小的范围内也可能出现正负电荷电量明显不相等，该小范围尺度是

$$d_D = \sqrt{\frac{\varepsilon_0 kT}{Ne^2}} \approx 69\sqrt{\frac{T}{N}} \tag{6-103}$$

式中 d_D 称为德拜长度，$k = 1.38 \times 10^{-23}\,\mathrm{J/K}$，是波尔兹曼常数，$T$ 代表等离子体的绝对温度，$e = 1.602 \times 10^{-19}\,\mathrm{C}$ 为电子电量，N 为单位体积中的电子数即电子密度。当观察者在大于 d_D 线度处去观察该区域的电离气体时，它们具有电中性的特征。

1. 自由电子的运动方程

我们首先研究等离子体中的电子在恒定磁场 $\boldsymbol{B}_0$ 作用下的情况。速度为 $\boldsymbol{v}$ 的运动电子在恒

定磁场中所受的洛仑兹力是

$$\boldsymbol{F} = -e\boldsymbol{v} \times \boldsymbol{B}_0 = m\boldsymbol{a} \tag{6-104}$$

其中 $m = 9.109 \times 10^{-31}$ kg 为电子质量，$\boldsymbol{a}$ 为加速度。当 $\boldsymbol{v}$ 与 $\boldsymbol{B}_0$ 平行时，加速度 $\boldsymbol{a}$ 为零，粒子的运动将不受任何影响。当 $\boldsymbol{v}$ 与 $\boldsymbol{B}_0$ 垂直时，加速度最大且方向与速度 $\boldsymbol{v}$ 垂直，如图 6-21 所示，洛仑兹力不对电子做功，只改变电子的运动方向，不改变速度的大小，使电子做圆周运动，电子的旋转方向与 $\boldsymbol{B}_0$ 成右手螺旋关系。电子做圆周运动的向心力等于洛仑兹力，即

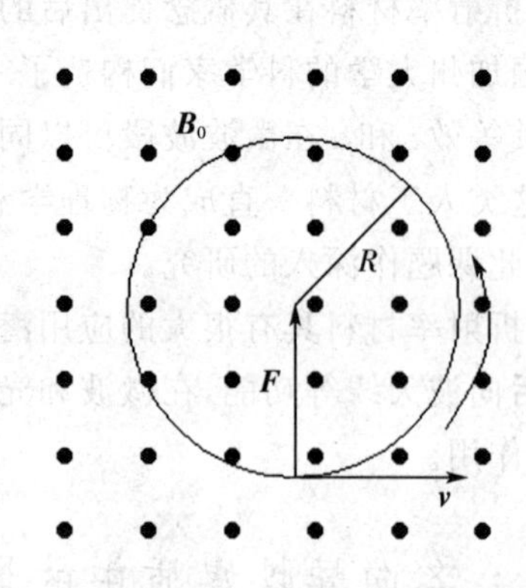

图 6-21 均匀磁场中电子的迴旋运动

$$\frac{mv^2}{R} = evB_0$$

所以圆周运动的半径 R 为

$$R = \frac{mv}{eB_0} \tag{6-105}$$

称为迴旋半径。电子做圆周运动时每秒钟旋转的次数

$$f_g = \frac{v}{2\pi R} = \frac{eB_0}{2\pi m} \tag{6-106}$$

称为迴旋频率，而迴旋角频率 ω_g 则是

$$\omega_g = 2\pi f_g = \frac{eB_0}{m} \tag{6-107}$$

电子迴旋角频率 ω_g 只取决于电子的荷质比和恒定磁场。

若等离子体中既有较强的恒定磁场 $\boldsymbol{B}_0$，又有较弱的时变电磁场 $\boldsymbol{E}$ 和 $\boldsymbol{H}$ 时，等离子体中电子所受的力为

$$\boldsymbol{F} = -e[\boldsymbol{E} + v \times (\boldsymbol{B}_0 + \mu_0 \boldsymbol{H})] \tag{6-108}$$

上式中未计入碰撞所带来的阻力。较弱的时变磁场对运动电子的作用力远小于较强的恒定磁场 $\boldsymbol{B}_0$ 的作用力，同时也远小于瞬变电场对电子的作用力，这是因为，在自由空间，平面波的磁场与电场的关系为 $H = E/\eta_0$，磁场对速度为 $\boldsymbol{v}$ 的运动电子的最大作用力（$\boldsymbol{v} \perp \boldsymbol{H}$ 时）与电场对它的作用力的比值为

$$\frac{F_m}{F_e} = \frac{ev\mu_0 H}{eE} = \frac{\mu_0 v}{\eta_0} = \frac{v}{c} \ll 1$$

其中我们假设电子的运动速度远小于光速 c。因此，式(6-108)可近似为

$$m\frac{\mathrm{d}\boldsymbol{v}}{\mathrm{d}t} = -e(\boldsymbol{E} + \boldsymbol{v} \times \boldsymbol{B}_0) \tag{6-109}$$

假设恒定磁场的方向与 z 轴方向一致，即 $\boldsymbol{B}_0 = B_0\boldsymbol{e}_z$。因电子速度 $\boldsymbol{v}$ 的大小随时间变化完全是由于时谐电场引起的，所以 $\boldsymbol{v}$ 随时间也作时谐变化，故电子的运动速度满足方程

$$\mathrm{j}\omega m\boldsymbol{v} = -e(\boldsymbol{E} + B_0\boldsymbol{v} \times \boldsymbol{e}_z) \tag{6-110}$$

式中 **v**、**E** 为复矢量，这里同样忽略复矢量上的"·"标记。从上式中可解出速度的三个分量

$$v_x = \frac{e}{m}\left(-\frac{\mathrm{j}\omega}{\omega_g^2-\omega^2}E_x + \frac{\omega_g}{\omega_g^2-\omega^2}E_y\right) \tag{6-111a}$$

$$v_y = \frac{e}{m}\left(-\frac{\omega_g}{\omega_g^2-\omega^2}E_x - \frac{\mathrm{j}\omega}{\omega_g^2-\omega^2}E_y\right) \tag{6-111b}$$

$$v_z = \mathrm{j}\frac{e}{m\omega}E_z \tag{6-111c}$$

上式说明，时谐电场 E_x 分量不仅使电子沿 x 方向运动，同时也使电子沿 y 方向运动。同样 E_y 分量不仅使电子沿 y 方向运动，同时也使电子沿 x 方向运动，出现交叉作用。从相位上看，E_x 产生的 v_x 超前 E_x 产生的 $v_y 90^\circ$，E_y 产生的 v_x 也超前 E_y 产生的 $E_y 90^\circ$，所以电子运动的轨迹在 xy 平面上的投影是一个圆，而且与 $\boldsymbol{B}_0$ 方向成右手螺旋关系。考虑到电场 E_z 使电子产生沿 z 方向运动的 v_z，故运动轨迹是右旋螺旋线。

当时谐电场的角频率 ω 接近电子迴旋角频率 ω_g 时，电子不断地被加速，速度越来越大，轨迹是扩张的螺旋线(圆锥螺旋线)。根据式(6-111)，当 $\omega=\omega_g$ 时，电子的速度将趋于无穷大。事实上电子必然与中性分子碰撞，这种运动将会时时中断，每次碰撞，电子把动能交给分子，电磁能量转换成热能，电子的运动速度越大，它与正离子及中性粒子产生碰撞的次数就越多。此外电子在加速过程中还会产生辐射损耗，因而电磁波的损耗很大。因为在式(6-111)中我们未计入电子的损耗，才会得出 **v** 趋向无穷大的结果。在今后的讨论中，除非专门研究等离子体的损耗问题，式(6-111)还是在很大程度上反映客观规律的。

2. 张量介电常数

电子的运动将在等离子体中形成运流电流

$$\boldsymbol{J}_v = -Ne\boldsymbol{v} \tag{6-112}$$

式中 N 是等离子体的电子密度。由于离子的质量远大于电子的质量，例如氮原子的质量比电子大 25 800 倍，因此运流电流主要是电子运动产生的，离子的缓慢运动可以忽略。

等离子体中的全电流密度为

$$\boldsymbol{J} = \mathrm{j}\omega\varepsilon_0\boldsymbol{E} - Ne\boldsymbol{v} \tag{6-113}$$

将式(6-111)的速度代入上式，可得

$$J_x = \mathrm{j}\omega\varepsilon_0\left(1+\frac{\omega_p^2}{\omega_g^2-\omega^2}\right)E_x - \varepsilon_0\frac{\omega_p^2\omega_g}{\omega_g^2-\omega^2}E_y \tag{6-114a}$$

$$J_y = \varepsilon_0\frac{\omega_p^2\omega_g}{\omega_g^2-\omega^2}E_x + \mathrm{j}\omega\varepsilon_0\left(1+\frac{\omega_p^2}{\omega_g^2-\omega^2}\right)E_y \tag{6-114b}$$

$$J_z = \mathrm{j}\omega\varepsilon_0\left(1-\frac{\omega_p^2}{\omega^2}\right)E_z \tag{6-114c}$$

其中

$$\omega_p = \sqrt{\frac{Ne^2}{m\varepsilon_0}} \tag{6-115}$$

ω_p 称为等离子体的临界角频率。式(6-114)可简写为矩阵形式

$$\begin{bmatrix} J_x \\ J_y \\ J_z \end{bmatrix} = \mathrm{j}\omega\varepsilon_0 \begin{bmatrix} \varepsilon_1 & \mathrm{j}\varepsilon_2 & 0 \\ -\mathrm{j}\varepsilon_2 & \varepsilon_1 & 0 \\ 0 & 0 & \varepsilon_3 \end{bmatrix} \begin{bmatrix} E_x \\ E_y \\ E_z \end{bmatrix} \tag{6-116a}$$

$$\boldsymbol{J} = \mathrm{j}\omega\varepsilon_0[\varepsilon_r]\boldsymbol{E} \tag{6-116b}$$

其中

$$[\varepsilon_r] = \begin{bmatrix} \varepsilon_1 & \mathrm{j}\varepsilon_2 & 0 \\ -\mathrm{j}\varepsilon_2 & \varepsilon_1 & 0 \\ 0 & 0 & \varepsilon_3 \end{bmatrix} \tag{6-117a}$$

$$\varepsilon_1 = 1 + \frac{\omega_p^2}{\omega_g^2 - \omega^2} \tag{6-117b}$$

$$\varepsilon_2 = \frac{\omega_p^2\omega_g}{\omega(\omega_g^2 - \omega^2)} \tag{6-117c}$$

$$\varepsilon_3 = 1 - \frac{\omega_p^2}{\omega^2} \tag{6-117d}$$

$[\varepsilon_r]$ 称为相对张量介电常数。张量介电常数是反对称张量,其电磁波的传播将与各向同性中的电磁波传播特性有很大的不同。

由式(6-116)可以看出,我们是把等离子体中的全电流密度等效为位移电流密度才得到张量介电常数的,因此也就有

$$\boldsymbol{D} = \varepsilon_0[\varepsilon_r]\boldsymbol{E} \tag{6-118}$$

对张量介电常数进行分析,可以得到电磁波在等离子体中传播具有以下特点:

(1) 当时谐电磁场的角频率 ω 接近等离子体的迴旋角频率 ω_g 时,$\varepsilon_1 \to \infty$,$\varepsilon_2 \to \infty$,发生磁旋共振。这时电子将以极大的速度运动,电子与中性分子的碰撞也加剧,电磁波能量将有极大的损耗,电磁波不能传播。例如大气上空的电离层,在地球磁场的影响下,就是一个在恒定磁场作用下的等离子体。如果取地球磁场 $B_0 = 5 \times 10^{-5}$ 韦伯/米^2,$e/m = 1.76 \times 10^{11}$ 库仑/千克,代入式(6-106),可得电离层的迴旋频率 $f_g = 1.4\text{MHz}$,这说明地球上空的电离层对频率约为 1.4MHz 的电磁波吸收最大,故通信中应避免使用该频率。

(2) 如果没有恒定磁场 $\boldsymbol{B}_0$ 存在,则各向异性变为各向同性,并且只有当 $\omega > \omega_p$ 时,电磁波才能在等离子体中传播。

因为若 $B_0 = 0$,则 $\omega_g = 0$,由式(6-117)可得

$$[\varepsilon_r] = \left(1 - \frac{\omega_p^2}{\omega^2}\right) \begin{bmatrix} 1 & 0 & 0 \\ 0 & 1 & 0 \\ 0 & 0 & 1 \end{bmatrix}$$

$$\varepsilon_r = 1 - \frac{\omega_p^2}{\omega^2} \tag{6-119}$$

张量介电常数退化为标量，各向异性变成各向同性。可见恒定外磁场是等效介电常数变为张量的原因。由式(6-119)，均匀平面波在该等离子体中的传播相速为

$$v_p = \frac{c}{\sqrt{1-\omega_p^2/\omega^2}} \tag{6-120}$$

由上式可以看出，只有当电磁波的角频率 ω 大于 ω_p 时，电磁波才能在等离子体中传播，否则相速是虚数，波的传播常数 $\gamma = \mathrm{j}\omega\sqrt{\mu_0\varepsilon_0\varepsilon_r}$ 变成衰减常数。这就是把 ω_p 称为等离子体的临界角频率的原因。

将 $e = 1.602\times10^{-19}\mathrm{C}$、$m = 9.110\times10^{-31}\mathrm{kg}$、$\varepsilon_0 = 8.854\times10^{-12}\mathrm{F/m}$ 代入式(6-115)，可得临界频率

$$f_p = \sqrt{80.8N} \tag{6-121}$$

临界频率与等离子体中电子密度 N 有关。地球上空的电离层的电子密度随海拔高度的变化如图6-22所示，F_2 层中的电子密度最大，约为 $(1\sim2)\times10^{12}/\mathrm{m}^3$，故电离层的最大临界频率约为 $f_{p\max} = 12.7\mathrm{MHz}$。如果我们想利用电离层对电磁波的反射，在地球上获得远距离通信，如图6-23所示，选择通信频率时必须考虑临界频率。由于反射还与入射角有关，入射角越大，可用频率越高，一般最高可用的短波通信频率小于30MHz。而为了能探测外层空间的目标(如导弹、卫星、宇宙飞船等)，则必须利用微波能穿透地球高空电离层的特性。当然，微波就不能利用电离层的反射来实现远距离通信，只能借助于微波中继接力通信或卫星通信来实现远距离通信。

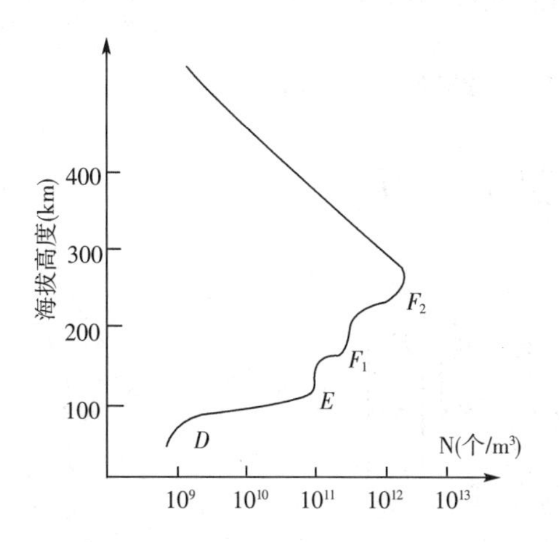

图6-22　高空电离层电子密度随高度的变化

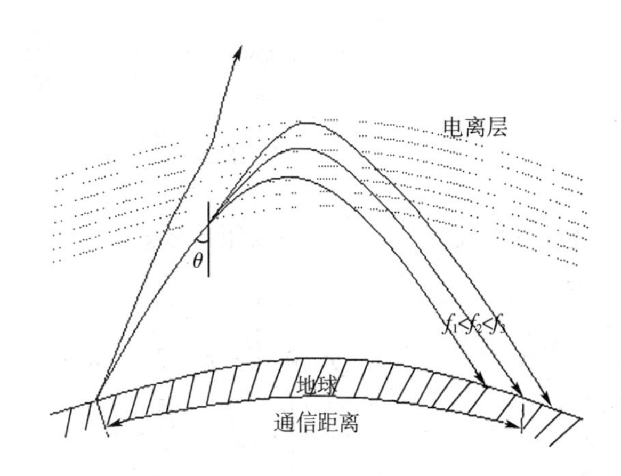

图6-23　短波通信中的天波传播示意图

在上述讨论中，我们未计入损耗。实际上电子与中性分子会发生碰撞，电子把动能交给分子，转变成热能。此外电子在加速过程中还会产生辐射损耗。计入了损耗，张量介电常数的每一个元素都既有实部又有虚部，在磁旋共振区，损耗是不能忽略的，但在远离共振区的频率范围，等离子体的特性与无损耗时只有微小的区别，没有质的变化。

6.6.2 磁化等离子体中的均匀平面波

1. 含张量的波动方程

对于无源、无耗、均匀、线性、无限大的磁化等离子体,麦克斯韦方程组可写成

$$\nabla\times\boldsymbol{H}=\mathrm{j}\omega\varepsilon_0[\varepsilon_r]\boldsymbol{E} \tag{6-122a}$$

$$\nabla\times\boldsymbol{E}=-\mathrm{j}\omega\mu_0\boldsymbol{H} \tag{6-122b}$$

$$\nabla\cdot\boldsymbol{B}=0 \tag{6-122c}$$

$$\nabla\cdot\boldsymbol{D}=0 \tag{6-122d}$$

其中$\boldsymbol{D}=\varepsilon_0[\varepsilon_r]\boldsymbol{E}$、$\boldsymbol{B}=\mu_0\boldsymbol{H}$。对式(6-122b)两边取旋度,并将式(6-122a)代入,可得含张量的波动方程

$$\nabla(\nabla\cdot\boldsymbol{E})-\nabla^2\boldsymbol{E}=\omega^2\mu_0\varepsilon_0[\varepsilon_r]\boldsymbol{E} \tag{6-123}$$

2. 纵向波

若均匀平面波的传播方向与恒定磁场$\boldsymbol{B}_0=B_0\boldsymbol{e}_z$的方向平行,则称之为纵向波。根据均匀平面波条件

$$\frac{\partial\boldsymbol{E}}{\partial x}=\frac{\partial\boldsymbol{E}}{\partial y}=0 \tag{6-124a}$$

$$\frac{\partial\boldsymbol{E}}{\partial z}=-\gamma\boldsymbol{E} \tag{6-124b}$$

其中γ是待求的平面波的传播常数,将上式代入波动方程式(6-123),由于

$$\nabla(\nabla\cdot\boldsymbol{E})=\nabla\left(\frac{\partial E_x}{\partial x}+\frac{\partial E_y}{\partial y}+\frac{\partial E_z}{\partial z}\right)=-\gamma\nabla E_z=\gamma^2E_z\boldsymbol{e}_z$$

$$\nabla^2\boldsymbol{E}=\frac{\partial^2E_x}{\partial z^2}\boldsymbol{e}_x+\frac{\partial^2E_y}{\partial z^2}\boldsymbol{e}_y+\frac{\partial^2E_z}{\partial z^2}\boldsymbol{e}_z=\gamma^2\boldsymbol{E}$$

波动方程式(6-123)可写成矩阵形式

$$\gamma^2\begin{bmatrix}0\\0\\E_z\end{bmatrix}-\gamma^2\begin{bmatrix}E_x\\E_y\\E_z\end{bmatrix}-\omega^2\mu_0\varepsilon_0\begin{bmatrix}\varepsilon_1 & \mathrm{j}\varepsilon_2 & 0\\-\mathrm{j}\varepsilon_2 & \varepsilon_1 & 0\\0 & 0 & \varepsilon_3\end{bmatrix}\begin{bmatrix}E_x\\E_y\\E_z\end{bmatrix}=0$$

即

$$\gamma^2E_x+\omega^2\mu_0\varepsilon_0(\varepsilon_1E_x+\mathrm{j}\varepsilon_2E_y)=0 \tag{6-125a}$$

$$\gamma^2E_y+\omega^2\mu_0\varepsilon_0(-\mathrm{j}\varepsilon_2E_x+\varepsilon_1E_y)=0 \tag{6-125b}$$

$$\omega^2\mu_0\varepsilon_0\varepsilon_3E_z=0 \tag{6-125c}$$

等离子体中任何一种可能的纵向波都只能是上述方程组的解,其解为

$$E_z = 0 \tag{6-126a}$$

$$E_x = \pm \mathrm{j}E_y \tag{6-126b}$$

$$\gamma^2 = -\omega^2\mu_0\varepsilon_0(\varepsilon_1 \pm \varepsilon_2) \tag{6-126c}$$

由此可得：

(1) 纵向波是TEM波。这是因为由式(6-126a)$E_z = 0$，将均匀平面波条件式(6-124)代入麦克斯韦第二方程可得 $H_z = 0$。

(2) 在磁化等离子体中，电磁波是以圆极化波的形式传播的。式(6-126b)和式(6-126c)中取正号表示右旋或正圆极化(相对于 $\boldsymbol{B}_0$ 方向而言)，取负号表示左旋或负圆极化，而且正、负圆极化的传播常数不同。传播常数由式(6-126c)可得

$$\beta_+ = \omega\sqrt{\mu_0\varepsilon_0}\sqrt{\varepsilon_1+\varepsilon_2} = \beta_0\sqrt{\varepsilon_+} \tag{6-127a}$$

$$\beta_- = \omega\sqrt{\mu_0\varepsilon_0}\sqrt{\varepsilon_1-\varepsilon_2} = \beta_0\sqrt{\varepsilon_-} \tag{6-127b}$$

其中

$$\varepsilon_+ = \varepsilon_1 + \varepsilon_2 = 1 - \frac{\omega_p^2}{\omega^2}\frac{\omega}{\omega-\omega_g} \tag{6-128a}$$

$$\varepsilon_- = \varepsilon_1 - \varepsilon_2 = 1 - \frac{\omega_p^2}{\omega^2}\frac{\omega}{\omega+\omega_g} \tag{6-128b}$$

两种介电常数与 ω 的关系曲线如图6-24所示，当 $\omega \to \omega_g$ 时，$\varepsilon_+ \to \infty$，产生磁旋共振现象，由于电子回旋运动的轨迹相对于 $\boldsymbol{B}_0$ 是右旋的，因而只有右旋的电场才能发生磁旋共振现象。在 $\omega_g \ll \omega_p$ 条件下，负圆极化波只有当 $\omega > \omega_p - \frac{\omega_g}{2}$ 时才能在磁化等离子体中传播，正圆极化波只有当 $\omega > \omega_p + \frac{\omega_g}{2}$ 时才能在磁化等离子体中传播。

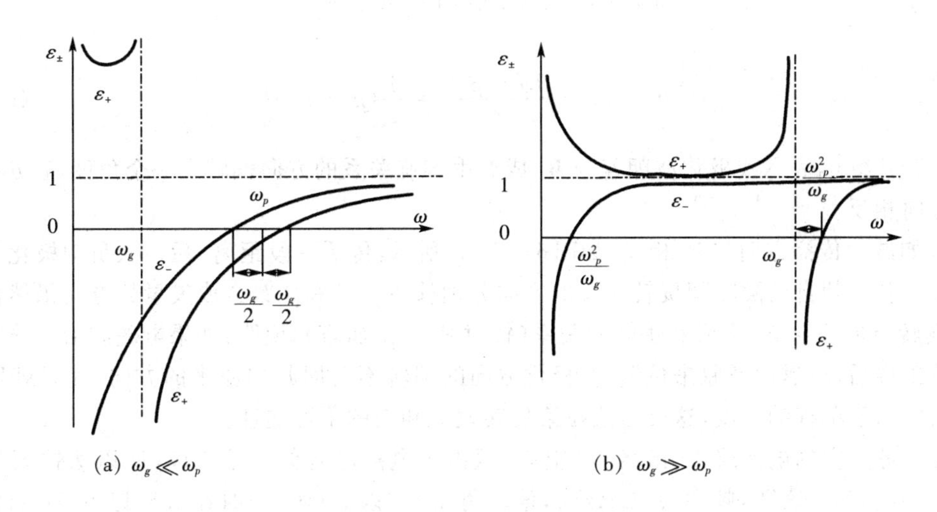

图6-24　$\varepsilon_\pm$ 随频率的变化曲线

纵向传播的电磁波的解为

$$\boldsymbol{E}=E_x e^{-j\beta_\pm z}(\boldsymbol{e}_x \mp j\boldsymbol{e}_y) \tag{6-129a}$$

$$\boldsymbol{H}=\frac{j}{\omega\mu_0}\nabla\times\boldsymbol{E}=\frac{\sqrt{\varepsilon_\pm}}{\eta_0}\boldsymbol{e}_z\times\boldsymbol{E} \tag{6-129b}$$

(3) 如果有一个电场是线极化的平面波往 $\boldsymbol{B}_0$ 方向传播，将会如何呢？

任何一个线极化波都可以分解成两个等幅反向旋转的圆极化波，如图 6-25(a) 所示，但由于等离子体中旋转方向相反的圆极化波的相位常数不等，传播一段距离 l 后相移也不等，再重新叠加后，合成矢量的方向即线极化波的电场方向便发生了偏转。这种线极化波电场方向随传播距离发生连续偏转的效应，称之为法拉第旋转效应。从图中不难求得偏转角为

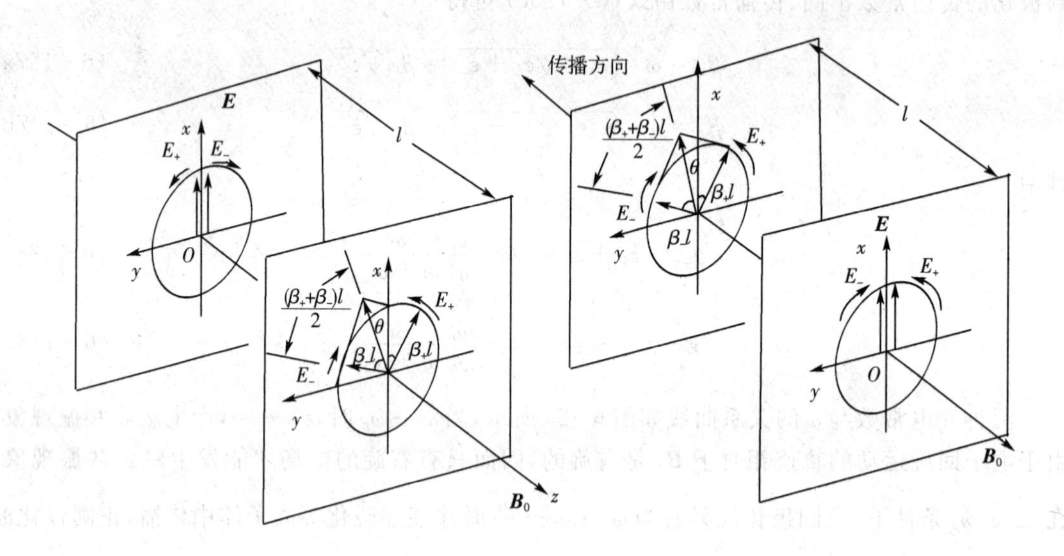

(a) 传播方向与 $\boldsymbol{B}_0$ 相同　　(b) 传播方向与 $\boldsymbol{B}_0$ 相反

图 6-25　等离子体中的法拉第旋转效应

$$\theta=\beta_- l-\frac{\beta_- l+\beta_+ l}{2}=\frac{1}{2}(\beta_- - \beta_+)l \tag{6-130}$$

上式中若 $\theta>0$，表示线极化波朝着与 $\boldsymbol{B}_0$ 成右手螺旋关系的方向偏转了一个角度，若 $\theta<0$ 则偏转方向相反。

假如波的传播方向与 $\boldsymbol{B}_0$ 相反，如图 6-25(b) 所示，传播一段距离 l 后，正、负圆极化的场矢量的相位各自朝自己随时间旋转相反的方向分别移后 $\beta_+ l$ 和 $\beta_- l$，合成矢量的方向仍然偏转了 θ 角，偏转方向相对 $\boldsymbol{B}_0$ 仍成右手螺旋关系（针对 $\beta_+<\beta_-$ 而言）。说明：如果电磁波沿 $+z$ 方向传播一段距离后，再返回到原来位置时，极化方向的偏转不会回归到原来的方向，而是朝同一方向偏离两倍于单程的角度，这就是法拉第旋转效应和它的不可逆性。

在地球上空的电离层中，虽然 θ/l 很小，但由于电离层有数百千米厚，所以法拉第旋转角还是不小的，实测表明，频率为 1GHz 时，偏转角在 72° 以下；4GHz 时在 4.5° 以下；10GHz 可忽略其影响。为了避免因极化偏转而产生场强变动，一般对 4 ～ 6GHz 以下的通信系统多采用圆极化波。

3. 横向波

所谓横向波是指波的传播方向与恒定磁场 $\boldsymbol{B}_0$ 的方向相垂直的平面波。仍取 $\boldsymbol{B}_0 = B_0\boldsymbol{e}_z$，张量介电常数形式不变，设均匀平面波向 x 方向传播，则均匀平面波条件为

$$\frac{\partial \boldsymbol{E}}{\partial y} = \frac{\partial \boldsymbol{E}}{\partial z} = 0 \tag{6-131a}$$

$$\frac{\partial \boldsymbol{E}}{\partial x} = -\gamma \boldsymbol{E} \tag{6-131b}$$

式中 γ 是横向波的传播常数，将上式代入波动方程式(6-123)，考虑到

$$\nabla(\nabla \cdot \boldsymbol{E}) = \nabla\left(\frac{\partial E_x}{\partial x} + \frac{\partial E_y}{\partial y} + \frac{\partial E_z}{\partial z}\right) = -\gamma\nabla E_x = \gamma^2 E_x \boldsymbol{e}_x$$

$$\nabla^2 \boldsymbol{E} = \frac{\partial^2 E_x}{\partial x^2}\boldsymbol{e}_x + \frac{\partial^2 E_y}{\partial x^2}\boldsymbol{e}_y + \frac{\partial^2 E_z}{\partial x^2}\boldsymbol{e}_z = \gamma^2 \boldsymbol{E}$$

可得

$$\gamma^2\begin{bmatrix} E_x \\ 0 \\ 0 \end{bmatrix} - \gamma^2\begin{bmatrix} E_x \\ E_y \\ E_z \end{bmatrix} - \omega^2\mu_0\varepsilon_0\begin{bmatrix} \varepsilon_1 & \mathrm{j}\varepsilon_2 & 0 \\ -\mathrm{j}\varepsilon_2 & \varepsilon_1 & 0 \\ 0 & 0 & \varepsilon_3 \end{bmatrix}\begin{bmatrix} E_x \\ E_y \\ E_z \end{bmatrix} = 0$$

展开上式，可得电场各分量满足的代数方程

$$\omega^2\mu_0\varepsilon_0(\varepsilon_1 E_x + \mathrm{j}\varepsilon_2 E_y) = 0 \tag{6-132a}$$

$$\gamma^2 E_y + \omega^2\mu_0\varepsilon_0(-\mathrm{j}\varepsilon_2 E_x + \varepsilon_1 E_y) = 0 \tag{6-132b}$$

$$\gamma^2 E_z + \omega^2\mu_0\varepsilon_0\varepsilon_3 E_z = 0 \tag{6-132c}$$

解上式可得第一组解

$$\begin{cases} \gamma_1^2 = -\omega^2\mu_0\varepsilon_0\varepsilon_3 \\ E_x = E_y = 0 \\ E_z \neq 0 \end{cases} \tag{6-133}$$

另一组解是

$$\begin{cases} \gamma_2^2 = -\omega^2\mu_0\varepsilon_0\left(\varepsilon_1 - \dfrac{\varepsilon_2^2}{\varepsilon_1}\right) \\ E_x = -\dfrac{\mathrm{j}\varepsilon_2}{\varepsilon_1}E_y \\ E_z = 0 \end{cases} \tag{6-134}$$

第一组解电场只有 E_z 分量，是线极化波。由于电场方向与 $\boldsymbol{B}_0$ 方向一致，电子在电场 E_z 作用下运动，其运动方向与 $\boldsymbol{B}_0$ 平行，所以不受 $\boldsymbol{B}_0$ 的作用力，$\boldsymbol{B}_0$ 的存在对这种波的传播没有影响，相位常数是

$$\beta_1 = \beta_0 \sqrt{\varepsilon_3} = \beta_0 \sqrt{1 - \frac{\omega_p^2}{\omega^2}} \qquad (6-135)$$

第二组解表明在传播方向上出现了电场分量，这种波称为非寻常波。与此相对应，第一组解则称为寻常波。相对于 $\boldsymbol{B}_0$ 方向，非寻常波是椭圆极化波，椭圆在 xy 平面内。

从横向进入等离子体的平面波，当电场与 $\boldsymbol{B}_0$ 有一定夹角时，如图 6-26 所示，可将电场分解为平行于 $\boldsymbol{B}_0$ 的分量和垂直于 $\boldsymbol{B}_0$ 的分量，前者以寻常波速度传播，后者以非寻常波速度传播，两者相速不同。地面与卫星通信多数是横向波（因为地磁场与地面平行），如果线极化的电场方向与地磁方向成任意角度，平面波将分裂为两个速度不同的波同时传播，穿出电离层后，由于相移不同而不再是线极化波。

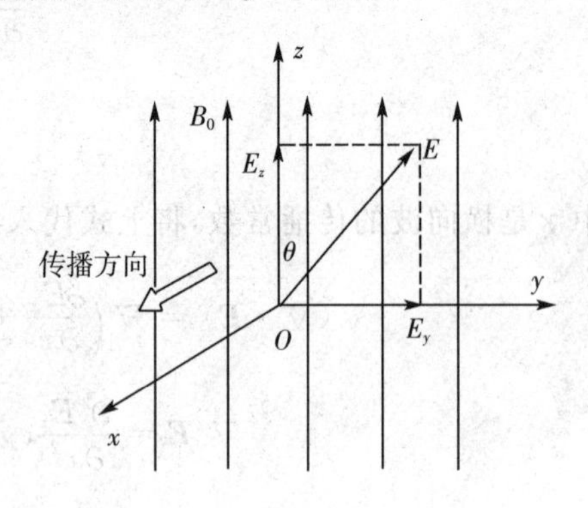

图 6-26 横向传播的波

如果平面波既不是纵向波也不是横向波，而是传播方向与 $\boldsymbol{B}_0$ 有一个夹角，则仍可由波动方程解得两个不同的传播常数。因此，当平面波进入电离层以后，将分裂为两个不同传播常数的波，形成沿两条不同的路径传播的折射波，这种现象称为双折射现象。

在短波通信中就存在双折射现象，同时由于短波天线的波束很宽，电离层的电子密度存在随机变化，使得来自不同路径的电离层波束合成的场强发生较大起伏，这就是收听短波电台时，声音忽大忽小的原因之一。

6.6.3 饱和磁化的铁氧体

铁氧体是一种由 Fe_2O_3 与其他金属化合物混合经高温烧结制成的黑褐色磁性材料，化学成分可表示为 $xO \cdot Fe_2O_3$，其中 x 代表某一种或数种除铁以外的二价金属元素，物理特性类似于陶瓷，硬而脆。与金属铁磁材料比较，铁氧体也有很高的磁导率 $\mu_r = 10^2 \sim 10^4$，而且高频电磁波可以低损耗地在其中传播，电导率 $\sigma = 1 \sim 10^{-6}\,\mathrm{S/m}$，相对介电常数 $\varepsilon_r = 5 \sim 25$。由于铁氧体能使高频磁场的极化发生转换，故一般把铁氧体称为旋磁性媒质。微波领域广泛应用的铁氧体材料是钇铁石榴石，其成分是 $3Y_2O_2 \cdot 5Fe_2O_3$，简称 YIG。

1. 自旋电子磁矩的进动

铁氧体的磁性起源于自旋电子。和其他物质一样，在铁氧体中原子核外的电子既绕原子核作轨道旋转 —— 公转，又绕自己的一个轴作自转运动，这两种运动都产生磁矩。公转磁矩因电子各循不同方向旋转而相互抵消。自转磁矩对于一般物质也是相互抵消的，但对于铁磁物质则并不如此，而是在许多极小区域内相互平行，自发磁化形成所谓磁畴。在没有外磁场作用时，这些磁畴的磁矩相互抵消，因而铁氧体也不显现磁性。但当铁氧体置于外磁场中时，每一磁畴的方向都会转动，转动至平行于外磁场方向，产生强大的磁性。

由上可知，要深入了解铁氧体在恒定磁场下的磁化过程，必须先了解自旋电子在恒定磁场作用下的运动情况。为简单起见，我们讨论一个电子在自旋运动中所受到的影响。电子带负电荷$(-e)$，自旋形成电流环，产生自旋磁矩。同时电子具有质量 m，自旋产生一个自旋动量矩，如

图 6-27(a) 所示。若电子处于外加恒定磁场 $\boldsymbol{B}_0$ 中，如图 6-27(b) 所示，电子一边自旋，一边绕 $\boldsymbol{B}_0$ 方向旋转，这种旋转运动称为进动，类似陀螺进动。自旋电子的进动又称拉莫进动，进动方向与 $\boldsymbol{B}_0$ 成右手螺旋关系，进动角频率为

$$\omega_0 = \gamma_e B_0 = \frac{e}{m} B_0 \tag{6-136}$$

其中 $\gamma_e = e/m$ 称为旋磁比。

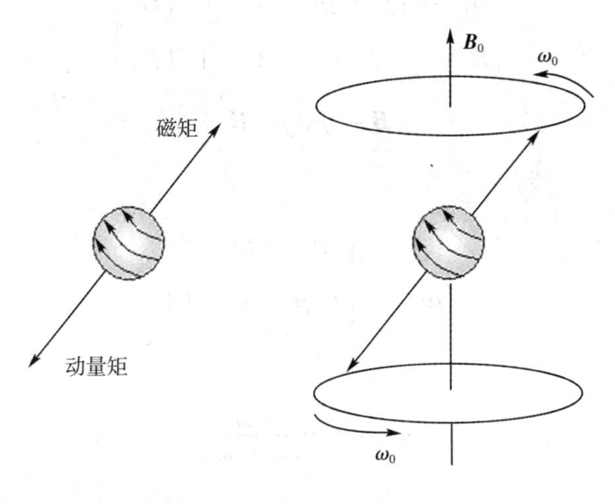

(a)自旋电子的磁矩　　(b)自旋电子的进动

图 6-27　自旋电子在恒定磁场中的进动

上述自旋电子的进动，若没有损耗，将永不停止。但实际上存在阻尼力矩，还存在磁偶极子的辐射，它们将消耗电子运动的势能而转换为热能或其他形式的能量，使电子磁矩与 $\boldsymbol{B}_0$ 的夹角越来越小，直至两者方向一致，使进动停止，此时铁氧体达到饱和磁化。

2. 张量磁导率

在铁氧体中，设有一个较强的恒定磁场 $\boldsymbol{B}_0 = B_0\boldsymbol{e}_z$ 使铁氧体达到饱和磁化，产生磁化强度 $\boldsymbol{M}_0 = M_0\boldsymbol{e}_z$，此外还有一个频率为 ω 的弱交变磁场 $\boldsymbol{H}$，$\boldsymbol{H}$ 将在铁氧体中产生一个较小的磁化强度 $\boldsymbol{M}$，并出现交叉磁化效应，从而造成各向异性。

下面用电子进动理论进行简单分析。如图 6-28 所示，当铁氧体在 z 方向被一个很强的恒定磁场 $\boldsymbol{B}_0 = B_0\boldsymbol{e}_z$ 磁化后，如果在 y 方向加上一个时变磁场 H_y，显然它在 y 方向要使铁氧体磁化，产生 M_y。然而 M_y 与 $\boldsymbol{M}_0$ 矢量合成后将不与 $\boldsymbol{B}_0$ 重合，这样一来自旋电子又将受到一个力矩作用，使电子重新开始进动。由于 H_y 远小于恒定场，所以进动仍然绕 $\boldsymbol{B}_0$ 方向按右手螺旋关系进行。进动的结果使得磁化强度在 xy 平面上既有 M_y 又有 M_x，即 H_y 不仅产生 y 方向的磁化强度，而且也产生 x 方向的磁化强度，这就是交叉磁化效应。同样 H_x 也产生交叉磁化。如果同时加上有 H_x 和 H_y 组成的右旋极化的交变磁场 $\boldsymbol{H}$，当 $\omega = \omega_0$ 时，$\boldsymbol{H}$ 将始终与进动同

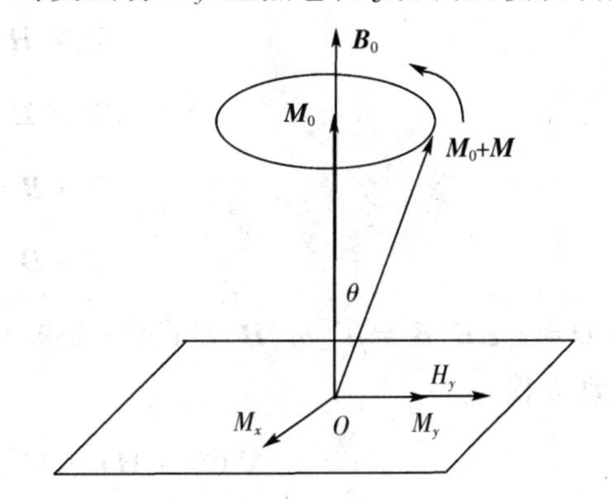

图 6-28　交叉磁化效应

步地作用在电子上，使自旋电子的进动愈来愈强，夹角 θ 愈来愈大，产生很强的磁化强度，直至与阻尼力矩动态平衡为止，这就是磁共振现象。

我们用 $\boldsymbol{B}$ 表示交变磁场强度 $\boldsymbol{H}$ 所对应的磁感应强度，则 $\boldsymbol{B}$ 与 $\boldsymbol{H}$ 之间的关系可由交叉磁化效应导出

$$\begin{bmatrix} B_x \\ B_y \\ B_z \end{bmatrix} = \mu_0 \begin{bmatrix} \mu_1 & \mathrm{j}\mu_2 & 0 \\ -\mathrm{j}\mu_2 & \mu_1 & 0 \\ 0 & 0 & 1 \end{bmatrix} \begin{bmatrix} H_x \\ H_y \\ H_z \end{bmatrix} \tag{6-137a}$$

$$\boldsymbol{B} = \mu_0 [\mu_r] \boldsymbol{H} \tag{6-137b}$$

其中

$$[\mu_r] = \begin{bmatrix} \mu_1 & \mathrm{j}\mu_2 & 0 \\ -\mathrm{j}\mu_2 & \mu_1 & 0 \\ 0 & 0 & 1 \end{bmatrix} \tag{6-138a}$$

$$\mu_1 = 1 + \frac{\omega_0 \omega_m}{\omega_0^2 - \omega^2} \tag{6-138b}$$

$$\mu_2 = \frac{\omega \omega_m}{\omega_0^2 - \omega^2} \tag{6-138c}$$

其中 $\omega_0 = \dfrac{e}{m} B_0$ 为进动角频率，$\omega_m = \gamma_e \mu_0 M_0 = \dfrac{e}{m} \mu_0 M_0$ 是一个与饱和磁化强度 M_0 有关的量。$[\mu_r]$ 是矩阵，称为相对张量磁导率。上式的应用条件是：恒定磁场 $\boldsymbol{B}_0$ 取 z 方向，且使铁氧体饱和磁化，忽略损耗。当 $\omega \to \omega_0$ 时，$\mu_1 \to \infty$，$\mu_2 \to \infty$，说明较小的 $\boldsymbol{H}$ 就可获得很大的 $\boldsymbol{M}$，这就是磁共振现象。因为任何实际的铁氧体都是有损耗的，所以磁共振时，实际磁导率并不是无穷大的。

6.6.4 饱和磁化铁氧体中的均匀平面波

1. 波动方程

对于无源、无耗、均匀、线性、无限大的饱和磁化铁氧体，麦克斯韦方程是

$$\nabla \times \boldsymbol{H} = \mathrm{j}\omega \varepsilon_0 \varepsilon_r \boldsymbol{E} \tag{6-139a}$$

$$\nabla \times \boldsymbol{E} = -\mathrm{j}\omega \mu_0 [\mu_r] \boldsymbol{H} \tag{6-139b}$$

$$\nabla \cdot \boldsymbol{B} = 0 \tag{6-139c}$$

$$\nabla \cdot \boldsymbol{D} = 0 \tag{6-139d}$$

其中 $\boldsymbol{D} = \varepsilon_0 \varepsilon_r \boldsymbol{E}$、$\boldsymbol{B} = \mu_0 [\mu_r] \boldsymbol{H}$。对式(6-139a)两边取旋度，并将式(6-139b)代入，可得含张量的波动方程

$$\nabla(\nabla \cdot \boldsymbol{H}) - \nabla^2 \boldsymbol{H} = \omega^2 \varepsilon_0 \varepsilon_r \mu_0 [\mu_r] \boldsymbol{H} \tag{6-140}$$

2. 纵向波

若均匀平面波的传播方向与恒定磁场 $\boldsymbol{B}_0 = B_0 \boldsymbol{e}_z$ 的方向平行，则称之为纵向波。根据均匀平面波条件

$$\frac{\partial \boldsymbol{H}}{\partial x} = \frac{\partial \boldsymbol{H}}{\partial y} = 0 \tag{6-141a}$$

$$\frac{\partial \boldsymbol{H}}{\partial z} = -\gamma \boldsymbol{H} \tag{6-141b}$$

其中 γ 是待求的平面波的传播常数，由波动方程式(6-140)可得

$$\gamma^2 \begin{bmatrix} 0 \\ 0 \\ H_z \end{bmatrix} - \gamma^2 \begin{bmatrix} H_x \\ H_y \\ H_z \end{bmatrix} - \omega^2 \mu_0 \varepsilon_0 \varepsilon_r \begin{bmatrix} \mu_1 & \mathrm{j}\mu_2 & 0 \\ -\mathrm{j}\mu_2 & \mu_1 & 0 \\ 0 & 0 & 1 \end{bmatrix} \begin{bmatrix} H_x \\ H_y \\ H_z \end{bmatrix} = 0$$

即

$$\gamma^2 H_x + \omega^2 \mu_0 \varepsilon_0 \varepsilon_r (\mu_1 H_x + \mathrm{j}\mu_2 H_y) = 0 \tag{6-142a}$$

$$\gamma^2 H_y + \omega^2 \mu_0 \varepsilon_0 \varepsilon_r (-\mathrm{j}\mu_2 H_x + \mu_1 H_y) = 0 \tag{6-142b}$$

$$\omega^2 \mu_0 \varepsilon_0 \varepsilon_r H_z = 0 \tag{6-142c}$$

饱和磁化铁氧体中任何一种可能的纵向波都只能是上述方程组的解，其解为

$$H_z = 0 \tag{6-143a}$$

$$H_x = \pm \mathrm{j} H_y \tag{6-143b}$$

$$\gamma^2 = -\omega^2 \mu_0 \varepsilon_0 \varepsilon_r (\mu_1 \pm \mu_2) \tag{6-143c}$$

由此可得：

(1) 纵向波是TEM波。这是因为由式(6-143a) $H_z = 0$，将均匀平面波条件式(6-141)代入麦克斯韦第一方程可得 $E_z = 0$。

(2) 在饱和磁化铁氧体中，电磁波是以圆极化波的形式传播的。$H_x = \pm \mathrm{j} H_y$ 中取正号表示右旋或正圆极化(相对于 $\boldsymbol{B}_0$ 方向而言)，取负号表示左旋或负圆极化，而且正、负圆极化的传播常数不同。传播常数由式(6-143c)可得

$$\beta_+ = \omega \sqrt{\mu_0 \varepsilon_0} \sqrt{\varepsilon_r (\mu_1 + \mu_2)} = \beta_0 \sqrt{\varepsilon_r \mu_+} \tag{6-144a}$$

$$\beta_- = \omega \sqrt{\mu_0 \varepsilon_0} \sqrt{\varepsilon_r (\mu_1 - \mu_2)} = \beta_0 \sqrt{\varepsilon_r \mu_-} \tag{6-144b}$$

其中

$$\mu_+ = \mu_1 + \mu_2 = 1 + \frac{\omega_m}{\omega_0 - \omega} \tag{6-145a}$$

$$\mu_- = \mu_1 - \mu_2 = 1 + \frac{\omega_m}{\omega_0 + \omega} \tag{6-145b}$$

将上式画成以 ω_0 为变量的关系曲线如图 6-29 所示，正、负圆极化波的相对磁导率不等。对于正圆极化，当 $\omega_0 \to \omega$ 时，$\mu_+ \to \infty$，产生磁共振现象。当 $\omega - \omega_m < \omega_0 < \omega$ 时，$\mu_+ < 0$，故对于正圆极化波存在频率限制，阻带范围是 $\omega_0 < \omega < \omega_0 + \omega_m$。

纵向传播的电磁波的解为

$$\boldsymbol{H} = H_m e^{-j\beta_\pm z}(\boldsymbol{e}_x \mp j\boldsymbol{e}_y) \tag{6-146a}$$

$$\boldsymbol{E} = \frac{1}{j\omega\varepsilon_0\varepsilon_r}\nabla \times \boldsymbol{H} = \eta_0\sqrt{\frac{\mu_\pm}{\varepsilon_r}}\boldsymbol{H} \times \boldsymbol{e}_z \tag{6-146b}$$

(3) 如果有一个磁场是线极化的平面波沿 $\boldsymbol{B}_0$ 方向传播，可将线极化波分解成两个等幅反向旋转的圆极化波，但由于正负圆极化波相速不等，传播一段距离 l 后相移也不等，再重新叠加后，合成矢量的方向即线极化波的磁场方向便发生了偏转，这就是法拉第旋转效应。偏转角的计算公式与式(6-130)相同。与第 6.6.2 节同理，如果电磁波沿 $+z$ 方向传播一段距离后，再返回到原来位置时，极化方向的偏转不会回归到原来的方向，而是朝同一方向偏离两倍于单程的角度，这就是法拉第旋转效应的不可逆性。

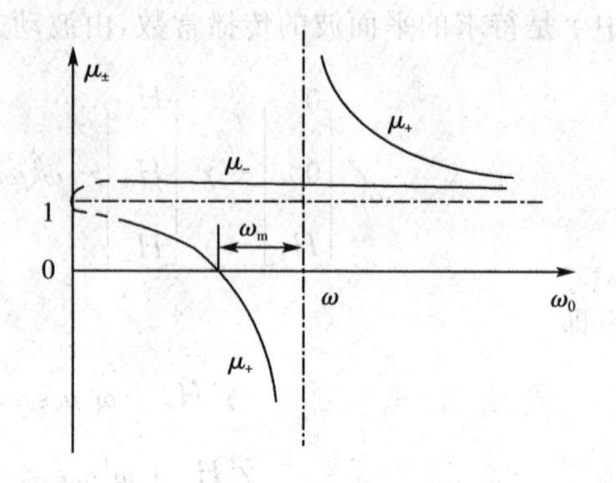

图 6-29 $\mu_\pm$ 随频率的变化

3. 横向波

所谓横向波是指波的传播方向与恒定磁场 $\boldsymbol{B}_0$ 的方向垂直的平面波。仍取 $\boldsymbol{B}_0 = B_0\boldsymbol{e}_z$，张量磁导率形式不变，设均匀平面波向 x 方向传播，则均匀平面波条件为

$$\frac{\partial \boldsymbol{H}}{\partial y} = \frac{\partial \boldsymbol{H}}{\partial z} = 0 \tag{6-147a}$$

$$\frac{\partial \boldsymbol{H}}{\partial x} = -\gamma\boldsymbol{H} \tag{6-147b}$$

其中 γ 是待求的平面波的传播常数，由波动方程式(6-140)可得

$$\gamma^2\begin{bmatrix} H_x \\ 0 \\ 0 \end{bmatrix} - \gamma^2\begin{bmatrix} H_x \\ H_y \\ H_z \end{bmatrix} - \omega^2\mu_0\varepsilon_0\varepsilon_r\begin{bmatrix} \mu_1 & j\mu_2 & 0 \\ -j\mu_2 & \mu_1 & 0 \\ 0 & 0 & 1 \end{bmatrix}\begin{bmatrix} H_x \\ H_y \\ H_z \end{bmatrix} = 0$$

展开上式，可得磁场各分量满足的代数方程

$$\beta_0^2\varepsilon_r(\mu_1 H_x + j\mu_2 H_y) = 0 \tag{6-148a}$$

$$\gamma^2 H_y + \beta_0^2\varepsilon_r(-j\mu_2 H_x + \mu_1 H_y) = 0 \tag{6-148b}$$

$$\gamma^2 H_z + \beta_0^2\varepsilon_r H_z = 0 \tag{6-148c}$$

其中 $\beta_0 = \omega\sqrt{\mu_0\varepsilon_0}$，解上式可得第一组解

$$\begin{cases} \gamma_1^2 = -\beta_0^2 \varepsilon_r \\ H_x = H_y = 0 \\ H_z \neq 0 \end{cases} \tag{6-149}$$

另一组解是

$$\begin{cases} \gamma_2^2 = -\beta_0^2 \varepsilon_r \left(\mu_1 - \dfrac{\mu_2^2}{\mu_1} \right) \\ H_x = -\dfrac{\mathrm{j}\mu_2}{\mu_1} H_y \\ H_z = 0 \end{cases} \tag{6-150}$$

第一组解磁场只有 H_z 分量，是线极化波。电磁波的解可表示为

$$\boldsymbol{H} = H_z e^{-\mathrm{j}\beta_1 x} \boldsymbol{e}_z \tag{6-151a}$$

$$\boldsymbol{E} = \frac{1}{\mathrm{j}\omega\varepsilon_0\varepsilon_r} \nabla \times \boldsymbol{H} = \eta_0 \sqrt{\frac{1}{\varepsilon_r}} H_z e^{-\mathrm{j}\beta_1 x} \boldsymbol{e}_y \tag{6-151b}$$

其中相位常数为 $\beta_1 = \beta_0 \sqrt{\varepsilon_r}$，相速为 $v_p = c/\sqrt{\varepsilon_r}$。由上式可见，这种波是 TEM 波。

第二组解表明在传播方向上出现了磁场分量，这种波称为非寻常波。与此相对应，第一组解则称为寻常波。相对于 $\boldsymbol{B}_0$ 方向，非寻常波是椭圆极化波，椭圆在 xy 平面内。电磁波的解是

$$\boldsymbol{H} = H_y e^{-\gamma_2 x} \left(-\mathrm{j} \frac{\mu_2}{\mu_1} \boldsymbol{e}_x + \boldsymbol{e}_y \right) \tag{6-152a}$$

$$\boldsymbol{E} = \frac{1}{\mathrm{j}\omega\varepsilon_0\varepsilon_r} \nabla \times \boldsymbol{H} = -\eta_0 \sqrt{\frac{\mu_1^2 - \mu_2^2}{\mu_1}} H_y e^{-\gamma_2 x} \boldsymbol{e}_z \tag{6-152b}$$

上式表明电场只有横向分量，而且是线极化的，所以非寻常波是横电波。其相速为

$$v_p = \frac{c}{\sqrt{\varepsilon_r \dfrac{\mu_1^2 - \mu_2^2}{\mu_1}}} = \frac{c}{\sqrt{\varepsilon_r \mu_\perp}} \tag{6-153}$$

其中

$$\mu_\perp = \frac{\mu_1^2 - \mu_2^2}{\mu_1} = \frac{(\omega_0 + \omega_m)^2 - \omega^2}{\omega_0(\omega_0 + \omega_m) - \omega^2} \tag{6-154}$$

$\mu_\perp$ 与 ω_0 的关系曲线如图 6－30 所示，当 $\omega_0 = \omega - \omega_m/2$ 时 $\mu_\perp \to \infty$，这说明横向波的磁共振点比纵向波的磁共振点低，这在工程上是有利的，因为以较小的 $\boldsymbol{B}_0$ 就可获得磁共振，即获得很强的磁化。

当平面波以垂直 $\boldsymbol{B}_0$ 的方向向饱和磁化的铁氧体内传播时，如果进入铁氧体的电磁波 $H_z \neq 0$，$H_x \neq 0$（或 $H_y \neq 0$），则电磁波将以两个不同的相速向前传播，一个是寻常波，另一个是非寻常波，这就是卡登-冒登效应。

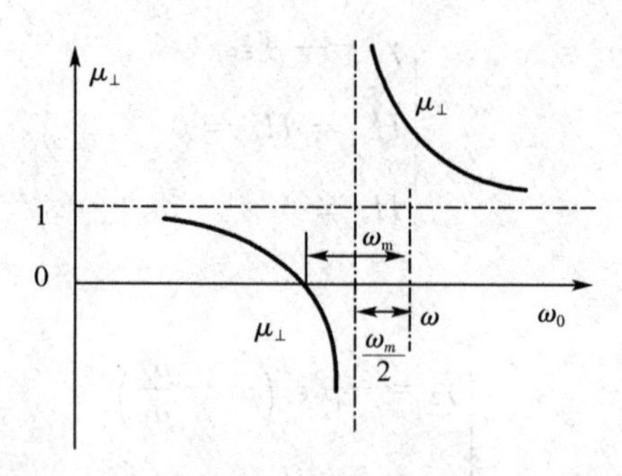

图 6-30 铁氧体中 $\mu_\perp$ 与频率的关系

本章小结

1. 均匀平面波在无界理想介质中传播时，电场和磁场的振幅不变，它们在时间上同相，在空间相互垂直，并与传播方向组成右手螺旋关系，是 TEM 波。均匀平面波可表示为

$$\boldsymbol{E} = \boldsymbol{E}_0{}^{-jk\boldsymbol{e}_n \cdot \boldsymbol{r}}, \quad \boldsymbol{e}_n \cdot \boldsymbol{E} = 0$$

$$\boldsymbol{H} = \frac{1}{\eta}\boldsymbol{e}_n \times \boldsymbol{E}$$

式中 $k = \omega\sqrt{\mu\varepsilon} = 2\pi/\lambda, \eta = \sqrt{\mu/\varepsilon}$。

理想介质中，电磁波的能速等于相速，$v_e = v_p = 1/\sqrt{\mu\varepsilon}$。

2. 均匀平面波在有损耗媒质中传播时，电场、磁场和传播方向三者相互垂直，成右手螺旋关系，是 TEM 波。但电场和磁场的振幅按指数衰减，它们在时间上不再同相。此外电磁波的波长变短，相速减慢。

3. 在良导体中存在趋肤效应，穿透深度为 $\delta = \sqrt{\frac{2}{\omega\mu\sigma}}$。导体的表面电阻为 $R_s = \sqrt{\frac{\omega\mu}{2\sigma}} = \frac{1}{\sigma\delta}$。单位表面积的导体中的损耗功率是 $S_{av} = \frac{1}{2}|J_s|^2 R_s$。

4. 相速是等相位面传播的速度，$v_p = \omega/\beta$。相速随频率变化的现象称为色散。群速是波群移动的速度，$v_g = \frac{d\omega}{d\beta}$，当群速有意义时，群速等于能速。

5. 极化用电场合成矢量的端点随时间变化的轨迹来描述，电场两正交分量同相或反相时为线极化波，两分量振幅相等且相位差 $\pm 90°$ 时为圆极化波，除此之外为椭圆极化波。

6. 垂直入射时，反射系数为 $R = \frac{\eta_2 - \eta_1}{\eta_2 + \eta_1}$，透射系数为 $T = \frac{2\eta_2}{\eta_1 + \eta_2} = 1 + R$。

7. 对多层媒质垂直入射时，可将后面几层媒质等效为一个波阻抗为 η_{ef} 的媒质。对于三层媒质，后两层的等效波阻抗为

$$\eta_{ef} = \eta_2 \frac{\eta_3 + j\eta_2 \tan(\beta_2 l)}{\eta_2 + j\eta_3 \tan(\beta_2 l)}$$

8. 任意极化的均匀平面波斜入射于两种媒质的分界面时，都可分解为垂直极化波和平行极化波的合成。反射波和折射波场量的振幅和相位取决于分界面两侧媒质的参量、入射波的极化和入射角的大小。

9. 对非磁性媒质，平行极化波以布儒斯特角 $\theta_B = \arctan\sqrt{\varepsilon_2/\varepsilon_1}$ 入射时，将没有反射，发生全折射。无论是平行极化波还是垂直极化波，当入射角大于临界角 $\theta_c = \arcsin\sqrt{\varepsilon_2/\varepsilon_1}$ 时，将发生全反射。

10. 电磁特性与外加的电磁场方向有关的媒质，称为各向异性媒质，其等效介电常数或等效磁导率为一张量。均匀平面波在各向异性媒质中的传播特性如表 6-1 和表 6-2 所示。

表 6-1 均匀平面波在磁化等离子体中的传播

纵向波	横向波 $\boldsymbol{e}_n = \boldsymbol{e}_x, \perp \boldsymbol{B}_0$	
$\boldsymbol{e}_n \parallel \boldsymbol{B}_0$ 取 z 方向	寻常波	非寻常波
1. 圆极化波，TEM 波	线极化波，TEM 波	椭圆极化波，TM 波
2. 场解 $\boldsymbol{E} = E_x e^{-j\beta_\pm z}(\boldsymbol{e}_x \mp j\boldsymbol{e}_y)$ $\boldsymbol{H} = \dfrac{\sqrt{\varepsilon_\pm}}{\eta_0}\boldsymbol{e}_z \times \boldsymbol{E}$	$E_x = E_y = 0$ $E_z \neq 0$ $\boldsymbol{E} \parallel \boldsymbol{B}_0$	$E_x = -\dfrac{j\varepsilon_2}{\varepsilon_1}E_y$ $E_z = 0$ $\boldsymbol{E} \perp \boldsymbol{B}_0$
3. 相位常数 $\beta_\pm = \beta_0\sqrt{\varepsilon_1 \pm \varepsilon_2}$	$\beta_1 = \beta_0\sqrt{1 - \dfrac{\omega_p^2}{\omega^2}}$	$\beta_2 = \beta_0\sqrt{\dfrac{\varepsilon_1^2 - \varepsilon_2^2}{\varepsilon_1}}$
4. 法拉第旋转效应		
5. 双折射效应		

表 6-2 均匀平面波在饱和磁化铁氧体中的传播

纵向波	横向波 $\boldsymbol{e}_n = \boldsymbol{e}_x, \perp \boldsymbol{B}_0$	
$\boldsymbol{e}_n \parallel \boldsymbol{B}_0$ 取 z 方向	寻常波	非寻常波
1. 圆极化波，TEM 波	线极化波，TEM 波	椭圆极化波，TE 波
2. 场解 $\boldsymbol{H} = H_m e^{-j\beta_\pm z}(\boldsymbol{e}_x \mp j\boldsymbol{e}_y)$ $\boldsymbol{E} = \eta_0\sqrt{\dfrac{\mu_\pm}{\varepsilon_r}}\boldsymbol{H} \times \boldsymbol{e}_z$	$H_x = H_y = 0$ $H_z \neq 0$ $\boldsymbol{E} = E_y\boldsymbol{e}_y$	$H_x = -\dfrac{j\mu_2}{\mu_1}H_y$ $H_z = 0$ $\boldsymbol{E}_n \parallel \boldsymbol{B}_0$
3. 相位常数 $\beta_\pm = \beta_0\sqrt{\varepsilon_r(\mu_1 \pm \mu_2)}$	$\beta_1 = \beta_0\sqrt{\varepsilon_r}$	$\beta_2 = \beta_0\sqrt{\dfrac{\mu_1^2 - \mu_2^2}{\mu_1}}$
4. 线极化波的法拉第旋转效应 $\theta = \dfrac{1}{2}(\beta_- - \beta_+)l$	卡登-冒登效应	

习　题

6-1　在 $\mu_r=1$、$\varepsilon_r=4$、$\sigma=0$ 的媒质中，有一个均匀平面波，电场强度是

$$E(z,t)=E_m\sin(\omega t-kz+\frac{\pi}{3})$$

若已知 $f=150\text{MHz}$，波在任意点的平均功率流密度为 $0.265\mu\text{W/m}^2$，试求：

(1) 该电磁波的波数 k，相速 v_p，波长 λ，波阻抗 η。

(2) $t=0$，$z=0$ 的电场 $E(0,0)$。

(3) 时间经过 $0.1\mu\text{s}$ 之后电场 $E(0,0)$ 值在什么地方？

(4) 时间在 $t=0$ 时刻之前 $0.1\mu\text{s}$，电场 $E(0,0)$ 值在什么地方？

6-2　一个在自由空间传播的均匀平面波，电场强度的复振幅是

$$\boldsymbol{E}=10^{-4}e^{-j20\pi z}\boldsymbol{e}_x+10^{-4}e^{j(\frac{\pi}{2}-20\pi z)}\boldsymbol{e}_y\quad \text{伏/米}$$

试求：(1) 电磁波的传播方向。

(2) 电磁波的相速 v_p，波长 λ，频率 f。

(3) 磁场强度 $\boldsymbol{H}$。

(4) 沿传播方向单位面积流过的平均功率。

6-3　证明在均匀线性无界无源的理想介质中，不可能存在 $\boldsymbol{E}=E_0e^{-jkz}\boldsymbol{e}_z$ 的均匀平面电磁波。

6-4 在微波炉外面附近的自由空间某点测得泄漏电场有效值为 1V/m，试问该点的平均电磁功率密度是多少？该电磁辐射对于一个站在此处的人的健康有危险吗？(根据美国国家标准，人暴露在微波下的限制量为 10^{-2}W/m^2 不超过 6 分钟，我国的暂行标准规定每 8 小时连续照射，不超过 $3.8\times10^{-2}\text{W/m}^2$。)

6-5　在自由空间中，有一波长为 12cm 的均匀平面波，当该波进入到某无损耗媒质时，其波长变为 8cm，且此时 $|\boldsymbol{E}|=31.41\text{V/m}$，$|\boldsymbol{H}|=0.125\text{A/m}$。求平面波的频率以及无损耗媒质的 ε_r 和 μ_r。

6-6　若有一个点电荷在自由空间以远小于光速的速度 v 运动，同时一个均匀平面波也沿 v 的方向传播。试求该电荷所受的磁场力与电场力的比值。

6-7　一个频率为 $f=3\text{GHz}$，$\boldsymbol{e}_y$ 方向极化的均匀平面波在 $\varepsilon_r=2.5$，损耗角正切值为 10^{-2} 的非磁性媒质中，沿正 $\boldsymbol{e}_x$ 方向传播。

(1) 求波的振幅衰减一半时，传播的距离；

(2) 求媒质的波阻抗、波的相速和波长；

(3) 设在 $x=0$ 处的 $\boldsymbol{E}=50\sin\left(6\pi\times10^9t+\dfrac{\pi}{3}\right)\boldsymbol{e}_y$，写出 $\boldsymbol{H}(x,t)$ 的表示式。

6-8　微波炉利用磁控管输出的 2.45GHz 频率的微波加热食品，在该频率上，牛排的等效复介电常数 $\tilde{\varepsilon}_r=40(1-0.3\text{j})$。求：

(1) 微波传入牛排的穿透深度 δ，在牛排内 8mm 处的微波场强是表面处的百分之几？

(2) 微波炉中盛牛排的盘子是发泡聚苯乙烯制成的，其等效复介电常数 $\tilde{\varepsilon}_r=1.03$

$(1-j0.3\times10^{-4})$。说明为何用微波加热时，牛排被烧熟而盘子并没有被毁。

6-9　已知海水的$\sigma=4\text{S/m}$，$\varepsilon_r=81$，$\mu_r=1$，在其中分别传播$f=100\text{MHz}$和$f=10\text{kHz}$的平面电磁波时，试求：α，β，v_p，λ。

6-10　证明电磁波在良导电媒质中传播时，场强每经过一个波长衰减54.57dB。

6-11　为了得到有效的电磁屏蔽，屏蔽层的厚度通常取所用屏蔽材料中电磁波的一个波长，即

$$d=2\pi\delta$$

式中δ是穿透深度。试计算

(1) 收音机内中频变压器的铝屏蔽罩的厚度。

(2) 电源变压器铁屏蔽罩的厚度。

(3) 若中频变压器用铁而电源变压器用铝作屏蔽罩是否也可以？

（铝：$\sigma=3.72\times10^{7}\text{S/m}$，$\varepsilon_r=1$，$\mu_r=1$；铁：$\sigma=10^{7}\text{S/m}$，$\varepsilon_r=1$，$\mu_r=10^{4}$，$f=464\text{kHz}$）

6-12　在要求导线的高频电阻很小的场合通常使用多股纱包线代替单股线。证明，相同截面积的N股纱包线的高频电阻只有单股线的$\dfrac{1}{\sqrt{N}}$。

6-13　已知群速与相速的关系是

$$v_g=v_p+\beta\frac{\mathrm{d}v_p}{\mathrm{d}\beta}$$

式中β是相位常数，证明下式也成立

$$v_g=v_p-\lambda\frac{\mathrm{d}v_p}{\mathrm{d}\lambda}$$

6-14　判断下列各式所表示的均匀平面波的传播方向和极化方式

(1)$\boldsymbol{E}=\mathrm{j}E_1e^{\mathrm{j}kz}\boldsymbol{e}_x+\mathrm{j}E_1e^{\mathrm{j}kz}\boldsymbol{e}_y$

(2)$\boldsymbol{H}=H_1e^{-\mathrm{j}kx}\boldsymbol{e}_y+H_2e^{-\mathrm{j}kx}\boldsymbol{e}_z(H_1\neq H_2\neq0)$

(3)$\boldsymbol{E}=E_0e^{-\mathrm{j}kz}\boldsymbol{e}_x-\mathrm{j}E_0e^{-\mathrm{j}kz}\boldsymbol{e}_y$

(4)$\boldsymbol{E}=e^{-\mathrm{j}kz}(E_0\boldsymbol{e}_x+AE_0e^{\mathrm{j}\varphi}\boldsymbol{e}_y)$　（A为常数，$\varphi\neq0,\pm\pi$）

(5)$\boldsymbol{H}=\dfrac{E_m}{\eta}e^{-\mathrm{j}ky}\boldsymbol{e}_x+\mathrm{j}\dfrac{E_m}{\eta}e^{-\mathrm{j}ky}\boldsymbol{e}_z$

(6)$\boldsymbol{E}(z,t)=E_m\sin(\omega t-kz)\boldsymbol{e}_x+E_m\cos(\omega t-kz)\boldsymbol{e}_y$

(7)$\boldsymbol{E}(z,t)=E_m\sin(\omega t-kz+\dfrac{\pi}{4})\boldsymbol{e}_x+E_m\cos(\omega t-kz-\dfrac{\pi}{4})\boldsymbol{e}_y$

6-15　证明一个直线极化波可以分解为两个振幅相等旋转方向相反的圆极化波。

6-16　证明任意一圆极化波的坡印廷矢量瞬时值是个常数。

6-17　有两个频率相同传播方向也相同的圆极化波，试问：

(1) 如果旋转方向相同振幅也相同，但初相位不同，其合成波是什么极化？

(2) 如果上述三个条件中只是旋转方向相反其他条件都相同，其合成波是什么极化？

(3) 如果在所述三个条件中只是振幅不相等，其合成波是什么极化波？

6-18　一个圆极化的均匀平面波，电场

$$\boldsymbol{E}=E_0e^{-jkz}(\boldsymbol{e}_x+j\boldsymbol{e}_y)$$

垂直入射到 $z=0$ 处的理想导体平面。试求：

(1) 反射波电场、磁场表达式；

(2) 合成波电场、磁场表达式；

(3) 合成波沿 z 方向传播的平均功率流密度。

6-19 当均匀平面波由空气向理想介质($\mu_r=1,\sigma=0$)垂直入射时，有84%的入射功率输入此介质，试求介质的相对介电常数 ε_r。

6-20 当平面波从第一种理想介质向第二种理想介质垂直入射时，若媒质波阻抗 $\eta_2>\eta_1$，证明分界面处为电场波腹点；若 $\eta_2<\eta_1$，则分界面处为电场波节点。

6-21 均匀平面波从空气垂直入射于一非磁性介质墙上。在此墙前方测得的电场振幅分布如图所示，求：(1) 介质墙的 ε_r；(2) 电磁波频率 f。

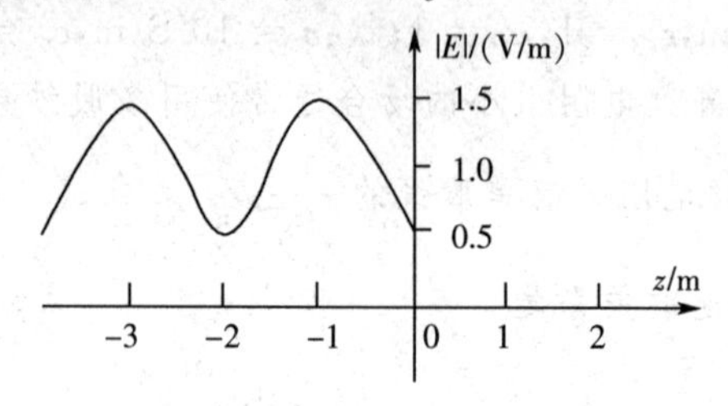

题 6-21 图

6-22 若在 $\varepsilon_r=4$ 的玻璃表面镀上一层透明的介质以消除红外线的反射，红外线的波长为 0.75μm，试求：(1) 该介质膜的介电常数及厚度；(2) 当波长为 0.42μm 的紫外线照射该镀膜玻璃时，反射功率与入射功率之比。

6-23 证明在无源区中向 $\boldsymbol{k}$ 方向传播的均匀平面波满足的麦克斯韦方程可简化为下列方程

$$\boldsymbol{k}\times\boldsymbol{H}=-\omega\varepsilon\boldsymbol{E}$$

$$\boldsymbol{k}\times\boldsymbol{E}=\omega\mu\boldsymbol{H}$$

$$\boldsymbol{k}\cdot\boldsymbol{E}=0$$

$$\boldsymbol{k}\cdot\boldsymbol{H}=0$$

6-24 已知平面波的电场强度

$$\boldsymbol{E}=[(2+j3)\boldsymbol{e}_x+4\boldsymbol{e}_y+3\boldsymbol{e}_z]e^{j(1.8y-2.4z)}\ \text{V/m}$$

试确定其传播方向和极化状态，是否是横电磁波？

6-25 证明两种介质($\mu_1=\mu_2=\mu_0$)的交界面对斜入射的均匀平面波的反射、折射系数可写成

$$R_\perp=\frac{-\sin(\theta_i-\theta_t)}{\sin(\theta_i+\theta_t)},T_\perp=\frac{2\sin\theta_t\cos\theta_i}{\sin(\theta_i+\theta_t)}$$

$$R_{/\!/}=\frac{\tan(\theta_i-\theta_t)}{\tan(\theta_i+\theta_t)},T_{/\!/}=\frac{2\sin\theta_t\cos\theta_i}{\sin(\theta_i+\theta_t)\cos(\theta_i-\theta_t)}$$

式中 θ_i 是入射角，θ_t 是折射角。

6-26 当平面波向理想介质边界斜入射时，试证布儒斯特角与相应的折射角之和为 $\pi/2$。

6-27 当频率 $f=0.3\text{GHz}$ 的均匀平面波由媒质 $\varepsilon_r=4$，$\mu_r=1$ 斜入射到与自由空间的交界面时，试求

(1) 临界角 θ_c；

(2) 当垂直极化波以 $\theta_i=60°$ 入射时，在自由空间中的折射波传播方向如何？相速 v_p 等于多少？

(3) 当圆极化波以 $\theta_i=60°$ 入射时，反射波是什么极化的？

6-28 一个线极化平面波由自由空间投射到 $\varepsilon_r=4$、$\mu_r=1$ 的介质分界面，如果入射波的电场与入射面的夹角是45°。试问：

(1) 当入射角 θ_i 为多少时反射波只有垂直极化波。

(2) 这时反射波的平均功率流密度是入射波的百分之几？

6-29 证明当垂直极化波由空气斜入射到一块绝缘的磁性物质上（$\varepsilon_r>1$、$\mu_r>1$、$\sigma=0$）时，其布儒斯特角应满足下列关系

$$\tan^2\theta_B=\frac{\mu_r(\mu_r-\varepsilon_r)}{\varepsilon_r\mu_r-1}$$

而对于平行极化波则满足关系

$$\tan^2\theta_B=\frac{\varepsilon_r(\varepsilon_r-\mu_r)}{\varepsilon_r\mu_r-1}$$

6-30 设 $z<0$ 区域中理想介质参数为 $\varepsilon_{r1}=4$、$\mu_{r1}=1$、$z>0$ 区域中理想介质参数为 $\varepsilon_{r2}=9$、$\mu_{r2}=1$。若入射波的电场强度为

$$\boldsymbol{E}=e^{-j6(\sqrt{3}x+z)}(\boldsymbol{e}_x+\boldsymbol{e}_y-\sqrt{3}\boldsymbol{e}_z)$$

试求：(1) 平面波的频率；

(2) 反射角和折射角；

(3) 反射波和折射波。

6-31 当一个 $f=300\text{MHz}$ 的均匀平面波在电子密度 $N=10^{14}$（1/米^3）并有恒定磁场 $\boldsymbol{B}_0=5\times10^{-3}\boldsymbol{e}_z$ 特斯拉的等离子体内传播，试求

(1) 该等离子体的张量介电常数$[\varepsilon_r]$；

(2) 如果这个均匀平面波是沿 z 方向传播的右旋圆极化波，其相速 v_p；

(3) 如果这个波是沿 z 方向传播的左旋圆极化波，其相速 v_p。

6-32 在一种对于同一频率的左、右旋圆极化波有不同传播速度的媒质中，两个等幅圆极化波同时向 z 方向传播，一个右旋圆极化

$$\boldsymbol{E}_1=E_m e^{-j\beta_1 z}(\boldsymbol{e}_x-j\boldsymbol{e}_y)$$

另一个是左旋圆极化

$$\boldsymbol{E}_2=E_m e^{-j\beta_2 z}(\boldsymbol{e}_x+j\boldsymbol{e}_y)$$

式中 $\beta_2>\beta_1$，试求

(1)$z=0$ 处合成电场的方向和极化形式；

(2)$z=l$ 处合成电场的方向和极化形式。

6-33 设在 $z\geqslant0$ 的半空间是电子密度为 $N=10^{14}(1/米^3)$ 的等离子体，并有恒定磁场 $\boldsymbol{B}_0=5\times10^{-3}\boldsymbol{e}_z$ 特斯拉，在 $z<0$ 半空间为真空。有一频率为300MHz的正圆极化波沿正 z 方向垂直入射到等离子体上，问在等离子体内传输波的场量为入射波的百分之几？

6-34 我们知道，当线极化平面波沿恒定磁化磁场方向传播时，将产生极化面连续偏转的法拉第旋转效应。若已知 $\varepsilon_r=1$ 及饱和磁化铁氧体的张量磁导率是

$$[\mu_r]=\begin{bmatrix}0.8 & -\mathrm{j}0.5 & 0\\ \mathrm{j}0.5 & 0.8 & 0\\ 0 & 0 & 1\end{bmatrix}$$

平面波在自由空间的相位常数是 $\beta_0=2\pi\,\mathrm{rad/m}$，其磁场强度在 $z=0$ 处是 $\boldsymbol{H}=2H_0\boldsymbol{e}_x$。试问(1) 该铁氧体中任一点的 $\boldsymbol{H}$ 是多少？

(2) 在 $z=0.2\mathrm{m}$ 处 $\boldsymbol{H}$ 与 x 轴的夹角 θ 等于多少？

(3) 该平面波在铁氧体中的传播速度 v_p 等于多少？

6-35 一个频率 $f=3\mathrm{GHz}$、磁场强度是 $\boldsymbol{H}=\boldsymbol{H}_0e^{-\mathrm{j}\beta z}(\boldsymbol{e}_x+\mathrm{j}\boldsymbol{e}_y)$ 平面电磁波，在沿波的传播方向磁化的无界无源均匀铁氧体中传播，磁导率是

$$[\mu_r]=\begin{bmatrix}1.2 & -\mathrm{j}0.3 & 0\\ \mathrm{j}0.3 & 1.2 & 0\\ 0 & 0 & 1\end{bmatrix}$$

相对介电常数 $\varepsilon_r=16$。试求

(1) 电磁波在该铁氧体中的相速 v_p，波长 λ；

(2) 波阻抗 η，电场强度 $\boldsymbol{E}$。

6-36 无界均匀铁氧体由恒定磁场 $\boldsymbol{B}_0=B_0\boldsymbol{e}_z$ 饱和磁化，磁导率是

$$[\mu_r]=\begin{bmatrix}0.8 & -\mathrm{j}0.5 & 0\\ \mathrm{j}0.5 & 0.8 & 0\\ 0 & 0 & 1\end{bmatrix}$$

相对介电常数 $\varepsilon_r=16$。试问

(1) 磁场是 $\boldsymbol{H}=H_0e^{-\mathrm{j}\beta y}\boldsymbol{e}_z$ 的平面波在其中传播的相速 v_p 等于多少？

(2) 电场是 $\boldsymbol{E}=E_0e^{-\mathrm{j}\beta y}\boldsymbol{e}_z$ 的平面波在其中传播的相速 v_p 等于多少？

第7章　导行电磁波

上一章讨论了电磁波在无限大空间和半无限大空间的传播规律，本章将要讨论电磁波在有界空间传播的问题。将电磁波约束在有界空间内从一处传播到另一处的装置称为导波系统，被引导的电磁波则称为导行电磁波。

常用的导波系统如图7-1所示，其中平行双导线是由两根相互平行的金属导线构成；同轴线是由两根同轴的圆柱导体构成，两导体之间可以填充空气或介质；金属波导是由单根空心的金属管构成，截面形状为矩形的称为矩形波导，截面形状为圆形的称为圆波导；带状线是由两块接地板和中间的导体带构成；微带线是由介质基片及其两侧的导体带、接地板构成；介质波导是由单根的介质棒构成。

电磁波在不同的导波系统中传播具有不同的特点，分析方法也不相同。本章主要讨论电磁波在矩形波导、圆波导和同轴线中传播的规律以及功率传输、损耗问题。最后还将讨论谐振腔的工作原理和基本参数。

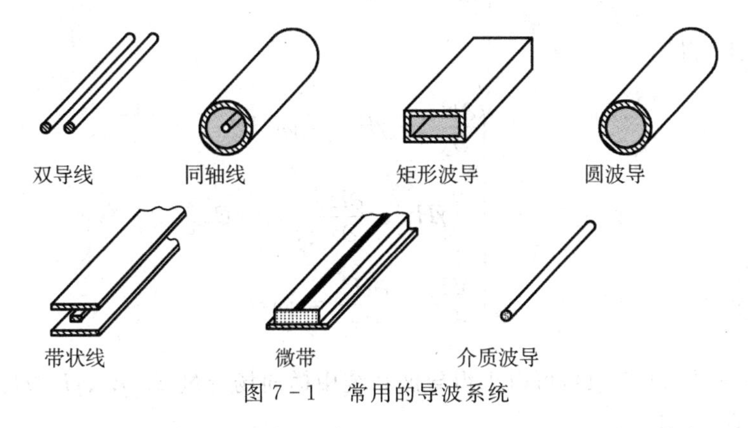

图7-1　常用的导波系统

7.1　电磁波沿均匀导波系统传播的一般解

7.1.1　横向场分量与纵向场分量之间的关系

如图7-2所示，设导波系统的横截面沿z方向是均匀的，电磁波沿z方向传播，导波系统内填充线性、均匀、各向同性且无耗($\sigma=0$)的媒质，导波系统远离波源，没有外源分布，即$\rho=0$，$\boldsymbol{J}=0$，导波系统内的场量随时间作正弦变化，则导波系统内的电磁场可以表示为

$$\boldsymbol{E}(x,y,z)=\boldsymbol{E}(x,y)e^{-\gamma z} \tag{7-1}$$

$$\boldsymbol{H}(x,y,z)=\boldsymbol{H}(x,y)e^{-\gamma z} \tag{7-2}$$

式中γ为传播常数，一般情况下，$\gamma=\alpha+\mathrm{j}\beta$。下面介绍如何求解$\boldsymbol{E}(x,y)$和$\boldsymbol{H}(x,y)$，分别简写为$\boldsymbol{E}$和$\boldsymbol{H}$。在直角坐标中，

$$\boldsymbol{E}=E_x\boldsymbol{e}_x+E_y\boldsymbol{e}_y+E_z\boldsymbol{e}_z$$

$$\boldsymbol{H}=H_x\boldsymbol{e}_x+H_y\boldsymbol{e}_y+H_z\boldsymbol{e}_z$$

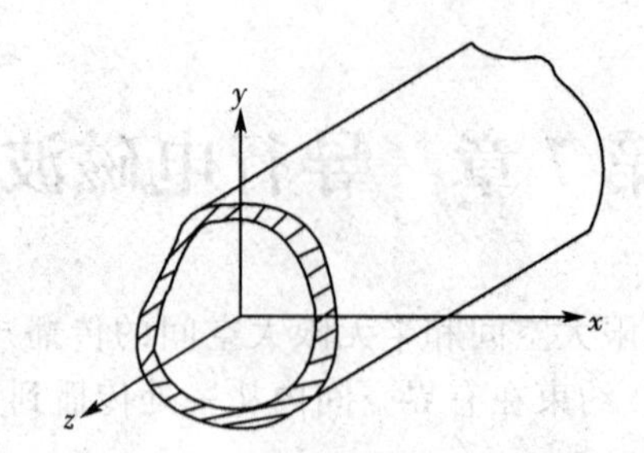

图 7-2 任意截面的均匀导波系统

由麦克斯韦旋度方程$\nabla\times\boldsymbol{E}=-\mathrm{j}\omega\mu\boldsymbol{H}$，得

$$\begin{cases}\dfrac{\partial E_z}{\partial y}+\gamma E_y=-\mathrm{j}\omega\mu H_x\\[2ex]-\gamma E_x-\dfrac{\partial E_z}{\partial x}=-\mathrm{j}\omega\mu H_y\\[2ex]\dfrac{\partial E_y}{\partial x}-\dfrac{\partial E_x}{\partial y}=-\mathrm{j}\omega\mu H_z\end{cases}\tag{7-3}$$

由$\nabla\times\boldsymbol{H}=\mathrm{j}\omega\varepsilon\boldsymbol{E}$，得

$$\begin{cases}\dfrac{\partial H_z}{\partial y}+\gamma H_y=\mathrm{j}\omega\varepsilon E_x\\[2ex]-\gamma H_x-\dfrac{\partial H_z}{\partial x}=\mathrm{j}\omega\varepsilon E_y\\[2ex]\dfrac{\partial H_y}{\partial x}-\dfrac{\partial H_x}{\partial y}=\mathrm{j}\omega\varepsilon E_z\end{cases}\tag{7-4}$$

根据方程(7-3)和(7-4)，可以求得导波系统中横向场分量E_x、E_y、H_x、H_y和纵向场分量E_z、H_z之间的关系，即

$$E_x=-\frac{1}{k_c^2}\left(\gamma\frac{\partial E_z}{\partial x}+\mathrm{j}\omega\mu\frac{\partial H_z}{\partial y}\right)\tag{7-5a}$$

$$E_y=\frac{1}{k_c^2}\left(-\gamma\frac{\partial E_z}{\partial y}+\mathrm{j}\omega\mu\frac{\partial H_z}{\partial x}\right)\tag{7-5b}$$

$$H_x=\frac{1}{k_c^2}\left(\mathrm{j}\omega\varepsilon\frac{\partial E_z}{\partial y}-\gamma\frac{\partial H_z}{\partial x}\right)\tag{7-5c}$$

$$H_y=-\frac{1}{k_c^2}\left(\mathrm{j}\omega\varepsilon\frac{\partial E_z}{\partial x}+\gamma\frac{\partial H_z}{\partial y}\right)\tag{7-5d}$$

式中，$k_c^2=\gamma^2+k^2$，$k^2=\omega^2\mu\varepsilon$。

由式(7-5)可见，如果能够求出导波系统中电磁场的纵向分量，那么导波系统中的其他横向分量即可由上式得到。电磁场的纵向分量又如何求呢？

已知波动方程

$$\nabla^2 \boldsymbol{E} + k^2 \boldsymbol{E} = 0$$

$$\nabla^2 \boldsymbol{H} + k^2 \boldsymbol{H} = 0$$

在直角坐标系下，矢量拉普拉斯算符可分解为与横截面坐标有关的∇_{xy}^2和与纵坐标有关的∇_z^2两部分，即

$$\nabla^2 = \frac{\partial^2}{\partial x^2} + \frac{\partial^2}{\partial y^2} + \frac{\partial^2}{\partial z^2} = \nabla_{xy}^2 + \nabla_z^2$$

代入波动方程得

$$\nabla_{xy}^2 \boldsymbol{E} + \frac{\partial^2 \boldsymbol{E}}{\partial z^2} + k^2 \boldsymbol{E} = \nabla_{xy}^2 \boldsymbol{E} + (\gamma^2 + k^2)\boldsymbol{E} = 0$$

即

$$\nabla_{xy}^2 \boldsymbol{E} + k_c^2 \boldsymbol{E} = 0 \tag{7-6}$$

同理可得磁场的类似方程

$$\nabla_{xy}^2 \boldsymbol{H} + k_c^2 \boldsymbol{H} = 0 \tag{7-7}$$

因此有

$$\nabla_{xy}^2 E_z + k_c^2 E_z = 0 \tag{7-8a}$$

$$\nabla_{xy}^2 H_z + k_c^2 H_z = 0 \tag{7-8b}$$

7.1.2 电磁波沿均匀导波系统传播的一般解

对于沿 z 方向传播的电磁波

(1) 如果电磁波在传播方向上没有电场和磁场分量，$E_z = 0$，$H_z = 0$，即电磁场完全限制在横截面内，这种电磁波称为横电磁波，简称 TEM 波；

(2) 如果电磁波在传播方向上有电场分量，没有磁场分量，$E_z \neq 0$，$H_z = 0$，即磁场限制在横截面内，这种电磁波称为横磁波，简称 TM 波；

(3) 如果电磁波在传播方向上有磁场分量，没有电场分量，$E_z = 0$，$H_z \neq 0$，即电场限制在横截面内，这种电磁波称为横电波，简称 TE 波。

由式(7-5)可见，当 $E_z = 0$，$H_z = 0$ 时，E_x、E_y、H_x、H_y 存在的条件是

$$k_c^2 = \gamma^2 + k^2 = 0$$

得

$$\gamma = \mathrm{j}k = \mathrm{j}\omega\sqrt{\mu\varepsilon} \tag{7-9}$$

这与无界空间无耗媒质中均匀平面波的传播常数相同，因此 TEM 波的传播速度为

$$v = \frac{\omega}{k} = \frac{1}{\sqrt{\mu\varepsilon}} \tag{7-10}$$

当 $k_c^2 = 0$ 时，式(7-6)变为

$$\nabla_{xy}^2 \boldsymbol{E} = 0 \tag{7-11}$$

表明传播 TEM 波的导波系统中，电场必须满足横向拉普拉斯方程。

已知静电场 $\boldsymbol{E}_s$ 在无源区域中满足拉普拉斯方程，即

$$\nabla^2 \boldsymbol{E}_s = 0 \tag{7-12}$$

对于沿 z 方向均匀一致的导波系统，$\dfrac{\partial^2 \boldsymbol{E}_s}{\partial z^2} = 0$，因此

$$\nabla_{xy}^2 \boldsymbol{E}_s = 0 \tag{7-13}$$

比较式(7-11)与式(7-13)可见，TEM 波电场所满足的微分方程与同一系统处在静态场中其电场所满足的微分方程相同，又由于它们的边界条件相同，因此，它们的场结构完全一样，由此得知：任何能建立静电场的导波系统必然能够维持 TEM 波。

显然，平行双导线、同轴线以及带状线等能够建立静电场，因此它们可以传播 TEM 波，而由单根导体构成的金属波导中不能建立静电场，因此金属波导不能传播 TEM 波。

对于 TM 波，根据方程(7-8a)和导波系统的边界条件，求出 E_z 后，再将 $H_z = 0$ 代入式(7-5)，可得 TM 波的其余分量为

$$E_x = -\frac{\gamma}{k_c^2}\frac{\partial E_z}{\partial x} \tag{7-14a}$$

$$E_y = -\frac{\gamma}{k_c^2}\frac{\partial E_z}{\partial y} \tag{7-14b}$$

$$H_x = \frac{\mathrm{j}\omega\varepsilon}{k_c^2}\frac{\partial E_z}{\partial y} \tag{7-14c}$$

$$H_y = -\frac{\mathrm{j}\omega\varepsilon}{k_c^2}\frac{\partial E_z}{\partial x} \tag{7-14d}$$

对于 TE 波，根据方程(7-8b)和导波系统的边界条件，求出 H_z 后，再将 $E_z = 0$ 代入式(7-5)，可得 TE 波的其余分量为

$$E_x = -\frac{\mathrm{j}\omega\mu}{k_c^2}\frac{\partial H_z}{\partial y} \tag{7-15a}$$

$$E_y = \frac{\mathrm{j}\omega\mu}{k_c^2}\frac{\partial H_z}{\partial x} \tag{7-15b}$$

$$H_x = -\frac{\gamma}{k_c^2}\frac{\partial H_z}{\partial x} \tag{7-15c}$$

$$H_y = -\frac{\gamma}{k_c^2}\frac{\partial H_z}{\partial y} \tag{7-15d}$$

7.2　矩形波导

矩形波导的形状如图 7-3 所示，其宽壁的内尺寸为 a，窄壁的内尺寸为 b，波导内填充介电常数为 ε、磁导率为 μ 的理想介质，波导壁为理想导体。假设电磁波沿 z 方向传播。由上节分析知道，金属波导中只能传播 TE、TM 波，下面分别讨论这两种波在矩形波导中的传播特性。

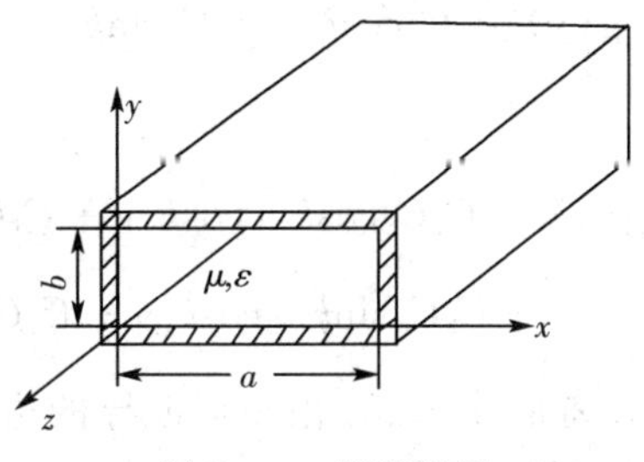

图7-3　矩形波导

7.2.1　矩形波导中的场量表达式

1. TM 波

对于 TM 波，$H_z=0$。按照上节介绍的纵向场法，先求解电场的纵向分量 E_z，然后再根据式(7-14)求出横向分量。由式(7-1)，电场强度的纵向分量 E_z 可以表示为

$$E_z(x,y,z)=E_z(x,y)e^{-\gamma z} \tag{7-16}$$

它满足方程(7-8a)，即

$$\nabla_{xy}^2 E_z=\frac{\partial^2 E_z}{\partial x^2}+\frac{\partial^2 E_z}{\partial y^2}=-k_c^2 E_z \tag{7-17}$$

采用分离变量法求解上述偏微分方程，令

$$E_z(x,y)=f(x)g(y) \tag{7-18}$$

代入式(7-17)，得

$$g(y)f''(x)+f(x)g''(y)=-k_c^2 f(x)g(y) \tag{7-19}$$

式中 $f''(x)$ 表示 $f(x)$ 对 x 的二阶导数，$g''(y)$ 表示 $g(y)$ 对 y 的二阶导数。上式两边同除以 $f(x)g(y)$，得

$$\frac{f''(x)}{f(x)}+\frac{g''(y)}{g(y)}=-k_c^2 \tag{7-20}$$

式(7-20)左边第一项仅为 x 的函数，第二项仅为 y 的函数，因此欲使上式对所有的 x、y 值均成立，只有每一项分别等于常数。令

$$\frac{f''(x)}{f(x)}=-k_x^2 \tag{7-21}$$

$$\frac{g''(y)}{g(y)}=-k_y^2 \tag{7-22}$$

这里 k_x、k_y 称为分离常数，且

$$k_x^2+k_y^2=k_c^2 \tag{7-23}$$

式(7-21)和式(7-22)为二阶常微分方程，它们的通解分别为

$$f(x)=C_1\cos k_x x+C_2\sin k_x x \tag{7-24}$$

$$g(y) = C_3 \cos k_y y + C_4 \sin k_y y \tag{7-25}$$

则

$$E_z = f(x)g(y) = C_1 C_3 \cos k_x x \cos k_y y + C_1 C_4 \cos k_x x \sin k_y y + C_2 C_3 \sin k_x x \cos k_y y + C_2 C_4 \sin k_x x \sin k_y y \tag{7-26}$$

式中积分常数 C_1、C_2、C_3、C_4 和分离常数 k_x、k_y 由矩形波导的边界条件确定。矩形波导的边界条件是理想导体壁的切向电场等于零，即

$$x = 0, a \text{ 时；} \quad E_z = 0$$

$$y = 0, b \text{ 时；} \quad E_z = 0$$

为了满足 $x = 0$ 时 $E_z = 0$ 的边界条件，由式(7-26)得

$$C_1 C_3 \cos k_y y + C_1 C_4 \sin k_y y = 0$$

欲使上式对于所有的 y 值均成立，要求 $C_1 = 0$。那么

$$E_z = C_2 C_3 \sin k_x x \cos k_y y + C_2 C_4 \sin k_x x \sin k_y y \tag{7-27}$$

为了满足 $y = 0$ 时 $E_z = 0$ 的边界条件，由式(7-27)得

$$E_z = C_2 C_3 \sin k_x x = 0$$

欲使上式对于所有的 x 值成立，要求 $C_2 = 0$ 或 $C_3 = 0$。当 $C_2 = 0$ 时，$E_z = 0$，这与 TM 波情况不符。因此，只能取 $C_3 = 0$。此时

$$E_z = C_2 C_4 \sin k_x x \sin k_y y$$

或者写成

$$E_z = E_0 \sin k_x x \sin k_y y \tag{7-28}$$

式中 E_0 由激励源决定。

当 $x = a$ 时，$E_z = 0$。由式(7-28)得

$$E_z = E_0 \sin k_x a \sin k_y y = 0$$

欲使上式对于所有的 y 值均成立，要求 $\sin k_x a = 0$，即

$$k_x = \frac{m\pi}{a}, \quad m = 1, 2, 3, \cdots \tag{7-29}$$

当 $y = b$ 时，$E_z = 0$。由式(7-28)得

$$E_z = E_0 \sin k_x x \sin k_y b = 0$$

欲使上式对于所有的 x 值均成立，要求 $\sin k_y b = 0$，即

$$k_y = \frac{n\pi}{b}, \quad n = 1, 2, 3, \cdots \tag{7-30}$$

将式(7-29)和式(7-30)代入式(7-28)得

$$E_z = E_0 \sin\left(\frac{m\pi}{a}x\right)\sin\left(\frac{n\pi}{b}y\right) \tag{7-31}$$

将式(7-31)代入式(7-14)中，并加上因子 $e^{-\gamma z} = e^{-jk_z z}$（令 $\gamma = j\beta = jk_z$），求得矩形波导中 TM 波沿 z 方向传播的场量表达式为

$$\begin{aligned}
E_z &= E_0 \sin\left(\frac{m\pi}{a}x\right)\sin\left(\frac{n\pi}{b}y\right)e^{-jk_z z} \\
E_x &= -j\frac{k_z E_0}{k_c^2}\left(\frac{m\pi}{a}\right)\cos\left(\frac{m\pi}{a}x\right)\sin\left(\frac{n\pi}{b}y\right)e^{-jk_z z} \\
E_y &= -j\frac{k_z E_0}{k_c^2}\left(\frac{n\pi}{b}\right)\sin\left(\frac{m\pi}{a}x\right)\cos\left(\frac{n\pi}{b}y\right)e^{-jk_z z} \\
H_x &= j\frac{\omega\varepsilon E_0}{k_c^2}\left(\frac{n\pi}{b}\right)\sin\left(\frac{m\pi}{a}x\right)\cos\left(\frac{n\pi}{b}y\right)e^{-jk_z z} \\
H_y &= -j\frac{\omega\varepsilon E_0}{k_c^2}\left(\frac{m\pi}{a}\right)\cos\left(\frac{m\pi}{a}x\right)\sin\left(\frac{n\pi}{b}y\right)e^{-jk_z z}
\end{aligned} \tag{7-32}$$

式中

$$k_c^2 = k_x^2 + k_y^2 = \left(\frac{m\pi}{a}\right)^2 + \left(\frac{n\pi}{b}\right)^2 \tag{7-33}$$

由式(7-32)可见：

(1) m 和 n 可以取不同的值，因此，m 和 n 每取一组值，式(7-32)就表示波导中 TM 波的一种传播模式，以 TM_{mn} 表示，所以波导中可以有无限多个 TM 模式。

(2) m 表示场量在波导宽边上变化的半个驻波的数目，n 表示场量在波导窄边上变化的半个驻波的数目。由 E_z 的表达式可以看出 m 和 n 不能取为零，所以矩形波导中最低阶的 TM 模式是 TM_{11} 波。

(3) 波导中的电磁波沿 x、y 方向为驻波分布，沿 z 方向为行波分布。

2. TE 波

对于 TE 波，$E_z = 0$。仿照 TM 波场量表达式的求解步骤，可以推导出矩形波导中 TE 波沿 z 方向传播的场量表达式为

$$\begin{aligned}
H_z &= H_0 \cos\left(\frac{m\pi}{a}x\right)\cos\left(\frac{n\pi}{b}y\right)e^{-jk_z z} \\
H_x &= j\frac{k_z H_0}{k_c^2}\left(\frac{m\pi}{a}\right)\sin\left(\frac{m\pi}{a}x\right)\cos\left(\frac{n\pi}{b}y\right)e^{-jk_z z} \\
H_y &= j\frac{k_z H_0}{k_c^2}\left(\frac{n\pi}{b}\right)\cos\left(\frac{m\pi}{a}x\right)\sin\left(\frac{n\pi}{b}y\right)e^{-jk_z z} \\
E_x &= j\frac{\omega\mu H_0}{k_c^2}\left(\frac{n\pi}{b}\right)\cos\left(\frac{m\pi}{a}x\right)\sin\left(\frac{n\pi}{b}y\right)e^{-jk_z z} \\
E_y &= -j\frac{\omega\mu H_0}{k_c^2}\left(\frac{m\pi}{a}\right)\sin\left(\frac{m\pi}{a}x\right)\cos\left(\frac{n\pi}{b}y\right)e^{-jk_z z}
\end{aligned} \tag{7-34}$$

式中，$k_c^2=\left(\frac{m\pi}{a}\right)^2+\left(\frac{n\pi}{b}\right)^2$。$m,n=0,1,2,\cdots$，但两者不能同时为零，所以矩形波导中最低阶的 TE 模式是 TE_{10} 波或 TE_{01} 波。

7.2.2 矩形波导中的电磁波传播特性

由 $k_c^2=\gamma^2+k^2$，$k^2=\omega^2\mu\varepsilon$，$k_c^2=\left(\frac{m\pi}{a}\right)^2+\left(\frac{n\pi}{b}\right)^2$ 得到矩形波导中 TE_{mn} 和 TM_{mn} 模的传播常数为

$$\gamma=\sqrt{k_c^2-k^2}=\sqrt{\left(\frac{m\pi}{a}\right)^2+\left(\frac{n\pi}{b}\right)^2-k^2} \tag{7-35}$$

传播常数 $\gamma=0$ 所对应的频率(波长)称为截止频率(波长)，以 $f_c(\lambda_c)$ 表示，那么此时

$$k_c^2=k^2=\omega^2\mu\varepsilon=(2\pi f_c)^2\mu\varepsilon$$

即

$$f_c=\frac{k_c}{2\pi\sqrt{\mu\varepsilon}}=\frac{1}{2\pi\sqrt{\mu\varepsilon}}\sqrt{\left(\frac{m\pi}{a}\right)^2+\left(\frac{n\pi}{b}\right)^2} \tag{7-36}$$

当工作频率 $f>f_c$ 时，即 $k^2>k_c^2$ 时，γ 为纯虚数，令 $\gamma=\mathrm{j}\beta=\mathrm{j}k_z$，电磁波可以在波导中沿 z 方向传播。其中

$$k_z=\sqrt{k^2-k_c^2}=k\sqrt{1-\left(\frac{f_c}{f}\right)^2} \tag{7-37}$$

当工作频率 $f<f_c$ 时，即 $k^2<k_c^2$ 时，γ 为实数，令 $\gamma=\alpha$，此时 $e^{-\gamma z}$ 表示衰减，电磁波不能在波导中传播。所以电磁波在波导中传播的条件是 $f>f_c$。

由式(7-36)可以求得相应的截止波长，即

$$\lambda_c=\frac{v}{f_c}=\frac{2\pi}{\sqrt{\left(\frac{m\pi}{a}\right)^2+\left(\frac{n\pi}{b}\right)^2}} \tag{7-38}$$

式中，$v=\frac{1}{\sqrt{\mu\varepsilon}}$ 为无限大媒质中的电磁波速度。

电磁波在波导中的相速度为

$$v_p=\frac{\omega}{k_z}=\frac{v}{\sqrt{1-\left(\frac{f_c}{f}\right)^2}}=\frac{v}{\sqrt{1-\left(\frac{\lambda}{\lambda_c}\right)^2}} \tag{7-39}$$

电磁波在波导中传播时所对应的波长称为波导波长，以 λ_g 表示，则

$$\lambda_g=\frac{v_p}{f}=\frac{\lambda}{\sqrt{1-\left(\frac{f_c}{f}\right)^2}}=\frac{\lambda}{\sqrt{1-\left(\frac{\lambda}{\lambda_c}\right)^2}} \tag{7-40}$$

式中 λ 为电磁波在参数为 μ,ε 的无限大媒质中的波长，也称为工作波长。而波导波长与波导尺寸、工作模式有关。

波导中的横向电场与横向磁场之比定义为波导的波阻抗。由式(7－32)可以求得 TM 波的波阻抗为

$$Z_{\mathrm{TM}}=\frac{E_x}{H_y}=-\frac{E_y}{H_x}=\frac{k_z}{\omega\varepsilon}=\eta\sqrt{1-\left(\frac{f_c}{f}\right)^2}=\eta\sqrt{1-\left(\frac{\lambda}{\lambda_c}\right)^2}\tag{7-41}$$

式中 $\eta=\sqrt{\dfrac{\mu}{\varepsilon}}$。

同理，由式(7－34)可以求得 TE 波的波阻抗为

$$Z_{\mathrm{TE}}=\frac{\omega\mu}{k_z}=\frac{\eta}{\sqrt{1-\left(\frac{f_c}{f}\right)^2}}=\frac{\eta}{\sqrt{1-\left(\frac{\lambda}{\lambda_c}\right)^2}}\tag{7-42}$$

由式(7－41)和式(7－42)可见，当 $f<f_c(\lambda>\lambda_c)$ 时，波阻抗 Z_{TM} 和 Z_{TE} 均为纯虚数，表明横向电场与横向磁场有 $\dfrac{\pi}{2}$ 相位差。因此，沿 z 方向没有能量流动，这就意味着此时电磁波的传播被截止。

在矩形波导中下标 m 和 $n(m,n=1,2,\cdots)$ 相同的 TE_{mn} 和 TM_{mn} 模具有相同的截止波长，截止波长相同的模式称为简并模，所以 TE_{mn} 和 TM_{mn} 模简并。

7.2.3　矩形波导中的主模

1. 主模与单模传播

一般情况下矩形波导中的 $a>b$，所以 TE_{10} 波的截止频率要比 TE_{01} 波的截止频率低。具有最低截止频率的模式称为主模，所以 TE_{10} 波是矩形波导的主模。

由前面介绍知道，工作波长小于截止波长的模式都可以在矩形波导中传播。因此，对于给定的工作波长，波导中可以存在多种传播模式。图 7-4 为矩形波导中各种模式的截止波长分布图，分为三个区域：

Ⅰ 区：工作波长 $\lambda\geqslant 2a$，波导中不能传播任何模式的波，称为截止区；

Ⅱ 区：$a<\lambda<2a$，波导中只能传播 TE_{10} 波，称为单模工作区；

Ⅲ 区：$0<\lambda<a$，波导中可以传播多个模式的波，称为多模工作区。

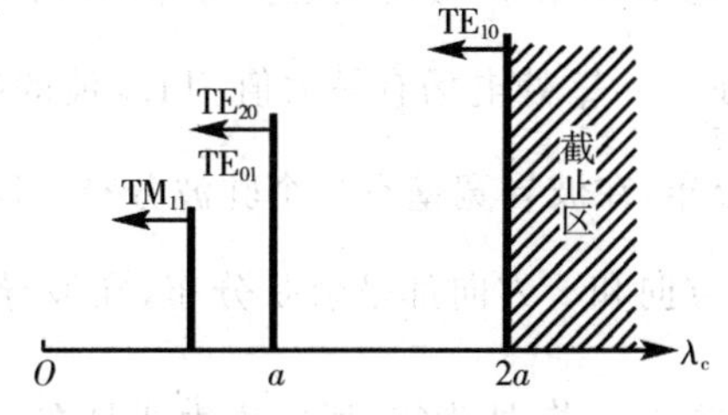

图 7－4　矩形波导截止波长分布($a=2b$)

大多数情况下，要求矩形波导工作在单模工作区，即要求以 TE_{10} 波传播。因此，为了保证

矩形波导中仅仅传播 TE_{10} 波，$a < \lambda < 2a$，$2b < \lambda$。给定工作波长，波导宽壁尺寸应满足

$$\frac{\lambda}{2} < a < \lambda \tag{7-43}$$

而窄壁尺寸应满足

$$b < \frac{\lambda}{2} \tag{7-44}$$

工程上常取 $a = 0.7\lambda$，$b = (0.4 \sim 0.5)a$。

2. 主模的场结构

将 $m = 1$，$n = 0$ 代入式(7-34)，可以得到 TE_{10} 波的场量表达式为

$$\begin{aligned} E_y &= -\mathrm{j}\frac{\omega\mu H_0}{k_c^2}\left(\frac{\pi}{a}\right)\sin\left(\frac{\pi}{a}x\right)e^{-\mathrm{j}k_z z} \\ H_x &= \mathrm{j}\frac{k_z H_0}{k_c^2}\left(\frac{\pi}{a}\right)\sin\left(\frac{\pi}{a}x\right)e^{-\mathrm{j}k_z z} \\ H_z &= H_0\cos\left(\frac{\pi}{a}x\right)e^{-\mathrm{j}k_z z} \\ H_y &= E_x = E_z = 0 \end{aligned} \tag{7-45}$$

各分量对应的瞬时表达式为

$$\begin{aligned} E_y(x,y,z,t) &= \frac{\omega\mu H_0}{k_c^2}\left(\frac{\pi}{a}\right)\sin\left(\frac{\pi}{a}x\right)\sin(\omega t - k_z z) \\ H_x(x,y,z,t) &= -\frac{k_z H_0}{k_c^2}\left(\frac{\pi}{a}\right)\sin\left(\frac{\pi}{a}x\right)\sin(\omega t - k_z z) \\ H_z(x,y,z,t) &= H_0\cos\left(\frac{\pi}{a}x\right)\cos(\omega t - k_z z) \end{aligned} \tag{7-46}$$

由式(7-46)可见，TE_{10} 波只有 E_y、H_x、H_z 三个场量不等于零，且这三个场量均与 y 无关，即电磁场沿 y 方向没有变化。电场 E_y 沿 x 方向呈正弦分布，在波导宽壁有半个驻波分布，且在 $x = 0$ 和 $x = a$ 处电场为零，在 $x = \frac{a}{2}$ 处电场有最大值。TE_{10} 波的磁场有 H_x、H_z 两个分量。H_x 在 x 方向和 z 方向都呈正弦分布，在波导宽壁有半个驻波分布，且在 $x = 0$ 和 $x = a$ 处为零，在 $x = \frac{a}{2}$ 处有最大值；H_z 在 x 方向和 z 方向都呈余弦分布，在波导宽壁有半个驻波分布，且在 $x = 0$ 和 $x = a$ 处有最大值，在 $x = \frac{a}{2}$ 处为零，所以磁力线是在 xoz 平面内的闭合曲线。矩形波导中 TE_{10} 波的电磁场分布如图 7-5 所示。

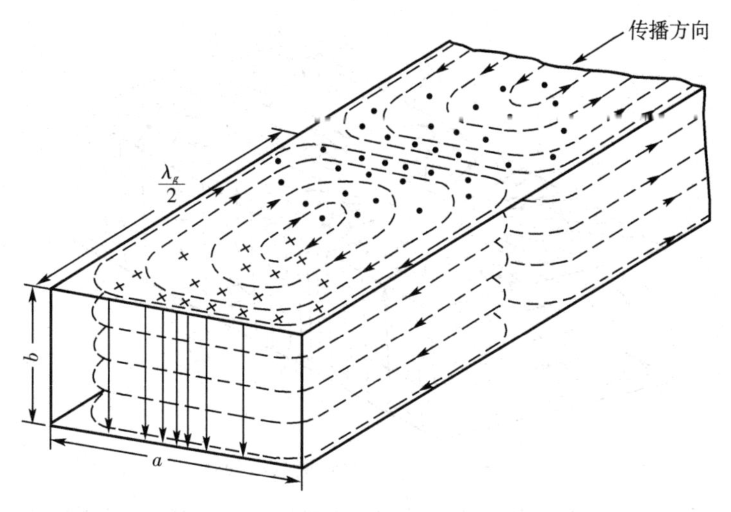

图7-5　TE_{10}波的电磁场分布

3. 主模的管壁电流

当电磁波在波导中传播时，在波导内壁表面上将产生感应电流，称之为管壁电流。在微波频率下，由于趋肤效应使管壁电流集中在波导内壁很薄的表面上流动，所以这种管壁电流可视为表面电流，其面电流密度由下式的理想导体边界条件确定。

$$\boldsymbol{J}_s = \boldsymbol{n} \times \boldsymbol{H} \tag{7-47}$$

式中 $\boldsymbol{n}$ 为波导内壁上的单位法向矢量，由波导壁指向波导内，$\boldsymbol{H}$ 为波导内壁处的磁场。

在波导下底面 $y=0$，$\boldsymbol{n}=\boldsymbol{e}_y$，则有

$$\begin{aligned}\boldsymbol{J}_s\big|_{y=0} &= \boldsymbol{e}_y \times (H_x\boldsymbol{e}_x + H_z\boldsymbol{e}_z)\big|_{y=0} = (H_z\boldsymbol{e}_x - H_x\boldsymbol{e}_z)\big|_{y=0} \\ &= \left[H_0\cos\left(\frac{\pi}{a}x\right)\boldsymbol{e}_x - \mathrm{j}\frac{k_zH_0}{k_c^2}\left(\frac{\pi}{a}\right)\sin\left(\frac{\pi}{a}x\right)\boldsymbol{e}_z\right]e^{-\mathrm{j}k_zz}\end{aligned} \tag{7-48a}$$

在波导上底面 $y=b$，$\boldsymbol{n}=-\boldsymbol{e}_y$，则有

$$\begin{aligned}\boldsymbol{J}_s\big|_{y=b} &= -\boldsymbol{e}_y \times (H_x\boldsymbol{e}_x + H_z\boldsymbol{e}_z)\big|_{y=b} = (-H_z\boldsymbol{e}_x + H_x\boldsymbol{e}_z)\big|_{y=b} \\ &= \left[-H_0\cos\left(\frac{\pi}{a}x\right)\boldsymbol{e}_x + \mathrm{j}\frac{k_zH_0}{k_c^2}\left(\frac{\pi}{a}\right)\sin\left(\frac{\pi}{a}x\right)\boldsymbol{e}_z\right]e^{-\mathrm{j}k_zz}\end{aligned} \tag{7-48b}$$

在波导左侧壁 $x=0$，$\boldsymbol{n}=\boldsymbol{e}_x$，则有

$$\boldsymbol{J}_s\big|_{x=0} = \boldsymbol{e}_x \times H_z\boldsymbol{e}_z\big|_{x=0} = -H_z\boldsymbol{e}_y\big|_{x=0} = -H_0e^{-\mathrm{j}k_zz}\boldsymbol{e}_y \tag{7-48c}$$

在波导右侧壁 $x=a$，$\boldsymbol{n}=-\boldsymbol{e}_x$，则有

$$\boldsymbol{J}_s\big|_{x=a} = -\boldsymbol{e}_x \times H_z\boldsymbol{e}_z\big|_{x=a} = H_z\boldsymbol{e}_y\big|_{x=a} = -H_0e^{-\mathrm{j}k_zz}\boldsymbol{e}_y \tag{7-48d}$$

根据式(7-48)可以绘出波导的管壁电流分布，如图7-6所示。

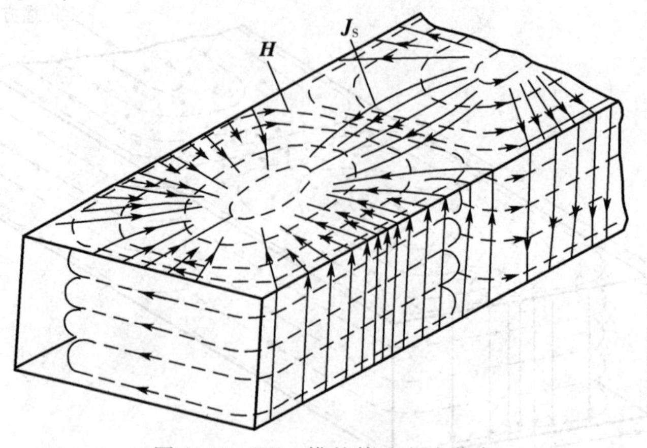

图 7-6　TE_{10} 模的管壁电流分布

由图 7-6 可见，当矩形波导中传播 TE_{10} 模时，在左右两侧壁内的管壁电流只有 y 方向分量，且大小相等方向相同；在上下两宽壁内的管壁电流由 x 方向分量和 z 方向分量合成。在波导宽壁中央的面电流只有 z 方向分量，如果在波导宽壁中央沿 z 方向开一个纵向窄缝，不会切断高频电流的通路，因此 TE_{10} 波的电磁能量不会从该纵向窄缝辐射出来，波导内的电磁场分布也不会改变，在微波技术中正是利用这一特点制成驻波测量线的。

7.3　圆波导

圆波导的形状如图 7-7 所示。波导的半径为 a，波导内填充了介电常数为 ε、磁导率为 μ 的理想介质，波导壁为理想导体。假设电磁波沿 z 方向传播，导波系统内的电磁场可以表示为

$$\boldsymbol{E}(r,\varphi,z) = \boldsymbol{E}(r,\varphi)e^{-\gamma z} \tag{7-49}$$

$$\boldsymbol{H}(r,\varphi,z) = \boldsymbol{H}(r,\varphi)e^{-\gamma z} \tag{7-50}$$

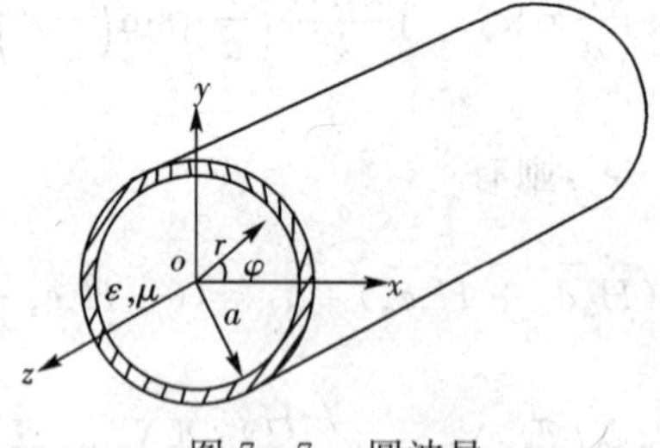

图 7-7　圆波导

由于圆波导为单导体系统，因此波导中只能传播 TE、TM 波。下面将分别讨论这两种波在圆波导中的传播特性。

7.3.1　横向场分量与纵向场分量之间的关系

与 7.1.1 节直角坐标系下横向场与纵向场之间的关系式的推导过程相类似，分别从麦克斯韦两个旋度方程出发，可以得到圆柱坐标系下横向场与纵向场之间的关系式

$$E_r = -\frac{1}{k_c^2}\left(\gamma\frac{\partial E_z}{\partial r} + \mathrm{j}\frac{\omega\mu}{r}\frac{\partial H_z}{\partial \varphi}\right) \tag{7-51a}$$

$$E_{\varphi}=\frac{1}{k_c^2}\left(-\frac{\gamma}{r}\frac{\partial E_z}{\partial \varphi}+\mathrm{j}\omega\mu\frac{\partial H_z}{\partial r}\right) \tag{7-51b}$$

$$H_r=\frac{1}{k_c^2}\left(\mathrm{j}\frac{\omega\varepsilon}{r}\frac{\partial E_z}{\partial \varphi}-\gamma\frac{\partial H_z}{\partial r}\right) \tag{7-51c}$$

$$H_{\varphi}=-\frac{1}{k_c^2}\left(\mathrm{j}\omega\varepsilon\frac{\partial E_z}{\partial r}+\frac{\gamma}{r}\frac{\partial H_z}{\partial \varphi}\right) \tag{7-51d}$$

式中，$k_c^2=\gamma^2+k^2$，$k^2=\omega^2\mu\varepsilon$。

同样可以根据波动方程推导出圆波导中电磁场纵向分量所满足的方程

$$\nabla_{r\varphi}^2 E_z+k_c^2 E_z=0 \tag{7-52a}$$

$$\nabla_{r\varphi}^2 H_z+k_c^2 H_z=0 \tag{7-52b}$$

7.3.2　圆波导中的场量表达式

1. TM 波

对于 TM 波，$H_z=0$。先求出电场的纵向分量 E_z，然后根据式(7-51)便可求出每个横向分量。根据式(7-49)，电场强度的纵向分量 E_z 可以表示为

$$E_z(r,\varphi,z)=E_z(r,\varphi)e^{-\gamma z} \tag{7-53}$$

它满足方程(7-52a)，即

$$\nabla_{r\varphi}^2 E_z=\frac{\partial^2 E_z}{\partial r^2}+\frac{1}{r}\frac{\partial E_z}{\partial r}+\frac{1}{r^2}\frac{\partial^2 E_z}{\partial \varphi^2}=-k_c^2 E_z \tag{7-54}$$

采用分离变量法求解上述方程，令

$$E_z(r,\varphi)=f(r)g(\varphi) \tag{7-55}$$

代入式(7-54)，得

$$g(\varphi)f''(r)+\frac{g(\varphi)}{r}f'(r)+\frac{f(r)}{r^2}g''(\varphi)=-k_c^2 f(r)g(\varphi) \tag{7-56}$$

式中 $f''(r)$ 和 $f'(r)$ 分别表示 $f(r)$ 对 r 的二阶和一节导数，$g''(\varphi)$ 表示 $g(\varphi)$ 对 φ 的二阶导数。等式两边同乘以 $\frac{r^2}{f(r)g(\varphi)}$，得

$$\frac{r^2 f''(r)}{f(r)}+\frac{rf'(r)}{f(r)}+k_c^2 r^2=-\frac{g''(\varphi)}{g(\varphi)} \tag{7-57}$$

式中左边仅为 r 的函数，右边仅为 φ 的函数，因此欲使上式对所有的 r、φ 均成立，必须等式两边等于同一个常数，令此常数为 m^2，得

$$-\frac{g''(\varphi)}{g(\varphi)}=m^2$$

$$\frac{r^2 f''(r)}{f(r)}+\frac{rf'(r)}{f(r)}+k_c^2 r^2=m^2$$

即

$$\frac{\mathrm{d}^2 g(\varphi)}{\mathrm{d}\varphi^2}+m^2 g(\varphi)=0 \tag{7-58}$$

$$r^2\frac{\mathrm{d}^2 f(r)}{\mathrm{d}r^2}+r\frac{\mathrm{d}f(r)}{\mathrm{d}r}+(k_c^2 r^2-m^2)f(r)=0 \tag{7-59}$$

方程(7－58)的通解为

$$g(\varphi)=A_1\cos m\varphi+A_2\sin m\varphi=A\begin{cases}\cos m\varphi\\ \sin m\varphi\end{cases} \tag{7-60}$$

为了满足圆波导中同一点场量必须单值的要求，场量沿 φ 方向变化应具有 2π 周期性，m 应取整数，即 $m=0,1,2,\cdots$

方程(7－59)为贝塞尔方程，它的通解为

$$f(r)=B\mathrm{J}_m(k_c r)+C\,\mathrm{Y}_m(k_c r) \tag{7-61}$$

式中 $\mathrm{J}_m(k_c r)$ 为第一类 m 阶贝塞尔函数，$\mathrm{Y}_m(k_c r)$ 为第二类 m 阶贝塞尔函数。它们随自变量的变化曲线如图 7－8 所示。

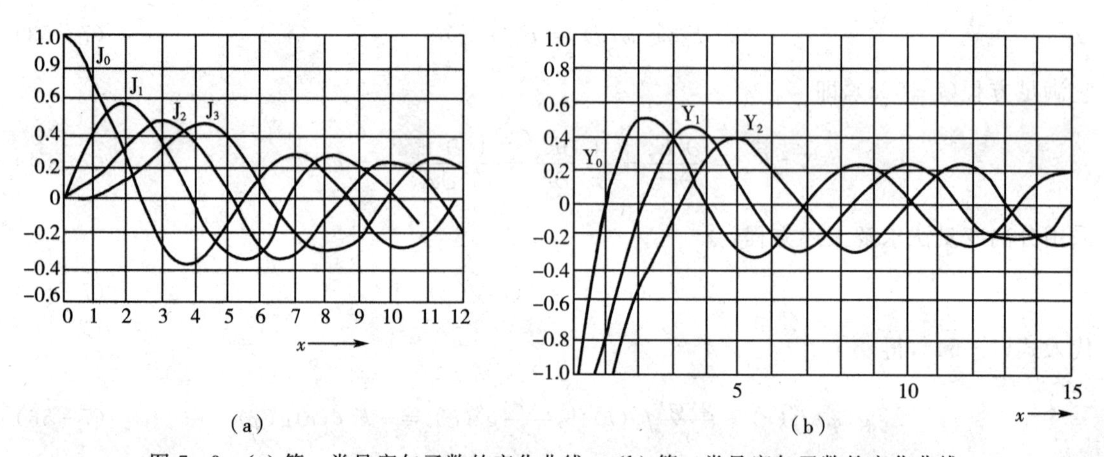

图 7－8 (a) 第一类贝塞尔函数的变化曲线 (b) 第二类贝塞尔函数的变化曲线

由图可见，当 $r=0$ 时，$\mathrm{Y}_m(0)\to-\infty$，而波导中心处的场量应该为有限值，所以常数 $C=0$，于是得到

$$E_z(r,\varphi)=E_0\mathrm{J}_m(k_c r)\begin{cases}\cos m\varphi\\ \sin m\varphi\end{cases} \tag{7-62}$$

根据理想导体边界条件 $E_z|_{r=a}=0$，可以得到 $\mathrm{J}_m(k_c a)=0$。令 u_{mn} 为第一类 m 阶贝塞尔函数的第 n 个根，则

$$k_c=\frac{u_{mn}}{a} \tag{7-63}$$

式中，下标 $m=0,1,2,\cdots,n=1,2,3,\cdots$。表 7－1 列出了部分 u_{mn} 的值。

表 7-1　贝塞尔函数 $J_m(k_c r)=0$ 的根 u_{mn}

m \ n	1	2	3	4
0	2.405	5.520	8.654	11.792
1	3.832	7.016	10.173	13.324
2	5.136	8.417	11.620	14.796
3	6.370	9.761	13.015	16.223

将式(7-62)以及 $H_z=0$ 代入式(7-51)，并加上因子 $e^{-jk_z z}$，得圆波导中 TM 波沿 z 方向传播的场量表达式为

$$E_z = E_0 J_m(k_c r)\begin{Bmatrix}\cos m\varphi \\ \sin m\varphi\end{Bmatrix} e^{-jk_z z} \tag{7-64a}$$

$$E_r = -j\frac{k_z E_0}{k_c} J_m'(k_c r)\begin{Bmatrix}\cos m\varphi \\ \sin m\varphi\end{Bmatrix} e^{-jk_z z} \tag{7-64b}$$

$$E_\varphi = j\frac{k_z m E_0}{k_c^2 r} J_m(k_c r)\begin{Bmatrix}\sin m\varphi \\ -\cos m\varphi\end{Bmatrix} e^{-jk_z z} \tag{7-64c}$$

$$H_r = j\frac{\omega\varepsilon m E_0}{k_c^2 r} J_m(k_c r)\begin{Bmatrix}-\sin m\varphi \\ \cos m\varphi\end{Bmatrix} e^{-jk_z z} \tag{7-64d}$$

$$H_\varphi = -j\frac{\omega\varepsilon E_0}{k_c} J_m'(k_c r)\begin{Bmatrix}\cos m\varphi \\ \sin m\varphi\end{Bmatrix} e^{-jk_z z} \tag{7-64e}$$

式中 $J_m'(k_c r)$ 为第一类贝塞函数 $J_m(k_c r)$ 的一阶导数。

2. TE 波

对于 TE 波，$E_z=0$。仿照 TM 波场量表达式的求解步骤，可以推导出圆波导中 TE 波沿 z 方向传播的场量表达式为

$$H_z = H_0 J_m(k_c r)\begin{Bmatrix}\cos m\varphi \\ \sin m\varphi\end{Bmatrix} e^{-jk_z z} \tag{7-65a}$$

$$H_r = -j\frac{k_z H_0}{k_c} J_m'(k_c r)\begin{Bmatrix}\cos m\varphi \\ \sin m\varphi\end{Bmatrix} e^{-jk_z z} \tag{7-65b}$$

$$H_\varphi = j\frac{k_z m H_0}{k_c^2 r} J_m(k_c r)\begin{Bmatrix}\sin m\varphi \\ -\cos m\varphi\end{Bmatrix} e^{-jk_z z} \tag{7-65c}$$

$$E_r = j\frac{\omega\mu m H_0}{k_c^2 r} J_m(k_c r)\begin{Bmatrix}\sin m\varphi \\ -\cos m\varphi\end{Bmatrix} e^{-jk_z z} \tag{7-65d}$$

$$E_{\varphi} = \mathrm{j}\,\frac{\omega\mu H_0}{k_c}\mathrm{J}_m'(k_c r)\begin{cases}\cos m\varphi \\ \sin m\varphi\end{cases} e^{-\mathrm{j}k_z z} \tag{7-65e}$$

为了满足理想导体的边界条件 $E_{\varphi}|_{r=a}=0$，由式(7-65e)知，要求 $\mathrm{J}_m'(k_c a)=0$。令 u_{mn}' 为第一类 m 阶贝塞尔函数一阶导数的第 n 个根，则

$$k_c = \frac{u_{mn}'}{a} \tag{7-66}$$

下标 $m=0,1,2,\cdots,n=1,2,3,\cdots$。表 7-2 列出了部分 u_{mn}' 的值。

表 7-2　贝塞尔函数 $\mathrm{J}_m'(k_c r)=0$ 的根 u_{mn}'

m \ n	1	2	3	4
0	3.832	7.016	10.173	13.324
1	1.841	5.331	8.536	11.706
2	3.054	6.706	9.965	13.170
3	4.201	8.015	11.346	14.586

由前面介绍可知，圆波导中存在无限多个 TE_{mn} 和 TM_{mn} 模式，场量沿圆周方向按三角函数规律变化，沿半径方向按贝塞尔函数或其导数的规律变化，其中 m 表示场量沿圆周方向分布的整驻波数，n 表示场量沿半径方向分布的零点个数。

7.3.3　圆波导中的电磁波传播特性

与矩形波导一样，电磁波在圆波导中传播也存在截止现象，其截止频率和截止波长分别为

$$f_c = \frac{k_c}{2\pi\sqrt{\mu\varepsilon}} = \begin{cases}\dfrac{u_{mn}}{2\pi a\sqrt{\mu\varepsilon}} & \mathrm{TM} \\[2ex] \dfrac{u_{mn}'}{2\pi a\sqrt{\mu\varepsilon}} & \mathrm{TE}\end{cases} \tag{7-67}$$

$$\lambda_c = \frac{2\pi}{k_c} = \begin{cases}\dfrac{2\pi a}{u_{mn}} & \mathrm{TM} \\[2ex] \dfrac{2\pi a}{u_{mn}'} & \mathrm{TE}\end{cases} \tag{7-68}$$

求出圆波导中的截止频率、截止波长后，其相速、波导波长及波阻抗公式与矩形波导相应的计算公式相同，可以直接引用。

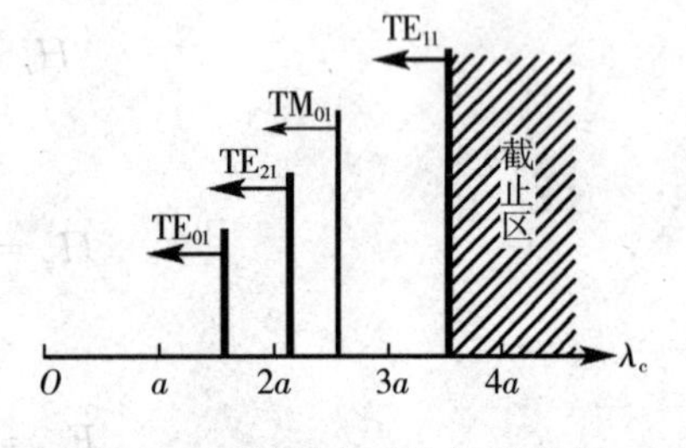

图 7-9　圆波导截止波长的分布

图 7-9 给出了圆波导中各种模式的截止波长分布图。由图可见，TE_{11} 模截止波长最长，其次是 TM_{01} 模，根据式(7-67)和式(7-68)以及表 7-1 和表 7-2 可以求得它们的截止波长分别为 $3.41a$ 和 $2.62a$。当 $2.62a<\lambda<3.41a$ 时，

圆波导中只能传播 TE_{11} 模，即可实现单一 TE_{11} 模的传播。因此，TE_{11} 模是圆波导的主模。

圆波导中也存在简并现象，一种是 E－H 简并，另一种是极化简并。

由于贝塞尔函数具有性质：$J_0'(x)=-J_1(x)$，所以 $u_{0n}'=u_{1n}$，根据式(7－68)知 TE_{0n} 模与 TM_{1n} 模的截止波长相同，即 TE_{0n} 模与 TM_{1n} 模简并，称这种简并为 E－H 简并。

由式(7－64)和式(7－65)可见，在圆波导的 TE 模和 TM 模中，都含有因子 $\cos m\varphi$ 和 $\sin m\varphi$ 两个线性无关的独立成分，这两个独立成分具有相同的截止波长、传输特性和场结构，称这种简并为极化简并。显然，除了 $m=0$ 的模式外，其他所有的 TE_{mn} 和 TM_{mn} 模都存在极化简并。

7.3.4 圆波导中的三种常用模式

1. 圆波导中的主模 TE_{11} 模

圆波导中 TE_{11} 模的 $\lambda_c=3.41a$，截止波长最长，所以 TE_{11} 模是圆波导的主模。将 $m=1$、$n=1$，$u_{11}'=1.841$ 代入式(7－65)，可以得到 TE_{11} 模的场量表达式为

$$H_z=H_0 J_1(k_c r)\begin{Bmatrix}\cos\varphi\\ \sin\varphi\end{Bmatrix}e^{-jk_z z} \tag{7-69a}$$

$$H_r=-j\frac{k_z H_0}{k_c}J_1'(k_c r)\begin{Bmatrix}\cos\varphi\\ \sin\varphi\end{Bmatrix}e^{-jk_z z} \tag{7-69b}$$

$$H_\varphi=j\frac{k_z H_0}{k_c^2 r}J_1(k_c r)\begin{Bmatrix}\sin\varphi\\ -\cos\varphi\end{Bmatrix}e^{-jk_z z} \tag{7-69c}$$

$$E_r=j\frac{\omega\mu H_0}{k_c^2 r}J_1(k_c r)\begin{Bmatrix}\sin\varphi\\ -\cos\varphi\end{Bmatrix}e^{-jk_z z} \tag{7-69d}$$

$$E_\varphi=j\frac{\omega\mu H_0}{k_c}J_1'(k_c r)\begin{Bmatrix}\cos\varphi\\ \sin\varphi\end{Bmatrix}e^{-jk_z z} \tag{7-69e}$$

式中 $k_c=\dfrac{1.841}{a}$，根据式(7－69)可以画出其场结构，如图7－10所示，由图可见，圆波导 TE_{11} 模的场结构与矩形波导 TE_{10} 模的场结构相似，因此圆波导 TE_{11} 模很容易通过矩形波导 TE_{10} 模过渡得到。

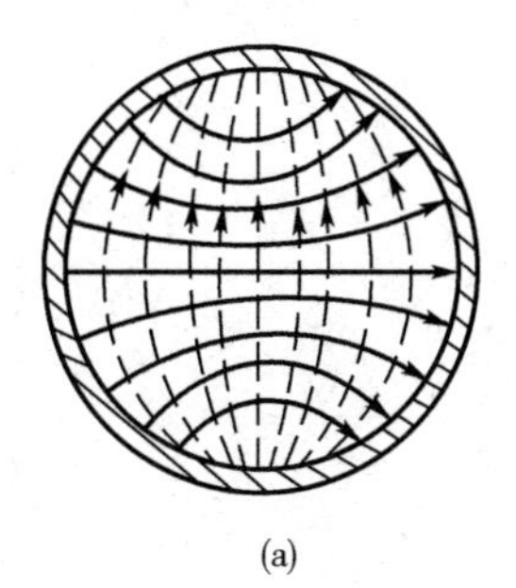

(a)

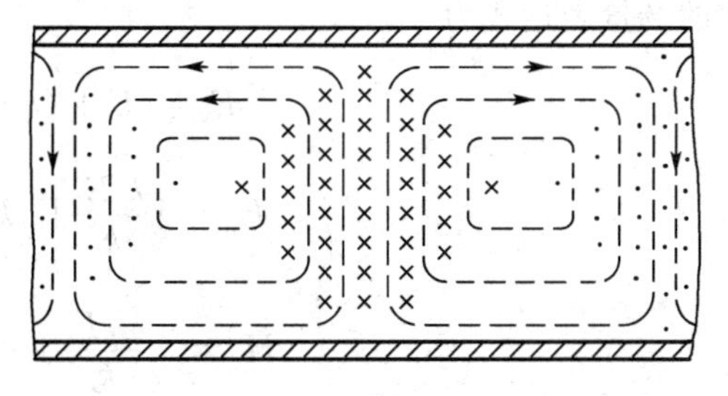

(b)

图7－10 圆波导中 TE_{11} 模的场结构分布图

TE_{11} 模虽然是圆波导的主模，可以通过选择波导尺寸 $2.62a<\lambda<3.41a$ 实现圆波导中只有 TE_{11} 模传播，其他模式处于截止状态，但由于 TE_{11} 模具有极化简并，即使这样也不能保证圆波导的单模传播，所以在实用中不用圆波导传输信号。

2. 圆波导中的 TE_{01} 模

TE_{01} 模的截止波长 $\lambda_c=1.64a$，将 $m=0$、$n=1$，$u'_{01}=3.832$ 代入式(7-65)，可以得到 TE_{01} 模的场量表达式为

$$H_z=H_0 J_0(k_c r)e^{-jk_z z} \tag{7-70a}$$

$$H_r=j\frac{k_z H_0}{k_c}J_1(k_c r)e^{-jk_z z} \tag{7-70b}$$

$$E_\varphi=-j\frac{\omega\mu H_0}{k_c}J_1(k_c r)e^{-jk_z z} \tag{7-70c}$$

$$E_r=E_z=H_\varphi=0 \tag{7-70d}$$

式中 $k_c=\dfrac{3.832}{a}$，其场结构如图 7-11 所示。由图可见，TE_{01} 模场结构具有特点：

(1) 电磁场沿 φ 方向不变化，场分布具有轴对称，不存在极化简并；

(2) 电场只有 E_φ 分量，电力线在横截面内是一些同心圆，在波导中心和波导壁附近为零；

(3) 在管壁附近只有 H_z 分量，所以管壁电流只有 J_φ 分量；

(4) 由于 TE_{01} 模的导体损耗功率随频率的升高而单调下降(见图 7-16)，因此，TE_{01} 模适合远距离传输。

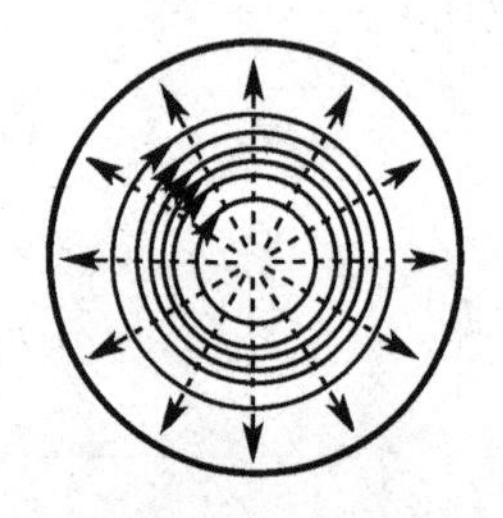

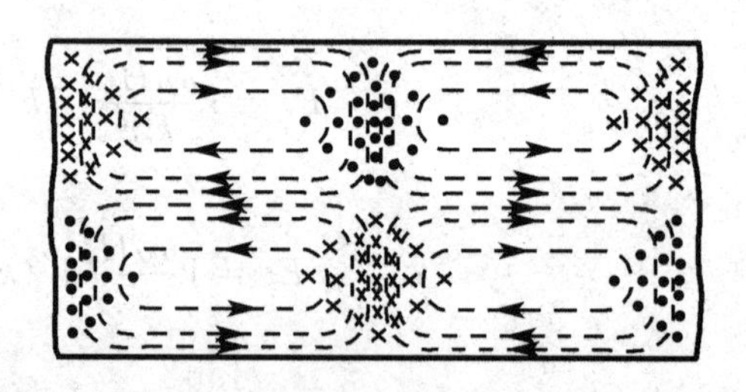

图 7-11　圆波导中 TE_{01} 模的场结构分布图

3. 圆波导中的 TM_{01} 模

TM_{01} 模的截止波长 $\lambda_c=2.62a$，将 $m=0$、$n=1$，$u_{01}=2.405$ 代入式(7-64)，可以得到 TM_{01} 模的场量表达式为

$$E_z=E_0 J_0(k_c r)e^{-jk_z z} \tag{7-71a}$$

$$E_r=j\frac{k_z E_0}{k_c}J_1(k_c r)e^{-jk_z z} \tag{7-71b}$$

$$H_\varphi=j\frac{\omega\varepsilon E_0}{k_c}J_1(k_c r)e^{-jk_z z} \tag{7-71c}$$

$$E_\varphi=H_r=H_z=0 \tag{7-71d}$$

式中，$k_c = \frac{2.405}{a}$，其场结构如图 7－12 所示。由图可见，TM_{01} 模场结构具有特点：

(1) 电磁场沿 φ 方向不变化，场分布具有轴对称，不存在极化简并；

(2) 磁场只有 H_φ 分量，$r=0$ 处，$H_\varphi=0$，磁力线在横截面内是一些同心圆，管壁电流只有 J_z 分量。

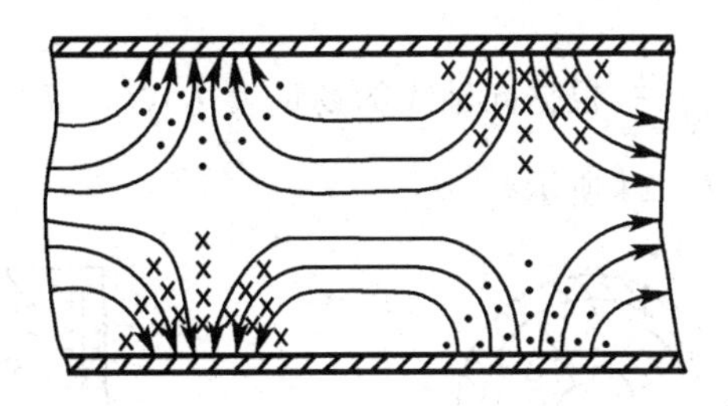

图 7－12　圆波导中 TM_{01} 模的场结构分布图

7.4　同轴线

同轴线的形状如图 7－13 所示，其内导体半径为 a，外导体内半径为 b，内外导体之间填充介电常数为 ε、磁导率为 μ 的理想介质，内外导体为理想导体，电磁波在内外导体之间传播。由于同轴线为双导体系统，可以建立静电场，因此可以传播 TEM 波，所以同轴线的主模是 TEM 模。

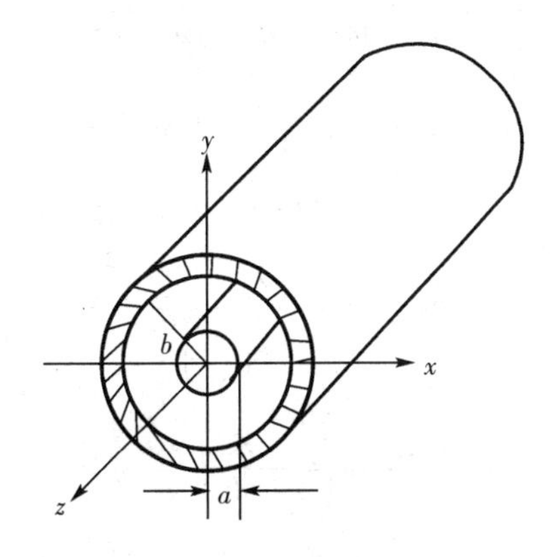

图 7－13　同轴线

7.4.1　同轴线中的 TEM 波

根据前面介绍知道，TEM 波在横截面上的场分布与同一结构中的相应静态场分布一致。根据高斯定律，可以求得两导体间的电场只有径向分量，且

$$E_r = \frac{U}{r\ln\frac{b}{a}}$$

所以同轴线中沿 z 方向传播的 TEM 波的电场分量可以写成

$$\boldsymbol{E}=\frac{U}{r\ln\frac{b}{a}}e^{-jkz}\boldsymbol{e}_r=\frac{E_m}{r}e^{-jkz}\boldsymbol{e}_r \tag{7-72}$$

将式(7-72)代入麦克斯韦方程,可得

$$\boldsymbol{H}=\frac{1}{-j\omega\mu}\nabla\times\boldsymbol{E}=\frac{E_r}{\eta}\boldsymbol{e}_\varphi=\frac{E_m}{\eta r}e^{-jkz}\boldsymbol{e}_\varphi \tag{7-73}$$

式中 $\eta=\sqrt{\frac{\mu}{\varepsilon}}$。根据同轴线的场量表达式(7-72)和(7-73)可以画出同轴线中TEM波的场结构,如图7-14所示。

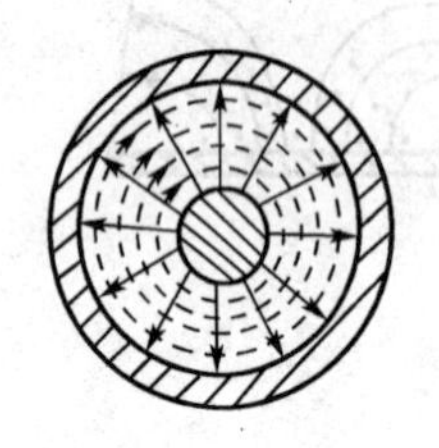
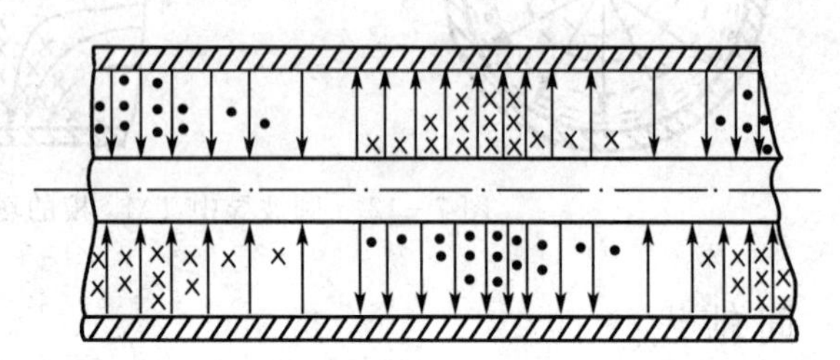

图7-14 同轴线中TEM波的场结构

由7.1.2节知道,TEM波存在的条件是 $k_c=0$,这就意味着TEM波的截止波长为无穷大,即 $\lambda_c=\frac{2\pi}{k_c}=\infty$,同轴线不存在截止现象。

传播常数
$$\gamma=jk=j\beta=j\omega\sqrt{\mu\varepsilon} \tag{7-74}$$

相速度
$$v_p=\frac{v}{\sqrt{1-\left(\frac{\lambda}{\lambda_c}\right)^2}}=v=\frac{1}{\sqrt{\mu\varepsilon}} \tag{7-75}$$

波导波长
$$\lambda_g=\frac{\lambda}{\sqrt{1-\left(\frac{\lambda}{\lambda_c}\right)^2}}=\lambda \tag{7-76}$$

波阻抗
$$Z_{\mathrm{TEM}}=\frac{|E_r|}{|H_\varphi|}=\eta \tag{7-77}$$

7.4.2 同轴线中的高次模

同轴线中除了可以传播TEM波外,还可以传播TE波和TM波。同轴线中TE波和TM波的分析方法和圆波导类似,但由于同轴线中自变量 r 的变化范围是从 a 到 b,所以 E_z 或 H_z 的解必须包括第一类和第二类贝塞尔函数。

对于TM波

$$E_z(r,\varphi)=[BJ_m(k_cr)+CY_m(k_cr)]\begin{Bmatrix}\cos m\varphi\\ \sin m\varphi\end{Bmatrix}e^{-jkz}$$

根据理想导体边界条件,$r=a$ 和 $r=b$ 时,$E_z=0$,得

$$BJ_m(k_c a) + C\,Y_m(k_c a) = 0 \tag{7-78a}$$

$$BJ_m(k_c b) + C\,Y_m(k_c b) = 0 \tag{7-78b}$$

由式(7－78)可得

$$\frac{J_m(k_c a)}{J_m(k_c b)} = \frac{Y_m(k_c a)}{Y_m(k_c b)} \tag{7-79}$$

这是一个超越方程，有无穷多个根，每个根决定一个 k_c 值，即确定一个截止波长。要严格求解方程(7－79)是很困难的，利用贝塞尔函数的渐近公式可近似得到 TM 波的 k_c 值，即

$$k_c \approx \frac{n\pi}{b-a} \qquad (n = 1,2,3,\cdots)$$

相应的截止波长为

$$\lambda_c = \frac{2\pi}{k_c} \approx \frac{2(b-a)}{n} \tag{7-80}$$

由此可见，最低阶的 TM 模是 TM_{01} 模，其截止波长为

$$\lambda_c \approx 2(b-a) \tag{7-81}$$

对于同轴线中的 TE 波，同理可得关于 k_c 的特征方程

$$\frac{J_m'(k_c a)}{J_m'(k_c b)} = \frac{Y_m'(k_c a)}{Y_m'(k_c b)} \tag{7-82}$$

用近似的方法可以求得 TE_{m1} 的截止波长为

$$\lambda_c \approx \frac{\pi(a+b)}{m} \qquad (m = 1,2,3,\cdots) \tag{7-83}$$

最低阶的 TE 模是 TE_{11} 模，其截止波长为

$$\lambda_c \approx \pi(a+b) \tag{7-84}$$

由式(7-81)和式(7-84)可见，TE_{11} 模是同轴线中的最低阶高次模，因此设计同轴线尺寸时，为了保证同轴线工作于主模 TEM，必须满足

$$\lambda > \pi(a+b)$$

即

$$(a+b) < \frac{\lambda}{\pi}$$

7.5　波导中的传输功率与损耗

7.5.1　波导中的传输功率

根据波导中的横向电场和横向磁场，可以得到波导中沿纵向传播的电磁波的平均能流密度矢量，再对波导横截面进行积分，即可以得到波导中的传输功率

$$P = \int_S \frac{1}{2}\mathrm{Re}(\boldsymbol{E} \times \boldsymbol{H}^*) \cdot \mathrm{d}\boldsymbol{S} = \frac{1}{2}\mathrm{Re}\int_S (\boldsymbol{E}_t \times \boldsymbol{H}_t^*) \cdot \boldsymbol{e}_z \mathrm{d}S \tag{7-85}$$

式中 $\boldsymbol{E}_t$、$\boldsymbol{H}_t$ 为波导内的横向电场和横向磁场。当波导中填充理想介质时，波阻抗 Z_{TE} 和 Z_{TM} 为实数，波导内的横向电场与横向磁场相位相同，因此式(7－85)可以写成

$$P = \frac{1}{2Z}\int_S |E_t|^2 \mathrm{d}S = \frac{Z}{2}\int_S |H_t|^2 \mathrm{d}S \tag{7-86}$$

式中 Z 代表波阻抗 Z_{TE} 和 Z_{TM}。

对于矩形波导

$$P = \frac{1}{2Z}\int_0^a\int_0^b (|E_x|^2 + |E_y^2|)\mathrm{d}x\mathrm{d}y = \frac{Z}{2}\int_0^a\int_0^b (|H_x|^2 + |H_y|^2)\mathrm{d}x\mathrm{d}y \tag{7-87}$$

对于圆波导

$$P = \frac{1}{2Z}\int_0^a\int_0^{2\pi} (|E_r|^2 + |E_\varphi|^2) r\mathrm{d}r\mathrm{d}\varphi = \frac{Z}{2}\int_0^a\int_0^{2\pi} (|H_r|^2 + |H_\varphi|^2) r\mathrm{d}r\mathrm{d}\varphi \tag{7-88}$$

以矩形波导中的主模 TE_{10} 波为例，由式(7－45)知，电场只有 E_y 分量，且可以表示为

$$E_y = E_m \sin\frac{\pi}{a}x$$

将上式代入式(7－87)，并且波阻抗 Z 用 Z_{TE} 代替，得

$$P = \frac{1}{2Z_{\mathrm{TE}}}\int_0^a\int_0^b E_m^2 \sin^2\left(\frac{\pi}{a}x\right)\mathrm{d}x\mathrm{d}y = \frac{abE_m^2}{4Z_{\mathrm{TE}}} \tag{7-89}$$

若波导的击穿电场强度为 E_b，则矩形波导中能够传输的最大功率为

$$P_b = \frac{abE_b^2}{4Z_{\mathrm{TE}}} \tag{7-90}$$

实际中，为了安全起见，一般取传输功率

$$P = \left(\frac{1}{3} \sim \frac{1}{5}\right)P_b \tag{7-91}$$

7.5.2　波导中的功率损耗

前面的讨论中都是假定波导壁为理想导体，波导中填充的介质为理想介质。然而，实际波导内壁的电导率很大，但并不是无穷大，波导内填充的介质也不是完全理想的，因此电磁波在波导内传播时将伴有能量损耗。由于在一般情况下波导内填充的是空气，填充介质引起的损耗很小，可以忽略不计。

要严格计算波导壁引起的损耗非常复杂，通常可近似地认为波导中的实际场强与在理想导体壁下得到的场强相同，但由于波导内壁的电导率为有限值，波导内的场强沿传播方向是以衰减常数按指数规律衰减的，设其衰减常数为 α，则电场强度的振幅可以表示为

$$E = E_m e^{-\alpha z} \tag{7-92}$$

由于传输功率与场强振幅的平方成正比，因此波导内的传输功率可以表示为

$$P = P_0 e^{-2\alpha z} \tag{7-93}$$

式中，P_0 是 $z=0$ 处的功率。

式(7－93)对 z 求导，可得波导壁内单位长度的损耗功率，用 P_l 表示，则

$$P_l = -\frac{\partial P}{\partial z} = 2\alpha P \tag{7-94}$$

由此可得衰减常数 α 为

$$\alpha = \frac{P_l}{2P} \tag{7-95}$$

此式表明，计算衰减常数 α 必须计算单位长度的损耗功率。由公式(6－39)知道，要严格计算损耗功率 P_l 是困难的，可以采用如下近似方法计算，即先假定波导壁为理想导体，计算波导内的场量分布，进而得到波导壁表面电流的大小和单位长度的损耗功率，再按式(7－95)便可计算出衰减常数 α。

图 7－15 和图 7－16 给出了矩形波导和圆波导的衰减常数 α 与频率 f 间的关系曲线。由图 7－15 可见，当矩形波导的尺寸 $\frac{b}{a}$ 一定时，TE_{10} 波的衰减比 TM_{11} 波的小，并且对于同一模式，$\frac{b}{a}$ 愈小，衰减愈大。由图 7－16 可见，随着频率的升高，圆波导中 TE_{01} 波的衰减反而是减小的，这一特性使 TE_{01} 波在远距离传输中具有重要的实用价值。

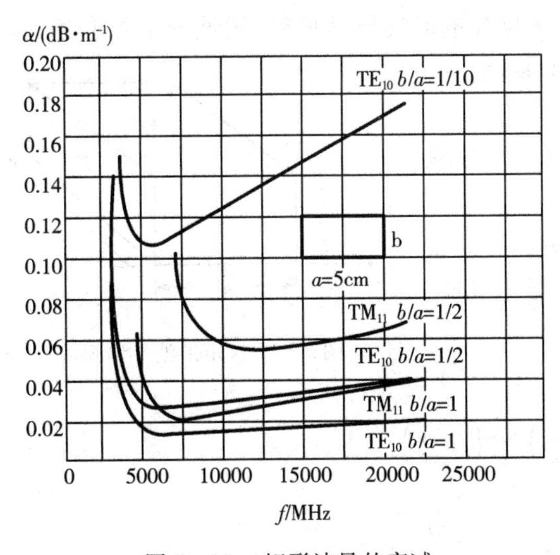

图 7－15　矩形波导的衰减

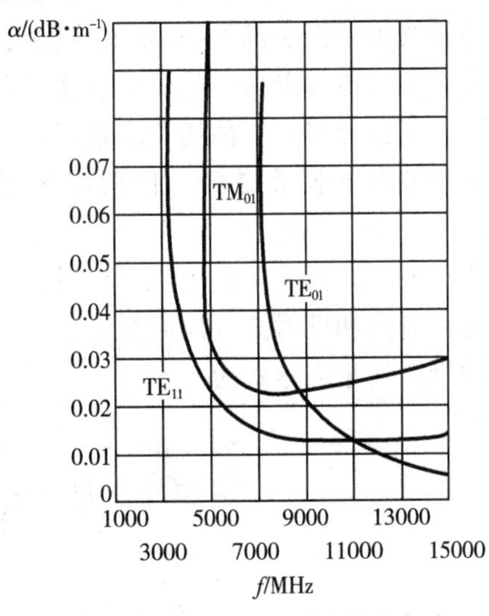

图 7－16　圆波导的衰减

【例 7－1】　计算 TE_{10} 波在矩形波导中传播时的衰减常数 α。

【解】　当矩形波导中传播 TE_{10} 波时，由式(7－48)知，波导宽壁上的电流具有 x 和 z 分量，而窄壁上的电流只有 y 分量，因此在波导宽壁上单位长度的损耗功率为

$$P_{la} = 2\left[\int_0^a \frac{R_S}{2} \mid J_{Sx} \mid^2 \mathrm{d}x + \int_0^a \frac{R_S}{2} \mid J_{Sz} \mid^2 \mathrm{d}x\right]$$

波导窄壁上单位长度的损耗功率为

$$P_{lb} = 2\left[\int_0^b \frac{R_S}{2} \mid J_{Sy} \mid^2 \mathrm{d}y\right]$$

因此单位长度的总损耗功率为

$$P_l = P_{la} + P_{lb}$$

将上式和式(7-89)代入式(7-95)，可以求得衰减常数为

$$\alpha = \frac{R_S}{b\eta\sqrt{1-\left(\frac{\lambda}{2a}\right)^2}}\left[1+2\,\frac{b}{a}\left(\frac{\lambda}{2a}\right)^2\right]$$

7.6　谐振腔

众所周知，低频时可以用电感和电容的并联构成 LC 振荡回路，其谐振频率 $f_0 = \frac{1}{2\pi\sqrt{LC}}$。由此可见，随着频率的升高，用 LC 振荡回路将会遇到许多问题：

(1) 要求 LC 振荡回路中的电感和电容很小，这给结构加工带来困难；

(2) 当回路的尺寸与工作波长相近时，回路容易产生电磁辐射，品质因数下降；

(3) 在微波频率下，LC 回路的欧姆损耗和介质损耗都很大，回路的品质因数显著下降。

因此，为了克服上述缺点，在微波波段可采用一段纵向两端封闭的传输线或波导(称之为谐振腔)实现高品质因数的微波谐振电路。谐振腔的种类很多，按结构可分为传输线型谐振腔和非传输线型谐振腔两类，常用的传输线型谐振腔有矩形波导谐振腔、圆波导谐振腔等，本节主要介绍矩形波导谐振腔的场量表达式和主要参量。

1. 矩形波导谐振腔的场量表达式

矩形波导谐振腔是由一段两端短路的矩形波导构成，如图 7-17 所示。

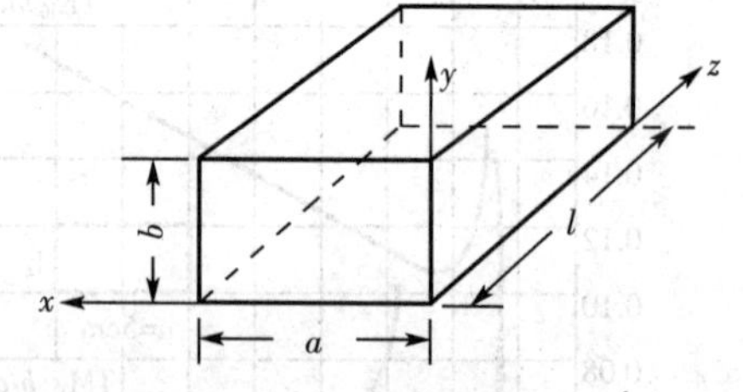

图 7-17　矩形波导谐振腔

矩形波导谐振腔里的场量可以看作是由矩形波导中相应的入射波和反射波叠加而成。已知矩形波导中 TE_{mn} 模式的纵向场量表达式为

$$H_z = H_0\cos\left(\frac{m\pi}{a}x\right)\cos\left(\frac{n\pi}{b}y\right)e^{-\mathrm{j}k_z z}$$

$$k_z = \sqrt{k^2-k_c^2} = \sqrt{k^2-\left(\frac{m\pi}{a}\right)^2-\left(\frac{n\pi}{b}\right)^2}$$

因此，矩形波导谐振腔中 TE 模的纵向场可以写成

$$H_z = H_{i0}\cos\left(\frac{m\pi}{a}x\right)\cos\left(\frac{n\pi}{b}y\right)e^{-\mathrm{j}k_z z} + H_{r0}\cos\left(\frac{m\pi}{a}x\right)\cos\left(\frac{n\pi}{b}y\right)e^{\mathrm{j}k_z z} \tag{7-96}$$

将边界条件 $H_z\mid_{z=0} = 0$ 代入上式得

$$H_{r0} = -H_{i0}$$

则

$$H_z = -2jH_{i0}\cos\left(\frac{m\pi}{a}x\right)\cos\left(\frac{n\pi}{b}y\right)\sin(k_z z) \tag{7-97}$$

再将边界条件 $H_z|_{z=l} = 0$ 代入上式得

$$k_z = \frac{p\pi}{l} \quad (p = 1,2,3,\cdots) \tag{7-98}$$

则

$$H_z = -2jH_{i0}\cos\left(\frac{m\pi}{a}x\right)\cos\left(\frac{n\pi}{b}y\right)\sin\left(\frac{p\pi}{l}z\right) \tag{7-99a}$$

将式(7-99a)代入横向场与纵向场关系式(7-15)，同时将式(7-15)式中的 $-\gamma$ 用 $\frac{\partial}{\partial z}$ 代替，便可以得到矩形波导谐振腔中 TE 模的横向场量表达式

$$E_x = \frac{2\omega\mu}{k_c^2}\left(\frac{n\pi}{b}\right)H_{i0}\cos\left(\frac{m\pi}{a}x\right)\sin\left(\frac{n\pi}{b}y\right)\sin\left(\frac{p\pi}{l}z\right) \tag{7-99b}$$

$$E_y = -\frac{2\omega\mu}{k_c^2}\left(\frac{m\pi}{a}\right)H_{i0}\sin\left(\frac{m\pi}{a}x\right)\cos\left(\frac{n\pi}{b}y\right)\sin\left(\frac{p\pi}{l}z\right) \tag{7-99c}$$

$$H_x = j\frac{2}{k_c^2}\left(\frac{m\pi}{a}\right)\left(\frac{p\pi}{l}\right)H_{i0}\sin\left(\frac{m\pi}{a}x\right)\cos\left(\frac{n\pi}{b}y\right)\cos\left(\frac{p\pi}{l}z\right) \tag{7-99d}$$

$$H_y = j\frac{2}{k_c^2}\left(\frac{n\pi}{b}\right)\left(\frac{p\pi}{l}\right)H_{i0}\cos\left(\frac{m\pi}{a}x\right)\sin\left(\frac{n\pi}{b}y\right)\cos\left(\frac{p\pi}{l}z\right) \tag{7-99e}$$

$$E_z = 0 \tag{7-99f}$$

类似地可以推导出矩形波导谐振腔中 TM 模的场量表达式

$$E_z = 2E_{i0}\sin\left(\frac{m\pi}{a}x\right)\sin\left(\frac{n\pi}{b}y\right)\cos\left(\frac{p\pi}{l}z\right) \tag{7-100a}$$

$$E_x = -\frac{2}{k_c^2}\left(\frac{m\pi}{a}\right)\left(\frac{p\pi}{l}\right)E_{i0}\cos\left(\frac{m\pi}{a}x\right)\sin\left(\frac{n\pi}{b}y\right)\sin\left(\frac{p\pi}{l}z\right) \tag{7-100b}$$

$$E_y = -\frac{2}{k_c^2}\left(\frac{n\pi}{b}\right)\left(\frac{p\pi}{l}\right)E_{i0}\sin\left(\frac{m\pi}{a}x\right)\cos\left(\frac{n\pi}{b}y\right)\sin\left(\frac{p\pi}{l}z\right) \tag{7-100c}$$

$$H_x = j\frac{2\omega\varepsilon}{k_c^2}\left(\frac{n\pi}{b}\right)E_{i0}\sin\left(\frac{m\pi}{a}x\right)\cos\left(\frac{n\pi}{b}y\right)\cos\left(\frac{p\pi}{l}z\right) \tag{7-100d}$$

$$H_y = -j\frac{2\omega\varepsilon}{k_c^2}\left(\frac{m\pi}{a}\right)E_{i0}\cos\left(\frac{m\pi}{a}x\right)\sin\left(\frac{n\pi}{b}y\right)\cos\left(\frac{p\pi}{l}z\right) \tag{7-100e}$$

$$H_z = 0 \tag{7-100f}$$

式中，$k_c^2 = k_x^2 + k_y^2 = \left(\frac{m\pi}{a}\right)^2 + \left(\frac{n\pi}{b}\right)^2$。

由式(7-99)和式(7-100)可见：

(1) 矩形波导谐振腔中的场量沿 x、y、z 方向均为驻波；

(2) 矩形波导谐振腔中可以存在无穷多个振荡模式，用 TE_{mnp} 和 TM_{mnp} 表示；

(3) 下标 m、n、p 分别表示场量沿 x、y、z 方向变化的半驻波数；

(4) 对于 TE 振荡模式，下标 m、n 可以为零，但不能同时为零，p 不能为零；

(5) 对于 TM 振荡模式，下标 m、n 不能为零，p 可以为零。

2. 矩形波导谐振腔的谐振频率

由式(7-98)可以看出，谐振腔中的相位常数 $k_z = \frac{p\pi}{l}$ 为离散值，将其代入

$$k_z^2 = k^2 - k_c^2 = k^2 - \left(\frac{m\pi}{a}\right)^2 - \left(\frac{n\pi}{b}\right)^2$$

得

$$k = \sqrt{\left(\frac{m\pi}{a}\right)^2 + \left(\frac{n\pi}{b}\right)^2 + \left(\frac{p\pi}{l}\right)^2}$$

又知 $k = \frac{2\pi}{\lambda} = 2\pi f\sqrt{\mu\varepsilon}$，那么由上式可以求得谐振频率和谐振波长分别为

$$f_{mnp} = \frac{1}{2\pi\sqrt{\mu\varepsilon}}\sqrt{\left(\frac{m\pi}{a}\right)^2 + \left(\frac{n\pi}{b}\right)^2 + \left(\frac{p\pi}{l}\right)^2} \tag{7-101}$$

$$\lambda_{mnp} = \frac{v}{f_{mnp}} = \frac{2\pi}{\sqrt{\left(\frac{m\pi}{a}\right)^2 + \left(\frac{n\pi}{b}\right)^2 + \left(\frac{p\pi}{l}\right)^2}} \tag{7-102}$$

由此可见，谐振波长与谐振腔的尺寸和工作模式有关，而谐振频率不仅与谐振腔的尺寸、工作模式有关，而且还与谐振腔中填充的媒质参数有关。

3. 矩形波导谐振腔的品质因数

品质因数是谐振腔的另一个重要参数，它表征了谐振腔的频率选择性和能量损耗程度，其定义为

$$Q = \omega_0 \frac{W}{P_l} \tag{7-103}$$

式中，ω_0 为谐振角频率，W 为腔中总储能，P_l 为腔中的损耗功率。

谐振腔的总储能为电场储能与磁场储能之和，可以证明谐振腔内的最大电场储能等于最大磁场储能，所以

$$W = W_e + W_m = \frac{1}{2}\int_V \mu \mid H \mid^2 \mathrm{d}V \tag{7-104}$$

式中，V 为谐振腔的体积。

能量损耗一般包括导体损耗、介质损耗和辐射损耗。对于闭合的谐振腔，其辐射损耗不存在，假设介质是无耗的，则谐振腔的损耗仅为腔壁的欧姆损耗，即

$$P_l = \frac{1}{2}\oint_S |J_S|^2 R_S \mathrm{d}S = \frac{1}{2}\oint_S |H_t|^2 R_S \mathrm{d}S \tag{7-105}$$

式中，S 为空腔内表面，R_S 为腔壁表面电阻，J_S 为腔壁表面电流，H_t 为腔壁表面切向磁场。

由式(7-104)和式(7-105)得

$$Q = \omega_0 \frac{\mu\int_V |H|^2 \mathrm{d}V}{R_S\oint_S |H_t|^2 \mathrm{d}S} \tag{7-106}$$

下面以矩形波导谐振腔中的 TE_{101} 模为例，计算其品质因数。

由式(7-99)可以得到矩形波导谐振腔中的 TE_{101} 模的场量表达式为

$$E_y = -\frac{2\omega\mu}{k_c^2}\left(\frac{\pi}{a}\right)H_{i0}\sin\left(\frac{\pi}{a}x\right)\sin\left(\frac{\pi}{l}z\right)$$

$$H_x = \mathrm{j}\frac{2}{k_c^2}\left(\frac{\pi}{a}\right)\left(\frac{\pi}{l}\right)H_{i0}\sin\left(\frac{\pi}{a}x\right)\cos\left(\frac{\pi}{l}z\right)$$

$$H_z = -2\mathrm{j}H_{i0}\cos\left(\frac{\pi}{a}x\right)\sin\left(\frac{\pi}{l}z\right)$$

代入式(7-104)得

$$W = \frac{\mu}{2}\int_V |H|^2 \mathrm{d}V = \frac{\mu}{2}\int_V (|H_x|^2 + |H_z|^2)\mathrm{d}V$$

$$= \frac{\mu}{2}\int_0^a\int_0^b\int_0^l (|H_x|^2 + |H_z|^2)\mathrm{d}x\mathrm{d}y\mathrm{d}z = \frac{\mu H_{i0}^2(a^2+l^2)ab}{2l}$$

对于 $z=0$ 和 $z=l$ 两个腔壁

$$|H_t|^2 = |H_x|^2 = 4\left(\frac{a}{l}\right)^2 H_{i0}^2\sin^2\left(\frac{\pi}{a}x\right)$$

损耗功率为

$$P_{l1} = 2\times\frac{R_S}{2}\int_0^a\int_0^b |H_x|^2\mathrm{d}x\mathrm{d}y = 2\frac{a^3 b}{l^2}R_S H_{i0}^2$$

对于 $y=0$ 和 $y=b$ 两个腔壁

$$|H_t|^2 = |H_x|^2 + |H_z|^2$$

$$= 4\left(\frac{a}{l}\right)^2 H_{i0}^2\sin^2\left(\frac{\pi}{a}x\right)\cos^2\left(\frac{\pi}{l}z\right) + 4H_{i0}^2\cos^2\left(\frac{\pi}{a}x\right)\sin^2\left(\frac{\pi}{l}z\right)$$

损耗功率为

$$P_{l2} = 2 \times \frac{R_S}{2}\int_0^a\int_0^l (|H_x|^2 + |H_z|^2)\mathrm{d}x\mathrm{d}z = a^2\left(\frac{a}{l} + \frac{l}{a}\right)R_S H_{i0}^2$$

对于 $x = 0$ 和 $x = a$ 两个腔壁

$$|H_t|^2 = |H_z|^2 = 4H_{i0}^2 \sin^2\left(\frac{\pi}{l}z\right)$$

损耗功率为

$$P_{l3} = 2 \times \frac{R_S}{2}\int_0^b\int_0^l |H_z|^2 \mathrm{d}y\mathrm{d}z = 2blR_S H_{i0}^2$$

总的损耗功率为

$$P_l = P_{l1} + P_{l2} + P_{l3}$$

代入式(7-103)得

$$Q = \omega_0 \frac{W}{P_l} = \frac{\omega_0 \mu}{2R_S} \frac{abl(a^2 + l^2)}{2b(a^3 + l^3) + al(a^2 + l^2)}$$

本章小结

1. 在不同的导波系统中可以传播不同模式的电磁波,任何能确立静态场的均匀导波系统,也能维持 TEM 波。平行双导线、同轴线以及带状线等能够建立静电场,因此可以传播 TEM 波,而由单根导体构成的金属波导中不可能存在静电场,因此金属波导不能传播 TEM 波,只能传播 TE、TM 波。

2. 波导中 TE、TM 波沿 z 方向传播的场量表达式可用纵向场法求解,即先由给定的波导边界条件和方程$\nabla_{xy}^2 E_z + k_c^2 E_z = 0$或$\nabla_{xy}^2 H_z + k_c^2 H_z = 0$,求解电场的纵向分量 E_z 或磁场的纵向分量 H_z,再由横向场和纵向场之间的关系式,求出其余横向场分量,最后加上因子 $e^{-jk_z z}$。

对于矩形波导,求出的纵向场表达式为

$E_z = E_0 \sin\left(\frac{m\pi}{a}x\right)\sin\left(\frac{n\pi}{b}y\right)e^{-jk_z z}$,TM 波($H_z = 0$),$m$ 和 n 不能为零;

$H_z = H_0 \cos\left(\frac{m\pi}{a}x\right)\cos\left(\frac{n\pi}{b}y\right)e^{-jk_z z}$,TE 波($E_z = 0$),$m$ 和 n 不能同时为零。

对于圆波导,求出的纵向场表达式为

$E_z = E_0 \mathrm{J}_m(k_c r)\begin{Bmatrix}\cos m\varphi \\ \sin m\varphi\end{Bmatrix} e^{-jk_z z}$,TM 波($H_z = 0$),$k_c = \frac{u_{mn}}{a}$,$m = 0,1,2,\cdots,n = 1,2,3,\cdots$

$H_z = H_0 \mathrm{J}_m(k_c r)\begin{Bmatrix}\cos m\varphi \\ \sin m\varphi\end{Bmatrix} e^{-jk_z z}$,TE 波($E_z = 0$),$k_c = \frac{u_{mn}'}{a}$,$m = 0,1,2,\cdots,n = 1,2,3,\cdots$

3. TEM 波($E_z = 0, H_z = 0$)在横截面上的场分布与同一结构中的相应静态场分布一致,因此可用前面章节介绍的二维静态场的求解方法得到 TEM 波沿 z 方向传播的横向场分量表达式，最后加上因子 $e^{-jk_z z}$ 即可。

4. TEM 波和 TE、TM 波的主要传播特性参量如下表所示

TEM 波	TE 或 TM 波
$k_c = 0$	$k_c \neq 0$
$f_c = 0$	$f_c = \dfrac{k_c}{2\pi\sqrt{\mu\varepsilon}} \neq 0$
$\lambda_c = \infty$	$\lambda_c = \dfrac{v}{f_c} = \dfrac{2\pi}{k_c}$
$\beta = k = \omega\sqrt{\mu\varepsilon}$	$\beta = k_z = k\sqrt{1-\left(\dfrac{\lambda}{\lambda_c}\right)^2}$
$v_p = v$	$v_p = \dfrac{\omega}{k_z} = \dfrac{v}{\sqrt{1-\left(\dfrac{\lambda}{\lambda_c}\right)^2}} > v$
$\lambda_g = \lambda$	$\lambda_g = \dfrac{v_p}{f} = \dfrac{\lambda}{\sqrt{1-\left(\dfrac{\lambda}{\lambda_c}\right)^2}} > \lambda$
$Z_{\mathrm{TEM}} = \eta = \sqrt{\dfrac{\mu}{\varepsilon}}$	$Z_{\mathrm{TM}} = \eta\sqrt{1-\left(\dfrac{\lambda}{\lambda_c}\right)^2}$ $Z_{\mathrm{TE}} = \dfrac{\eta}{\sqrt{1-\left(\dfrac{\lambda}{\lambda_c}\right)^2}}$

5. 波导是一种高通滤波器，只有当工作频率高于截止频率时，电磁波的传播才成为可能。矩形波导的主模是 TE_{10} 波，圆波导的主模是 TE_{11} 波，合理设计波导的尺寸，可以实现波导内单模传播。

6. 波导中的衰减常数 $\alpha = \dfrac{P_l}{2P}$，P_l 为波导内单位长度的损耗功率，P 为波导中的传输功率。在矩形波导中 TE_{10} 波具有最小的衰减，在圆波导中 TE_{11} 波具有最小的衰减。

7. 谐振腔是频率很高时采用的振荡回路。谐振腔内可以有无穷多个振荡模式，无穷多个振荡频率。谐振腔按结构型式可分为传输线型谐振腔和非传输线型谐振腔两类，常用的传输线型谐振腔有矩形波导谐振腔和圆波导谐振腔等，传输线型谐振腔里的场量可以看作是由相应导波系统中的入射波和反射波叠加而成。谐振腔的主要参量有谐振频率和品质因数等。对于矩形波导谐振腔，其谐振频率和谐振波长分别为

$$f_{mnp} = \frac{1}{2\pi\sqrt{\mu\varepsilon}}\sqrt{\left(\frac{m\pi}{a}\right)^2 + \left(\frac{n\pi}{b}\right)^2 + \left(\frac{p\pi}{l}\right)^2}$$

$$\lambda_{mnp} = \frac{v}{f_{mnp}} = \frac{2\pi}{\sqrt{\left(\frac{m\pi}{a}\right)^2 + \left(\frac{n\pi}{b}\right)^2 + \left(\frac{p\pi}{l}\right)^2}}$$

谐振腔的品质因数定义为 $Q=\omega_0\dfrac{W}{P_l}$，其中 ω_0 为谐振角频率，W 为腔中总储能，P_l 为腔中的损耗功率。

习 题

7-1 为什么一般矩形波导测量线的槽开在波导宽壁的中线上？

7-2 推导矩形波导中 TE_{mn} 波的场量表达式。

7-3 已知空气填充的矩形波导截面尺寸为 $a\times b=23\times10\text{mm}^2$，求工作波长 $\lambda=20\text{mm}$ 时，波导中能传输哪些模式？$\lambda=30\text{mm}$ 时呢？

7-4 已知空气填充的矩形波导截面尺寸为 $a\times b=8\times4\text{cm}^2$，当工作频率 $f=5\text{GHz}$ 时，求波导中能传输哪些模式？若波导中填充介质，传输模式有无变化？为什么？

7-5 已知矩形波导的尺寸为 $a\times b$，若在 $z\geqslant0$ 区域中填充相对介电常数为 ε_r 的理想介质，在 $z<0$ 区域中为真空。当 TE_{10} 波自真空向介质表面投射时，试求边界上的反射波与透射波。

7-6 试证波导中相速 v_p 与群速 v_g 的关系为

$$v_g=v_p-\lambda_g\frac{\mathrm{d}v_p}{\mathrm{d}\lambda_g}$$

7-7 试证波导中的工作波长 λ、波导波长 λ_g 与截止波长 λ_c 之间满足下列关系

$$\frac{1}{\lambda_g^2}+\frac{1}{\lambda_c^2}=\frac{1}{\lambda^2}$$

7-8 何谓波导的简并模？矩形波导和圆波导中的简并有何异同？

7-9 圆波导中 TE_{11}、TE_{01} 和 TM_{01} 模的特点是什么？有何应用？

7-10 已知空气填充的圆波导直径 $d=50\text{mm}$，当工作频率 $f=6.725\text{GHz}$ 时，求波导中能传输哪些模式？若填充相对介电常数 $\varepsilon_r=1.69$ 的介质，此时波导中能传输哪些模式？

7-11 空气填充的圆波导中传输 TE_{01} 模，已知 $\lambda/\lambda_c=0.9$，工作频率 $f=5\text{GHz}$，

(1) 求 λ_g 和 k_z；

(2) 若波导半径扩大一倍，k_z 将如何变化？

7-12 矩形波导的横截面尺寸为 $a\times b=23\times10\text{mm}^2$，由紫铜制作，传输电磁波的频率为 $f=10\text{GHz}$。试计算

(1) 当波导内为空气填充且传输 TE_{10} 波时，每米衰减多少分贝？

(2) 当波导内填充 $\varepsilon_r=2.54$ 的介质，仍传输 TE_{10} 波时，每米衰减多少分贝？

7-13 已知空气填充的铜质矩形波导尺寸为 $7.2\times3.4\text{cm}^2$，工作于主模，工作频率 $f=3\text{GHz}$，试求：(1) 截止频率、波导波长及衰减常数；(2) 场强振幅衰减一半时的距离。

7-14 已知空气填充的铜质圆波导直径 $d=50\text{mm}$，工作于主模，工作频率 $f=4\text{GHz}$ 求：(1) 截止频率、波导波长及衰减常数；(2) 场强振幅衰减一半时的距离。

7-15 已知空气填充的矩形波导尺寸为 $20\times10\text{mm}^2$，工作频率为 $f=10\text{GHz}$。若空气的击穿场强为 $3\times10^6\text{V/m}$，求该波导能够传输的最大功率。

7-16　已知空气填充矩形波导谐振腔的尺寸为8cm×6cm×5cm，求发生谐振的4个最低模式及谐振频率。

7-17　已知空气填充矩形波导谐振腔的尺寸为25mm×12.5mm×60mm，谐振于TE_{102}模式，若在腔内填充介质，则在同一工作频率将谐振于TE_{103}模式，求介质的相对介电常数ε_r应为多少？

7-18　设计一个矩形谐振腔，在1和1.5GHz分别谐振于两个不同的模式上。

7-19　证明波导谐振腔中电场储能最大值等于磁场储能最大值。

7-20　已知空气填充的圆波导半径为10mm，若用该波导形成谐振腔，求使30GHz电磁波谐振于TM_{021}模式所需的波导长度。

7-21　有一个半径为5cm、长度为10cm的铜质圆波导谐振腔，试求其最低振荡模式的谐振频率和Q值。

第 8 章　电磁波辐射

第 6 章讨论了电磁波在无界空间的传播问题和在分界面上的反射与透射问题，第 7 章讨论了电磁波在均匀导波系统内的传播问题，所有这些讨论都是假定电磁波已经建立，那么电磁波究竟是如何产生的呢?本章将讨论该问题。

产生电磁波的振荡源一般称为天线。对于天线，所关心的是它的辐射场强、方向性、辐射功率和效率等。

天线按结构可分为线天线和面天线两大类，线状天线如八木天线、拉杆天线等称为线天线，面状天线如抛物面天线等称为面天线。

本章将首先从滞后位出发，根据矢量位求电流元和电流环产生的电磁场，再介绍天线的电参数和一些常用的天线。

8.1　电流元的辐射

如图 8-1 所示，设一个时变电流元 $\boldsymbol{Il}$ 位于坐标原点，沿 z 轴放置，空间的媒质为线性均匀各向同性的理想介质。所谓电流元是指 l 很短，沿 l 上的电流振幅相等，相位相同。由式(5-108b) 知：电流元 $\boldsymbol{Il}$ 产生的矢量位为

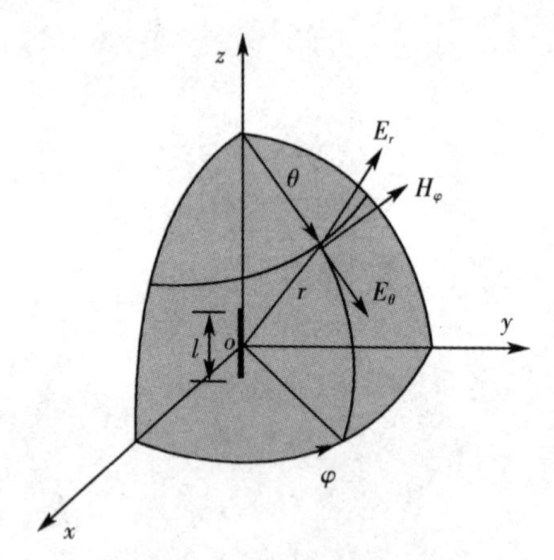

图 8-1　电流元的坐标

$$\boldsymbol{A}(\boldsymbol{r}) = \frac{\mu Il}{4\pi r}e^{-\mathrm{j}kr}\boldsymbol{e}_z = A_z\boldsymbol{e}_z \tag{8-1}$$

利用球坐标与直角坐标单位矢量之间的互换关系式(1-20)，可得矢量位 $\boldsymbol{A}$ 在球坐标系中的三个分量为

$$\begin{cases} A_r = A_z\cos\theta \\ A_\theta = -A_z\sin\theta \\ A_\varphi = 0 \end{cases} \tag{8-2}$$

则电流元产生的磁场强度为

$$\boldsymbol{H}=\frac{1}{\mu}\nabla\times\boldsymbol{A}=\frac{1}{\mu r^2\sin\theta}\begin{vmatrix}\boldsymbol{e}_r & r\boldsymbol{e}_\theta & r\sin\theta\boldsymbol{e}_\varphi\\ \dfrac{\partial}{\partial r} & \dfrac{\partial}{\partial\theta} & \dfrac{\partial}{\partial\varphi}\\ A_r & rA_\theta & 0\end{vmatrix}$$

将式(8-2)代入上式，得

$$\begin{cases}H_r=0\\ H_\theta=0\\ H_\varphi=\dfrac{Il\sin\theta}{4\pi r}\left(\mathrm{j}k+\dfrac{1}{r}\right)e^{-\mathrm{j}kr}\end{cases}\tag{8-3}$$

将式(8-3)代入麦克斯韦方程$\nabla\times\boldsymbol{H}=\mathrm{j}\omega\varepsilon\boldsymbol{E}$，得

$$\boldsymbol{E}=\frac{1}{\mathrm{j}\omega\varepsilon}\nabla\times\boldsymbol{H}=\frac{1}{\mathrm{j}\omega\varepsilon r^2\sin\theta}\begin{vmatrix}\boldsymbol{e}_r & r\boldsymbol{e}_\theta & r\sin\theta\boldsymbol{e}_\varphi\\ \dfrac{\partial}{\partial r} & \dfrac{\partial}{\partial\theta} & \dfrac{\partial}{\partial\varphi}\\ 0 & 0 & r\sin\theta H_\varphi\end{vmatrix}=E_r\boldsymbol{e}_r+E_\theta\boldsymbol{e}_\theta+E_\varphi\boldsymbol{e}_\varphi$$

其中

$$E_r=-\mathrm{j}\frac{Il\cos\theta}{2\pi\omega\varepsilon r^2}\left(\mathrm{j}k+\frac{1}{r}\right)e^{-\mathrm{j}kr}\tag{8-4a}$$

$$E_\theta=-\mathrm{j}\frac{Il\sin\theta}{4\pi\omega\varepsilon r^2}\left(-k^2r+\mathrm{j}k+\frac{1}{r}\right)e^{-\mathrm{j}kr}\tag{8-4b}$$

$$E_\varphi=0\tag{8-4c}$$

下面分别讨论电流元附近和远距离处的电磁场表达式。这里所讲的远近是相对于波长而言的，距离远小于波长($r\ll\lambda$)的区域称为近区，反之，距离远大于波长($r\gg\lambda$)的区域称为远区。

1. 当$r\ll\lambda$，即$kr\ll 1$或$k\ll\dfrac{1}{r}$时，$e^{-\mathrm{j}kr}\approx 1$，那么由式(8-3)和式(8-4)得

$$H_\varphi=\frac{Il\sin\theta}{4\pi r^2}\tag{8-5a}$$

$$E_r=-\mathrm{j}\frac{Il\cos\theta}{2\pi\omega\varepsilon r^3}\tag{8-5b}$$

$$E_\theta=-\mathrm{j}\frac{Il\sin\theta}{4\pi\omega\varepsilon r^3}\tag{8-5c}$$

从以上结果可以看出，式(8-5a)与恒定电流元 $\boldsymbol{Il}$ 产生的磁场相同。考虑到$I=\mathrm{j}\omega q$，式(8-5b)和式(8-5c)与电偶极子ql产生的静电场相同。所以可把时变电流元产生的近区场称为似稳场。

由式(8-5)还可以看出，电场与磁场的相位差为$\frac{\pi}{2}$，平均能流密度矢量

$$\boldsymbol{S}_{av}=\frac{1}{2}\mathrm{Re}[\boldsymbol{E}\times\boldsymbol{H}^*]=0$$

这表明近区场没有电磁能量向外辐射，能量被束缚在源的周围，因此近区场又称为束缚场。

2. 当$r\gg\lambda$，即$kr\gg1$或$k\gg\frac{1}{r}$时，式(8-3)和式(8-4)中的$\frac{1}{r^2}$及其高次项可以忽略，并将$k=\frac{2\pi}{\lambda}$代入得

$$H_\varphi=\mathrm{j}\frac{Il}{2\lambda r}\sin\theta e^{-\mathrm{j}kr} \tag{8-6a}$$

$$E_\theta=\mathrm{j}\frac{Il}{2\lambda r}\eta\sin\theta e^{-\mathrm{j}kr} \tag{8-6b}$$

式中，$\eta=\sqrt{\frac{\mu}{\varepsilon}}$为媒质的本质阻抗。由上式可见，电流元产生的远区场具有如下特点：

(1) 在远区，平均能流密度矢量

$$\boldsymbol{S}_{av}=\frac{1}{2}\mathrm{Re}[\boldsymbol{E}\times\boldsymbol{H}^*]=\frac{1}{2}\mathrm{Re}[E_\theta\boldsymbol{e}_\theta\times H_\varphi^*\boldsymbol{e}_\varphi]$$

$$=\frac{|E_\theta|^2}{2\eta}\boldsymbol{e}_r=\frac{\eta}{2}\left|\frac{Il}{2\lambda r}\sin\theta\right|^2\boldsymbol{e}_r$$

这表明有电磁能量沿径向辐射，所以远区场又称为辐射场。

(2) 远区电场与磁场相互垂直，且与传播方向垂直，电场与磁场的比值等于媒质的本质阻抗，即$\frac{E_\theta}{H_\varphi}=\eta$。

(3) 远区电磁场只有横向分量，在传播方向上的分量等于零，所以远区场为TEM波。

(4) 远区场的振幅不仅与距离有关，而且还与观察点的方位有关，即在离开电流元一定距离处，场强随角度变化。由式(8-6)可见，在电流元的轴线方向($\theta=0°$)上辐射为零，在垂直于电流元轴线的方向($\theta=90°$)上辐射最强。电流元的辐射场强与方位角φ无关。

下面讨论电流元在远区产生的辐射功率。用一个球面将电流元包围起来，电流元的辐射功率将全部穿过球面，则电流元产生的总辐射功率为

$$P_r=\oint_S\boldsymbol{S}_{av}\cdot\mathrm{d}\boldsymbol{S}=\int_0^{2\pi}\int_0^{\pi}\frac{\eta}{2}\left|\frac{Il}{2\lambda r}\sin\theta\right|^2r^2\sin\theta\mathrm{d}\theta\mathrm{d}\varphi=\frac{\pi\eta}{3}\left(\frac{Il}{\lambda}\right)^2$$

将$\eta=\eta_0=120\pi$代入上式，可得自由空间中电流元的辐射功率为

$$P_r=40\pi^2I^2\left(\frac{l}{\lambda}\right)^2 \tag{8-7}$$

此辐射功率是由与电流元相连的电源供给的，可用一个电阻上的消耗功率来等效，则此等效电阻称为辐射电阻。根据

$$P_r = \frac{1}{2} I^2 R_r$$

和式(8－7)，可得电流元的辐射电阻为

$$R_r = 80\pi^2 \left(\frac{l}{\lambda}\right)^2 \tag{8-8}$$

辐射电阻是用来衡量天线的辐射能力的，辐射电阻越大意味着天线向外辐射的功率越大，天线的辐射能力越强。

8.2　天线的电参数

8.2.1　方向图函数和方向图

在离开天线一定距离处，辐射场在空间随角度变化的函数称为天线的方向图函数，用 $f(\theta,\varphi)$ 表示。根据方向图函数绘制的图形称为天线的方向图。由于天线的辐射场分布在整个空间，所以天线的方向图通常是一个三维的立体图形。要绘制这样的三维立体方向图是不方便的，通常工程上采用两个相互垂直的主平面上的方向图来表示，即 E 面方向图和 H 面方向图。E 面是指电场强度矢量所在并包含最大辐射方向的平面，H 面是指磁场强度矢量所在并包含最大辐射方向的平面。

对于上节介绍的电流元，其方向图函数为 $f(\theta,\varphi) = \sin\theta$。采用极坐标，以 θ 为变量，在 φ 等于常数的平面内，方向图函数 $f(\theta,\varphi) = \sin\theta$ 的变化轨迹为两个圆，如图 8－2(a) 所示。

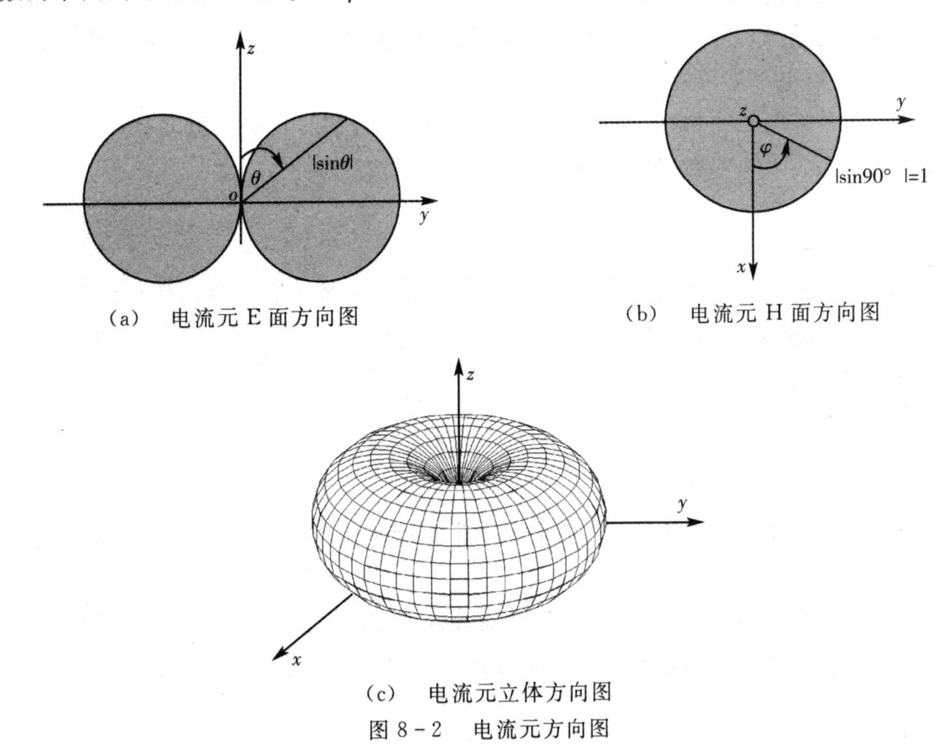

(a)　电流元 E 面方向图　　(b)　电流元 H 面方向图

(c)　电流元立体方向图

图 8－2　电流元方向图

由于电流元的方向图函数与 φ 无关，所以在 $\theta = \frac{\pi}{2}$ 的平面内，方向图函数的变化轨迹为一个圆，如图 8-2(b) 所示。电流元的立体方向图如图 8-2(c) 所示。

实际天线的方向图要比图 8-2 复杂。图 8-3 为某天线的方向图，它有很多波瓣，分别称为主瓣、副瓣和后瓣。其中最大辐射方向的波瓣称为主瓣，其他波瓣统称为副瓣，把位于主瓣正后方的波瓣称为后瓣。

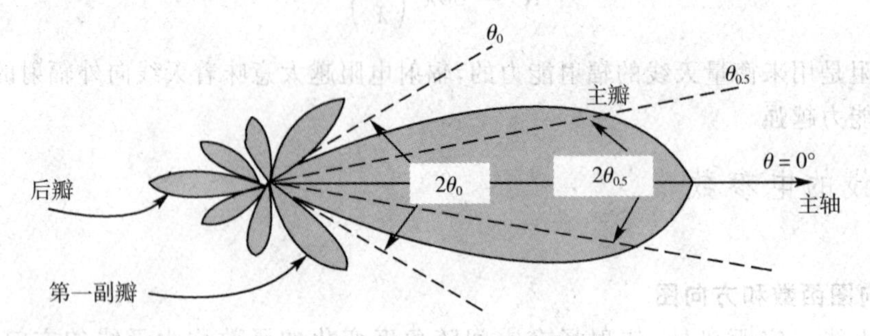

图 8-3　天线方向图的一般形状

主瓣最大辐射方向两侧的两个半功率点(即场强为最大值的 $1/\sqrt{2}$ 倍) 之间的夹角，称为主瓣宽度，也称为半功率波瓣宽度，用 $2\theta_{0.5}$ 或 $2\varphi_{0.5}$ 表示。主瓣宽度愈小，天线辐射的电磁能量愈集中，定向性愈好。在主瓣最大辐射方向两侧，两个零辐射方向之间的夹角，称为零功率波瓣宽度，用 $2\theta_0$ 表示。由图 8-2 可见，电流元的主瓣宽度 $2\theta_{0.5} = 90°$，零功率波瓣宽度 $2\theta_0 = 180°$。

副瓣最大辐射方向上的功率密度与主瓣最大辐射方向上的功率密度之比的对数值，称为副瓣电平，用 dB 表示。通常离主瓣近的副瓣电平要比远的高，所以副瓣电平通常是指第一副瓣电平。一般要求副瓣电平尽可能低。

主瓣最大辐射方向上的功率密度与后瓣最大辐射方向上的功率密度之比的对数值，称为前后比。前后比愈大，天线辐射的电磁能量愈集中于主辐射方向。

8.2.2　方向性系数

为了从数量上说明天线辐射功率的集中程度，可用一个参数 —— 方向性系数来衡量。方向性系数的定义为：在相等的辐射功率下，天线在其最大辐射方向上产生的功率密度与理想的无方向性天线在同一点产生的功率密度之比，即

$$D = \frac{S_{\max}}{S_0}\bigg|_{P_r = P_{r0}} = \frac{|E_{\max}|^2}{|E_0|^2}\bigg|_{P_r = P_{r0}} \tag{8-9}$$

式中，$S_{\max}$ 和 $E_{\max}$ 分别表示被研究天线的辐射功率密度和场强，S_0 和 E_0 分别表示理想无方向性天线的辐射功率密度和场强。

天线的方向性系数也可以定义为：在天线最大辐射方向上产生相等电场强度的条件下，理想的无方向性天线所需的辐射功率 P_{r0} 与被研究天线的辐射功率 P_r 之比，即

$$D = \frac{P_{r0}}{P_r}\bigg|_{|E_{\max}| = |E_0|} \tag{8-10}$$

对于被研究的天线，其辐射功率

$$P_r = \oint_S \boldsymbol{S}_{av} \cdot d\boldsymbol{S} = \oint_S \frac{1}{2} \frac{|E(\theta,\varphi)|^2}{\eta_0} dS = \frac{1}{2} \int_0^{2\pi} \int_0^{\pi} \frac{|E_{\max}|^2 F^2(\theta,\varphi)}{\eta_0} r^2 \sin\theta d\theta d\varphi$$

$$= \frac{|E_{\max}|^2 r^2}{2\eta_0} \int_0^{2\pi} \int_0^{\pi} F^2(\theta,\varphi) \sin\theta d\theta d\varphi \tag{8-11}$$

式中，$F(\theta,\varphi)$ 为归一化的方向图函数，其定义为

$$F(\theta,\varphi) = \frac{f(\theta,\varphi)}{f_m}$$

f_m 为方向图函数 $f(\theta,\varphi)$ 的最大值。

对于理想的无方向性天线，其辐射功率为

$$P_{r0} = \frac{|E_0|^2}{2\eta_0} 4\pi r^2 \tag{8-12}$$

将式(8－11) 和(8－12) 代入式(8－10) 得

$$D = \frac{4\pi}{\int_0^{2\pi} \int_0^{\pi} F^2(\theta,\varphi) \sin\theta d\theta d\varphi} \tag{8-13}$$

由上式可以求得电流元的方向性系数为 1.5。

8.2.3　辐射效率

实际使用的天线均具有一定的损耗，根据能量守恒定律，天线的输入功率一部分向空间辐射，一部分被天线自身消耗。因此，实际天线的输入功率大于辐射功率。天线的辐射功率 P_r 与输入功率 P_{in} 之比称为天线的辐射效率，用 η_A 表示，即

$$\eta_A = \frac{P_r}{P_{in}} \tag{8-14}$$

8.2.4　增益系数

方向性系数是表征天线辐射电磁能量的集中程度，辐射效率则是表征天线的能量转换效率，将两者结合起来就可以得到天线的另一个参数 —— 增益系数。其定义为：在相同的输入功率下，天线在其最大辐射方向上产生的功率密度与理想的无方向性天线在同一点产生的功率密度之比，即

$$G = \left.\frac{S_{\max}}{S_0}\right|_{P_{in}=P_{in0}} = \left.\frac{|E_{\max}|^2}{|E_0|^2}\right|_{P_{in}=P_{in0}} \tag{8-15}$$

增益系数也可以定义为：在天线最大辐射方向上产生相等电场强度的条件下，理想的无方向性天线所需的输入功率 P_{in0} 与被研究天线的输入功率 P_{in} 之比，即

$$G = \left.\frac{P_{in0}}{P_{in}}\right|_{|E_{\max}|=|E_0|} \tag{8-16}$$

若假定理想的无方向性天线的效率 $\eta_{A0}=1$，那么由上述关系，可得

$$G=\eta_A D \tag{8-17}$$

8.3 电流环的辐射

如图 8-4 所示，一个半径为 $a(a\ll\lambda)$，载有电流 $i(t)=I\cos\omega t$ 的细导线圆环，通常称之为电流环或磁偶极子。此时可认为流过电流环的电流大小和相位处处相等。

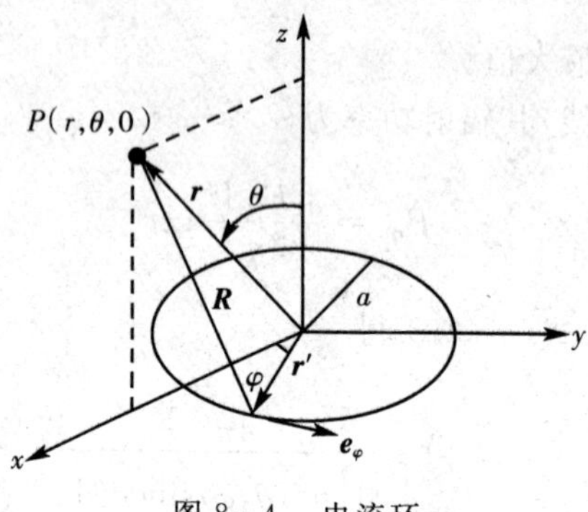

图 8-4 电流环

为了简单起见，把观察点放在 xoz 平面，即 $\varphi=0$ 平面上，不失一般性。在 $\varphi=0$ 平面两边同时取两个电流元，它们产生的矢量位为

$$\mathrm{d}\boldsymbol{A}=\frac{\mu}{4\pi}\frac{I\mathrm{d}\boldsymbol{l}'}{R}e^{-\mathrm{j}kR} \tag{8-18}$$

由【例 3-2】知：

$$\mathrm{d}\boldsymbol{l}'=a\mathrm{d}\varphi'\boldsymbol{e}_\varphi$$

$$\mathrm{d}A_\varphi=2\mathrm{d}A\cos\varphi'=\frac{\mu I a\cos\varphi'}{2\pi R}e^{-\mathrm{j}kR}\mathrm{d}\varphi' \tag{8-19}$$

$$R=r\left(1-\frac{2a}{r}\sin\theta\cos\varphi'+\frac{a^2}{r^2}\right)^{1/2}$$

因为 $r\gg a$，将上式展开为泰勒级数，取前两项，得

$$R\approx r-a\sin\theta\cos\varphi'$$

$$\frac{1}{R}\approx\frac{1}{r}(1+\frac{a}{r}\sin\theta\cos\varphi')$$

则

$$e^{-\mathrm{j}kR}\approx e^{-\mathrm{j}kr}e^{\mathrm{j}ka\sin\theta\cos\varphi'}$$

因为 $ka=2\pi\left(\frac{a}{\lambda}\right)\ll 1$，所以

$$e^{\mathrm{j}ka\sin\theta\cos\varphi'}\approx 1+\mathrm{j}ka\sin\theta\cos\varphi'$$

则

$$\begin{aligned}\frac{e^{-jkR}}{R} &\approx \frac{e^{-jkr}}{r}\left(1+\frac{a}{r}\sin\theta\cos\varphi'\right)(1+jka\sin\theta\cos\varphi') \\ &\approx \frac{e^{-jkr}}{r}\left(1+\frac{a}{r}\sin\theta\cos\varphi'+jka\sin\theta\cos\varphi'\right)\end{aligned} \tag{8-20}$$

将式(8-20)代入式(8-19)，并且对 φ' 从 $0\sim\pi$ 进行积分，得

$$\boldsymbol{A}=\frac{\mu I\pi a^2}{4\pi r^2}(1+jkr)\sin\theta e^{-jkr}\boldsymbol{e}_{\varphi} \tag{8-21}$$

根据 $\boldsymbol{H}=\frac{1}{\mu}\nabla\times\boldsymbol{A}$，求得电流环产生的磁场为

$$H_r=\frac{I\pi a^2k^3}{2\pi}\left[\frac{j}{(kr)^2}+\frac{1}{(kr)^3}\right]\cos\theta e^{-jkr} \tag{8-22a}$$

$$H_\theta=\frac{I\pi a^2k^3}{4\pi}\left[-\frac{1}{kr}+\frac{j}{(kr)^2}+\frac{1}{(kr)^3}\right]\sin\theta e^{-jkr} \tag{8-22b}$$

$$H_\varphi=0 \tag{8-22c}$$

再根据麦克斯韦方程 $\boldsymbol{E}=\frac{1}{j\omega\varepsilon}\nabla\times\boldsymbol{H}$，可得电流环产生的电场为

$$E_\varphi=-j\,\frac{\omega\mu I\pi a^2k^2}{4\pi}\left[\frac{j}{kr}+\frac{1}{(kr)^2}\right]\sin\theta e^{-jkr} \tag{8-23a}$$

$$E_r=E_\theta=0 \tag{8-23b}$$

对于电流环感兴趣的是其远区场，因 $kr\gg1$，由式(8-22)和式(8-23)得

$$H_\theta=-\frac{I\pi a^2k^2}{4\pi r}\sin\theta e^{-jkr}=-\frac{\omega\mu I\pi a^2k}{4\pi r\eta}\sin\theta e^{-jkr} \tag{8-24a}$$

$$E_\varphi=\frac{\omega\mu I\pi a^2k}{4\pi r}\sin\theta e^{-jkr}=-\eta H_\theta \tag{8-24b}$$

令 $\pi a^2=S$，再将 $k=\frac{2\pi}{\lambda}$ 代入式(8-24)得

$$H_\theta=-\frac{\pi IS}{\lambda^2r}\sin\theta e^{-jkr}$$

$$E_\varphi=\frac{\pi IS}{\lambda^2r}\eta\sin\theta e^{-jkr}$$

上式表明电流环产生的远区电场与磁场相互垂直，且与波的传播方向垂直。

电流环的平均功率密度为

$$\begin{aligned}\boldsymbol{S}_{av} &= \frac{1}{2}\mathrm{Re}[\boldsymbol{E}\times\boldsymbol{H}^*] = \frac{1}{2}\mathrm{Re}[E_\varphi\boldsymbol{e}_\varphi\times(-H_\theta^*)\boldsymbol{e}_\theta] \\ &= \frac{|E_\varphi|^2}{2\eta}\boldsymbol{e}_r = \frac{1}{2\eta}\left(\frac{\omega\mu I\pi a^2 k}{4\pi r}\right)^2\sin^2\theta\boldsymbol{e}_r\end{aligned} \tag{8-25}$$

辐射功率为

$$\begin{aligned}P_r &= \oint_S \boldsymbol{S}_{av}\cdot\mathrm{d}\boldsymbol{S} = \int_0^{2\pi}\int_0^{\pi}\frac{1}{2\eta}\left(\frac{\omega\mu I\pi a^2 k}{4\pi r}\right)^2\sin^2\theta r^2\sin\theta\mathrm{d}\theta\mathrm{d}\varphi \\ &= \frac{4\eta}{3}\pi^5 I^2\left(\frac{a}{\lambda}\right)^4\end{aligned} \tag{8-26}$$

利用关系式 $P_r = \frac{1}{2}I^2R_r$，可得电流环的辐射电阻为

$$R_r = \frac{8\eta}{3}\pi^5\left(\frac{a}{\lambda}\right)^4 = 320\pi^6\left(\frac{a}{\lambda}\right)^4 \tag{8-27}$$

8.4 缝隙的辐射

如图 8-5 所示，在无限大且无限薄的理想导体平面上开一个窄缝隙，缝隙的长度 $l\ll\lambda$，宽度 $w\ll\lambda$。当缝隙被激励后，会向外辐射电磁能量而形成一个辐射单元。在高速飞行器上使用这种辐射单元组成的天线，由于它与飞行器的结构共形，因而不会妨碍飞行器的高速飞行。

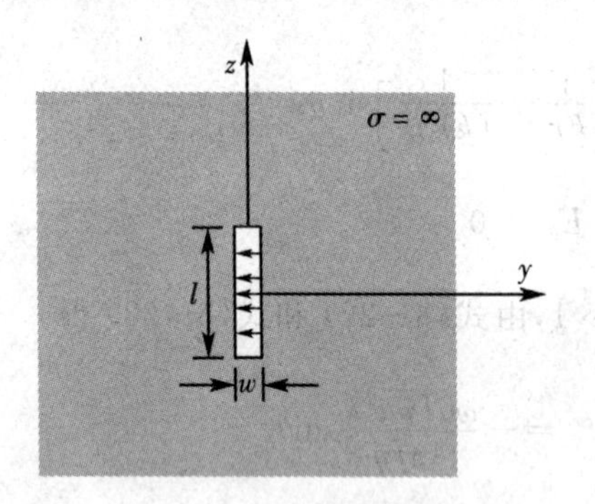

图 8-5 缝隙的结构

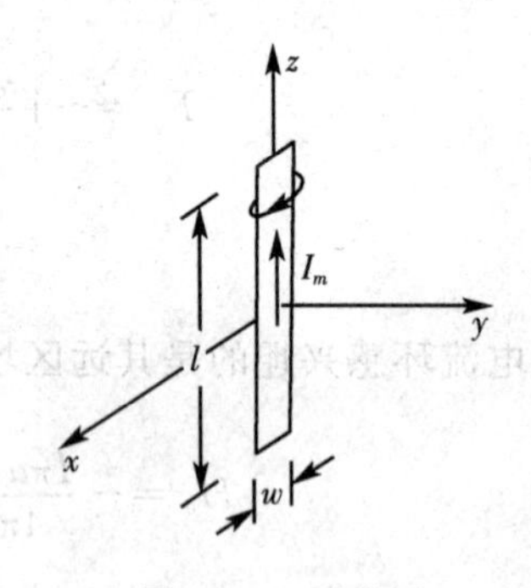

图 8-6 磁流元

在高频电源的激励下，缝隙中将会产生电场，由于 $w\ll l$，再忽略缝隙两端的边缘效应，可以认为缝隙中的电场是均匀的。根据理想导体的边界条件，在 yoz 平面上缝隙以外区域，电场的切向分量为零，缝隙中电场的切向分量 $E_y=\frac{U}{w}$。在 $x>0$ 的半空间，缝隙相当于一个等效磁流源，其等效磁流密度为

$$\boldsymbol{J}_{ms} = -\boldsymbol{n}\times\boldsymbol{E}|_{x=0} = -\boldsymbol{e}_x\times(-E_y\boldsymbol{e}_y) = E_y\boldsymbol{e}_z \tag{8-28}$$

也就是说，缝隙可以被等效为一个片状的沿 z 轴放置的线磁流元，如图 8-6 所示。由式(5-125)得

$$-I_m = \oint_l \boldsymbol{E}\cdot\mathrm{d}\boldsymbol{l} \tag{8-29}$$

积分路径 l 紧贴着磁流源，可得等效磁流强度为

$$I_m = 2E_y w = 2U \tag{8-30}$$

根据电流元的远区辐射场公式(8-6)和电磁对偶性，可得磁流元的辐射场为

$$E_\varphi = -\mathrm{j}\frac{I_m l}{2\lambda r}\sin\theta e^{-\mathrm{j}kr} \tag{8-31a}$$

$$H_\theta = \mathrm{j}\frac{I_m l}{2\eta\lambda r}\sin\theta e^{-\mathrm{j}kr} \tag{8-31b}$$

将式(8-30)代入上式，得缝隙在 $x>0$ 半空间的辐射场为

$$E_\varphi = -\mathrm{j}\frac{Ul}{\lambda r}\sin\theta e^{-\mathrm{j}kr} \tag{8-32a}$$

$$H_\theta = \mathrm{j}\frac{Ul}{\eta\lambda r}\sin\theta e^{-\mathrm{j}kr} \tag{8-32b}$$

在 $x<0$ 的半空间，由于等效磁流与 $x>0$ 半空间的等效磁流大小相等方向相反，所以缝隙在 $x<0$ 半空间的辐射场为式(8-32)的负值。

缝隙的总辐射功率和辐射电阻分别为

$$\begin{aligned} P_r &= \frac{1}{2}\mathrm{Re}\oint_S E_\varphi \boldsymbol{e}_\varphi \times (-H_\theta^*)\boldsymbol{e}_\theta \cdot \mathrm{d}\boldsymbol{S} = \frac{1}{2}\oint_S \frac{|E_\varphi|^2}{\eta} r^2 \sin\theta \mathrm{d}\theta \mathrm{d}\varphi \\ &= \frac{\pi}{\eta}\int_0^\pi \left(\frac{Ul}{\lambda}\right)^2 \sin^3\theta \mathrm{d}\theta = \frac{U^2 l^2}{90\lambda^2} \end{aligned} \tag{8-33}$$

$$R_r = \frac{U^2}{2P_r} = 45\left(\frac{\lambda}{l}\right)^2 \tag{8-34}$$

8.5　对称振子天线

对称振子天线是由两段同样粗细和等长的导线构成，在两段导线中间的两个端点对称馈电，如图 8-7 所示。振子两臂的长为 l，半径为 $a \ll \lambda$。

对称振子天线是一种最基本最常用的线天线，既可以单独使用，也可以作为阵列天线的组成单元。

知道对称振子天线上的电流分布，就可以求出其辐射场。要精确计算对称振子天线上的电流分布，需要采用数值分析方法，计算比较麻烦。实际上，对称振子可以看成是由终端开路的平行双线张开而成，理论和实验均表明，细对称振子的电流分布可以认为具有正弦驻波分布。设对称振子沿 z 轴放置，馈电中心位于坐标原点，如图 8-8 所示，则对称振子上的电流分布可以表示为

$$I(z) = I_m \sin k(l - |z|) \tag{8-35}$$

式中，I_m 为波腹点电流，$k = \dfrac{2\pi}{\lambda}$。

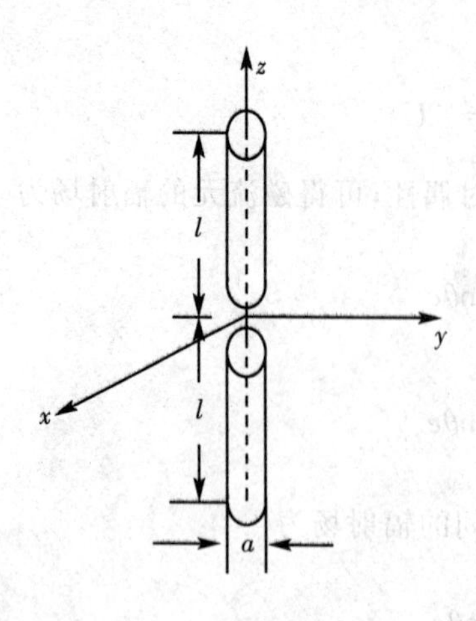

图 8-7　对称振子天线

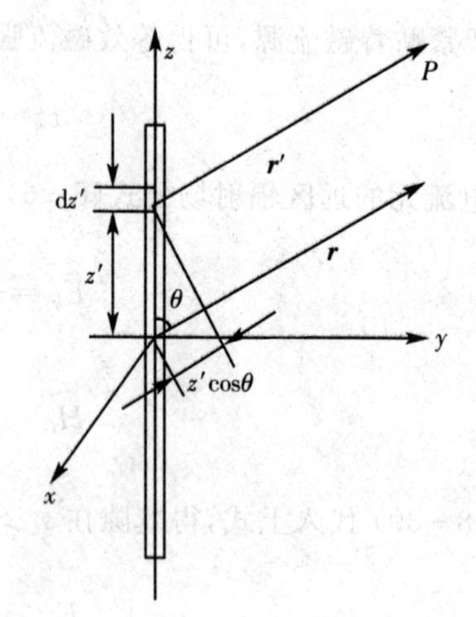

图 8-8　对称振子的辐射场

将对称振子看成是由许多电流振幅不同相位相同的电流元组成。根据叠加原理，对称振子在空间 P 点的辐射场就等于这些电流元在该点的辐射场的叠加。

根据式(8-6)，电流元 $I(z')\mathrm{d}z'$ 产生的远区辐射场为

$$\mathrm{d}E_\theta = \mathrm{j}\,\frac{I_m \sin k(l-|z'|)\mathrm{d}z'}{2\lambda r'}\eta\sin\theta e^{-\mathrm{j}kr'} \tag{8-36}$$

由于 $r \gg l$，可以认为 $r /\!/ r'$，在计算电流元至观察点的距离时，可近似认为 $r' \approx r$，在计算电流元至观察点的相位差时，$r' \approx r - z'\cos\theta$。那么对称振子的远区电场为

$$\begin{aligned} E_\theta &= \int_{-l}^{l} \mathrm{j}\,\frac{I_m \sin k(l-|z'|)\mathrm{d}z'}{2\lambda r'}\eta\sin\theta e^{-\mathrm{j}kr'} \\ &= \mathrm{j}\,\frac{60\pi I_m e^{-\mathrm{j}kr}}{\lambda r}\sin\theta\int_{-l}^{l}\sin k(l-|z'|)e^{\mathrm{j}kz'\cos\theta}\mathrm{d}z' \\ &= \mathrm{j}\,\frac{60 I_m}{r}\,\frac{\cos(kl\cos\theta)-\cos(kl)}{\sin\theta}e^{-\mathrm{j}kr} \end{aligned} \tag{8-37}$$

根据方向图函数的定义，可得对称振子天线的方向图函数为

$$f(\theta,\varphi) = \frac{\cos(kl\cos\theta)-\cos(kl)}{\sin\theta} \tag{8-38}$$

由此可见，沿 z 轴放置的对称振子天线的方向图函数与方位角 φ 无关，仅与方位角 θ 和振子长度 l 有关。

图 8-9 绘出了几种不同长度的对称振子在天线所在平面内的方向图，将这些平面方向图沿 z 轴旋转一周即构成空间方向图。由图可见，无论对称振子的长度如何，天线在 $\theta = 0°$ 和 $\theta = 180°$ 的轴线方向上都没有辐射，这是因为每个电流元在轴线方向上辐射为零。当天线的长度 $2l < \lambda$ 时，振子臂上的电流是同相的，在 $\theta = 90°$ 上辐射场是同相叠加，合成场强最强，所以 $\theta = 90°$ 的方向为主辐射方向。当天线的长度 $2l > \lambda$ 时，振子臂上出现反向电流，出现了副瓣。

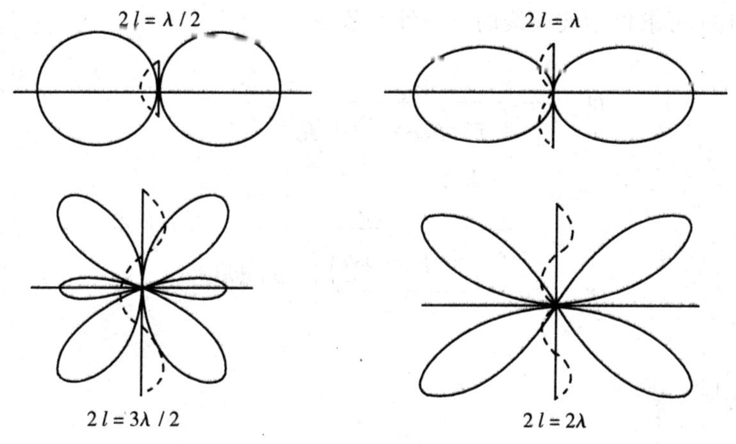

图 8-9　几种对称振子天线的方向图

长度为半个波长的对称振子天线称为半波天线。将 $l=\dfrac{\lambda}{4}$ 代入式(8-38)，得半波天线的方向图函数为

$$f(\theta,\varphi)=\frac{\cos\left(\dfrac{\pi}{2}\cos\theta\right)}{\sin\theta} \tag{8-39}$$

由式(8-37)得半波天线的远区电场为

$$E_\theta=\mathrm{j}\,\frac{60I_m}{r}\,\frac{\cos\left(\dfrac{\pi}{2}\cos\theta\right)}{\sin\theta}e^{-\mathrm{j}kr} \tag{8-40}$$

因此，半波天线的辐射功率

$$\begin{aligned}P_r&=\oint_S\boldsymbol{S}_{av}\cdot\mathrm{d}\boldsymbol{S}=\oint_S\frac{|E_\theta|^2}{2\eta}\mathrm{d}S\\&=\int_0^{2\pi}\int_0^{\pi}\frac{1}{2\eta}\left[\frac{60I_m}{r}\,\frac{\cos\left(\dfrac{\pi}{2}\cos\theta\right)}{\sin\theta}\right]^2r^2\sin\theta\,\mathrm{d}\theta\mathrm{d}\varphi\\&=30I_m^2\int_0^{\pi}\frac{\cos^2\left(\dfrac{\pi}{2}\cos\theta\right)}{\sin\theta}\mathrm{d}\theta\end{aligned} \tag{8-41}$$

由此可得半波天线的辐射电阻为

$$R_r=\frac{2P_r}{I_m^2}=60\int_0^{\pi}\frac{\cos^2\left(\dfrac{\pi}{2}\cos\theta\right)}{\sin\theta}\mathrm{d}\theta \tag{8-42}$$

上式中的积分用数值方法求得其值约为 1.218，那么半波天线的辐射电阻为

$$R_r=73.1\Omega$$

由式(8-13)可求得半波天线的方向性系数为

$$D=\frac{4\pi}{\int_0^{2\pi}\int_0^{\pi}F^2(\theta,\varphi)\sin\theta\mathrm{d}\theta\mathrm{d}\varphi}$$

$$=\frac{4\pi}{\int_0^{2\pi}\int_0^{\pi}\left[\frac{\cos\left(\frac{\pi}{2}\cos\theta\right)}{\sin\theta}\right]^2\sin\theta\mathrm{d}\theta\mathrm{d}\varphi}=1.64 \tag{8-43}$$

8.6 天线阵

8.6.1 方向图相乘原理

工程上需要天线具有高增益、高方向性,需要各种形状的方向图,有时需要方向图尖锐,有时需要方向图均匀,而前面介绍的单元天线很难满足这些要求,人们自然想起将许多天线放在一起构成一个天线阵。天线阵的方向图与每个天线的类型、馈电电流的大小和相位有关,因此调整天线间的位置、馈电电流的大小和相位,可以得到不同形状的方向图,以适应工程的需要。

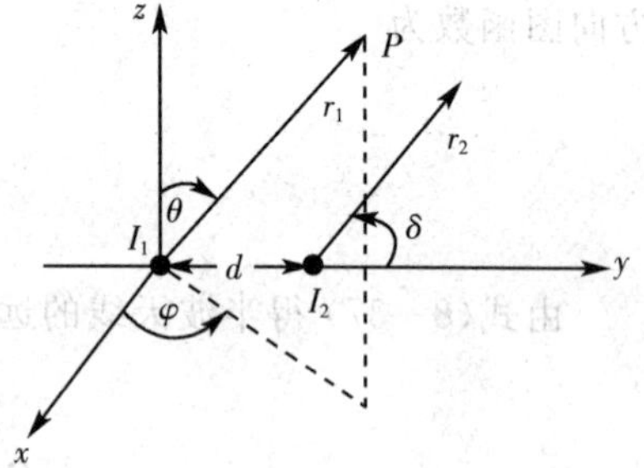

图 8-10 二元阵的辐射

下面以二元阵为例,说明天线阵的基本原理和特性。如图 8-10 所示,假设天线 1 与天线 2 为同一类型的天线,在空间的取向相同,天线间的距离为 d,它们至观察点的距离分别为 r_1 和 r_2,对于远区场,可以近似认为 r_1 与 r_2 平行,在计算两天线至观察点的距离时,可近似认为 $r_1\approx r_2$,在计算两天线至观察点的相位差时,$r_2\approx r_1-d\cos\delta$。

假设天线 2 与天线 1 之间的电流关系为

$$I_2=mI_1e^{j\alpha} \tag{8-44}$$

式中,m、α 为常数。那么天线 2 的辐射波到达观察点 P 时比天线 1 的辐射波到达 P 点时超前相位

$$\psi=kd\cos\delta+\alpha$$

第一项是两天线的波程差引起的,第二项是两天线的电流相对相位引起的。式中的 δ 表示天线阵轴线与平行射线之间的夹角。

若天线 1 在观察点 P 产生的场强为 E_1,由于电场强度与电流 I 成正比,所以天线 2 在 P 点产生的场强为 $mE_1e^{j\psi}$,那么二元阵在观察点 P 产生的合成场强为

$$E=E_1+E_2=E_1(1+me^{j\psi}) \tag{8-45}$$

由此可见,合成场由两部分相乘得到,即第一部分是天线 1 单独在观察点 P 产生的场强,与单元天线的类型和空间取向有关,而与天线阵的排列方式无关。第二部分 $1+me^{j\psi}$ 与单元天线无关,只

与天线的相互位置、馈电电流的大小和相位有关，这一部分称为阵因子。因此，式(8-45)表明天线阵的方向图等于单元天线的方向图与阵因子方向图的乘积，称为方向图相乘原理。

8.6.2　均匀直线式天线阵

所谓均匀直线式天线阵是指各单元天线以相同的取向和相等的间距排列成一直线，它们的馈电电流大小相等，而相位以相同的比例递增或递减。

图 8-11 所示为一个 N 元均匀直线阵，相邻两单元天线间的距离为 d，电流相位差为 α。类似于二元阵，相邻两单元天线间的相位差为

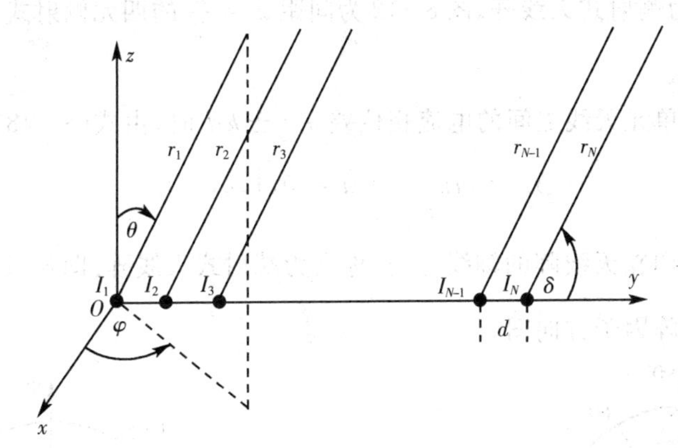

图 8-11　N 元均匀直线阵

$$\psi = kd\cos\delta + \alpha \tag{8-46}$$

则在观察点的合成电场强度为

$$\begin{aligned} E &= E_1 + E_2 + E_3 + \cdots E_N \\ &= E_1(1 + e^{\mathrm{j}\psi} + e^{\mathrm{j}2\psi} + \cdots + e^{\mathrm{j}(N-1)\psi}) \end{aligned}$$

利用等比级数求和公式，可得

$$|E| = |E_1| \left|\frac{1-e^{\mathrm{j}N\psi}}{1-e^{\mathrm{j}\psi}}\right| = |E_1| \frac{\sin\frac{N\psi}{2}}{\sin\frac{\psi}{2}} = |E_1| f(\psi) \tag{8-47}$$

式中 $f(\psi) = \dfrac{\sin\frac{N\psi}{2}}{\sin\frac{\psi}{2}}$ 为 N 元均匀直线阵的阵因子。

根据$\dfrac{\mathrm{d}f(\psi)}{\mathrm{d}\psi} = 0$，可以得到阵因子达到最大值的条件是 $\psi = 0$。由式(8-47)知，$\psi = 0$ 时各单元天线在观察点的电场同相叠加，得到最大值。由式(8-46)可求出阵因子达到最大值的角度

$$\delta_m = \arccos\left(-\frac{\alpha}{kd}\right) \tag{8-48}$$

由此可见，阵因子的最大辐射方向取决于单元天线之间的电流相位差和间距。如果不考虑单元

天线的方向性或单元天线的方向性很弱，那么天线阵的方向性主要决定于阵因子。若单元天线的电流相位差 α 是可调的，那么天线阵的最大辐射方向也是可调的，这就是相控阵天线的工作原理。

若均匀直线阵各单元天线同相馈电时，即 $\alpha=0$ 时，由式(8-48)得

$$\delta_m=(2m+1)\frac{\pi}{2}\qquad(m=0,1,2,\cdots)\tag{8-49}$$

由此可见，天线阵的最大辐射方向垂直于天线阵的轴线，即天线阵的最大辐射方向在天线阵轴线的两侧，所以称之为侧射式天线阵。图8-12为间距 $d=\frac{\lambda}{2}$ 的四元侧射式天线阵的阵因子方向图。

若均匀直线阵各单元天线之间的电流相位差 $\alpha=\pm kd$ 时，由式(8-48)得

$$\delta_m=m\pi\qquad(m=0,1,2,\cdots)\tag{8-50}$$

天线阵的最大辐射方向在天线阵的轴线方向，称之为端射式天线阵。图8-13为间距 $d=\frac{\lambda}{4}$ 的八元端射式天线阵的阵因子方向图。

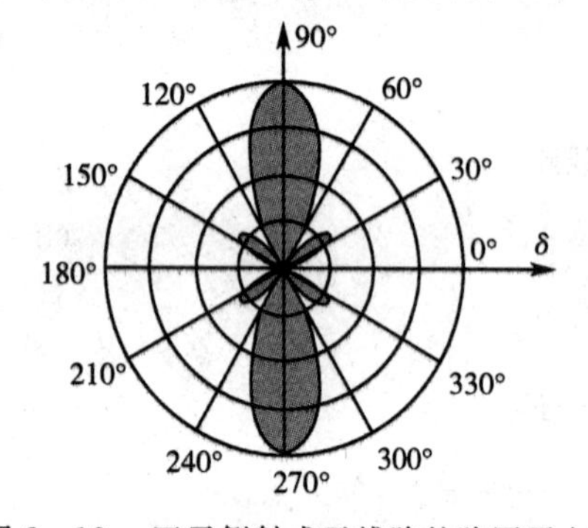

图8-12　四元侧射式天线阵的阵因子方向图

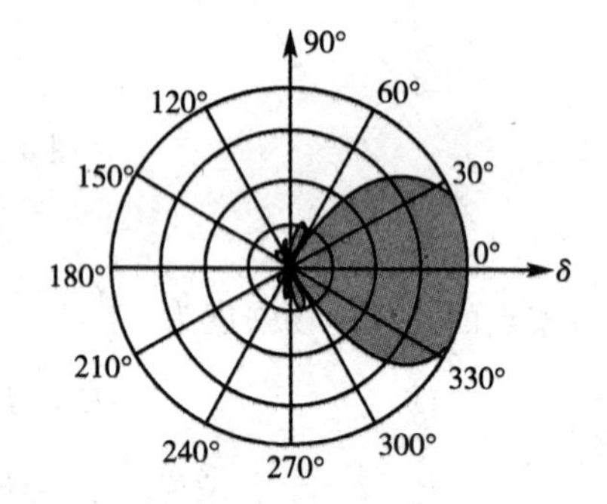

图8-13　八元端射式天线阵的阵因子方向图

本章小结

1. 利用滞后位可以计算电流元的辐射场，其表达式为

$$E_\theta=\mathrm{j}\,\frac{Il}{2\lambda r}\eta\sin\theta e^{-\mathrm{j}kr}$$

$$H_\varphi=\mathrm{j}\,\frac{Il}{2\lambda r}\sin\theta e^{-\mathrm{j}kr}$$

由此可绘制出它的方向图，推导出其辐射功率和辐射电阻等。

2. 采用与计算电流元辐射场类似的方法，可得电流环的辐射场为

$$H_\theta=-\frac{\pi IS}{\lambda^2 r}\sin\theta e^{-\mathrm{j}kr}$$

$$E_\varphi = \frac{\pi IS}{\lambda^2 r}\eta\sin\theta e^{-jkr}$$

利用对偶原理计算电流环的辐射场更简单。

3. 描述天线性能的主要参数有方向图函数、方向图、方向性系数、辐射效率、增益系数、主瓣宽度和副瓣电平等。

4. 求出无限大理想导体平面上缝隙的等效磁流强度后，再根据对偶原理可以计算出缝隙的辐射场，进而计算出其辐射功率和辐射电阻等。

5. 对称振子天线是一种常用的线天线，可以看成是由许多振幅不同相位相同的电流元组成。利用叠加原理可以求得对称振子天线的辐射场。

6. 将许多天线放在一起组成天线阵，同样可以利用叠加原理求出天线阵的方向图。由相同类型和相同取向的单元天线组成的天线阵，方向图由单元天线的方向图与阵因子方向图相乘得到。

习　题

8-1　已知电流元 $Il\boldsymbol{e}_y$，试求其远区电场强度及磁场强度。

8-2　已知长度为 l 的行波天线电流分布为 $I = I_0 e^{-jkz}$，$0 \leqslant z \leqslant l$。利用电流元的远区场公式，求该行波天线的远区场，并绘出 $l = \frac{\lambda}{2}$ 时的方向图。

8-3　若 z 方向的电流元 $Il\boldsymbol{e}_z$ 和 z 方向的磁流元 $I_m l\boldsymbol{e}_z$ 均位于坐标原点，试求其远区合成场强及其极化特性。

8-4　半波天线的电流振幅为 1A，求离开天线 1km 处的最大电场强度。

8-5　求半波天线的主瓣宽度。

8-6　在二元天线阵中，设 $d = \frac{\lambda}{4}$，$\alpha = 90°$，求阵因子的方向图。

8-7　两半波天线平行放置，相距 $\frac{\lambda}{2}$，它们的电流振幅相等，同相激励。试用方向图相乘原理草绘出三个主平面上的方向图。

8-8　均匀直线式天线阵的单元间距 $d = \frac{\lambda}{2}$，如果要求它的最大辐射方向在偏离天线阵轴线 $\pm 60°$ 的方向，问单元之间的相位差应为多少？

8-9　已知非均匀的同相五元直线阵中各单元天线的电流振幅比分别为 1：2：2：2：1，单元天线之间的间距为半波长，求该天线阵的阵因子。

附录Ⅰ 矢量恒等式

1. 矢量和与积

$$\boldsymbol{A}+\boldsymbol{B}=\boldsymbol{B}+\boldsymbol{A} \tag{I-1}$$

$$\boldsymbol{A}\cdot\boldsymbol{B}=\boldsymbol{B}\cdot\boldsymbol{A} \tag{I-2}$$

$$\boldsymbol{A}\times\boldsymbol{B}=-\boldsymbol{B}\times\boldsymbol{A} \tag{I-3}$$

$$(\boldsymbol{A}+\boldsymbol{B})\cdot\boldsymbol{C}=\boldsymbol{A}\cdot\boldsymbol{C}+\boldsymbol{B}\cdot\boldsymbol{C} \tag{I-4}$$

$$(\boldsymbol{A}+\boldsymbol{B})\times\boldsymbol{C}=\boldsymbol{A}\times\boldsymbol{C}+\boldsymbol{B}\times\boldsymbol{C} \tag{I-5}$$

$$\boldsymbol{A}\cdot(\boldsymbol{B}\times\boldsymbol{C})=\boldsymbol{B}\cdot(\boldsymbol{C}\times\boldsymbol{A})=\boldsymbol{C}\cdot(\boldsymbol{A}\times\boldsymbol{B}) \tag{I-6}$$

$$\boldsymbol{A}\times(\boldsymbol{B}\times\boldsymbol{C})=(\boldsymbol{A}\cdot\boldsymbol{C})\boldsymbol{B}-(\boldsymbol{A}\cdot\boldsymbol{B})\boldsymbol{C} \tag{I-7}$$

2. 矢量微分

$$\nabla(\phi+\Psi)=\nabla\phi+\nabla\Psi \tag{I-8}$$

$$\nabla(\phi\Psi)=\phi\nabla\Psi+\Psi\nabla\phi \tag{I-9}$$

$$\nabla\cdot(\boldsymbol{A}+\boldsymbol{B})=\nabla\cdot\boldsymbol{A}+\nabla\cdot\boldsymbol{B} \tag{I-10}$$

$$\nabla\times(\boldsymbol{A}+\boldsymbol{B})=\nabla\times\boldsymbol{A}+\nabla\times\boldsymbol{B} \tag{I-11}$$

$$\nabla\cdot(\Psi\boldsymbol{A})=\boldsymbol{A}\cdot\nabla\Psi+\Psi\nabla\cdot\boldsymbol{A} \tag{I-12}$$

$$\nabla\times(\Psi\boldsymbol{A})=\nabla\Psi\times\boldsymbol{A}+\Psi\nabla\times\boldsymbol{A} \tag{I-13}$$

$$\nabla(\boldsymbol{A}\cdot\boldsymbol{B})=(\boldsymbol{A}\cdot\nabla)\boldsymbol{B}+(\boldsymbol{B}\cdot\nabla)\boldsymbol{A}+\boldsymbol{A}\times(\nabla\times\boldsymbol{B})+\boldsymbol{B}\times(\nabla\times\boldsymbol{A}) \tag{I-14}$$

$$\nabla\cdot(\boldsymbol{A}\times\boldsymbol{B})=\boldsymbol{B}\cdot(\nabla\times\boldsymbol{A})-\boldsymbol{A}\cdot(\nabla\times\boldsymbol{B}) \tag{I-15}$$

$$\nabla\times(\boldsymbol{A}\times\boldsymbol{B})=\boldsymbol{A}\nabla\cdot\boldsymbol{B}-\boldsymbol{B}\nabla\cdot\boldsymbol{A}+(\boldsymbol{B}\cdot\nabla)\boldsymbol{A}-(\boldsymbol{A}\cdot\nabla)\boldsymbol{B} \tag{I-16}$$

$$\nabla\cdot\nabla\Psi=\nabla^2\Psi \tag{I-17}$$

$$\nabla\times\nabla\Psi=0 \tag{I-18}$$

$$\nabla\cdot(\nabla\times\boldsymbol{A})=0 \tag{I-19}$$

$$\nabla\times\nabla\times\boldsymbol{A}=\nabla(\nabla\cdot\boldsymbol{A})-\nabla^2\boldsymbol{A} \tag{I-20}$$

3. 矢量积分

$$\oint_S\boldsymbol{A}\cdot d\boldsymbol{S}=\int_V\nabla\cdot\boldsymbol{A}dV \tag{I-21}$$

$$\oint_l\boldsymbol{A}\cdot d\boldsymbol{l}=\int_S\nabla\times\boldsymbol{A}\cdot d\boldsymbol{S} \tag{I-22}$$

$$\oint_S \boldsymbol{n} \times \boldsymbol{A} \mathrm{d}S = \int_V \nabla \times \boldsymbol{A} \mathrm{d}V \tag{I-23}$$

$$\oint_S \Psi \mathrm{d}\boldsymbol{S} = \int_V \nabla \Psi \mathrm{d}V \tag{I-24}$$

$$\oint_l \Psi \mathrm{d}\boldsymbol{l} = \int_S \boldsymbol{n} \times \nabla \Psi \mathrm{d}S \tag{I-25}$$

4. 梯度、散度、旋度和拉普拉斯运算

广义正交曲面坐标($q_1, q_2, q_3; \boldsymbol{e}_1, \boldsymbol{e}_2, \boldsymbol{e}_3; h_1, h_2, h_3$)

$$\nabla u = \frac{1}{h_1}\frac{\partial u}{\partial q_1}\boldsymbol{e}_1 + \frac{1}{h_2}\frac{\partial u}{\partial q_2}\boldsymbol{e}_2 + \frac{1}{h_3}\frac{\partial u}{\partial q_3}\boldsymbol{e}_3 \tag{I-26}$$

$$\nabla \cdot \boldsymbol{A} = \frac{1}{h_1 h_2 h_3}\left[\frac{\partial}{\partial q_1}(h_2 h_3 A_1) + \frac{\partial}{\partial q_2}(h_1 h_3 A_2) + \frac{\partial}{\partial q_3}(h_1 h_2 A_3)\right] \tag{I-27}$$

$$\nabla \cdot \boldsymbol{A} = \frac{1}{h_1 h_2 h_3}\begin{vmatrix} h_1\boldsymbol{e}_1 & h_2\boldsymbol{e}_2 & h_3\boldsymbol{e}_3 \\ \dfrac{\partial}{\partial q_1} & \dfrac{\partial}{\partial q_2} & \dfrac{\partial}{\partial q_3} \\ h_1 A_1 & h_2 A_2 & h_3 A_3 \end{vmatrix} \tag{I-28}$$

$$\nabla^2 u = \frac{1}{h_1 h_2 h_3}\left[\frac{\partial u}{\partial q_1}\left(\frac{h_2 h_3}{h_1}\frac{\partial u}{\partial q_1}\right) + \frac{\partial u}{\partial q_2}\left(\frac{h_1 h_3}{h_2}\frac{\partial u}{\partial q_2}\right) + \frac{\partial u}{\partial q_3}\left(\frac{h_1 h_2}{h_3}\frac{\partial u}{\partial q_3}\right)\right] \tag{I-29}$$

直角坐标($x, y, z; \boldsymbol{e}_x, \boldsymbol{e}_y, \boldsymbol{e}_z; h_1 = h_2 = h_3 = 1$)

$$\nabla u = \frac{\partial u}{\partial x}\boldsymbol{e}_x + \frac{\partial u}{\partial y}\boldsymbol{e}_y + \frac{\partial u}{\partial z}\boldsymbol{e}_z \tag{I-30}$$

$$\nabla \cdot \boldsymbol{A} = \frac{\partial A_x}{\partial x} + \frac{\partial A_y}{\partial y} + \frac{\partial A_z}{\partial z} \tag{I-31}$$

$$\nabla \times \boldsymbol{A} = \begin{vmatrix} \boldsymbol{e}_x & \boldsymbol{e}_y & \boldsymbol{e}_z \\ \dfrac{\partial}{\partial x} & \dfrac{\partial}{\partial y} & \dfrac{\partial}{\partial z} \\ A_x & A_y & A_z \end{vmatrix} \tag{I-32}$$

$$\nabla^2 u = \frac{\partial^2 u}{\partial x^2} + \frac{\partial^2 u}{\partial y^2} + \frac{\partial^2 u}{\partial z^2} \tag{I-33}$$

圆柱坐标($\rho, \varphi, z; \boldsymbol{e}_\rho, \boldsymbol{e}_\varphi, \boldsymbol{e}_z; h_1 = h_3 = 1, h_2 = \rho$)

$$\nabla u = \frac{\partial u}{\partial \rho}\boldsymbol{e}_\rho + \frac{1}{\rho}\frac{\partial u}{\partial \varphi}\boldsymbol{e}_\varphi + \frac{\partial u}{\partial z}\boldsymbol{e}_z \tag{I-34}$$

$$\nabla \cdot \boldsymbol{A} = \frac{1}{\rho}\frac{\partial}{\partial \rho}(\rho A_\rho) + \frac{1}{\rho}\frac{\partial A_\varphi}{\partial \varphi} + \frac{\partial A_z}{\partial z} \tag{I-35}$$

$$\nabla \times \boldsymbol{A} = \frac{1}{\rho}\begin{vmatrix} \boldsymbol{e}_\rho & \rho\boldsymbol{e}_\varphi & \boldsymbol{e}_z \\ \dfrac{\partial}{\partial \rho} & \dfrac{\partial}{\partial \varphi} & \dfrac{\partial}{\partial z} \\ A_\rho & \rho A_\varphi & A_z \end{vmatrix} \tag{I-36}$$

$$\nabla^2 u = \frac{1}{\rho}\frac{\partial}{\partial \rho}\left(\rho\frac{\partial u}{\partial \rho}\right) + \frac{1}{\rho^2}\frac{\partial^2 u}{\partial \varphi^2} + \frac{\partial^2 u}{\partial z^2} \tag{I-37}$$

球坐标($r,\theta,\varphi;\boldsymbol{e}_r,\boldsymbol{e}_\theta,\boldsymbol{e}_\varphi;h_1 = 1,h_2 = r,h_3 = r\sin\theta$)

$$\nabla u = \frac{\partial u}{\partial r}\boldsymbol{e}_r + \frac{1}{r}\frac{\partial u}{\partial \theta}\boldsymbol{e}_\theta + \frac{1}{r\sin\theta}\frac{\partial u}{\partial \varphi}\boldsymbol{e}_\varphi \tag{I-38}$$

$$\nabla \cdot \boldsymbol{A} = \frac{1}{r^2}\frac{\partial}{\partial r}(r^2 A_r) + \frac{1}{r\sin\theta}\frac{\partial}{\partial \theta}(\sin\theta A_\theta) + \frac{1}{r\sin\theta}\frac{\partial A_\varphi}{\partial \varphi} \tag{I-39}$$

$$\nabla \times \boldsymbol{A} = \frac{1}{r^2\sin\theta}\begin{vmatrix} \boldsymbol{e}_r & r\boldsymbol{e}_\theta & r\sin\theta\boldsymbol{e}_\varphi \\ \dfrac{\partial}{\partial r} & \dfrac{\partial}{\partial \theta} & \dfrac{\partial}{\partial \varphi} \\ A_r & rA_\theta & r\sin\theta A_\varphi \end{vmatrix} \tag{I-40}$$

$$\nabla^2 u = \frac{1}{r^2}\frac{\partial}{\partial r}\left(r^2\frac{\partial u}{\partial r}\right) + \frac{1}{r^2\sin\theta}\frac{\partial}{\partial \theta}\left(\sin\theta\frac{\partial u}{\partial \theta}\right) + \frac{1}{r^2\sin^2\theta}\frac{\partial^2 u}{\partial \varphi^2} \tag{I-41}$$

附录Ⅱ　符号与单位

（一）国际单位制（SI）的基本单位

量的名称	量的符号	单位名称	单位符号
长度	l	米（meter）	m
质量	m	千克（kiligram）	kg
时间	t	秒（second）	s
电流	I,i	安培（Ampere）	A

（二）量的符号和单位

量的名称	量的符号	单位名称	单位符号
电荷	Q,q	库仑	C
体电荷密度	ρ	库仑/米^3	C/m^3
面电荷密度	ρ_s	库仑/米^2	C/m^2
线电荷密度	ρ_l	库仑/米	C/m
电场强度	$\boldsymbol{E}$	伏特/米	V/m
电位	ϕ	伏特	V
电容	C	法拉	F
介电常数	ε	法拉/米	F/m
真空介电常数	ε_0	法拉/米	F/m
相对介电常数	ε_r		
电极化率	χ_e		
电极化强度	$\boldsymbol{P}$	库仑/米^2	C/m^2
电位移	$\boldsymbol{D}$	库仑/米^2	C/m^2
体束缚电荷密度	ρ_P	库仑/米^3	C/m^3
面束缚电荷密度	ρ_{PS}	库仑/米^2	C/m^2
体电流密度	$\boldsymbol{J}$	安培/米^2	A/m^2
面电流密度	$\boldsymbol{J}_S$	安培/米	A/m

（续表）

量的名称	量的符号	单位名称	单位符号
电导率	σ	西门子/米	S/m
电阻	R	欧姆	Ω
电抗	X	欧姆	Ω
阻抗	Z	欧姆	Ω
电导	G	西门子	S
电纳	Y	西门子	S
磁荷	Q_m, q_m	韦伯	Wb
体磁荷密度	ρ_m	韦伯/米^3	Wb/m^3
面磁荷密度	ρ_{ms}	韦伯/米^2	Wb/m^2
线磁荷密度	ρ_{ml}	韦伯/米	Wb/m
磁流	I_m	伏特	V
体磁流密度	$\boldsymbol{J}_m$	伏特/米^2	V/m^2
面磁流密度	$\boldsymbol{J}_{ms}$	伏特/米	V/m
磁感应强度	$\boldsymbol{B}$	特斯拉	T
磁通	Φ	韦伯	Wb
电感	L	亨利	H
互感	M	亨利	H
磁导率	μ	亨利/米	H/m
真空磁导率	μ_0	亨利/米	H/m
相对磁导率	μ_r		
磁化率	χ_m		
磁化强度	$\boldsymbol{M}$	安培/米	A/m
磁场强度	$\boldsymbol{H}$	安培/米	A/m
力	$\boldsymbol{F}$	牛顿	N
能量	W	焦耳	J
能量密度	w	焦耳/米^3	J/m^3
功率	P	瓦特	W
频率	f	赫兹	Hz

（续表）

量的名称	量的符号	单位名称	单位符号
周期	T	秒	s
波长	λ	米	m
相速度	v_p	米/秒	m/s
群速度	v_g	米/秒	m/s
传播常数	γ	米$^{-1}$	m^{-1}
衰减常数	α	奈培/米	NP/m
相位常数	β	弧度/米	rad/m
能流密度	$\boldsymbol{S}$	瓦特/米^2	W/m^2
本质阻抗	η	欧姆	Ω
方向性系数	D		

附录Ⅲ 部分材料的电磁参数

(一)相对介电常数

材料	相对介电常数 ε_r	材料	相对介电常数 ε_r
空气	1.0	聚乙烯	2.3
胶木	5.0	聚苯乙烯	2.6
玻璃	4～10	瓷	5.7
云母	6.0	橡胶	2.3～4.0
油	2.3	干土	3～4
纸	2～4	聚四氟乙烯	2.1
石蜡	2.2	蒸馏水	80
有机玻璃	3.4	海水	81

(二)电导率

材料	电导率 σ	材料	电导率 σ
银	6.17×10^{7}	清水	1.0×10^{-3}
铜	5.80×10^{7}	蒸馏水	2.0×10^{-4}
金	4.10×10^{7}	干土	1.0×10^{-5}
铝	3.54×10^{7}	变压器油	1.0×10^{-11}
黄铜	1.57×10^{7}	玻璃	1.0×10^{-12}
青铜	1.0×10^{7}	瓷	2.0×10^{-13}
铁	1.0×10^{7}	橡胶	1.0×10^{-15}
海水	4.0	石英	1.0×10^{-17}

习　题　解　答

第一章

1 - 1　$\sqrt{82}$

1 - 3　$\pi ab\boldsymbol{e}_z$

1 - 4　520π

1 - 5　$\dfrac{\boldsymbol{r}}{r}, nr^{n-2}\boldsymbol{r}, \dfrac{f'(r)}{r}\boldsymbol{r}$

1 - 7　15.84

1 - 8　$\dfrac{P_e\cos\theta}{2\pi\varepsilon_0 r^3}\boldsymbol{e}_r + \dfrac{P_e\sin\theta}{4\pi\varepsilon_0 r^3}\boldsymbol{e}_\theta$

1 - 9　$2\pi a^3$

1 - 10　6,8,36

1 - 11　$3, \dfrac{2}{r}, \dfrac{1}{r^2}, 0, \dfrac{1}{r}(\mathbf{C}\cdot\boldsymbol{r})$

1 - 14　$\dfrac{1}{3}$

1 - 15　$0, 0, f'(r)\dfrac{\boldsymbol{r}\times\mathbf{C}}{r}, 0$

1 - 19　0,0

第二章

2 - 1　$-1.922\times10^9\boldsymbol{e}_x(\text{N})$

2 - 2　$-\dfrac{\sqrt{3}}{3}q(\text{C})$

2 - 3　$\dfrac{q}{2\pi^2\varepsilon_0 a^2}$

2 - 4　$\boldsymbol{E} = \dfrac{\rho_l}{4\pi\varepsilon_0 r}[(\cos\theta_1 - \cos\theta_2)\boldsymbol{e}_r + (\sin\theta_2 - \sin\theta_1)\boldsymbol{e}_z]$

2 - 5　$\dfrac{\rho_S}{2\varepsilon_0}\left(1 - \dfrac{z}{\sqrt{z^2+a^2}}\right)$

2 - 6　$\boldsymbol{E} = \dfrac{\rho r}{2\varepsilon_0}\boldsymbol{e}_r(r<a), \boldsymbol{E} = \dfrac{a^2\rho}{2\varepsilon_0 r}\boldsymbol{e}_r(r>a)$

2 - 7　$\boldsymbol{E} = \dfrac{qr}{4\pi\varepsilon_0 a^3}\boldsymbol{e}_r(r<a), \boldsymbol{E} = \dfrac{q}{4\pi\varepsilon_0 r^2}\boldsymbol{e}_r(r>a)$

2-8 $\rho(r)=\begin{cases}\varepsilon_0(5r^2+4Ar) & (r\leqslant a)\\ 0 & (r>a)\end{cases}$

2-9 $E_1=0(r<0),E_2=\dfrac{\rho_{s1}a^2}{\varepsilon_0 r^2}(a<r<b)$,

$E_3=\dfrac{a^2\rho_{s1}+b^2\rho_{s2}}{\varepsilon_0 r^2}(r>b),U_{ab}=\dfrac{\rho_{s1}a}{\varepsilon_0}\left(1-\dfrac{a}{b}\right)$

2-10 $\dfrac{6\varepsilon_0 r^3}{a^4};2\varepsilon_0;2a;\dfrac{11a}{5}$

2-11 (1)$\boldsymbol{E}_1=0,(r\leqslant a);\boldsymbol{E}_2=(-A-\dfrac{a^2A}{r^2})\cos\varphi\,\boldsymbol{e}_r+(A-\dfrac{a^2A}{r^2})\sin\varphi\,\boldsymbol{e}_\varphi,(r>a)$;

(2)$\rho_S=-2\varepsilon_0 A\cos\varphi$

2-12 $r>b$ 时,$\boldsymbol{E}=\dfrac{a(b-a)}{\varepsilon_0 r^2}\boldsymbol{e}_r,\boldsymbol{\phi}=\dfrac{a(b-a)}{\varepsilon_0 r}$;$a<r\leqslant b$ 时,$\boldsymbol{E}=\dfrac{a}{\varepsilon_0}\left(\dfrac{1}{r}-\dfrac{a}{r^2}\right)\boldsymbol{e}_r$,

$\boldsymbol{\phi}=\dfrac{a}{\varepsilon_0}\left(1-\dfrac{a}{r}+\ln\dfrac{b}{r}\right)$;$r\leqslant a$ 时,$\boldsymbol{E}=0,\boldsymbol{\phi}=\dfrac{a}{\varepsilon_0}\ln\dfrac{b}{a}$。电位变化,电场在 $r>b$ 区域变化。

2-13 $\dfrac{\rho d}{3\varepsilon_0}$

2-14 $\rho_{PS}=\dfrac{3\varepsilon_0(\varepsilon-\varepsilon_0)}{\varepsilon+2\varepsilon_0}E_0\cos\theta$

2-15 $\boldsymbol{E}_2=\boldsymbol{e}_x+4\boldsymbol{e}_y+5\boldsymbol{e}_z(\mathrm{V/m})$

2-16 下极板:$\rho_{s1}=-\dfrac{2\varepsilon_r\varepsilon_0 U}{(\varepsilon_r+1)d}$,上极板:$\rho_{s2}=\dfrac{2\varepsilon_r\varepsilon_0 U}{(\varepsilon_r+1)d}$;$\rho_{P_s}=\dfrac{2(\varepsilon_r-1)\varepsilon_0 U}{(\varepsilon_r+1)d}$;

$C=\dfrac{2\varepsilon_r\varepsilon_0 ab}{(\varepsilon_r+1)d}$

2-17 $\dfrac{b}{a}=e=2.718;E_{\min}=\dfrac{U}{b}$

2-18 $C=\dfrac{2\pi\varepsilon\varepsilon_0}{\varepsilon_0\ln\dfrac{b'}{a}+\varepsilon\ln\dfrac{b}{b'}}$

2-19 $C=2\pi a(\varepsilon_1+\varepsilon_2);W_e=\dfrac{q^2}{4\pi a(\varepsilon_1+\varepsilon_2)}$

2-21 964J

2-22 $-\dfrac{q^2}{2\varepsilon S}$

2-23 $\dfrac{q^2}{8\pi\varepsilon_0 a^2}e_r$

2-24 $\dfrac{1}{4\pi\sigma}\dfrac{b-a}{ab}$

2-25 $\dfrac{1}{\sigma\alpha d}\ln\dfrac{r_2}{r_1}$

2-26 $\phi=(\frac{1}{r}-10)\times10^2(\mathrm{V}),E=\frac{10^2}{r^2}(\mathrm{V/m}),J=\frac{10^{-7}}{r^2}(\mathrm{A/m^2});1.25\times10^{-9}(\mathrm{S})$

2-27 $R=\frac{1}{4\pi\sigma}\left(\frac{1}{a}+\frac{1}{b}-\frac{1}{d-a}-\frac{1}{d-b}\right)$

第三章

3-1 (a) $\frac{\mu_0 I}{2a}$, (b) $\frac{\mu_0 I}{4a}$, (c) $\frac{\mu_0 I}{2a}\left(\frac{1}{\pi}+\frac{1}{2}\right)$

3-3 $\frac{\mu_0 Ia^2}{2(a^2+z^2)^{3/2}}\boldsymbol{e}_z$

3-4 5A

3-5 $\boldsymbol{B}=-4xz\boldsymbol{e}_x+4yz\boldsymbol{e}_y+(y^2-x^2)\boldsymbol{e}_z$

3-6 $\boldsymbol{J}_m=0;\boldsymbol{J}_{ms}=M_0\sin\theta\boldsymbol{e}_\varphi$

3-7 $\boldsymbol{A}=\frac{\mu_0 I}{4\pi}\ln\frac{x^2+(a+y)^2}{x^2+(y-a)^2}\boldsymbol{e}_z$

3-8 $\boldsymbol{B}=\boldsymbol{B}_1+\boldsymbol{B}_2,B_{1x}=\frac{\mu_0 I}{2\pi}\frac{(-y)}{(x-1)^2+y^2},B_{1y}=\frac{\mu_0 I}{2\pi}\frac{(x-1)}{(x-1)^2+y^2}$

3-9 $\boldsymbol{B}=(1+\chi_m)B_0\sin\alpha\,\boldsymbol{e}_t+B_0\cos\alpha\,\boldsymbol{e}_n;\boldsymbol{H}=B_0\frac{\sin\alpha}{\mu_0}\boldsymbol{e}_t+B_0\frac{\cos\alpha}{(1+\chi_m)\mu_0}\boldsymbol{e}_n$

3-10 $\frac{\mu_0 a^2 M}{4}\left[\frac{1}{(z-l)^2}-\frac{1}{z^2}\right]\boldsymbol{e}_z$

3-11 $\boldsymbol{B}=0(r<a),\boldsymbol{B}=\frac{\mu I(r^2-a^2)}{2\pi r(b^2-a^2)}\boldsymbol{e}_\varphi(a<r<b),\boldsymbol{B}=\frac{\mu_0 I}{2\pi r}\boldsymbol{e}_\varphi(r>b)$,

$\boldsymbol{M}=(\mu_r-1)\frac{r^2-a^2}{b^2-a^2}\frac{I}{2\pi r}\boldsymbol{e}_\varphi$,

$\boldsymbol{J}_m=(\mu_r-1)\frac{I}{\pi(b^2-a^2)}\boldsymbol{e}_z,\boldsymbol{J}_{ms}=0(r=a),\boldsymbol{J}_{ms}=I\frac{1-\mu_r}{2\pi b}\boldsymbol{e}_z(r=b)$

3-12 $\boldsymbol{B}=\frac{\mu\mu_0 I}{\pi(\mu+\mu_0)r}\boldsymbol{e}_\varphi,I_m=\frac{\mu-\mu_0}{\mu+\mu_0}I$

3-13 $\boldsymbol{J}_s=100\boldsymbol{e}_z(\mathrm{A/m}),I=20\pi(\mathrm{A})$

3-14 $L=\frac{\mu_0}{4\pi}+\frac{\mu_0}{\pi}\ln\frac{D}{a}$

3-16 $M=\frac{\mu_0\sqrt{3}}{2\pi}\left[(a+b)\ln\frac{a+b}{a}-b\right]$

3-18 $\frac{\mu_0\pi a^2b^2}{2(b^2+d^2)^{3/2}}$

3-19 (1)$L=2.343\text{H}$,(2)$L=0.9443\text{H}$

3-20 $\dfrac{\mu_0 abI_1I_2}{2\pi c(b+c)}$

第四章

4-1 $\phi=\sum_{n=1,3,5,\cdots}^{\infty}\left(\dfrac{4U_0}{n\pi}\right)\dfrac{\sinh\left(\frac{n\pi}{a}y\right)}{\sinh\left(\frac{n\pi}{a}b\right)}\sin\left(\dfrac{n\pi}{a}x\right)$

4-2 $\phi=U_0\dfrac{y}{b}+\sum_{n=1}^{\infty}\dfrac{2U_0}{(n\pi)^2}\dfrac{b}{d}\sin\left(\dfrac{n\pi}{b}d\right)\sin\left(\dfrac{n\pi}{b}y\right)e^{-\frac{n\pi}{b}z}$

4-3 $W_e=\dfrac{1}{2}qU_0=2\varepsilon_0\dfrac{U_0^2}{\pi^2}\dfrac{b}{d}\sum_{n=1}^{\infty}\dfrac{1}{n^2}\sin\left(\dfrac{n\pi}{b}d\right)$

$$C_f=\frac{2W_e}{U_0^2}=4\frac{\varepsilon_0}{\pi^2}\frac{b}{d}\sum_{n=1}^{\infty}\frac{1}{n^2}\sin\left(\frac{n\pi}{b}d\right)$$

4-4 $\phi=\sum_{n=1,3,5,\cdots}^{\infty}\dfrac{4U_0}{\pi}\dfrac{1}{n}\sin\left(\dfrac{n\pi}{a}x\right)e^{-\frac{n\pi}{a}y}$

4-5 $\phi=\sum_{m=1,3,5,\cdots}^{\infty}\dfrac{-8b^2}{\left[\left(\frac{\pi}{a}\right)^2+\left(\frac{\pi}{c}\right)^2+\left(\frac{m\pi}{b}\right)^2\right]\varepsilon_0\pi^3m^3}\sin\left(\dfrac{\pi}{a}x\right)\sin\left(\dfrac{\pi}{c}z\right)\sin\left(\dfrac{m\pi}{b}y\right)$

4-6 $\phi_1=\dfrac{q_l}{\varepsilon_0\pi}\sum_{n=1}^{\infty}\dfrac{1}{n}\sin\left(\dfrac{n\pi d}{a}\right)e^{-\frac{n\pi x}{a}}\sin\left(\dfrac{n\pi}{a}y\right)\quad x>0$

$$\phi_2=\frac{q_l}{\varepsilon_0\pi}\sum_{n=1}^{\infty}\frac{1}{n}\sin\left(\frac{n\pi d}{a}\right)e^{\frac{n\pi x}{a}}\sin\left(\frac{n\pi}{a}y\right)\quad x<0$$

4-7 $\phi=\dfrac{2}{\pi}\sum_{n=1}^{\infty}\dfrac{\sin\left(\frac{n\pi}{a}x'\right)\sin\left(\frac{n\pi}{a}x\right)}{n\sinh\left(\frac{n\pi}{a}b\right)}\begin{cases}\sinh\left(\frac{n\pi}{a}(b-y')\right)\sinh\left(\frac{n\pi}{a}y\right) & y\leqslant y'\\ \sinh\left(\frac{n\pi}{a}y'\right)\sinh\left(\frac{n\pi}{a}(b-y)\right) & y\geqslant y'\end{cases}$

4-8 $\phi=-E_0r\cos\varphi+\dfrac{a^2E_0}{r}\cos\varphi$

$$\rho_s=2\varepsilon_0E_0\cos\varphi$$

4-9 $\begin{cases}\phi_1=-E_0r\cos\varphi-\dfrac{\varepsilon-\varepsilon_0}{\varepsilon+\varepsilon_0}a^2\dfrac{E_0}{r}\cos\varphi & r\geqslant a\\ \phi_2=-\dfrac{2\varepsilon}{\varepsilon+\varepsilon_0}E_0r\cos\varphi & r\leqslant a\end{cases}$

4-10 $\phi=\sum_{n=1,3,5,\cdots}^{\infty}\dfrac{2U_0}{n\pi}\left(\dfrac{r}{b}\right)^n\sin(n\varphi)+\sum_{n=1,3,5,\cdots}^{\infty}(-1)^{\frac{n+3}{2}}\dfrac{2U_0}{n\pi}\left(\dfrac{r}{b}\right)^n\cos(n\varphi)$

4-11 $\phi_1 = \frac{q_1}{2\pi\varepsilon_0}\left\{\sum_{n=1}^{\infty}\frac{1}{n}\left[\left(\frac{r}{r_0}\right)^n - \frac{\varepsilon-\varepsilon_0}{\varepsilon+\varepsilon_0}\left(\frac{r}{r_0}\right)^n\right]\cos(n\varphi) - \ln r_0\right\} \qquad r \leqslant a$

$\phi_2 = \frac{q_1}{2\pi\varepsilon_0}\left\{\sum_{n=1}^{\infty}\frac{1}{n}\left[\left(\frac{r}{r_0}\right)^n - \frac{\varepsilon-\varepsilon_0}{\varepsilon+\varepsilon_0}\left(\frac{a^2}{r_0}\right)^n\frac{1}{r^n}\right]\cos(n\varphi) - \ln r_0\right\} \qquad r_0 \geqslant r \geqslant a$

$\phi_3 = \frac{q_1}{2\pi\varepsilon_0}\left\{\sum_{n=1}^{\infty}\frac{1}{n}\left[\left(\frac{r_0}{r}\right)^n - \frac{\varepsilon-\varepsilon_0}{\varepsilon+\varepsilon_0}\left(\frac{a^2}{r_0}\right)^n\frac{1}{r^n}\right]\cos(n\varphi) - \ln r\right\} \qquad r \geqslant r_0$

4-13 (1) $\phi = -E_0 r\cos\theta + \frac{U_0 a}{r} + \frac{a^3}{r^2}E_0\cos\theta$

(2) $\phi = -E_0 r\cos\theta + \frac{Q}{4\pi\varepsilon_0 r} + \frac{a^3}{r^2}E_0\cos\theta$

4-14 $\boldsymbol{E} = \frac{3\varepsilon}{2\varepsilon+\varepsilon_0}E_0\boldsymbol{e}_z$

$\rho_{Ps} = -\frac{3\varepsilon_0(\varepsilon_r - 1)}{2\varepsilon_r + 1}E_0\cos\theta$

4-15 $\phi_1 = \frac{\boldsymbol{p}\cdot\boldsymbol{r}}{4\pi\varepsilon_0 r^3} + \frac{Q}{4\pi\varepsilon_0 r_2} - \frac{Pr}{4\pi\varepsilon_0 r_1^3}\cos\theta \qquad r \leqslant r_1$

$\phi = \frac{Q}{4\pi\varepsilon_0 r} \qquad r \geqslant r_2$

$\rho_s = -\frac{3p\cos\theta}{4\pi r_1^3} \qquad r = r_1$

4-16 $N \propto \sin\theta$

4-18 $\phi = \frac{q}{4\pi\varepsilon_0}\sum_{n=0}^{\infty}\left(\frac{r^n}{r_1^{n+1}}\right)P_n(\cos\theta) - \frac{\frac{a}{r_1}q}{4\pi\varepsilon_0}\sum_{n=0}^{\infty}\frac{\left(\frac{a^2}{r_1}\right)^n}{r^{n+1}}P_n(\cos\theta) \qquad r < r_1$

$\phi = \frac{q}{4\pi\varepsilon_0}\sum_{n=0}^{\infty}\left(\frac{r_1^n}{r^{n+1}}\right)P_n(\cos\theta) - \frac{q}{4\pi\varepsilon_0}\sum_{n=0}^{\infty}\frac{\left(\frac{a^2}{r_1}\right)^n}{r^{n+1}}P_n(\cos\theta) \qquad r > r_1$

4-21 $\frac{q^2}{16\pi\varepsilon_0 d}$

4-22 $2.88 \times 10^9 q$ V

4-23 $q = 5.903 \times 10^{-8}$ C

4-28 $\phi = \frac{4}{\pi}\sum_{n=1}^{\infty}\frac{1}{(2n+1)\sinh\left(\frac{(2n+1)\pi}{a}b\right)}$

$\cdot\left\{V_1\sinh\left(\frac{(2n+1)\pi}{a}y\right) + V_2\sinh\left(\frac{(2n+1)\pi}{a}(b-y)\right)\right\}\sin\left(\frac{(2n+1)\pi}{a}x\right)$

4-29 $\phi_A = \phi_E = 61.46\text{V}, \phi_B = \phi_D = 21.95\text{V}, \phi_C = 45.99\text{V}$

第五章

5-1 $I = -1.75\omega(1 + 2\cos\omega t)\sin(\omega t)$ mA

5-2 $\boldsymbol{P} = (\varepsilon - \varepsilon_0)r\omega B_0\boldsymbol{e}_r$

$Q_P = -2\pi a^2(\varepsilon - \varepsilon_0)\omega B_0, Q_{PS} = 2\pi a^2(\varepsilon - \varepsilon_0)\omega B_0$

5-3 $\mathcal{E}_{in} = 3.484\sin(2\pi \times 10^7 t)\text{V}$

5-6 $i_d = C\omega U_0 \cos(\omega t)$

5-10 $\beta = 54.41\text{rad/m}$

$\boldsymbol{H} = -2.30 \times 10^{-4} \sin(10\pi x)\cos(6\pi \times 10^9 t - 54.41z)\boldsymbol{e}_x$

$-1.33 \times 10^{-4}\cos(10\pi x)\sin(6\pi \times 10^9 t - 54.41z)\boldsymbol{e}_z \quad \text{A/m}$

5-11 $\boldsymbol{H} = \frac{E_0}{r}\sqrt{\frac{\varepsilon_0}{\mu_0}}\sin\theta\cos(\omega t - kr)\boldsymbol{e}_\varphi, k = \omega\sqrt{\mu_0\varepsilon_0}$

5-15 (2)$\rho_S = 0, \boldsymbol{J}_S = \frac{\pi E_0}{\omega\mu_0 a}\sin(\omega t - k_x x)\boldsymbol{e}_y$;

(3)$\boldsymbol{J}_d = -\omega\varepsilon_0 E_0 \sin\left(\frac{\pi}{d}z\right)\sin(\omega t - k_x x)\boldsymbol{e}_y$

5-16 在 $x = 0$ 处，$E_y = 0, H_x = 0, H_z = H_0\cos(kz - \omega t)$

在 $x = a$ 处，$E_y = 0, H_x = 0, H_z = -H_0\cos(kz - \omega t)$

$\boldsymbol{J}_{S0} = -H_0\cos(kz - \omega t)\boldsymbol{e}_y$

$\boldsymbol{J}_{Sa} = -H_0\cos(kz - \omega t)\boldsymbol{e}_y$

5-17 对于海水：$\nabla \times \boldsymbol{H} = \text{j}(4.5 - \text{j}4)\boldsymbol{E}$，对于铜：$\nabla \times \boldsymbol{H} = 5.7 \times 10^7 \boldsymbol{E}$

5-22 $\nabla^2 \boldsymbol{A}_m - \mu\varepsilon\frac{\partial^2 \boldsymbol{A}_m}{\partial t^2} = 0$

$\nabla^2 \phi_m - \mu\varepsilon\frac{\partial^2 \phi_m}{\partial t^2} = 0$

5-26 $\boldsymbol{E}(z) = (0.03e^{-\text{j}\pi/2} + 0.04e^{-\text{j}\pi/3})e^{-\text{j}kz}\boldsymbol{e}_x$

$\boldsymbol{H}(z) = k(7.6 \times 10^{-5}e^{-\text{j}\pi/2} + 1.01 \times 10^{-4}e^{-\text{j}\pi/3})e^{-\text{j}kz}\boldsymbol{e}_y$

$\boldsymbol{H}(z,t) = k[7.6 \times 10^{-5}\sin(10^8\pi t - kz) + 1.01 \times 10^{-4}\cos(10^8\pi t - kz - \frac{\pi}{3})]\boldsymbol{e}_y$

5-27 $\boldsymbol{S}(0,t) = 0$

$\boldsymbol{S}(\frac{\lambda}{8},t) = -\frac{E_0^2}{4}\sqrt{\frac{\varepsilon_0}{\mu_0}}\sin(2\omega t)\boldsymbol{e}_z$

$\boldsymbol{S}(\frac{\lambda}{4},t) = 0$

$\boldsymbol{S}_{av} = 0$

5-28 $\boldsymbol{S} = 1325[1 + \cos(2\omega t - 0.84z)]\boldsymbol{e}_z \text{W/m}^2$

$\boldsymbol{S}_{av} = 1325\boldsymbol{e}_z \text{W/m}^2$

$-\oint_S \boldsymbol{S} \cdot \text{d}\boldsymbol{S} = -270.2\sin(2\omega t - 0.42)\text{W}$

5-30 $\nabla^2 \boldsymbol{H} + \omega^2\mu\varepsilon\boldsymbol{H} = 0$

$\nabla \cdot \boldsymbol{J} = -\text{j}\omega\rho$

第六章

6 - 1　(1)$k = 2\pi\,\text{rad/m}, v_p = 1.5 \times 10^8\,\text{m/s}, \lambda = 1\text{m}, \eta = 60\pi\,\Omega$;

(2)$E(0,0) = 8.66 \times 10^{-3}\,\text{V/m}$;

(3)$z = 15\text{m}$;

(4)$z = -15\text{m}$。

6 - 2　(1)$+z$ 方向;

(2)$v_p = 3 \times 10^8\,\text{m/s}, \lambda = 0.1\text{m}, f = 3 \times 10^9\,\text{Hz}$;

(3)$\boldsymbol{H} = -2.65 \times 10^{-7} e^{j(\frac{\pi}{2} - 20\pi z)} \boldsymbol{e}_x + 2.65 \times 10^{-7} e^{-j20\pi z} \boldsymbol{e}_y \quad \text{A/m}$;

(4)$2.65 \times 10^{-11}\,\text{W/m}^2$;

6 - 4　$2.65 \times 10^{-3}\,\text{W/m}^2$

6 - 5　$\mu_r = 1, \varepsilon_r = 2.25$

6 - 6　v/c

6 - 7　(1)$l = 1.40\text{m}$;

(2)$\eta = 238.4\Omega, v_p = 1.90 \times 10^8\,\text{m/s}, \lambda = 6.32\text{cm}$;

(3)$\boldsymbol{H}(x,t) = 0.21 e^{-0.5x} \sin(6\pi \times 10^9 t - 99.3x + \frac{\pi}{3}) \boldsymbol{e}_z\ \text{A/m}$。

6 - 8　(1)$\delta = 0.0208\text{m} = 20.8\text{mm}$, 68%

6 - 9　100MHz 时:$\alpha = 35.57\text{Np/m}, \beta = 42.03\text{rad/m}, v_p = 0.149 \times 10^8\,\text{m/s}, \lambda = 0.149\text{m}$;

10kHz 时:$\alpha = 0.397\text{Np/m}, \beta = 0.397\text{rad/m}, v_p = 15.8 \times 10^4\,\text{m/s}, \lambda = 15.8\text{m}$;

6 - 11　(1)$d = 0.76\text{mm}$;

(2)$d = 1.41\text{mm}$;

(3) 原理上中周可用铁,电源变压器不能用铝。

6 - 14　(1) $-z$ 方向,直线极化;

(2) $+x$ 方向,直线极化;

(3) $+z$ 方向,右旋圆极化;

(4) $+z$ 方向,椭圆极化;

(5) $+y$ 方向,右旋圆极化;

(6) $+z$ 方向,左旋圆极化;

(7) $+z$ 方向,直线极化。

6 - 17　(1) 圆极化波,旋转方向不变;

(2) 直线极化波;

(3) 圆极化波,旋转方向不变。

6 - 18　(1)$\boldsymbol{E}_r = -E_0 e^{jkz}(\boldsymbol{e}_x + j\boldsymbol{e}_y), \boldsymbol{H}_r = -\frac{E_0}{\eta} e^{jkz}(j\boldsymbol{e}_x - \boldsymbol{e}_y)$;

(2)$\boldsymbol{E}=-2\mathrm{j}E_0\sin(kz)(\boldsymbol{e}_x+\mathrm{j}\boldsymbol{e}_y)$,$\boldsymbol{H}=-\dfrac{2E_0}{\eta}\cos(kz)(\mathrm{j}\boldsymbol{e}_x-\boldsymbol{e}_y)$;

(3)$\boldsymbol{S}_{av}=0$。

6-19 $\varepsilon_r=5.44$

6-21 (1)$\varepsilon_r=9$;

(2)$f=75\text{MHz}$

6-22 (1)$\varepsilon_{r2}=2, d=0.13\mu\text{m}$;

(2)$|R|^2=0.1$

6-24 传播方向位于 yz 平面内,与 y 轴夹角 126.9°,是横电磁波。

6-27 (1)$\theta_c=30°$;

(2) 折射波沿分界面传播,$v_p=1.73\times10^8\text{m/s}$。

(3) 椭圆极化波。

6-28 (1)$\theta_i=\theta_B=63.4°$

(2)18%。

6-30 (1)$f=287\text{MHz}$

(2)$\theta_r=60°,\theta_t=35.3°$

(3)$\boldsymbol{E}_r=\boldsymbol{E}_{r\perp}+\boldsymbol{E}_{r/\!/}$

其中 $\boldsymbol{E}_{r\perp}=-0.420e^{-\mathrm{j}6(\sqrt{3}x-z)}\boldsymbol{e}_y$, $\boldsymbol{E}_{r/\!/}=0.0425e^{-\mathrm{j}6(\sqrt{3}x-z)}(-\boldsymbol{e}_x-\sqrt{3}\boldsymbol{e}_z)$

$\boldsymbol{E}_t=\boldsymbol{E}_{t\perp}+\boldsymbol{E}_{t/\!/}$

其中 $\boldsymbol{E}_{t\perp}=0.580e^{-\mathrm{j}18(\frac{x}{\sqrt{3}}+\sqrt{\frac{2}{3}}z)}\boldsymbol{e}_y$, $\boldsymbol{E}_{t/\!/}=1.276\left(\sqrt{\dfrac{2}{3}}\boldsymbol{e}_x-\sqrt{\dfrac{1}{3}}\boldsymbol{e}_z\right)e^{-\mathrm{j}18\left(\frac{x}{\sqrt{3}}+\sqrt{\frac{2}{3}}z\right)}$

6-31 (1) $[\varepsilon_r]=\begin{bmatrix}0.866 & -\mathrm{j}0.053 & 0\\ \mathrm{j}0.053 & 0.886 & 0\\ 0 & 0 & 0.91\end{bmatrix}$

(2)$v_p=3.29\times10^8\text{m/s}$;

(3)$v_p=3.10\times10^8\text{m/s}$

6-32 (1) 合成电场方向是 x 轴方向,线极化;

(2) 合成电场方向与 x 轴夹角 $\theta=\dfrac{\beta_2-\beta_1}{2}l$,线极化。

6-33 $T=105\%$

6-34 (1)$\boldsymbol{H}=2H_0e^{-\mathrm{j}5.3z}[\cos(1.86z)\boldsymbol{e}_x+\sin(1.86z)\boldsymbol{e}_y]$;

(2)$\theta=21.3°$;

(3)$v_p=1.18c$

6-35 (1)$v_p=6.12\times10^7\text{m/s},\lambda=2.04\text{cm}$;

(2)$\eta=115.4\Omega,\boldsymbol{E}=115.4H_0e^{-\mathrm{j}308z}(\mathrm{j}\boldsymbol{e}_x-\boldsymbol{e}_y)$

6-36 (1)$v_p = 0.75 \times 10^8$ m/s;

(2)$v_p = 1.07 \times 10^9$ m/s

第七章

7-3 TE_{10}、TE_{20};TE_{10}

7-4 TE_{10}、TE_{01}、TE_{20}、TE_{11}、TM_{11};增多

7-10 TE_{11}、TE_{21}、TM_{01};TE_{01}、TE_{11}、TE_{21}、TE_{31}、TM_{01}、TM_{11}

7-11 $\lambda_g = 13.77$cm,$k_z = 45.6$rad/m;

增大

7-12 0.109dB/m;0.120dB/m.

7-13 2.08GHz,13.89cm,2.26×10^{-3}NP/m;307.25m.

7-14 3.52GHz,15.79cm,0.00425NP/m;163m.

7-15 0.79MW

7-16 TM_{110}、TE_{101}、TE_{011}、TE_{111} 和 TM_{111}

3.125GHz,3.54GHz,3.91GHz,4.33GHz

7-17 $\varepsilon_r = 1.52$

7-18 设谐振于 TE_{101} 和 TE_{102},则尺寸为 20cm×10cm×23cm

7-20 10.5mm

7-21 2.31GHz,25712

第八章

8-4 6×10^{-2} V/m

8-5 $2\theta_{0.5} = 78°$

8-8 $\frac{\pi}{2}$

8-9 $8\cos^2\left(\frac{\pi}{2}\cos\theta\right)\cos(\pi\cos\theta)$

参考文献

[1] 毕德显．电磁场理论．北京:电子工业出版社,1985

[2] 谢处方,饶克谨．电磁场与电磁波．北京:高等教育出版社,1999

[3] 杨儒贵．电磁场与电磁波．北京:高等教育出版社,2003

[4] 钟顺时,钮茂德．电磁场理论基础,西安:西安电子科技大学出版社,1995

[5] Bhag Singh Guru, Huseyin R. Hiziroglu 著,周克定,张肃文,董天临,辜承林译．电磁场与电磁波．北京:机械工业出版社,2000

[6] 雷银照著．时谐电磁场解析方法．北京:科学出版社,2000

[7] 冯林,杨显清,王园．电磁场与电磁波．北京:机械工业出版社,2004

[8] 杨显清,赵家升,王园．电磁场与电磁波．北京:国防工业出版社,2003

[9] 冯慈璋,马西奎．工程电磁场导论．北京:高等教育出版社,2000

[10] 王增和,王培章,卢春兰．电磁场与电磁波．北京:电子工业出版社,2001

[11] 陈乃云,魏东北,李一玫．电磁场与电磁波理论基础．北京:中国铁道出版社,2001

[12] 孙敏,孙亲锡,叶齐政．工程电磁场基础．北京:科学出版社,2003

[13] 沙湘月,伍瑞新．电磁场理论与微波技术．南京:南京大学出版社,2004

[14] 毛钧杰,刘荧,朱建清．电磁场与微波工程基础．北京:电子工业出版社,2004

[15] 晁立东,仵杰,王仲奕．工程电磁场基础,西安:西北工业大学出版社,2002

[16] 陈国瑞．工程电磁场与电磁波．西安:西北工业大学出版社,1998.

[17] 马冰然.电磁场与微波技术.广州:华南理工大学出版社,1999

[18] 王家礼,朱满座,路宏敏.电磁场与电磁波.西安:西安电子科技大学出版社, 2000

[19] 王蔷,李国定,龚克.电磁场理论基础.北京:清华大学出版社,2001

[20] 孟庆鼐．微波技术．合肥:合肥工业大学出版社,2005

[21] 宋铮,张建华,黄冶．天线与电波传播．西安:西安电子科技大学出版社,2003

[22] D. K. Cheng. Field and Wave Electromagnetics. Second Edition, Addison-Wesley Publishing Company, 1989

□ 责任编辑　陆向军
□ 封面设计　陈新生

DIANCICHANG YU DIANCIBO

ISBN 978-7-5650-1983-8
9 787565 019838 >
定价：34.00元